滚动轴承设计原理

（第三版）

邓四二　薛进学　牛荣军　杨海生　编著

中国质量标准出版传媒有限公司
中　国　标　准　出　版　社

北　京

内 容 简 介

本书全面系统地叙述了滚动轴承的设计原理，内容包括滚动轴承基础知识、几何学、运动学、负荷分布、接触应力和变形、摩擦磨损、接触润滑、额定动载荷和疲劳寿命、额定静载荷、拟静力学分析方法，角接触球轴承拟动力学分析，高速圆柱滚子轴承动力学分析，高速角接触球轴承摩擦力矩以及高速圆柱滚子轴承设计要点等。

本书可作为轴承专业本科生教材，也可作为轴承研究方向的研究生参考教材和高等理工科院校有关师生的教学参考书，并可作为从事滚动轴承设计和制造的工程技术人员的参考书。

图书在版编目(CIP)数据

滚动轴承设计原理/邓四二等编著. —3 版. —北京：中国质量标准出版传媒有限公司，2024.1
ISBN 978-7-5026-5279-1

Ⅰ.①滚… Ⅱ.①邓… Ⅲ.①滚动轴承-设计 Ⅳ.①TH133.33

中国国家版本馆 CIP 数据核字(2023)第 246159 号

中国质量标准出版传媒有限公司
中 国 标 准 出 版 社 出版发行
北京市朝阳区和平里西街甲 2 号(100029)
北京市西城区三里河北街 16 号(100045)
网址 www.spc.net.cn
总编室：(010)68533533 发行中心：(010)51780238
读者服务部：(010)68523946
中国标准出版社秦皇岛印刷厂印刷
各地新华书店经销
*
开本 787×1092 1/16 印张 24.25 字数 389 千字
2024 年 1 月第三版 2024 年 1 月第四次印刷
*
定价 108.00 元

第三版前言

为适应滚动轴承技术的发展，第三版在第二版的基础上，对滚动轴承基础知识、摩擦磨损和润滑、滚动轴承的额定静负荷等章节做了较大的修改。另外，结合作者多年从事滚动轴承设计理论研究的成果，在第二版基础上，增加了转盘轴承性能分析、高速角接触球轴承摩擦力矩和高速圆柱滚子轴承设计要点等方面的内容。

本书可作为从事滚动轴承设计和制造的工程技术人员参考书，也可作为轴承专业本科生和轴承研究方向的研究生教材。

在本书第一章第五节滚动轴承材料编著过程中，得到了钢铁研究总院曹文全研究员的热情指导和帮助，在此表示深厚谢意。

限于水平，书中难免出现瑕疵和纰漏，恳请读者指出。

编著者

2023 年 8 月于洛阳

第二版前言

为适应滚动轴承技术的发展，第二版在第一版基础上，对第一章　滚动轴承基础知识、第八章　滚动轴承的额定动负荷和疲劳寿命这两章作了较大的修改。另外，结合编著者多年来从事滚动轴承设计理论研究成果，在第一版基础上，增加了第十二章　高速圆柱滚子轴承动力学分析和第十三章　高速圆柱滚子轴承保持架动态性能分析两方面的研究内容。

本书从轴承静力学分析、拟静力学分析、拟动力学分析和动力学分析四个方面较完整地介绍了滚动轴承性能分析方法，对滚动轴承设计有着指导性意义。

本书可作为轴承专业本科生教材，供从事滚动轴承设计和制造的工程技术人员参考，也可作为从事轴承研究方向的研究生参考教材和高等理工科院校有关师生的教学参考书。

在本书第二版编著过程中，得到了编著者的学生杨海生、崔永存、张文虎、胡光存、顾金芳、付金辉、孙朝阳、李猛、贾永川等人的帮助，在此一并表示深厚谢意。

限于水平，书中难免出现缺点错误，恳请读者指出。

编著者

2014 年 1 月于洛阳

第一版前言

滚动轴承广泛地用于交通车辆、机床、纺织机械、矿山机械、建筑机械、飞机、船舶、航天器、机器人以及精密仪器、电子计算机、家用电器等各种各样的机器和装置中。滚动轴承是一种重要的机械零件。一套轴承的性能好坏会影响整个装置甚至整个自动生产线的工作。目前，随着现代化工业和科学技术的发展，对滚动轴承的承载能力、动态性能、高可靠性、高精度、高速高温和小型化、轻量化、组合化等提出了愈来愈高的要求。

滚动轴承虽是一种外形简单的零件，但它的设计原理和性能分析方法却十分复杂。因此，从事滚动轴承设计和制造的工程技术人员应该掌握滚动轴承的设计原理，才能满足现代化工业快速发展的轴承设计需要。

本书是为滚动轴承专业编写的教材。书中全面系统地叙述了滚动轴承的设计原理，内容包括滚动轴承基础知识、几何学、运动学、负荷分布、接触应力与变形、刚度、摩擦磨损和润滑、额定动负荷与疲劳寿命、寿命试验数据处理、额定静负荷、拟静力学分析方法和拟动力学分析方法等。

本书可供从事滚动轴承设计和制造的工程技术人员参考，也可用作从事轴承研究方向的研究生参考教材和高等理工科院校有关师生的教学参考书。

限于水平，书中难免出现错误之处，恳请读者指出。

邓四二　贾群义

2008年11月于洛阳

目　　录

第一章　滚动轴承基础知识

第一节　滚动轴承的结构类型

滚动轴承一般由内圈、外圈、滚动体和保持架组成，特殊情况下可以无内圈或外圈，由相配的主机零件轴或外套代替。起支承作用的滚动体在套圈滚道上滚动，实现轴与机座的相对旋转、摆动或往复直线运动，减小了支承摩擦。保持架将滚动体均匀地隔开，并对滚动体的运动起着引导作用。分离型轴承的保持架与滚动体结合成一个组件，既便于安装，又能防止严格分组的滚动体相互混淆。与滑动轴承相比，滚动轴承有如下优点。

1）滚动轴承摩擦力矩低，摩擦损耗即热量损耗低。

2）滚动轴承的启动摩擦（静摩擦）力矩略高于它的旋转摩擦（动摩擦）力矩。

3）在一定范围内，载荷、转速和工作温度的改变并不影响良好的滚动轴承性能。

4）滚动轴承只需少量的润滑剂便能正常运转，润滑和维护保养容易，可以省去昂贵的润滑系统。某些滚动轴承还具有长寿命自润滑功能。

5）大多数滚动轴承能同时承受径向和轴向联合载荷。

6）滚动轴承轴向尺寸小于流体动压轴承。

7）滚动轴承外形尺寸已国际标准化，互换性好，替换方便。

8）滚动轴承易实现专业化大规模生产，生产成本低。

滚动轴承种类繁多，每种类型又有许多不同的结构型式，以满足不同的需要。

一、滚动轴承结构类型分类

1. 滚动轴承按其所能承受的载荷方向或公称接触角的不同，分为以下类型。

1）向心轴承：主要用于承受径向载荷的滚动轴承，其公称接触角为 $0° \leqslant \alpha \leqslant 45°$。按公称接触角不同，又分为：

① 径向接触轴承：公称接触角为 $\alpha = 0°$ 的向心轴承；

② 角接触向心轴承：公称接触角为 $0° < \alpha \leqslant 45°$ 的向心轴承。

2）推力轴承：主要用于承受轴向载荷的滚动轴承，其公称接触角为 $45° < \alpha \leqslant 90°$。按公称接触角的不同，又可分为：

① 轴向接触轴承：公称接触角为 $\alpha = 90°$ 的推力轴承；

② 角接触推力轴承：公称接触角为 $45° < \alpha < 90°$ 的推力轴承。

2. 滚动轴承按滚动体的种类，分为以下类型。

1）球轴承：滚动体为球的轴承。

2）滚子轴承：滚动体为滚子的轴承。按滚子种类的不同又可分为：

① 圆柱滚子轴承：滚动体是圆柱滚子的轴承；

② 滚针轴承：滚动体是滚针的轴承；

③ 圆锥滚子轴承：滚动体是圆锥滚子的轴承；

④ 调心滚子轴承：滚动体是球面滚子的轴承；

⑤ 长弧面滚子轴承：滚动体是长弧面滚子的轴承。

3. 滚动轴承按其能否调心，分为：

① 调心轴承：滚道是球面形的，能适应两滚道轴心线间较大角偏差及角运动的轴承；

② 非调心轴承：能阻抗滚道间轴心线角偏移的轴承。

4. 轴承滚动按滚动体的列数，分为：

1）单列轴承：具有一列滚动体的轴承；

2）双列轴承：具有两列滚动体的轴承；

3）多列轴承：具有多于两列的滚动体并承受同一方向载荷的轴承，如三列轴承、四列轴承。

5. 滚动轴承按主要用途，分为：

1）通用轴承：应用于通用机械或一般用途的轴承；

2）专用轴承：专门用于或主要用于特定主机或特殊工况的轴承。

6. 滚动轴承外形尺寸是否符合标准尺寸系列，分为：

1）标准轴承：外形尺寸符合标准尺寸系列规定的轴承；

2）非标轴承：外形尺寸中任一尺寸不符合标准尺寸系列规定的轴承。

7. 滚动轴承是否有密封圈或防尘盖，分为：

1）开式轴承：无防尘盖及密封圈的轴承；

2）闭式轴承：带有防尘盖或密封圈的轴承。

8. 滚动轴承按外形尺寸及公差的表示单位，分为：

1）公制（米制）轴承：外形尺寸及公差采用公制（米制）单位表示的轴承；

2）英制（寸制）轴承：外形尺寸及公差采用英制（寸制）单位表示的轴承。

9．滚动轴承按其组件是否能分离，分为：

1）可分离轴承：分部件之间可分离的轴承；

2）不可分离轴承：分部件之间不可分离的轴承。

10．滚动轴承按产品扩展分类，分为：

1）轴承；

2）组合轴承；

3）轴承单元。

11．滚动轴承按其结构形状（如有无外圈、有无保持架、有无装填槽以及套圈的形状、挡边的结构等）还可以分为多种结构类型。

12．滚动轴承综合分类见图 1-1。

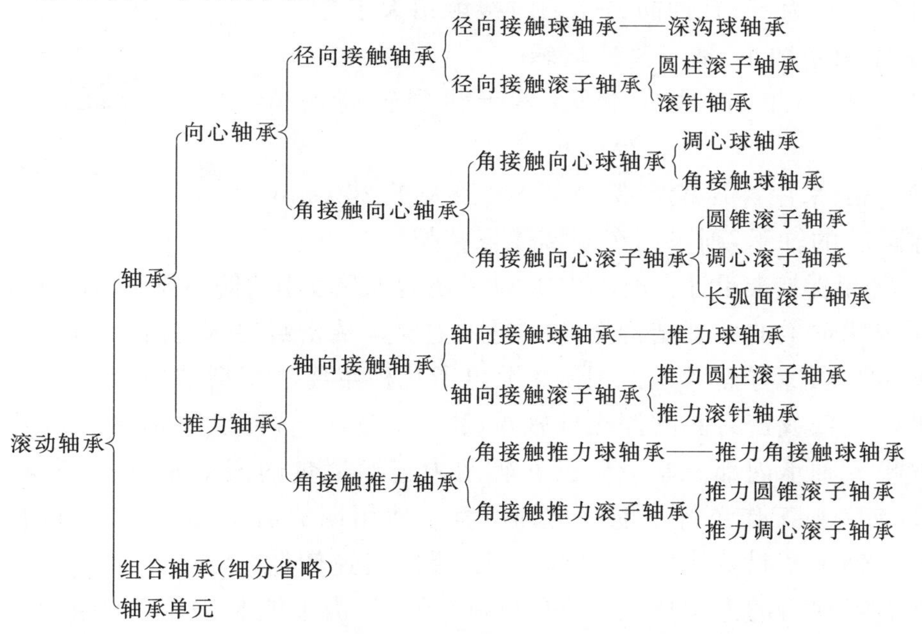

图 1-1　滚动轴承综合分类

二、滚动轴承尺寸大小分类

滚动轴承按其公称外径尺寸大小，分为：

① 微型轴承：公称外径尺寸为 $D \leqslant 26$ mm 的轴承；

② 小型轴承：公称外径尺寸为 26 mm$<D<$60 mm 的轴承；

③ 中小型轴承：公称外径尺寸为 60 mm$\leqslant D<$120 mm 的轴承；

④ 中大型轴承：公称外径尺寸为 120 mm$\leqslant D<$200 mm 的轴承；

⑤ 大型轴承：公称外径尺寸为 200 mm≤D<440 mm 的轴承；

⑥ 特大型轴承：公称外径尺寸为 440 mm<D≤2 000 mm 的轴承。

⑦ 重大型轴承：公称外径尺寸为 D>2 000 mm 的轴承。

三、各类轴承的特征与用途

1. 深沟球轴承

基本结构如图 1-2 所示，这是用途最广、生产批量最大的一类滚动轴承，其主要特点如下。

1）主要承受径向载荷，也可承受少量轴向载荷，选取较大的径向游隙时轴向承载能力增加。承受纯径向力时接触角为零；有轴向力作用时接触角大于零。

2）摩擦系数小，适于高速运转。

3）结构简单，制造成本低，易于达到较高制造精度。

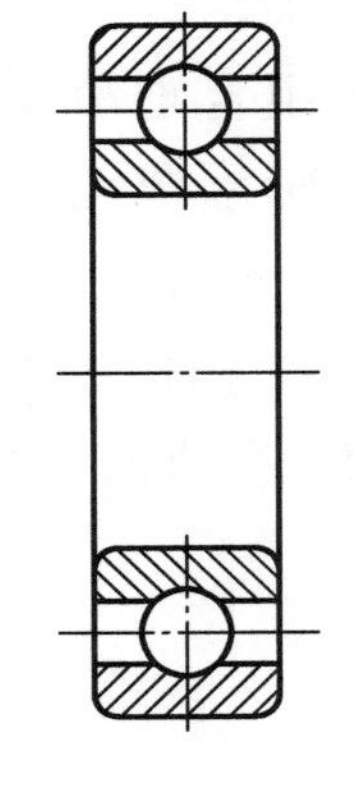

图 1-2　深沟球轴承

4）一般采用冲压浪形保持架，内径大于 200 mm 或高速运转的轴承，则采用车制实体保持架。

5）如果保持架设计合理，深沟球轴承还能承受较小的偏心载荷（力矩载荷）。

深沟球轴承的变型结构有 60 多种，主要是从密封要求、提高承载能力、调心性和安装要求等方面考虑。图 1-3 示出了几种主要的变型结构。

带防尘盖或密封圈的深沟球轴承[图 1-3a)、b)]，可以防止润滑脂泄漏和外部异物侵入轴承内部。制造厂已在轴承内充填适量的润滑脂，一般为轴承空腔的 1/3，在一般工作条件下能满足轴承整个使用期的需要，无须再加润滑脂。带密封圈的轴承密封效果好，但摩擦较大，极限转速较低。

有装球缺口的深沟球轴承[图 1-3c)、d)]是为了能装进较多的钢球，以提高轴承径向承载能力。这种轴承不宜承受轴向负荷，因为在轴向力作用下，钢球会被压进装球缺口。无保持架的满装球轴承径向承载能力很高，但因钢球之间滑动摩擦大，一般只适合于低速运转的情况。

带偏心套和顶丝的外球面深沟球轴承[图 1-3e)、f)]具有调心性能，轴与座孔在不同心的情况下能正常运转，这种轴承用偏心套或顶丝可将轴承内圈紧固在无轴肩的光轴上。轴承装有两面密封圈，有时还加装离心防护片。

深沟球轴承广泛用于变速器、电机、仪器仪表、家用电器、内燃机、燃气轮机、交通车辆、农业机械、建筑机械和工程机械等。

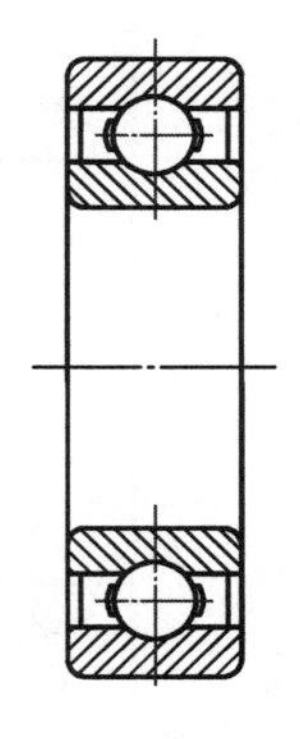
a) 带防尘盖深沟球轴承

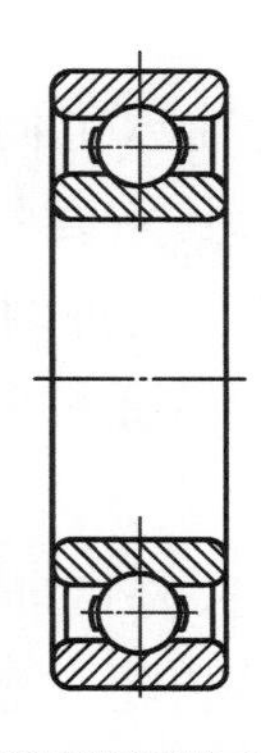
b) 带密封圈深沟球轴承

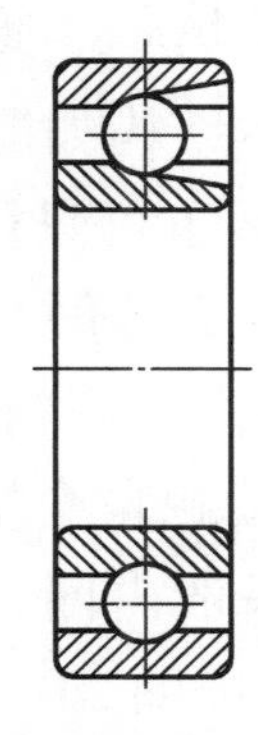
c) 有装球缺口的满装深沟球轴承

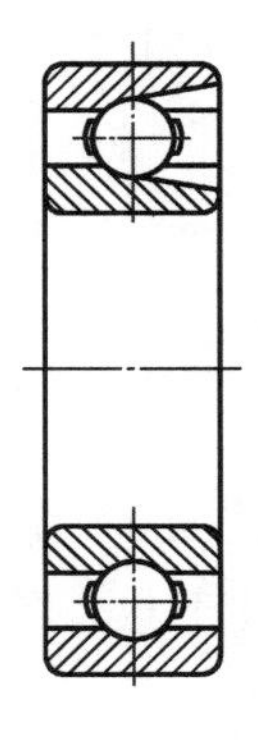
d) 有装球缺口、有保持架的深沟球轴承

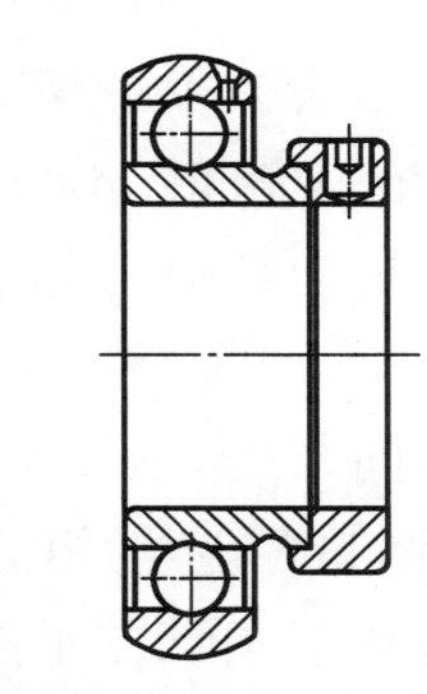
e) 带偏心套外球面深沟球轴承

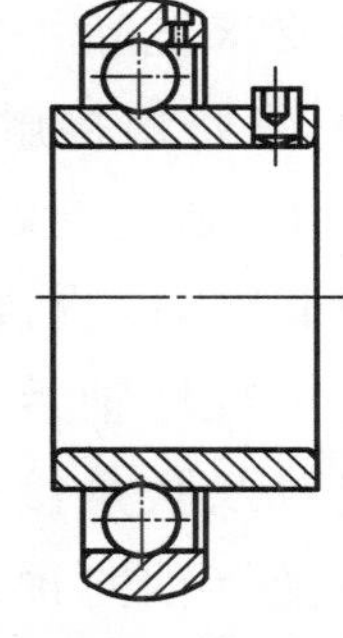
f) 带顶丝外球面深沟球轴承

图 1-3　不同结构的深沟球轴承

2. 调心球轴承

双列调心球轴承基本结构如图 1-4 所示，其主要特点如下。

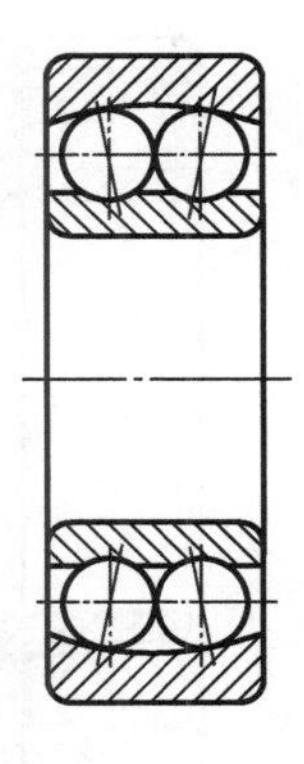
图 1-4　双列调心球轴承

1）外圈滚道是球面的一部分，曲率中心和轴承中心一致，轴承具有调心性。因加工安装及轴弯曲造成轴与座孔不同心时适合用这种轴承，调整的偏斜角可在 3°以内。

2）轴承接触角小，且在轴向力作用下几乎不变，所以轴向承载能力小。

这类轴承主要用在轴易弯曲或加工安装误差较大的部位，如木工机械和纺织机械的传动轴及滑轮滑车等。

3. 角接触球轴承

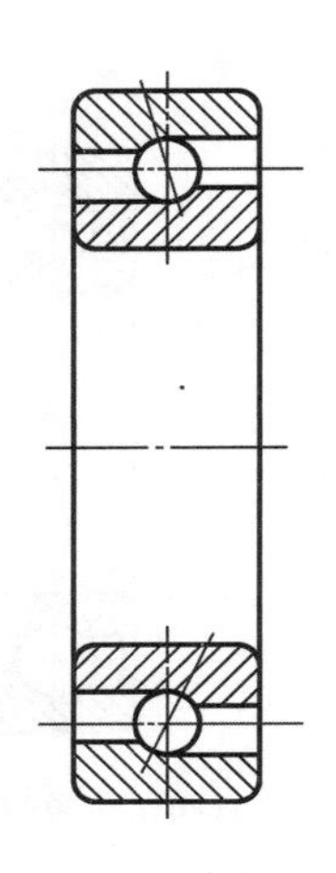

图 1-5　角接触球轴承

基本结构如图 1-5 所示，这类轴承可同时承受径向载荷和轴向载荷，也可只承受纯轴向载荷，其主要特点如下。

1）名义接触角有 15°、25°和 40°三种，接触角越大，轴向承载能力越高。高精度和高速轴承通常取 15°接触角。在轴向力作用下，接触角会增大。

2）一般内圈或外圈带锁口，内、外圈不可分离。外圈加热膨胀后与内圈、滚动体、保持架组件装配。装球数比深沟球轴承多，额定载荷比较大。

3）一般用冲压保持架，内径大于 150 mm 的大轴承、高速轴承及要求运转平稳的轴承，采用实体保持架。

4）单列角接触球轴承因具有接触角，不可能只承受纯径向载荷作用，必定同时承受一定的轴向载荷，因此，常成对使用，并施加预载荷，以提高轴承刚性。

角接触球轴承有 70 多种不同结构，图 1-6～图 1-9 表示几种主要结构。

成对双联角接触球轴承由制造厂选配组合提供给用户（图 1-6），轴承安装后一般受有轴向预载荷，因而提高了轴承支承刚度和旋转精度。

双列角接触球轴承可以承受较大的径向力、双向轴向力及径向轴向联合载荷（图 1-7）。

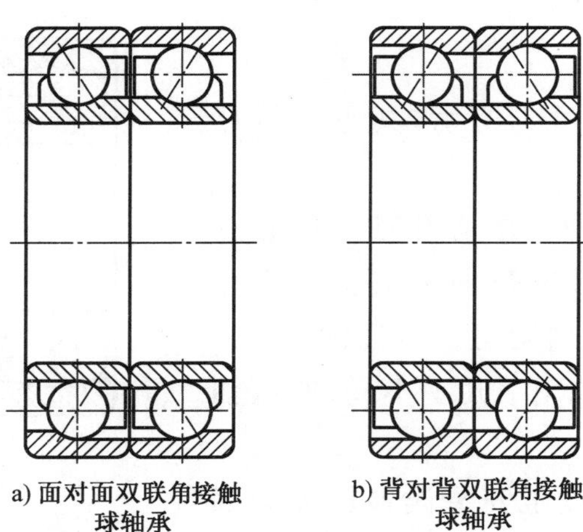

a) 面对面双联角接触球轴承　　b) 背对背双联角接触球轴承

图 1-6　成对双联角接触球轴承

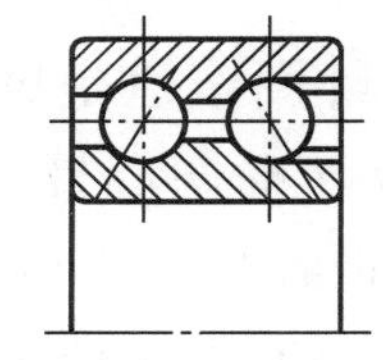

图 1-7　双列角接触球轴承

分离型角接触球轴承（图 1-8），因起初用于内燃机的发电机，又称为磁电机轴承，外圈只有单挡边，轴承能分离，内、外圈分别安装。套圈滚道比深沟球轴承浅，轴向承载能力较小。这种轴承外径限于50 mm以下，主要用于小型发电机、仪器仪表、柴油机用燃料油泵等。

双半内圈角接触球轴承（图1-9），根据外滚道设计不同，在纯径向载荷作用下，钢球与内、外滚道可在三点或四点接触，故又分别称为双半内圈三点接触球轴承或双半内圈四点接触球轴承。双半内圈四点接触球轴承的轴向定位精度比双半内圈三点接触球轴承高得多。双半内圈角接触球轴承可承受任一方向的轴向力，也能承受以轴向力为主的轴向、径向联合载荷。在正常工作状况下，钢球应该是与内、外滚道各接触于一点，以免在接触区发生大的滑动摩擦。因此，轴承不宜承受以径向力为主的载荷。

双半内圈角接触球轴承主要用于航空发动机主轴中，轴承处于高速高温状态下工作，因此，保持架多用青铜或合金钢制成，并且表面镀银，以改善润滑性能。

各种结构的角接触向心球轴承广泛用于磨削主轴、高频电动机、燃气轮机、高速离心机、仪器仪表、小轿车前轮等。

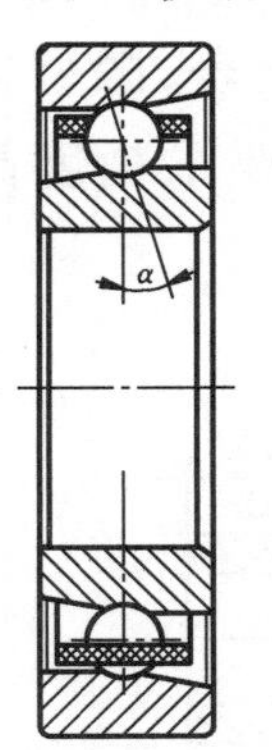

a) 角接触球轴承

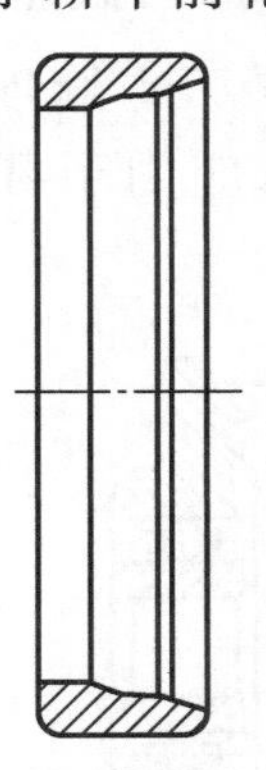

b) 轴承外圈

图 1-8　分离型角接触球轴承

a) 三点接触型

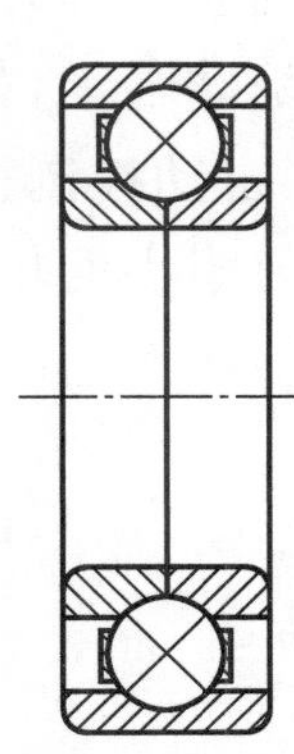

b) 四点接触型

图 1-9　双半内圈角接触球轴承

4. 推力角接触球轴承

图1-10所示的推力角接触球轴承，接触角为60°，球径小，球数较多，能承受较重的双向轴向载荷和少量的径向载荷，轴向刚性好，适于较高的转速。这种轴承主要用于车床、镗床、摇臂钻床等机床主轴。

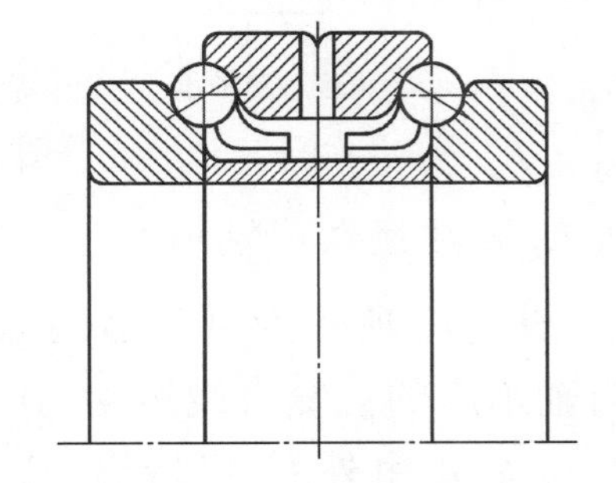

图 1-10　推力角接触球轴承

5. 推力球轴承

推力球轴承如图1-11所示，是可分离的

轴承，接触角 90°，只能承受轴向载荷。单向轴承只能承受一个方向的轴向载荷，双向轴承可承受两个方向的轴向载荷。带球面座圈的推力球轴承具有调心性，可消除安装误差的影响。钢球因离心力挤向滚道外侧，易擦伤，故不适于高速运转。

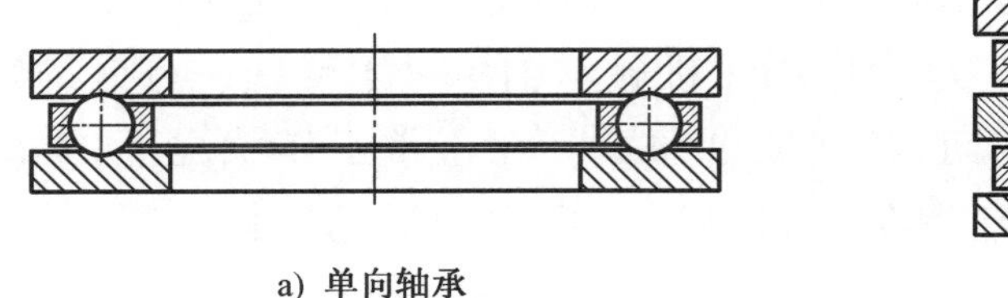
a) 单向轴承

b) 双向轴承

图 1-11　推力球轴承

推力球轴承主要用于机床主轴、立式车床旋转工作台、汽车转向机构等。

6. 微型球轴承

轴承公称外径尺寸不大于 26 mm 的轴承称为微型轴承。微型轴承中 90% 以上是球轴承，如图 1-12 所示。微型轴承主要用于各种仪器仪表、微型电机、陀螺仪、自动控制机构和医疗器械等。微型轴承应用于载荷轻、要求精度高、要求摩擦力矩小的场合。

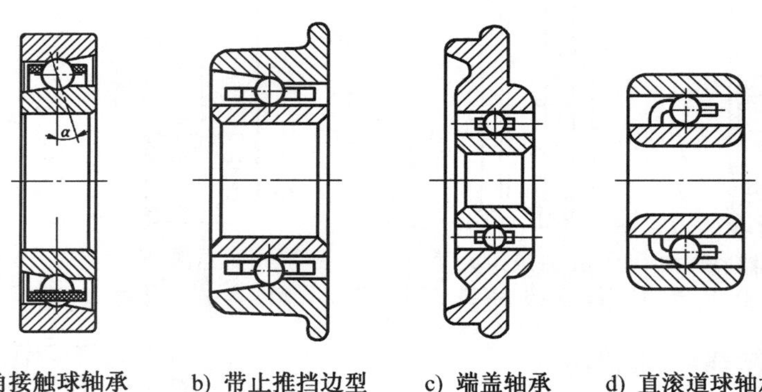

a) 角接触球轴承　b) 带止推挡边型　c) 端盖轴承　d) 直滚道球轴承

图 1-12　微型球轴承

7. 直线运动球轴承

图 1-13 所示为直线运动球轴承。用于支承轴与轴承座的往复直线运动，其主要特点如下。

1）轴承由外圈、保持架（又称“钢球循环架”）和 3～5 列钢球组成。外圈与轴作相对直线运动时，钢球沿轴的母线滚动，且在保持架的通道内

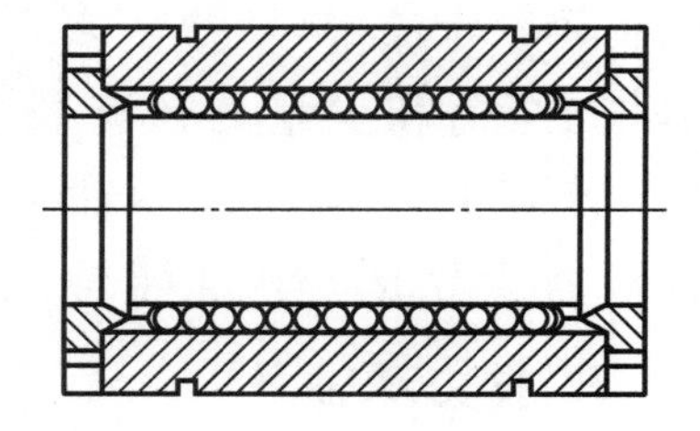
图 1-13　直线运动球轴承

循环。

2）摩擦系数比滑动轴承低得多，一般为 0.001～0.003。

3）径向游隙小，直线运动的精度高。

直线运动球轴承主要用于数控机床的往复机构、仪表自动记录装置、自动跟踪机构以及冲压模具的导柱等。

8. 圆柱滚子轴承

圆柱滚子轴承的典型结构如图 1-14 所示，其主要特点如下。

1）滚子与滚道为线接触或修正线接触，径向承载能力及径向刚度都比球轴承高。

2）一般结构是一个套圈带双挡边，另一个套圈无挡边或带一面挡边，内、外圈可分离。两个套圈都带有挡边的圆柱滚子轴承[图 1-14b)、d)]可承受少量单向轴向力。只有一个套圈带挡边的圆柱滚子轴承内、外圈能轴向相对移动，可作自由端支承使用。

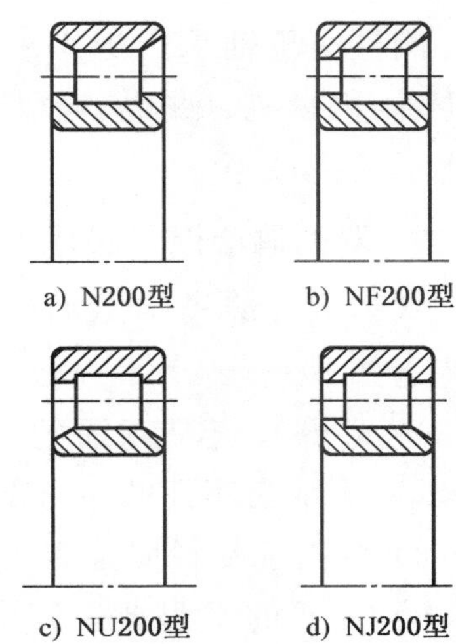
a) N200型　b) NF200型　c) NU200型　d) NJ200型

图 1-14　圆柱滚子轴承

3）摩擦系数小，适合高速运转。

4）一般用冲压保持架，但内径大于 150 mm 的轴承、高速轴承或要求运转平稳的轴承，则用实体保持架。

5）对轴和座孔的加工要求较高，轴承安装后内、外圈轴线相对偏斜要严加控制，以免造成接触应力集中。

6）内孔带 1∶12 锥度的双列圆柱滚子轴承，如图 1-15 所示，其径向游隙可以调整，径向刚度高，适用于机床主轴。四列圆柱滚子轴承径向承载能力高，主要用于轧钢机中，如图 1-16 所示。

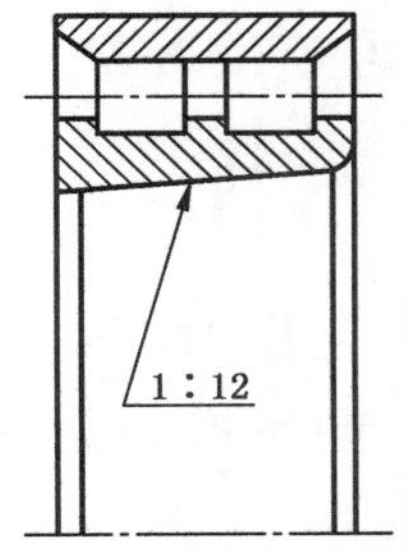

图 1-15　内孔带锥度的双列圆柱滚子轴承

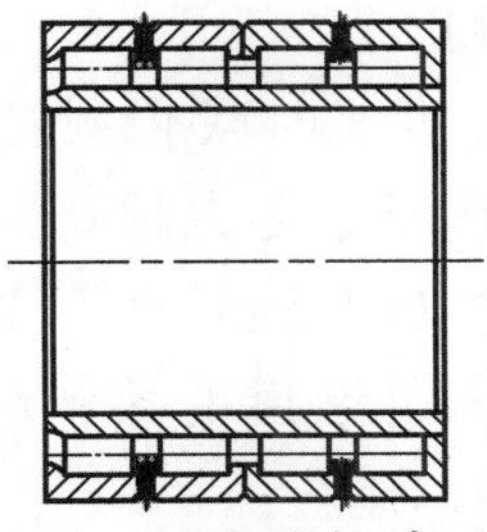

图 1-16　四列圆柱滚子轴承

7）圆柱滚子轴承设计采用加强型结构时，轴承代号中用“E”表示，加强型结构的圆柱滚子轴承是通过增大滚子的直径和长度，增加滚子数目，从而提高承载能力；另外在圆柱滚子设计时，圆柱滚子可采用凸度设计，这样可有效消除圆柱滚子边缘的应力集中，同时也能改善轴线偏斜的不利影响。

圆柱滚子轴承广泛用于大中型电动机、机车车辆、机床主轴、内燃机、燃气涡轮机、减速箱、轧钢机、振动筛以及起重运输机械等。

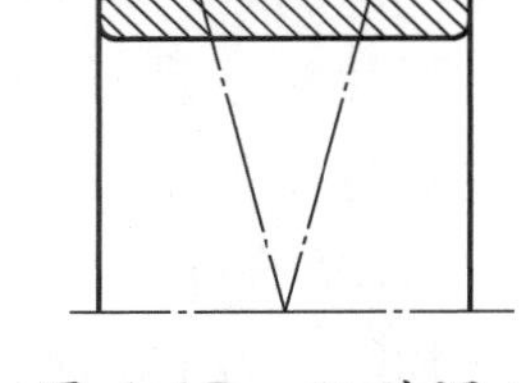

图 1-17 双列调心滚子轴承

9. 双列调心滚子轴承

双列调心滚子轴承的基本结构如图 1-17 所示，其基本特点如下。

1）外圈滚道是球面的一部分，轴承具有内部调心性能，以适应轴与座孔的相对偏斜。

2）可以承受径向重载荷和冲击载荷，也能承受一定的双向轴向载荷。

3）SKF 的 C 型调心滚子轴承，采用了对称滚子，用活动挡圈取代固定中挡边，滚子长度增加，从而使轴承额定动负荷显著提高。SKF 还有一种 CC 型双列调心滚子轴承，通过滚子与内、外滚道密合度的优化设计，轴承适宜承受较大的轴向载荷和较高的转速。

双列调心滚子轴承主要用于轧钢机、造纸机械、工程机械、破碎机、印刷机械、振动筛以及各种减速装置。

10. 圆锥滚子轴承

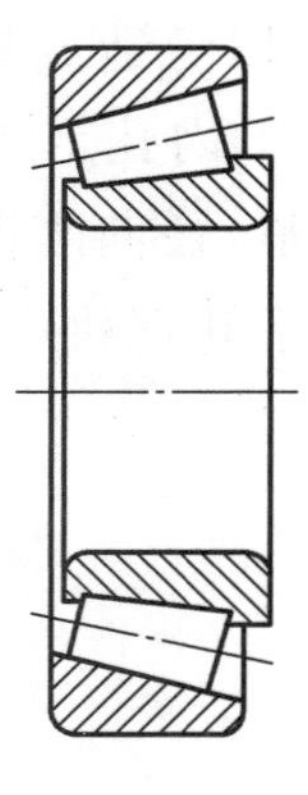

图 1-18 圆锥滚子轴承

圆锥滚子轴承基本结构如图 1-18 所示，其主要特点如下。

1）轴承名义接触角可在 10°～30°，而多数圆锥滚子轴承的接触角是在 10°～16°。滚子与滚道为线接触，可承受较重的径向和轴向联合载荷，也可承受纯轴向载荷。接触角越大，轴向承载能力越高。

2）圆锥滚子轴承的设计原则：圆锥滚子轴承工作时，滚子与内、外滚道的接触线延长后交于轴承轴线上同一点，以实现纯滚动。

3）圆锥滚子轴承采用加强型结构时，轴承代号中用“E”

表示。加强型结构圆锥滚子轴承设计通过加大滚子直径和滚子长度,增加滚子数目,并采用带凸度的滚子,从而可显著提高轴承的承载能力和疲劳寿命。另外,滚子大端面与大挡边之间采用球面与锥面接触,有效改善润滑,减少滚子大端面与大挡边之间的摩擦。

4) 与角接触向心球轴承一样,因具有接触角,单列圆锥滚子轴承不能一套单独使用,常用两套轴承成对使用。轴承在安装过程中调整游隙,也可以实现预紧。

圆锥滚子轴承主要用于汽车的前轮和后轮、机床、机车车辆、轧钢机、建筑机械、起重机械、印刷机械及各种减速装置。双列圆锥滚子轴承主要用于机床主轴和机车车辆,四列圆锥滚子轴承用于轧辊支承,如图 1-19 和图 1-20 所示。

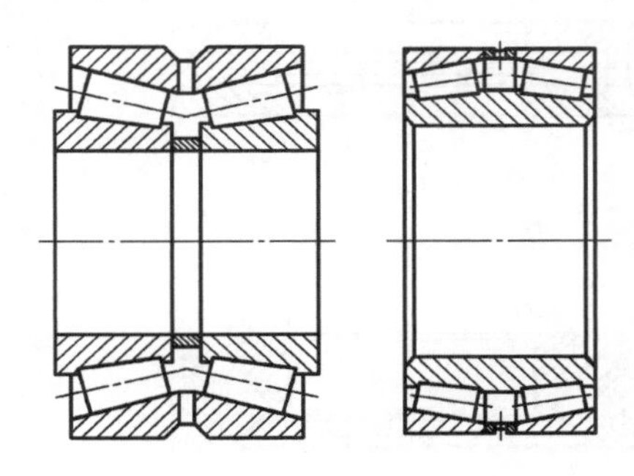

图 1-19 双列圆锥滚子轴承

图 1-20 四列圆锥滚子轴承

11. 滚针轴承

通常将滚子长度 l 与滚子直径 D_w 之比 $l/D_w>2.5$ 及滚子直径 $D_w<6$ mm 的向心滚子轴承称为滚针轴承。图 1-21 表示几种主要滚针轴承结构形式,其主要特点如下。

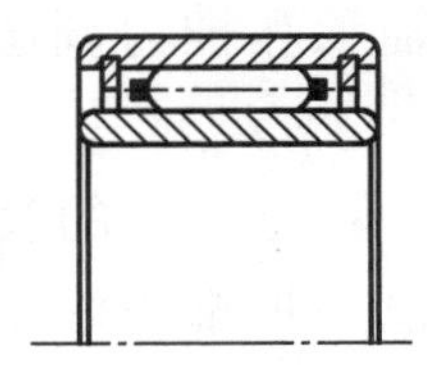

a) 外圈带防尘盖的滚针轴承

b) 有保持架的滚针轴承

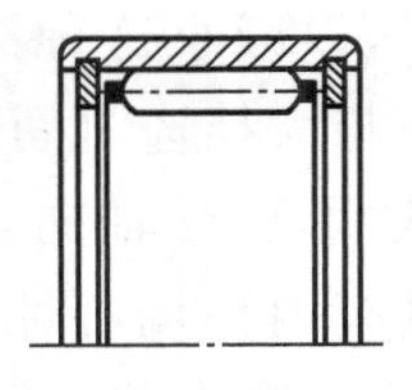

c) 外圈带防尘盖的无内圈滚针轴承

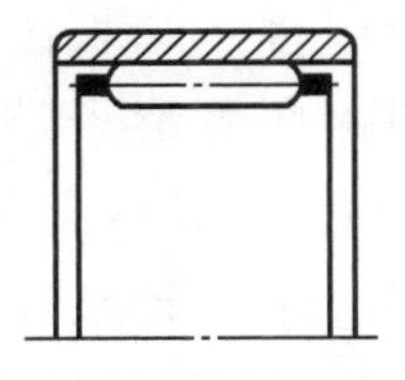

d) 无内圈有保持架的滚针轴承

图 1-21 几种主要滚针轴承结构形式

1) 滚针轴承径向尺寸小,但径向承载能力很高。不能承受轴向载荷,仅作为自由端支承使用。特别适用于径向安装空间小的支承结构,有利于机械设备的小型化和轻型化。

2）使用不带内圈或不带外圈的滚针轴承，以及只有带保持架的滚针组件时，要求相配的轴颈或轴承座孔的加工精度、表面硬度应与轴承套圈滚道相同。

3）滚针轴承的摩擦系数大，特别是没有保持架的满装滚针轴承，摩擦更大。因而不适合于较高的转速。

滚针轴承主要用于汽车变速箱、万向接头、小型发动机的曲轴和连杆、液压机械、纺织机械等。

12. 推力滚子轴承

推力滚子轴承的主要结构如图1-22所示，其主要特点如下。

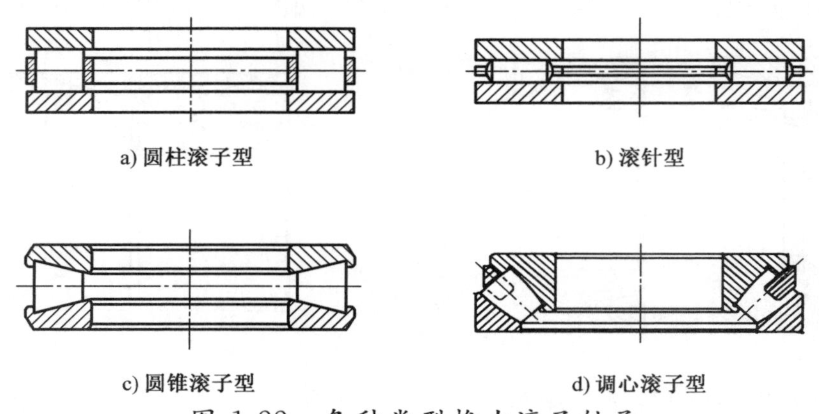

图1-22　各种类型推力滚子轴承

1）推力滚子轴承用来承受轴向重载荷，轴向刚度大，承载能力比同尺寸的推力球轴承高得多。

2）推力滚子轴承摩擦系数大，只适用于较低的转速。圆柱滚子的两端与滚道之间存在着滑动，滚子愈长，滑动愈严重。因此，常常在每个兜孔中装入几个短滚子代替一个长滚子，以减小这种滑动。推力圆锥滚子轴承和推力调心滚子轴承则存在着滚子端面与大挡边之间的滑动摩擦。

3）推力调心滚子轴承承受轴向重载荷的同时，还可以承受一定的径向载荷。调心滚子轴承还具有内部调心性能，其摩擦系数比其他几种推力滚子轴承要低一些，适应的转速可以高一些。

推力滚子轴承主要用于立式电动机、船用螺旋桨轴、旋臂吊车、机床旋转工作台及加压丝杠等。

13. 转盘轴承

转盘轴承指承受重载荷，工作转速很低或摆动的一类特大型轴承。转盘轴承有多种结构型式，多数是球轴承(图 1-23)，也有滚子组合轴承(图 1-24)，其主要特点如下。

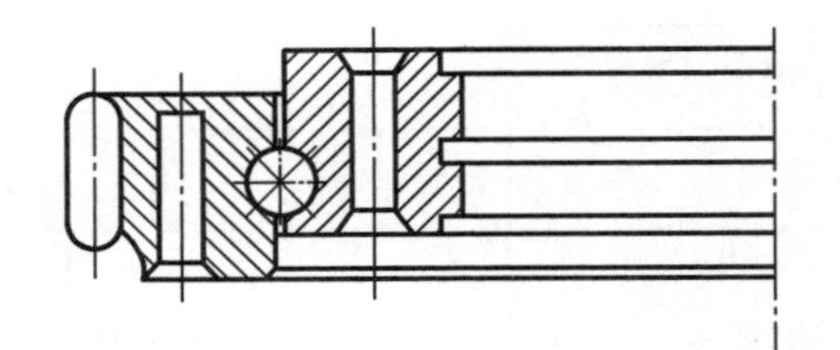

图 1-23　外齿式四点接触球轴承

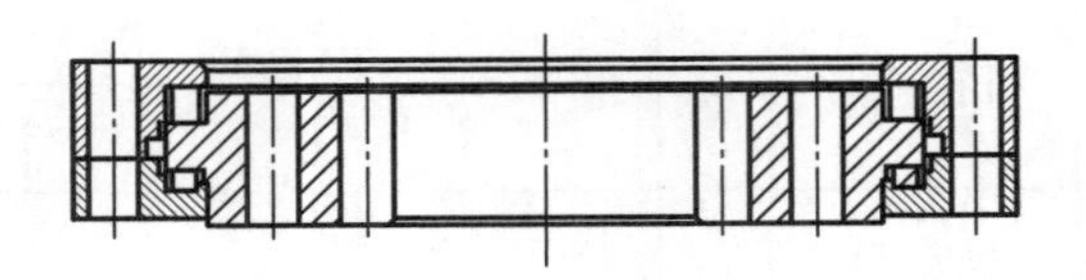

图 1-24　内齿式三排圆柱滚子组合轴承

1) 转盘轴承可以承受很重的轴向力，还可以承受很大的径向力和倾覆力矩。

2) 除普通结构的保持架外，转盘轴承还采用一些特殊结构的保持架，图 1-25a)为分段式保持架，常用青铜制作；图 1-25b)为青铜或尼龙制钢球隔离件；图 1-25c)为隔离钢球的弹簧。对于载荷特别重、摆动次数少、摆动角度小的场合，转盘轴承可以不用保持架，满装滚动体以提高承载能力。

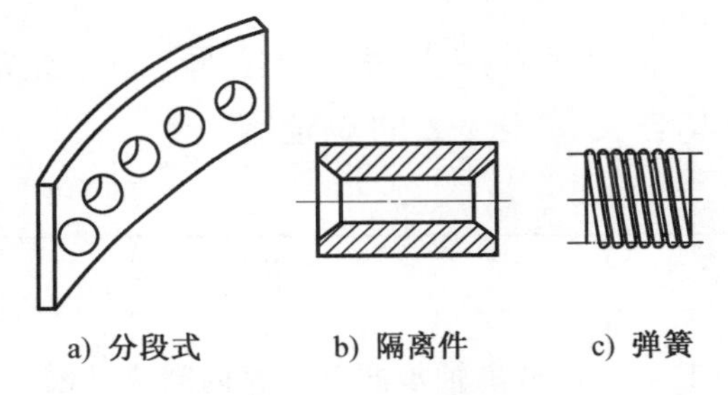

图 1-25　特殊结构的转盘轴承保持架

3) 转盘轴承的设计与选用中，一般不考虑轴承疲劳寿命，而以轴承额定静负荷作为轴承设计与选用的准则。

转盘轴承主要用于矿山机械、工程机械、冶金设备、重型机床和大型仪器等重型设备中。

第二节　我国的滚动轴承代号

根据 GB/T 272—2017《滚动轴承　代号方法》，我国的滚动轴承代号是用字母加数字来表示滚动轴承的结构、尺寸、公差等级、技术性能等特征。这里介绍用于一般用途轴承代号的表示方法。

轴承代号由基本代号、前置代号和后置代号构成。前置代号、后置代号是轴承在结构形状、尺寸、公差、技术要求等有改变时，在其基本代号左右添加的补充代号。其排列按表 1-1 的规定。

表 1-1　轴承代号

<table>
<tr><td colspan="11">轴　承　代　号</td></tr>
<tr><td rowspan="2">前置代号</td><td rowspan="3">基本代号</td><td colspan="9">后置代号</td></tr>
<tr><td>1</td><td>2</td><td>3</td><td>4</td><td>5</td><td>6</td><td>7</td><td>8</td><td>9</td></tr>
<tr><td>轴承分部分（轴承组件）</td><td>内部结构</td><td>密封与防尘与外部形状</td><td>保持架及其材料</td><td>轴承零件材料</td><td>公差等级</td><td>游隙</td><td>配置</td><td>振动及噪声</td><td>其他</td></tr>
</table>

1. 前置代号

前置代号用大写拉丁字母表示，经常用于表示轴承分部件（轴承组件），代号及其含义按表 1-2 的规定。

表 1-2　前置代号

代号	含义	示例
L	可分离轴承的可分离内圈或外圈	LNU 207，表示 NU 207 轴承的内圈 LN 207，表示 N 207 轴承的外圈
LR	带可分离内圈或外圈与滚动体的组件	—
R	不带可分离内圈或外圈的轴承（滚针轴承仅适用于 NA 型）	RNU 207，表示 NU 207 轴承的外圈和滚子组件 RNA 6904，表示无内圈的 NA 6904 滚针轴承
K	滚子和保持架组件	K 81107，表示无内圈和外圈的 81107 轴承
WS	推力圆柱滚子轴承轴圈	WS 81107
GS	推力圆柱滚子轴承座圈	GS 81107
F	带凸缘外圈的向心球轴承（仅适用于 $d \leqslant 10$ mm）	F 618/4
FSN	凸缘外圈分离型微型角接触球轴承（仅适用于 $d \leqslant 10$ mm）	FSN 719/5-Z
KIW-	无座圈的推力轴承组件	KIW-51108
KOW-	无轴圈的推力轴承组件	KOW-51108

2. 基本代号

(1) 滚动轴承(滚针轴承除外)基本代号

基本代号表示轴承的基本类型、结构和尺寸，是轴承代号的基础。

滚动轴承基本代号由类型代号、尺寸系列代号和内径代号构成，其排列顺序按表 1-3 的规定(滚针轴承除外)。

表 1-3　滚动轴承基本代号

基　本　代　号		
类型代号	尺寸系列代号	内径代号

轴承类型代号用阿拉伯数字(以下简称“数字”)或大写拉丁字母表示，按表 1-4 的规定。

表 1-4　滚动轴承类型代号

代号	轴　承　类　型	代号	轴　承　类　型
0	双列角接触球轴承	N	圆柱滚子轴承 双列或多列用字母 NN 表示
1	调心球轴承		
2	调心滚子轴承和推力调心滚子轴承		
3	圆锥滚子轴承	U	外球面球轴承
4	双列深沟球轴承		
5	推力球轴承	QJ	四点接触球轴承
6	深沟球轴承		
7	角接触球轴承	C	长弧面滚子轴承(圆环轴承)
8	推力圆柱滚子轴承		

尺寸系列代号用数字表示。尺寸系列代号由轴承的宽(高)度系列代号和直径系列代号组合而成。向心轴承、推力轴承尺寸系列代号按表 1-5 的规定。

表 1-5　尺寸系列代号

直径系列代号	向心轴承								推力轴承			
	宽度系列代号								高度系列代号			
	8	0	1	2	3	4	5	6	7	9	1	2
	尺寸系列代号											
7	—	—	17	—	37	—	—	—	—	—	—	—

续表 1-5

直径系列代号	向心轴承								推力轴承			
	宽度系列代号								高度系列代号			
	8	0	1	2	3	4	5	6	7	9	1	2
	尺寸系列代号											
8	—	08	18	28	38	48	58	68	—	—	—	—
9	—	09	19	29	39	49	59	69	—	—	—	—
0	—	00	10	20	30	40	50	60	70	90	10	—
1	—	01	11	21	31	41	51	61	71	91	11	—
2	82	02	12	22	32	42	52	62	72	92	12	22
3	83	03	13	23	33	—	—	—	73	93	13	23
4	—	04	—	24	—	—	—	—	74	94	14	24
5	—	—	—	—	—	—	—	—	—	95	—	—

轴承的内径代号用数字表示，按表 1-6 的规定。

表 1-6　内径代号

轴承公称内径 mm		内径代号	示例
0.6～10(非整数)		用公称内径毫米数直接表示，在其与尺寸系列代号之间用“/”分开	深沟球轴承　617/0.6　d=0.6 mm 深沟球轴承　618/2.5　d=2.5 mm
1～9(整数)		用公称内径毫米数直接表示，对深沟及角接触球轴承直径系列 7、8、9，内径与尺寸系列代号之间用“/”分开	深沟球轴承　625　d=5 mm 深沟球轴承　618/5　d=5 mm 角接触球轴承　707　d=7 mm 角接触球轴承　719/7　d=7 mm
10～17	10	00	深沟球轴承　6200　d=10 mm
	12	01	调心球轴承　1201　d=12 mm
	15	02	圆柱滚子轴承　NU202　d=15 mm
	17	03	推力球轴承　51103　d=17 mm

续表 1-6

轴承公称内径 mm	内径代号	示例
20～480 (22,28,32 除外)	公称内径除以 5 的商数,商数为个位数,需在商数左边加"0",如 08	调心滚子轴承 22308 $d=40$ mm 圆柱滚子轴承 NU1096 $d=480$ mm
≥500 以及 22,28,32	用公称内径毫米数直接表示,但在与尺寸系列之间用"/"分开	调心滚子轴承 230/500 $d=500$ mm 深沟球轴承 62/22 $d=22$ mm

(2) 滚针轴承基本代号

滚针轴承基本代号由轴承类型代号和表示轴承配合安装特征的尺寸构成,排列按表 1-7 的规定。

表 1-7 滚针轴承基本代号

基本代号	
类型代号	表示轴承配合安装特征的尺寸

滚针轴承类型代号用大写拉丁字母表示,按表 1-8 的规定。

表 1-8 滚针轴承类型代号

代号	轴承类型	代号	轴承类型
K	向心滚针和保持架组件	AXK	推力滚针和保持架组件
NA	滚针轴承	HK	开口型冲压外圈滚针轴承
BK	封口型冲压外圈滚针轴承		

表示轴承配合安装特征的尺寸,用尺寸系列、内径代号或者直接用毫米数表示。

3. 后置代号

后置代号用大写拉丁字母(或加数字)表示。其中内部结构代号按表 1-9 的规定;密封、防尘与外部形状变化代号及含义按表 1-10 的规定;保持架的结构型式、材料改变的代号按表 1-11 的规定;轴承零件材料改变的代号按表 1-12 的规定;公差等级代号按表 1-13 的规定;游隙代号按表 1-14 的规定;配置代号按表 1-15 的规定;振动及噪声代号按表 1-16 的规定;其他特殊代号按表 1-17 的规定。

表 1-9　内部结构代号

代号	含义	示例
A	无装球缺口的双列角接触或深沟球轴承	3205 A
	滚针轴承外圈带双锁圈(d>9 mm,F_w>12 mm)	—
	套圈直滚道的深沟球轴承	—
AC	角接触球轴承,公称接触角 $\alpha=25°$	7210 AC
B	角接触球轴承,公称接触角 $\alpha=40°$	7210 B
	圆锥滚子轴承,接触角加大	32310 B
C	角接触球轴承,公称接触角 $\alpha=15°$	7005 C
	调心滚子轴承,C型调心滚子轴承设计改变,内圈无挡边,活动中挡圈,冲压保持架,对称型滚子,加强型	23122 C
CA	C型调心滚子轴承,内圈带挡边,活动中挡圈,实体保持架	23084 CA/W33
CAB	CA型调心滚子轴承,滚子中部穿孔,带柱销式保持架	—
CABC	CAB型调心滚子轴承,滚子引导方式有改进	—
CAC	CA型调心滚子轴承,滚子引导方式有改进	22252 CACK
CC	C型调心滚子轴承,滚子引导方式有改进 **注**:CC还有第二种解释,见表1-15。	22205 CC
D	剖分式轴承	K 50×55×20 D
E	加强型[a]	NU 207 E
ZW	滚针保持架组件,双列	K 20×25×40 ZW

[a] 加强型,即内部结构设计改进,增大轴承承载能力。

表 1-10　密封、防尘与外部形状变化代号

代号	含义	示例
D	双列角接触球轴承,双内圈	3307 D
	双列圆锥滚子轴承,无内隔圈,端面不修磨	—
D1	双列圆锥滚子轴承,无内隔圈,端面修磨	—
DC	双列角接触球轴承,双外圈	3924-2KDC
DH	有两个座圈的单向推力轴承	—
DS	有两个轴圈的单向推力轴承	—
-FS	轴承一面带毡圈密封	6203-FS
-2FS	轴承两面带毡圈密封	6206-2FSWB

续表 1-10

代号	含义	示例
K	圆锥孔轴承，锥度为 1∶12(外球面球轴承除外)	1210 K，锥度为 1∶12 代号为 1210 的圆锥孔调心球轴承
K30	圆锥孔轴承，锥度为 1∶30	24122 K30，锥度为 1∶30 代号为 24122 的圆锥孔调心滚子轴承
-2K	双圆锥孔轴承，锥度为 1∶12	QF 2308-2K
L	组合轴承带加长阶梯形轴圈	ZARN 1545 L
-LS	轴承一面带骨架式橡胶密封圈(接触式，套圈不开槽)	—
-2LS	轴承两面带骨架式橡胶密封圈(接触式，套圈不开槽)	NNF 5012-2LSNV
N	轴承外圈上有止动槽	6210 N
NR	轴承外圈上有止动槽，并带止动环	6210 NR
N1	轴承外圈有一个定位槽口	—
N2	轴承外圈有两个或两个以上的定位槽口	—
N4	N＋N2，定位槽口和止动槽不在同一侧	—
N6	N＋N2，定位槽口和止动槽在同一侧	—
P	双半外圈的调心滚子轴承	—
PP	轴承两面带软质橡胶密封圈	NATR 8 PP
PR	同 P，两半外圈间有隔圈	—
-2PS	滚轮轴承，滚轮两端为多片卡簧式密封	—
R	轴承外圈有止动挡边(凸缘外圈)(不适用于内径小于 10 mm 的向心球轴承)	30307 R
-RS	轴承一面带骨架式橡胶密封圈(接触式)	6210-RS
-2RS	轴承两面带骨架式橡胶密封圈(接触式)	6210-2RS
-RSL	轴承一面带骨架式橡胶密封圈(轻接触式)	6210-RSL
-2RSL	轴承两面带骨架式橡胶密封圈(轻接触式)	6210-2RSL
-RSZ	轴承一面带骨架式橡胶密封圈(接触式)、一面带防尘盖	6210-RSZ

续表 1-10

代号	含义	示例
-RZZ	轴承一面带骨架式橡胶密封圈(非接触式)、一面带防尘盖	6210-RZZ
-RZ	轴承一面带骨架式橡胶密封圈(非接触式)	6210-RZ
-2RZ	轴承两面带骨架式橡胶密封圈(非接触式)	6210-2RZ
S	轴承外圈表面为球面(外球面球轴承和滚轮轴承除外)	—
	游隙可调(滚针轴承)	NA 4906 S
SC	带外罩向心轴承	—
SK	螺栓型滚轮轴承,螺栓轴端部有内六角盲孔 **注**:对螺栓型滚轮轴承,滚轮两端为多片卡簧式密封,螺栓轴端部有内六角盲孔,后置代号可简化为-2PSK。	—
U	推力球轴承,带调心座垫圈	53210 U
WB	宽内圈轴承(双面宽)	—
WB1	宽内圈轴承(单面宽)	—
WC	宽外圈轴承	—
X	滚轮轴承外圈表面为圆柱面	KR 30 X NuTR 30 X
Z	带防尘罩的滚针组合轴承	NK 25 Z
	带外罩的滚针和满装推力球组合轴承(脂润滑)	—
-Z	轴承一面带防尘盖	6210-Z
-2Z	轴承两面带防尘盖	6210-2Z
-ZN	轴承一面带防尘盖,另一面外圈有止动槽	6210-ZN
-2ZN	轴承两面带防尘盖,外圈有止动槽	6210-2ZN
-ZNB	轴承一面带防尘盖,同一面外圈有止动槽	6210-ZNB
-ZNR	轴承一面带防尘盖,另一面外圈有止动槽并带止动环	6210-ZNR
ZH	推力轴承,座圈带防尘罩	—
ZS	推力轴承,轴圈带防尘罩	—
注:密封圈代号与防尘盖代号同样可以与止动槽代号进行多种组合。		

表 1-11　保持架结构、材料代号

代号		含义	代号		含义
保持架材料	F	钢、球墨铸铁或粉末冶金实体保持架	保持架结构型式及表面处理	A	外圈引导
	J	钢板冲压保持架		B	内圈引导
	L	轻合金实体保持架		C	有镀层的保持架（C1——镀银）
	M	黄铜实体保持架		D	碳氮共渗保持架
	Q	青铜实体保持架		D1	渗碳保持架
	SZ	保持架由弹簧丝或弹簧制造		D2	渗氮保持架
	T	酚醛层压布管实体保持架		D3	低温碳氮共渗保持架
	TH	玻璃纤维增强酚醛树脂保持架（筐形）		E	磷化处理保持架
	TN	工程塑料模注保持架		H	自锁兜孔保持架
	Y	铜板冲压保持架		P	由内圈或外圈引导的拉孔或冲孔的窗形保持架
	ZA	锌铝合金保持架		R	铆接保持架（用于大型轴承）
无保持架	V	满装滚动体		S	引导面有润滑槽
				W	焊接保持架
注：保持架结构型式及表面处理的代号只能与保持架材料代号结合使用。					

表 1-12　轴承零件材料代号

代号	含义	示例
/CS	轴承零件采用碳素结构钢制造	—
/HC	套圈和滚动体或仅是套圈由渗碳轴承钢（/HC——G20Cr2Ni4A；/HC1——G20Cr2Mn2MoA；/HC2——15Mn）制造	—

续表 1-12

代号	含义	示例
/HE	套圈和滚动体由电渣重熔轴承钢 GCr15Z 制造	6204/HE
/HG	套圈和滚动体或仅是套圈由其他轴承钢(/HG——5CrMnMo;/HC1——55SiMoVA)制造	—
/HN	套圈、滚动体由高温轴承钢(/HN——Cr4Mo4V;/HN1——Cr14Mo4;/HN2——Cr15Mo4V;/HN3——W18Cr4V)制造	NU 208/HN
/HNC	套圈和滚动体由高温渗碳轴承钢 G13Cr4Mo4Ni4V 制造	—
/HP	套圈和滚动体由铍青铜或其他防磁材料制造	—
/HQ	套圈和滚动体由非金属材料(/HQ——塑料;/HQ1——陶瓷)制造	—
/HU	套圈和滚动体由 1Cr18Ni9Ti 不锈钢制造	6004/HU
/HV	套圈和滚动体由可淬硬不锈钢(/HV——G95Cr18;/HV1——G102Cr18Mo)制造	6014/HV

表 1-13　公差等级代号

代号	含义	示例
/PN	公差等级符合标准规定的普通级,代号中省略不表示	6203
/P6	公差等级符合标准规定的 6 级	6203/P6
/P6X	公差等级符合标准规定的 6X 级	30210/P6X
/P5	公差等级符合标准规定的 5 级	6203/P5
/P4	公差等级符合标准规定的 4 级	6203/P4
/P2	公差等级符合标准规定的 2 级	6203/P2
/SP	尺寸精度相当于 5 级,旋转精度相当于 4 级	234420/SP
/UP	尺寸精度相当于 4 级,旋转精度高于 4 级	234730/UP

表 1-14　游隙代号

代号	含义	示例
/C2	游隙符合标准规定的 2 组	6210/C2
/CN	游隙符合标准规定的 N 组,代号中省略不表示	6210

续表 1-14

代号	含义	示例
/C3	游隙符合标准规定的 3 组	6210/C3
/C4	游隙符合标准规定的 4 组	NN 3006 K/C4
/C5	游隙符合标准规定的 5 组	NNU 4920 K/C5
/CA	公差等级为 SP 和 UP 的机床主轴用圆柱滚子轴承径向游隙	—
/CM	电机深沟球轴承游隙	6204-2RZ/P6CM
/CN	N 组游隙。/CN 与字母 H、M 和 L 组合，表示游隙范围减半，或与 P 组合，表示游隙范围偏移，如： /CNH——N 组游隙减半，相当于 N 组游隙范围的上半部 /CNL——N 组游隙减半，相当于 N 组游隙范围的下半部 /CNM——N 组游隙减半，相当于 N 组游隙范围的中部 /CNP——偏移的游隙范围，相当于 N 组游隙范围的上半部及 3 组游隙范围的下半部组成	—
/C9	轴承游隙不同于现标准	6205-2RS/C9

表 1-15　配置代号

代号		含义	示例
/DB		成对背靠背安装	7210 C/DB
/DF		成对面对面安装	32208/DF
/DT		成对串联安装	7210 C/DT
配置组中轴承数目	/D	两套轴承	配置组中轴承数目和配置中轴承排列可以组合成多种配置方式，如： ——成对配套的/DB、/DF、/DT； ——三套配置的/TBT、/TFT、/TT；
	/T	三套轴承	
	/Q	四套轴承	
	/P	五套轴承	
	/S	六套轴承	

续表 1-15

代号		含义	示例
配置中轴承排列	B	背对背	——四套配置的/QBC、/QFC、/QT、/QBT、/QFT 等。 7210 C/TFT——接触角 $\alpha=15°$ 的角接触球轴承 7210 C，三套配置，两套串联和一套面对面 7210 C/PT——接触角 $\alpha=15°$ 的角接触球轴承 7210 C，五套串联配置 7210 AC/QBT——接触角 $\alpha=25°$ 的角接触球轴承 7210 AC，四套成组配置，三套串联和一套背对背
	F	面对面	
	T	串联	
	G	万能组配	
	BT	背对背和串联	
	FT	面对面和串联	
	BC	成对串联的背对背	
	FC	成对串联的面对面	
预载荷	G	特殊预紧，附加数字直接表示预紧的大小（单位为 N），用于角接触球轴承时，“G”可省略。	7210 C/G325——接触角 $\alpha=15°$ 的角接触球轴承 7210 C，特殊预载荷为 325 N
	GA	轻预紧，预紧值较小（深沟及角接触球轴承）	7210 C/DBGA——接触角 $\alpha=15°$ 的角接触球轴承 7210 C，成对背对背配置，有轻预紧
	GB	中预紧，预紧值大于 GA（深沟及角接触球轴承）	—
	GC	重预紧，预紧值大于 GB（深沟及角接触球轴承）	—
	R	径向载荷均匀分配	NU 210/QTR——圆柱滚子轴承 NU 210，四套配置，均匀预紧
轴向游隙	CA	轴向游隙较小（深沟及角接触球轴承）	—
	CB	轴向游隙大于 CA（深沟及角接触球轴承）	—
	CC	轴向游隙大于 CB（深沟及角接触球轴承）	—
	CG	轴向游隙为零（圆锥滚子轴承）	—

表 1-16　振动及噪声代号

代号	含义	示例
/Z	轴承的振动加速度级极值组别。附加数字表示极值不同： Z1——轴承的振动加速度级极值符合有关标准中规定的 Z1 组； Z2——轴承的振动加速度级极值符合有关标准中规定的 Z2 组； Z3——轴承的振动加速度级极值符合有关标准中规定的 Z3 组； Z4——轴承的振动加速度级极值符合有关标准中规定的 Z4 组	 6204/Z16205- 2RS/Z2 — —
/ZF3	振动加速度级达到 Z3 组，且振动加速度级峰值与振动加速度级之差不大于 15 dB	—
/ZF4	振动加速度级达到 Z4 组，且振动加速度级峰值与振动加速度级之差不大于 15 dB	—
/V	轴承的振动速度级极值组别。附加数字表示极值不同： V1——轴承的振动速度级极值符合有关标准中规定的 V1 组； V2——轴承的振动速度级极值符合有关标准中规定的 V2 组； V3——轴承的振动速度级极值符合有关标准中规定的 V3 组； V4——轴承的振动速度级极值符合有关标准中规定的 V4 组	— 6306/V1 6304/V2 — —
/VF3	振动速度达到 V3 组且振动速度波峰因数达到 F 组[a]	—
/VF4	振动速度达到 V4 组且振动速度波峰因数达到 F 组[a]	—
/ZC	轴承噪声值有规定，附加数字表示限值不同	—
[a] F——低频振动速度波峰因素不大于 4，中、高频振动速度波峰因素不大于 6。		

表 1-17　其他特殊代号

代号		含义	示例
工作温度	/S0	轴承套圈经过高温回火处理，工作温度可达 150 ℃	N 210/S0
	/S1	轴承套圈经过高温回火处理，工作温度可达 200 ℃	NUP 212/S1
	/S2	轴承套圈经过高温回火处理，工作温度可达 250 ℃	NU 214/S2
	/S3	轴承套圈经过高温回火处理，工作温度可达 300 ℃	NU 308/S3
	/S4	轴承套圈经过高温回火处理，工作温度可达 350 ℃	NU 214/S4
摩擦力矩	/T	对启动力矩有要求的轴承，后接数字表示启动力矩	—
	/RT	对转动力矩有要求的轴承，后接数字表示转动力矩	—

续表 1-17

代号		含义	示例
润滑	/W20	轴承外圈上有三个润滑油孔	—
	/W26	轴承内圈上有六个润滑油孔	—
	/W33	轴承外圈上有润滑油槽和三个润滑油孔	23120 CC/W33
	/W33X	轴承外圈上有润滑油槽和六个润滑油孔	—
	/W513	W26＋W33	—
	/W518	W20＋W26	—
	/AS	外圈有油孔，附加数字表示油孔数(滚针轴承)	HK 2020/ASI
	/IS	内圈有油孔，附加数字表示油孔数(滚针轴承)	NAO 17×30×13/IS1
	/ASR	外圈有润滑油孔和沟槽	NAO 15×28×13/ASR
	/ISR	内圈有润滑油孔和沟槽	—
润滑脂	/HT	轴承内充特殊高温润滑脂。当轴承内润滑脂的装填量和标准值不同时附加字母表示： A——润滑脂的装填量少于标准值； B——润滑脂的装填量多于标准值； C——润滑脂的装填量多于 B(充满)	NA 6909/ISR/HT
	/LT	轴承内充特殊低温润滑脂	—
	/MT	轴承内充特殊中温润滑脂	—
	/LHT	轴承内充特殊高、低温润滑脂	—
表面涂层	/VL	套圈表面带涂层	—
其他	/Y	Y 和另一个字母(如 YA、YB)组合用来识别无法用现在后置代号表达的非成系列的改变，凡轴承代号中有 Y 的后置代号，应查阅图纸或补充技术条件以便了解其改变的具体内容： YA——结构改变(综合表达)； YB——技术条件改变(综合表达)	—

第三节　滚动轴承的精度

一、轴承的精度等级

轴承的精度按基本尺寸精度和旋转精度由低至高分为PN级、P6级、P6X级、P5级、P4级和P2级。另外SP级为轴承尺寸精度相当于P5级，旋转精度相当于P4级；UP级为轴承尺寸精度相当于P4级，旋转精度高于P4级。

基本尺寸精度指轴承的内径、外径和宽度的制造精度。旋转精度指轴承内圈和外圈的径向跳动、内圈滚道对端面的平行度、外圈滚道对端面的平行度、内圈端面对内孔的垂直度、外圈外表面对端面的垂直度、内圈滚道与内孔间的厚度变动量以及外圈滚道与外表面间的厚度变动量等。

PN级精度最低，又称为普通级精度。PN级精度轴承可以满足一般机械装置中对支承精度的要求。高于PN级精度的精密轴承，适用于对旋转精度有严格要求或转速较高的场合，要求轴和座的制造精度也相应提高。

二、轴承的公差与测量方法

轴承各级精度的公差与测量方法可参见GB/T 307.1《滚动轴承　向心轴承　产品几何技术规范(GPS)和公差值》、GB/T 307.2《滚动轴承　测量和检验的原则及方法》和GB/T 307.4《滚动轴承　推力轴承　产品几何技术规范(GPS)和公差值》。

第四节　滚动轴承的径向游隙

轴承的径向游隙定义为〈能承受纯径向载荷的轴承、非预紧状态〉在不同的角度方向，不承受任何外载荷，一套圈相对另一套圈从一个径向偏心极限位置移到相反的极限位置的径向距离的算术平均值。

游隙的大小对轴承的负荷分布、寿命、摩擦、振动、噪声和旋转精度影响很大。另外轴承的游隙因配合种类、转速、温升的不同会发生变化，这些将在下一章中详述。轴承装配之后，安装到轴上之前的游隙称为原始游隙。表1-18～表1-26给出了向心轴承的原始径向游隙 u_r 值(取自GB/T 4604.1—2012)，表1-27给出了轴承内径不大于1 000 mm、接触角为35°的四点接触球轴承原始

轴向游隙 u_a 值(取自 GB/T 4604.2—2013)。角接触轴承的游隙大小在安装过程中调整，除三点接触球轴承、四点接触球轴承以及双列角接触球轴承外，不需要给出原始游隙值。三点接触球轴承、双列角接触球轴承以及四点接触球轴承(接触角不等于 35°)的原始游隙值，目前尚无国家标准。

表 1-18　圆柱孔径向接触沟型球轴承　μm

公称内径 d/mm		u_r									
		2 组		N 组		3 组		4 组		5 组	
>	≤	min	max	min	max	min	max	min	max	min	max
2.5	6	0	7	2	13	8	23	—	—	—	—
6	10	0	7	2	13	8	23	14	29	20	37
10	18	0	9	3	18	11	25	18	33	25	45
18	24	0	10	5	20	13	28	20	36	28	48
24	30	1	11	5	20	13	28	23	41	30	53
30	40	1	11	6	20	15	33	28	46	40	64
40	50	1	11	6	23	18	36	30	51	45	73
50	65	1	15	8	28	23	43	38	61	55	90
65	80	1	15	10	30	25	51	46	71	65	105
80	100	1	18	12	36	30	58	53	84	75	120
100	120	2	20	15	41	36	66	61	97	90	140
120	140	2	23	18	48	41	81	71	114	105	160
140	160	2	23	18	53	46	91	81	130	120	180
160	180	2	25	20	61	53	102	91	147	135	200
180	200	2	30	25	71	63	117	107	163	150	230
200	225	2	35	25	85	75	140	125	195	175	265
225	250	2	40	30	95	85	160	145	225	205	300
250	280	2	45	35	105	90	170	155	245	225	340
280	315	2	55	40	115	100	190	175	270	245	370
315	355	3	60	45	125	110	210	195	300	275	410
355	400	3	70	55	145	130	240	225	340	315	460
400	450	3	80	60	170	150	270	250	380	350	520

续表 1-18　　μm

公称内径 d/mm		u_r									
		2 组		N 组		3 组		4 组		5 组	
>	⩽	min	max	min	max	min	max	min	max	min	max
450	500	3	90	70	190	170	300	280	420	390	570
500	560	10	100	80	210	190	330	310	470	440	630
560	630	10	110	90	230	210	360	340	520	490	700
630	710	20	130	110	260	240	400	380	570	540	780
710	800	20	140	120	290	270	450	430	630	600	860
800	900	20	160	140	320	300	500	480	700	670	960
900	1 000	20	170	150	350	330	550	530	770	740	1 040
1 000	1 120	20	180	160	380	360	600	580	850	820	1 150
1 120	1 250	20	190	170	410	390	650	630	920	890	1 260
1 250	1 400	30	200	190	440	420	700	680	1 000	—	—
1 400	1 600	30	210	210	470	450	750	730	1 060	—	—

表 1-19　圆柱孔调心球轴承　　μm

公称内径 d/mm		u_r									
		2 组		N 组		3 组		4 组		5 组	
>	⩽	min	max	min	max	min	max	min	max	min	max
2.5	6	1	8	5	15	10	20	15	25	21	33
6	10	2	9	6	17	12	25	19	33	27	42
10	14	2	10	6	19	13	26	21	35	30	48
14	18	3	12	8	21	15	28	23	37	32	50
18	24	4	14	10	23	17	0	25	39	34	52
24	30	5	16	11	24	19	35	29	46	40	58
30	40	6	18	13	29	23	40	34	53	46	66
40	50	6	19	14	31	25	44	37	57	50	71

续表 1-19 μm

公称内径 d/mm		u_r									
		2 组		N 组		3 组		4 组		5 组	
>	≤	min	max	min	max	min	max	min	max	min	max
50	65	7	21	16	36	30	50	45	69	62	88
65	80	8	24	18	40	35	60	54	83	76	108
80	100	9	27	22	48	42	70	64	96	89	124
100	120	10	31	25	56	50	83	75	114	105	145
120	140	10	38	30	68	60	100	90	135	125	175
140	160	15	44	35	80	70	120	110	161	150	210
160	180	15	50	40	92	82	138	126	185	—	—
180	200	17	57	47	105	93	157	144	212	—	—
200	225	18	62	50	115	100	170	155	230	—	—
225	250	20	70	57	130	115	195	175	255	—	—
250	280	23	78	65	145	125	220	200	295	—	—
280	315	27	90	75	165	145	250	230	335	—	—
315	355	32	100	85	185	165	285	260	380	—	—
355	400	35	110	90	205	185	325	295	430	—	—
400	450	38	125	100	230	205	345	315	465	—	—
450	500	40	135	110	255	230	380	345	510	—	—

表 1-20 圆锥孔调心球轴承 μm

公称内径 d/mm		u_r									
		2 组		N 组		3 组		4 组		5 组	
>	≤	min	max	min	max	min	max	min	max	min	max
18	24	7	17	13	26	20	33	28	42	37	55
24	30	9	20	15	28	23	39	33	50	44	62
30	40	12	24	19	35	29	46	40	59	52	72

续表 1-20　　μm

公称内径 d/mm		u_r									
		2 组		N 组		3 组		4 组		5 组	
>	≤	min	max	min	max	min	max	min	max	min	max
40	50	14	27	22	39	33	52	45	65	58	79
50	65	18	32	27	47	41	61	56	80	73	99
65	80	23	39	35	57	50	75	69	98	91	123
80	100	29	47	42	68	62	90	84	116	109	144
100	120	35	56	50	81	75	108	100	139	130	170
120	140	40	68	60	98	90	130	120	165	155	205
140	160	45	74	65	110	100	150	140	191	180	240
160	180	50	85	75	127	117	173	161	220	—	—
180	200	55	95	85	143	131	195	182	250	—	—
200	225	63	107	95	160	145	215	200	275	—	—
225	250	70	120	107	180	165	145	230	310	—	—
250	280	78	133	120	200	180	275	255	350	—	—
280	315	87	150	135	225	205	310	280	385	—	—
315	355	97	165	150	250	220	340	310	430	—	—
355	400	105	180	160	275	245	375	335	470	—	—
400	450	115	200	170	300	260	400	360	510	—	—
450	500	120	215	180	325	275	425	380	545	—	—

表 1-21　圆柱孔圆柱滚子轴承和滚针轴承　　μm

公称内径 d/mm		u_r									
		2 组		N 组		3 组		4 组		5 组	
>	≤	min	max	min	max	min	max	min	max	min	max
—	10	0	25	20	45	35	60	50	75	—	—
10	24	0	25	20	45	35	60	50	75	65	90
24	30	0	25	20	45	35	60	50	75	70	95

续表 1-21 μm

公称内径 d/mm		u_r									
		2 组		N 组		3 组		4 组		5 组	
>	≤	min	max	min	max	min	max	min	max	min	max
30	40	5	30	25	50	45	70	60	85	80	105
40	50	5	35	30	60	50	80	70	100	95	125
50	65	10	40	40	70	60	90	80	110	110	140
65	80	10	45	40	75	65	100	90	125	130	165
80	100	15	50	50	85	75	110	105	140	155	190
100	120	15	55	50	90	85	125	125	165	180	220
120	140	15	60	60	105	100	145	145	190	200	245
140	160	20	70	70	120	115	165	165	215	225	275
160	180	25	75	75	125	120	170	170	220	250	300
180	200	35	90	90	145	140	195	195	250	275	330
200	225	45	105	105	165	160	220	220	280	305	365
225	250	45	110	110	175	170	235	235	300	330	395
250	280	55	125	125	195	190	260	260	330	370	440
280	315	55	130	130	205	200	275	275	350	410	485
315	355	65	145	145	225	225	305	305	385	455	535
355	400	100	190	190	280	280	370	370	460	510	600
400	450	110	210	210	310	310	410	410	510	565	665
450	500	110	220	220	330	330	440	440	550	625	735
500	560	120	240	240	360	360	480	480	600	—	—
560	630	140	260	260	380	380	500	500	620	—	—
630	710	145	285	285	425	425	565	565	705	—	—
710	800	150	310	310	470	470	630	630	790	—	—
800	900	180	350	350	520	520	690	690	860	—	—

续表 1-21 μm

公称内径 d/mm		u_r									
		2 组		N 组		3 组		4 组		5 组	
>	≤	min	max	min	max	min	max	min	max	min	max
900	1 000	200	390	390	580	580	770	770	960	—	—
1 000	1 120	220	430	430	640	640	850	850	1 060	—	—
1 120	1 250	230	470	470	710	710	950	950	1 190	—	—
1 250	1 400	270	530	530	790	790	1 050	1 050	1 310	—	—
1 400	1 600	330	610	610	890	890	1 170	1 170	1 450	—	—
1 600	1 800	380	700	700	1 020	1 020	1 340	1 340	1 660	—	—
1 800	2 000	400	760	760	1 120	1 120	1 480	1 480	1 840	—	—

表 1-22 圆柱孔调心滚子轴承 μm

公称内径 d/mm		u_r									
		2 组		N 组		3 组		4 组		5 组	
>	≤	min	max	min	max	min	max	min	max	min	max
14	18	10	20	20	35	35	45	45	60	60	75
18	24	10	20	20	35	35	45	45	60	60	75
24	30	15	25	25	40	40	55	55	75	75	95
30	40	15	30	30	45	45	60	60	80	80	100
40	50	20	35	35	55	55	75	75	100	100	125
50	65	20	40	40	65	65	90	90	120	120	150
65	80	30	50	50	80	80	110	110	145	145	180
80	100	35	60	60	100	100	135	135	180	180	225
100	120	40	75	75	120	120	160	160	210	210	260
120	140	50	95	95	145	145	190	190	240	240	300
140	160	60	110	110	170	170	220	220	280	280	350
160	180	65	120	120	180	180	240	240	310	310	390

续表 1-22

μm

公称内径 d/mm		u_r									
		2 组		N 组		3 组		4 组		5 组	
>	≤	min	max	min	max	min	max	min	max	min	max
180	200	70	130	130	200	200	260	260	340	340	430
200	225	80	140	140	220	220	290	290	380	380	470
225	250	90	150	150	240	240	320	320	420	420	520
250	280	100	170	170	260	260	350	350	460	460	570
280	315	110	190	190	280	280	370	370	500	500	630
315	355	120	200	200	310	310	410	410	550	550	690
355	400	130	220	220	340	340	450	450	600	600	750
400	450	140	240	240	370	370	500	500	660	660	820
450	500	140	260	260	410	410	550	550	720	720	900
500	560	150	280	280	440	440	600	600	780	780	1 000
560	630	170	310	310	480	480	650	650	850	850	1 100
630	710	190	350	350	530	530	700	700	920	920	1 190
710	800	210	390	390	580	580	770	770	1 010	1 010	1 300
800	900	230	430	430	650	650	860	860	1 120	1 120	1 440
900	1 000	260	480	480	710	710	930	930	1 220	1 220	1 570

表 1-23　圆锥孔调心滚子轴承

μm

公称内径 d/mm		u_r									
		2 组		N 组		3 组		4 组		5 组	
>	≤	min	max	min	max	min	max	min	max	min	max
18	24	15	25	25	35	35	45	45	60	60	75
24	30	20	30	30	40	40	55	55	75	75	95
30	40	25	35	35	50	50	65	65	85	85	105
40	50	30	45	45	60	60	80	80	100	100	130

续表 1-23

μm

公称内径 d/mm		u_r									
		2 组		N 组		3 组		4 组		5 组	
>	≤	min	max	min	max	min	max	min	max	min	max
50	65	40	55	55	75	75	95	95	120	120	160
65	80	50	70	70	95	95	120	120	150	150	200
80	100	55	80	80	110	110	140	140	180	180	230
100	120	65	100	100	135	135	170	170	220	220	280
120	140	80	120	120	160	160	200	200	260	260	330
140	160	90	130	130	180	180	230	230	300	300	380
160	180	100	140	140	200	200	260	260	340	340	430
180	200	110	160	160	220	220	290	290	370	370	470
200	225	120	180	180	250	280	320	320	410	410	520
225	250	140	200	200	270	270	350	350	450	450	570
250	280	150	220	220	300	300	390	390	490	490	620
280	315	170	240	240	330	330	430	430	540	540	680
315	355	190	270	270	360	360	470	470	590	590	740
355	400	210	300	300	400	400	520	520	650	650	820
400	450	230	330	330	440	440	570	570	720	720	910
450	500	260	370	370	490	490	630	630	790	790	1 000
500	560	290	410	410	540	540	680	680	870	870	1 100
560	630	320	460	460	600	600	760	760	980	980	1 230
630	710	350	510	510	670	670	850	850	1 090	1 090	1 360
710	800	390	570	570	750	750	960	960	1 220	1 220	1 500
800	900	440	640	640	840	840	1 070	1 070	1 370	1 370	1 690
900	1 000	490	710	710	930	930	1 190	1 190	1 520	1 520	1 860

表 1-24　圆锥孔圆柱滚子轴承

μm

公称内径 d/mm		u_r							
		2 组		N 组		3 组		4 组	
>	≤	min	max	min	max	min	max	min	max
—	10	15	40	30	55	40	65	50	75
10	24	15	40	30	55	40	65	50	75
24	30	20	45	35	60	45	70	55	80
30	40	20	45	40	65	55	80	70	95
40	50	25	55	45	75	60	90	75	105
50	65	30	60	50	80	70	100	90	120
65	80	35	70	60	95	85	120	110	145
80	100	40	75	70	105	95	130	120	155
100	120	50	90	90	130	115	155	140	180
120	140	55	100	100	145	130	175	160	205
140	160	60	110	110	160	145	195	180	230
160	180	75	125	125	175	160	210	195	245
180	200	85	140	140	195	180	235	220	275
200	225	95	155	155	215	200	260	245	305
225	250	105	170	170	235	220	285	270	335
250	280	115	185	185	255	240	310	295	365
280	315	130	205	205	280	265	340	325	400
315	355	145	225	255	305	290	370	355	435
355	400	165	255	255	345	330	420	405	495
400	450	185	285	285	385	370	470	455	555
450	500	205	315	315	425	410	520	505	615
500	560	230	350	350	470	455	575	560	680
560	630	260	380	380	500	500	620	620	740

续表 1-24

μm

公称内径 d/mm		u_r							
		2 组		N 组		3 组		4 组	
>	⩽	min	max	min	max	min	max	min	max
630	710	295	435	435	575	565	705	695	835
710	800	325	485	485	645	630	790	775	935
800	900	370	540	540	710	700	870	860	1 030
900	1 000	410	600	600	790	780	970	960	1 150
1 000	1 120	455	665	665	875	865	1 075	1 065	1 275
1 120	1 250	490	730	730	970	960	1 200	1 200	1 440
1 250	1 400	550	810	810	1 070	1 070	1 330	1 330	1 590
1 400	1 600	640	920	920	1 200	1 200	1 480	1 480	1 760
1 600	1 800	700	1 020	1 020	1 340	1 340	1 660	1 660	1 980
1 800	2 000	760	1 120	1 120	1 480	1 480	1 840	1 840	2 200

表 1-25 圆柱孔长弧面滚子轴承

μm

公称内径 d/mm		u_r									
		2 组		N 组		3 组		4 组		5 组	
>	⩽	min	max	min	max	min	max	min	max	min	max
18	24	15	30	25	40	35	55	50	65	65	85
24	30	15	35	30	50	45	60	60	80	75	95
30	40	20	40	35	55	55	75	70	95	90	120
40	50	25	45	45	65	65	85	85	110	105	140
50	65	30	55	50	80	75	105	100	140	135	175
65	80	40	70	65	100	95	125	120	165	160	210
80	100	50	85	80	120	120	160	155	210	205	260
100	120	60	100	100	145	140	190	185	245	240	310
120	140	75	120	115	170	165	215	215	280	280	350

续表 1-25 μm

公称内径 d/mm		u_r									
		2 组		N 组		3 组		4 组		5 组	
>	≤	min	max	min	max	min	max	min	max	min	max
140	160	85	140	135	195	195	250	250	325	320	400
160	180	95	155	150	220	215	280	280	365	360	450
180	200	105	175	170	240	235	310	305	395	390	495
200	225	115	190	185	265	260	340	335	435	430	545
225	250	125	205	200	285	280	370	365	480	475	605
250	280	135	225	220	310	305	410	405	520	515	655
280	315	150	240	235	330	330	435	430	570	570	715
315	355	160	260	255	360	360	485	480	620	620	790
355	400	175	280	280	395	395	530	525	675	675	850
400	450	190	310	305	435	435	580	575	745	745	930
450	500	205	335	335	475	475	635	630	815	810	1 015
500	560	220	360	360	520	510	690	680	890	890	1 110
560	630	240	400	390	570	560	760	750	980	970	1 220
630	710	260	440	430	620	610	840	830	1 080	1 070	1 340
710	800	300	500	490	680	680	920	920	1 200	1 200	1 480
800	900	320	540	530	760	750	1 020	1 010	1 330	1 320	1 660
900	1 000	370	600	590	830	830	1 120	1 120	1 460	1 460	1 830
1 000	1 120	410	660	660	930	930	1 260	1 260	1 640	1 640	2 040
1 120	1 250	450	720	720	1020	1 020	1 380	1 380	1 800	1 800	2 240
1 250	1 400	490	800	800	1130	1 130	1 510	1 510	1 970	1 970	2 460
1 400	1 600	570	890	890	1250	1 250	1 680	1 680	2 200	2 200	2 740
1 600	1 800	650	1010	1 010	1 390	1 390	1 870	1 870	2 430	2 430	3 000

表 1-26　圆锥孔长弧面滚子轴承　　μm

公称内径 d/mm		u_r									
		2组		N组		3组		4组		5组	
>	≤	min	max	min	max	min	max	min	max	min	max
18	24	15	35	30	45	40	55	55	70	65	85
24	30	20	40	35	55	50	65	65	85	80	100
30	40	25	50	45	65	60	80	80	100	100	125
40	50	30	55	50	75	70	95	90	120	115	145
50	65	40	65	60	90	85	115	110	150	145	185
65	80	50	80	75	110	105	140	135	180	175	220
80	100	60	100	95	135	130	175	170	220	215	275
100	120	75	115	115	155	155	205	200	255	255	325
120	140	90	135	135	180	180	235	230	295	290	365
140	160	100	155	155	215	210	270	265	340	335	415
160	180	115	175	170	240	235	305	300	385	380	470
180	200	130	195	190	260	260	330	325	420	415	520
200	225	140	215	210	290	285	365	360	460	460	575
225	250	160	235	235	315	315	405	400	515	510	635
250	280	170	260	255	345	340	445	440	560	555	695
280	315	195	285	280	380	375	485	480	620	615	765
315	355	220	320	315	420	415	545	540	680	675	850
355	400	250	350	350	475	470	600	595	755	755	920
400	450	280	385	380	525	525	655	650	835	835	1 005
450	500	305	435	435	575	575	735	730	915	910	1 115
500	560	330	480	470	640	630	810	800	1 010	1 000	1 230
560	630	380	530	530	710	700	890	880	1 110	1 110	1 350
630	710	420	590	590	780	770	990	980	1 230	1 230	1 490

续表 1-26

μm

公称内径 d/mm		u_r									
		2 组		N 组		3 组		4 组		5 组	
>	≤	min	max	min	max	min	max	min	max	min	max
710	800	480	680	670	860	860	1 100	1 100	1 380	1 380	1 660
800	900	520	740	730	960	950	1 220	120	1 530	1 520	1 860
900	1 000	580	820	810	1 040	1 040	1 340	1 340	1 670	1 670	2 050
1 000	1 120	640	900	890	1 170	1 160	1 500	1 490	1 880	1 870	2 280
1 120	1 250	700	980	970	1 280	1 270	1 640	1 630	2 060	2 050	2 500
1 250	1 400	770	1 080	1 080	1 410	1 410	1 790	1 780	2 250	2 250	2 740
1 400	1 600	870	1 200	1 200	1 550	1 550	1 990	1 990	2 500	2 500	3 050
1 600	1 800	950	1 320	1 320	1 690	1 690	2 180	2 180	2 730	2 730	3 310

表 1-27　接触角为 35°的四点接触球轴承

μm

公称内径 d/mm		u_a							
		2 组		N 组		3 组		4 组	
>	≤	min	max	min	max	min	max	min	max
10	18	15	65	50	95	85	130	120	165
18	40	25	75	65	110	100	150	135	185
40	60	35	85	75	125	110	165	150	200
60	80	45	100	85	140	125	175	165	215
80	100	55	110	95	150	135	190	180	235
100	140	70	130	115	175	160	220	205	265
140	180	90	155	135	200	185	250	235	300
180	220	105	175	155	225	210	280	260	330
220	260	120	195	175	250	230	305	290	360
260	300	135	215	195	275	255	335	315	390
300	350	155	240	220	305	285	370	350	430

续表 1-27 μm

公称内径 d/mm		u_a							
		2 组		N 组		3 组		4 组	
>	≤	min	max	min	max	min	max	min	max
350	400	175	265	245	330	310	400	380	470
400	450	190	285	265	360	340	435	415	510
450	500	210	310	290	390	365	470	445	545
500	560	225	335	315	420	400	505	485	595
560	630	250	365	340	455	435	550	530	645
630	710	270	395	375	500	475	600	580	705
710	800	290	425	405	540	520	655	635	770
800	900	315	460	440	585	570	715	695	840
900	1 000	335	490	475	630	615	770	755	910

第五节 滚动轴承材料

一、轴承套圈和滚动体材料

轴承内、外圈滚道和滚动体在很高的接触应力作用下进行相对滚动运动，一般接触应力在 1 000 MPa～4 000 MPa。同时，滚动体和滚道之间还不可避免地存在着少量的滑动摩擦和滚动摩擦，滚动体、保持架、套圈挡边相互之间也存在着摩擦。材料是轴承质量的基础，为了使轴承获得长寿命、持久的高精度、低摩擦和可靠性，制造轴承套圈和滚动体的材料必须具有以下特性：接触疲劳强度高、硬度高、耐磨性好、组织稳定性好、纯洁度高、加工性能好和具有一定的韧性。在特殊工况下工作的轴承还要求材料具有特殊的性能，如耐高温、耐腐蚀和防磁性等。

轴承钢品质高，性能要求苛刻，而且量大面广，其种类繁多，被称为“特钢之王”。按照轴承钢的化学成分及使用需求，轴承钢可分为高碳铬轴承钢、渗碳轴承钢、中碳轴承钢、耐高温轴承钢和防磁轴承钢等类型。

1. 高碳铬轴承钢

世界各国大多数滚动轴承都使用含碳1%左右、含铬1.5%左右的高碳铬钢制造。这种钢材含合金元素少，价格便宜，淬透性好，热处理后容易得到均匀而稳定的显微组织、高而均匀的硬度、高的接触疲劳强度和好的耐磨性。半个多世纪以来，制造轴承的高碳铬钢化学成分基本没有变化，已成为滚动轴承专用钢种，故又称为高碳铬轴承钢或铬轴承钢。高碳铬轴承钢是轴承钢的主体，代表钢种有GCr15、GCr15SiMn、GCr15SiMo、GCr18Mo等，该类钢占我国轴承钢总量的90%以上，也是欧洲滚动轴承用轴承钢的主要材料。

按GB/T 18254—2016《高碳铬轴承钢》，我国的高碳铬轴承钢有五个牌号，其化学成分应符合表1-28的规定，其残余元素含量应符合表1-29的规定。其中使用最多的是GCr15和GCr15SiMn。

表1-28　牌号及化学成分

牌号	化学成分(质量分数)/%				
	C	Si	Mn	Cr	Mo
G8Cr15	0.75～0.85	0.15～0.35	0.20～0.40	1.30～1.65	≤0.10
GCr15	0.95～1.05	0.15～0.35	0.25～0.45	1.40～1.65	≤0.10
GCr15SiMn	0.95～1.05	0.45～0.75	0.95～1.25	1.40～1.65	≤0.10
GCr15SiMo	0.95～1.05	0.65～0.85	0.20～0.40	1.40～1.70	0.30～0.40
GCr18Mo	0.95～1.05	0.20～0.40	0.25～0.40	1.65～1.95	0.15～0.25

表1-29　钢中残余元素含量

冶金质量	化学成分(质量分数)/%					
	Ni	Cu	P	S	Ca	O[a]
	不大于					
优质钢	0.25	0.25	0.025	0.020	—	0.001 2
高级优质钢	0.25	0.25	0.020	0.020	0.001 0	0.000 9
特级优质钢	0.25	0.25	0.015	0.015	0.001 0	0.000 6

续表 1-29

冶金质量	化学成分(质量分数)/%				
	Ti[b]	Al	As	As+Sn+Sb	Pb
	不大于				
优质钢	0.005 0	0.050	0.04	0.075	0.002
高级优质钢	0.003 0	0.050	0.04	0.075	0.002
特级优质钢	0.001 5	0.050	0.04	0.075	0.002

[a] 氧含量在钢坯或钢材上测定。

[b] 牌号 GCr15SiMn、GCr15SiMo、GCr18Mo 允许在三个等级基础上增加 0.000 5%。

轴承钢的纯洁度对轴承性能影响很大。非金属夹杂物,主要是氧化物、硅酸盐和硫化物等,对接触疲劳耐久性很有害,易导致早期疲劳破坏。实践表明,经真空脱气处理的轴承钢,由于提高了纯洁度,减少了非金属夹杂物含量,其疲劳寿命比大气冶炼的轴承钢提高 1.5 倍~2 倍。采用真空冶炼的方法,还可以进一步提高轴承钢的纯洁度和接触疲劳寿命。

2. 轴承钢 GCr15 的改进型钢种

(1) 高淬透性钢

以 GCr15 的化学成分为基础,添加一定量的提高淬透性的合金元素,形成不同系列的高淬透性钢以适合不同尺寸或壁厚的轴承零件的需要。典型高淬透性钢是加 0.1%~0.6%Mo,而 Cr 含量略有提高,或略有降低,或保持不变,由此形成的加 Mo 系列高淬透性钢,如瑞典的 SKF24、SKF25、SKF26、SKF27,美国的 52100.3、52100.4,德国的 100CrMo7、100CrMo8、775V,日本的 SUJ3、SUJ4、SUJ5,俄罗斯的 ШХ15СМ 等。这些钢种不仅适用于马氏体淬火,也适用于大壁厚的轴承零件的贝氏体淬火。另外,德国为扩大贝氏体的应用,在 100Cr6 的基础上加入 1%左右的 Mn,从而发展了 W4~W7 一系列高碳铬轴承钢。

(2) KUJ2

KUJ2 是 KOYO(日本光洋精工株式会社)在 SUJ2 钢的基础上开发的新钢种,在 SUJ2 钢基础上降低妨碍冷加工性能的 C 含量及铁素体强化元素 Si、Mn 含量,调整了 Cr、Mo 含量,以补偿其淬透性、提高淬回火后的韧性。该钢的淬透性与 SUJ2 相当,寿命、机械性能优于 SUJ2,其突出优点是优越的冷加工性能,在轴承加工中可节省资源和能源，且可利用其冷加工性能提高轴承的性能。KOYO 拟用 KUJ2 代替 SUJ2 作为标准材料使用。

（3）GT 轴承钢

GT 轴承钢同样是在 SUJ2 化学成分的基础上，添加适量的 Si 和 Ni，提高基体强度、韧性，同时提高抗回火稳定性。GT 钢的旋转疲劳强度、抗压强度分别比 SUJ2 提高 20%、30%，相当于 60HRC 的回火温度提高 50 ℃；滚子试验的 L_{10} 为 SUJ2 的 20 倍，6206 轴承洁净润滑的 L_{10} 比 SUJ2 轴承提高了约 6 倍。推荐 GT 钢用于：① 在重载、润滑条件下使用的轴承；② 小型轻量化条件下使用的轴承。

（4）NSJ2

NSJ2 是 NSK（日本精工株式会社）在 SUJ2 钢的基础上开发的新钢种。其技术思路是认为在润滑剂受污染的情况下，轴承的疲劳萌生于外来磨屑引起的轴承滚道擦伤或压痕处，增加残余奥氏体含量可提高起源于表面疲劳的轴承寿命，通过调整钢的合金成分，来提高淬回火后的残余奥氏体含量并将其保持在相对稳定的状态。该钢的成分为：C0.8%～0.85%，Cr0.9%～1.1%，Mn0.6%～0.8%，Si0.5%。NSJ2 在清洁润滑条件下的疲劳寿命与 SUJ2 相当，在污染润滑条件下的疲劳寿命、尺寸稳定性优于 SUJ2，抗磨损及抗咬合性与 SUJ2 相近。

3. 渗碳轴承钢

承受大冲击载荷的轴承，如轧机轴承、机车车辆轴承等，适合用渗碳轴承钢制造。渗碳轴承钢经渗碳和热处理后，表面硬度高（60HRC 左右），心部韧性好（30HRC～35HRC），具有很高的接触疲劳强度，在冲击载荷作用下也不会发生裂纹。

按 GB/T 3203—2016《渗碳轴承钢》，渗碳轴承钢有 7 个牌号，其化学成分应符合表 1-30 的规定，其残余元素含量应符合表 1-31 的规定。制造轴承用的渗碳钢还有 15Mn、20NiMo、SAE3310、SAE9310 等。渗碳轴承钢是美国滚动轴承的主打材料。

表 1-30　渗碳轴承钢化学成分

牌号	化学成分（质量分数）/%						
	C	Si	Mn	Cr	Ni	Mo	Cu
G20CrMo	0.17～0.23	0.20～0.35	0.65～0.95	0.35～0.65	≤0.30	0.08～0.15	≤0.25

续表 1-30

牌号	化学成分(质量分数)/%						
	C	Si	Mn	Cr	Ni	Mo	Cu
G20CrNiMo	0.17～0.23	0.15～0.40	0.60～0.90	0.35～0.65	0.40～0.70	0.15～0.30	≤0.25
G20CrNi2Mo	0.19～0.23	0.25～0.40	0.55～0.70	0.45～0.65	1.60～2.00	0.20～0.30	≤0.25
G20Cr2Ni4	0.17～0.23	0.15～0.40	0.30～0.60	1.25～1.75	3.25～3.75	≤0.08	≤0.25
G10CrNi3Mo	0.08～0.13	0.15～0.40	0.40～0.70	1.00～1.40	3.00～3.50	0.08～0.15	≤0.25
G20Cr2Mn2Mo	0.17～0.23	0.15～0.40	1.30～1.60	1.70～2.00	≤0.30	0.20～0.30	≤0.25
G23Cr2Ni2Si1Mo	0.20～0.25	1.20～1.50	0.20～0.40	1.35～1.75	2.20～2.60	0.25～0.35	≤0.25

表 1-31 钢中残余元素含量

元素	P	S	Al	Ca	Ti	H
化学成分(质量分数)/% 不大于	0.020	0.015	0.050	0.001 0	0.005 0	0.000 2

4. 中碳轴承钢

在承受更大冲击而渗碳钢也不能适应的场合下，常采用中碳锰钢、铬钢等制造轴承零件。近些年开发的某些中碳钢品种如 G8Cr15 可应用于大中小型各种尺寸轴承元件的制造，这是一种可望广泛应用的有发展前途的钢种。它的化学成分和 GCr15 大体相同，只是含碳量较低，其特点是能显著改善钢中碳化物的不均向性，获得均匀细小的球化退火组织，微裂纹难于萌生和扩展，使得疲劳强度和压碎强度高于 GCr15，由于含碳量少，位错马氏体的比例增加，对材料缺陷的敏感性降低，其淬火硬度可以较高，含铬量又与 GCr15 相同，所以它的耐磨性、防锈性、回火稳定性、淬透性以及多种机械特性与 GCr15 相当，而对于振动和冲击负荷的耐力，则高于 GCr15，同时这种钢的工艺性能较好，钢的生产和轴承制造成本有所降低，轴承的使用寿命也有所增加，因此可以在很大范围内与 GCr15 相竞争。制造轴承的中碳轴承钢还有 50CrNi、42CrMo、65Mn2、70Mn2 等，中碳轴承钢适用于制造掘进、起重、大型机床等重型设备上用的特大尺寸轴承。

5. 耐高温轴承钢

工作温度高于 180 ℃的滚动轴承需要用耐高温轴承钢制造。这种钢材在高温环境中工作，要求具有足够高的高温硬度(58HRC 以上)、高温抗蠕变强度、高温耐磨性、高温接触疲劳强度、抗氧化性和高温尺寸稳定性。常用的高温轴承钢有钼系钢（GCr4Mo4V、GCr15Mo4、G9Cr18Mo、GCr14Mo4）、钨系钢（W9Cr4V2Mo、W18Cr4V、GW18Cr5V）和钨钼系钢（GW6Mo5Cr4V2、GW2Mo9Cr4VCo8）。

按 GB/T 38886—2020《高温轴承钢》，耐 300 ℃～400 ℃的高温轴承钢有 5 个牌号，其化学成分应符合表 1-32 的规定。

表 1-32　牌号及化学成分

牌号	化学成分(质量分数)/%					
	C	Mn	Si	Cr	Mo	V
GW9Cr4V2Mo	0.70～0.80	≤0.40	≤0.40	3.80～4.40	0.20～0.80	1.30～1.70
GW18Cr5V	0.70～0.80	≤0.40	0.15～0.35	4.00～5.00	≤0.80	1.00～1.50
GCr4Mo4V	0.75～0.85	≤0.35	≤0.35	3.75～4.25	4.00～4.50	0.90～1.10
GW6Mo5Cr4V2	0.80～0.90	0.15～0.40	≤0.45	3.80～4.40	4.50～5.50	1.75～2.20
GW2Mo9Cr4VCo8	1.05～1.15	0.15～0.40	≤0.65	3.50～4.25	9.00～10.00	0.95～1.35
牌号	化学成分(质量分数)/%					
	W	P	S	Ni	Cu	Co
GW9Cr4V2Mo	8.50～10.00	≤0.025	≤0.015	≤0.25	≤0.20	—
GW18Cr5V	17.50～19.00	≤0.025	≤0.015	≤0.25	≤0.20	—
GCr4Mo4V	≤0.25	≤0.025	≤0.015	≤0.25	≤0.20	≤0.25
GW6Mo5Cr4V2	5.50～6.75	≤0.025	≤0.015	≤0.25	≤0.20	—
GW2Mo9Cr4VCo8	1.15～1.85	≤0.025	≤0.015	≤0.25	≤0.20	7.75～8.75

对于250 ℃以下的低载荷场合工作的轴承，可将常用轴承钢进行高温回火（300 ℃以上）使用，如果硬度不符合要求，可改用亚高温轴承钢GCrSiWV。对于300 ℃左右工作的轴承，可采用GCr4Mo4V钢。在450℃以下可采用GW18Cr5V、GW2Mo9Cr4VCo8。在500℃以下可采用GW6Mo5Cr4V2。当轴承使用温度超过500 ℃以上，选用耐高温轴承钢已难以满足其性能要求，可选用钴基和镍基合金等耐高温材料；而轴承使用温度超过810 ℃时可用碳化钛、碳化钨等金属陶瓷材料，更高温度时可使用氧化锆等陶瓷材料，用这类材料制成的轴承所能承受的最高工作温度可达1 650 ℃。

6. 高温渗碳轴承钢

对于结构复杂需承受强大冲击载荷的轴承，可采用高温渗碳钢制造。按GB/T 38936—2020《高温渗碳轴承钢》，耐300 ℃～400 ℃、耐冲击的高温渗碳轴承钢有2个牌号，其化学成分应符合表1-33的规定。G13Cr4Mo4Ni4V高温渗碳轴承钢为航空航天轴承主要应用材料。制造轴承的高温渗碳轴承钢还有12Cr2Ni3Mo5，12Cr2Ni3Mo5是一种性能较好的高温渗碳轴承钢，因其含碳量低（0.15％左右），不存在碳化物不均匀的缺点，退火硬度低，切削性能好，具有较高的韧性，可锻性好，渗碳后可满足在轴承温度430 ℃以下使用，并且具有很好的抗冲击能力。

表1-33　牌号及化学成分

牌号	化学成分（质量分数）/％					
	C	Si	Mn	Cr	Ni	Mo
G13Cr4Mo4Ni4V	0.11～0.15	0.10～0.25	0.15～0.35	4.00～4.25	3.20～3.60	4.00～4.50
G20W10Cr3NiV	0.17～0.22	≤0.35	0.20～0.40	2.75～3.25	0.50～0.90	≤0.15
牌号	化学成分（质量分数）/％					
	V	W	P	S	Cu	Co
G13Cr4Mo4Ni4V	1.13～1.33	≤0.15	≤0.015	≤0.010	≤0.10	≤0.25
G20W10Cr3NiV	0.35～0.50	9.50～10.50	≤0.015	≤0.010	≤0.10	≤0.25

7. 耐腐蚀轴承钢(不锈轴承钢)

在酸、碱、海水、水蒸气、腐蚀气体等介质中工作的轴承,需要用耐腐蚀轴承钢制造。有些精密仪表轴承也采用不锈钢制造,以免因轻微的锈蚀影响摩擦力矩。耐腐蚀轴承钢分为两大类:一类是马氏体不锈钢,用于要求硬度较高的场合;一类是奥氏体不锈钢,用于要求有更好耐腐蚀性的场合。常用的耐腐蚀轴承钢有 12Cr13、12Cr18Ni9、1Cr17Ni2 等。

常规高碳马氏体不锈轴承钢 G95Cr18 具有高的碳、铬含量,凝固时产生粗大共晶碳化物,且不能通过以后的热处理来改变。粗大的碳化物易造成高的应力集中引起剥落,降低马氏体基体的铬含量导致热处理后硬度偏低、耐蚀性下降。另外,粗大共晶碳化物的存在影响轴承的表面粗糙度,增加轴承的噪声。因此轴承钢中非常不希望共晶碳化物存在。

7Cr13 马氏体不锈钢(德国 X65Cr13、NMB DD400、KOYO KUJ440C),通过降低碳、铬含量,减少共晶碳化物含量及尺寸,但仍有部分共晶碳化物存在。该钢的接触疲劳性能、硬度、冲击韧性及在盐水中耐蚀性优于 440C,但在硫酸及盐酸溶液中的耐蚀性不如 440C。该钢主要用于要求不锈耐蚀的精密球轴承和轴连轴承,如低噪声的录像机磁鼓轴承组件、计算机硬盘驱动轴承及牙钻轴承等。

FAG(德国舍弗勒)于 1984 年开发了 Cronidur15(X15)、Cronidur30(X30),1988 年投入使用,主要技术思路是降低 440C 中的碳含量并增加氮含量,以提高耐蚀性和持久寿命,而不会增加太多的生产成本。加氮需要非常特殊的方法,加氮的方法是在传统的炼钢工艺中,在 40 bar(4 MPa)的压力下熔炼并加入氮化硅粉末,氮化硅在渣池中分解成硅和氮。氮及碳形成很小的粒点状碳氮化合物均匀分布在钢中,类似于 GCr15 钢的球化退火组织,而不出现 440C 中粗大共晶碳化物及针片状共晶碳化物。该钢的韧性、耐蚀性及疲劳性能均优于 7Cr13 及 440C,在水中轴承寿命高出常规轴承钢的 5 倍。NSK 也开发了类似的新钢种 ESI。

CSS-42L 钢(国内牌号 BG801)是美国在 20 世纪 90 年代开发的高强度不锈钢,具有高强度和良好耐腐蚀性优点,是继 GCr15 和 M50-NiL 之后的第三代轴承钢,专为需要表面具有良好的高温硬度、抗磨损能力和抗腐蚀能力同时心部还要保持良好的断裂韧性和强度的滚动部件而设计。几种新型不锈钢的主要成分如表 1-34 所示。

表 1-34　几种新型不锈钢的主要成分　%

牌号	C	Cr	Mo	N	备注
440C	1.00	17.00	0.55	—	G102Cr18Mo(9Cr18Mo)
X65Cr13	0.65	13.00	—	—	7Cr13,DD400,KUJ440C,QPD5
X15	0.15	15.00	1.00	0.35	Cronidur15
X30N	0.30	15.00	1.00	0.39	Cronidur30
CSS-42L	0.14	13.89	4.77	—	BG801

8. 防磁轴承材料

在强磁场中工作的高灵敏度仪表轴承，为了不受磁场影响，要用防磁材料制造。一般采用铍青铜 QBe2、不锈钢 12Cr18Ni9 及 70Mn18Cr4V2WMo 钢等。

二、保持架材料

轴承旋转中保持架与滚动体的相互作用一般是不平稳的，存在着不断的碰撞，保持架受到交变应力作用。另外，保持架兜孔与滚动体之间、保持架与套圈引导面之间的相对运动是滑动，存在着滑动摩擦。因此，制造保持架的材料应具有如下的特性：较好的疲劳强度，硬度比滚动体低而耐磨性好，摩擦系数小，密度小，加工性能好。保持架材料有金属材料和非金属材料。金属材料的名称、牌号和用途在表 1-35 中给出。

表 1-35　保持架金属材料

名称	牌号	用途
碳素结构钢	08、08F、10F	冲压保持架
	20、30、40、45	车制保持架
碳素工具钢	T8A、T10A	冠形保持架
石墨钢	S16SiCuCr	润滑不良、有氟介质腐蚀的保持架
不锈钢	0Cr18Ni9、1Cr18Ni9、1Cr17Ni2、40CrNiMoA	耐腐蚀轴承、仪表轴承及高温轴承保持架
黄铜	H62、H68、H96	冲压保持架
铅黄铜	HPb59-1	高强度大尺寸实体保持架
铝青铜	QAl10-3-1.5、QAl10-4-4	高温高强度实体保持架
硅青铜	QSi1-3	高温高速实体保持架
硬铝	LY11、LY12	高温高速实体保持架

制造保持架的非金属材料主要有酚醛塑料、尼龙 6、尼龙 66、聚酰亚胺、聚四氟乙烯、聚甲醛等塑料。在塑料中加入一些增强剂和润滑剂制成的复合材料，具有质量轻、耐磨、强度好、自润滑性能好等优点，在高速、高真空、低温和防磁情况下工作的轴承保持架用这些材料制造是很理想的。例如，酚醛塑料中加入一些布和玻璃纤维制成的酚醛胶布管，制造车制保持架，成功地用在机床主轴高速轴承中。聚四氟乙烯添加 15%～20%的玻璃纤维制成的复合材料，具有良好的自润滑性，适合制造用于－200 ℃低温轴承的保持架以及高真空轴承保持架。用聚酰亚胺制造的保持架可以用于 220 ℃以下的高温轴承中。

第二章　滚动轴承的几何学

滚动轴承的结构表面上看似很简单，但轴承内部的几何关系相当复杂。内部几何结构因素严重影响轴承的承载能力、摩擦磨损、精度、刚度等性能。内部结构设计的微小差异会使轴承性能显著不同。例如，球轴承沟曲率半径的很小变化会使轴承承载能力和摩擦特性发生很大的变化；滚子母线形状的微小修正会使滚子轴承承载能力有很大提高等。本章主要介绍影响轴承性能的轴承内部主要几何特征以及计算方法。至于滚动体的个数和尺寸的增加将提高轴承承载能力的这些很显著的结构特征，这里不再叙述。

第一节　滚动体与滚道的接触状态及密合度

一、点接触

在无负荷状态下，滚动体与一个滚道只接触于一点，受载后接触点扩展为一个椭圆接触面。各类球轴承均为接触点，图 2-1 所示为深沟球轴承钢球与内圈的接触情况，图中 r_i 为内圈沟曲率半径，r_w 为钢球半径，Q 为滚动体接触负荷。

单列或双列调心滚子轴承，滚子在无负荷状态下，滚子与一个滚道只接触于一点；滚子在轻负荷作用下，接触点扩展为一个封闭的椭圆接触面，如图 2-2a) 所示。所以，调心滚子轴承轻载荷作用下滚子与滚道接触状态也属于点接触。但是，滚子在中等或重负荷作用下，滚子与滚道的原始接触点扩展为一个非封闭的椭圆，如图 2-2b) 所示，则属于修正线接触的范围。

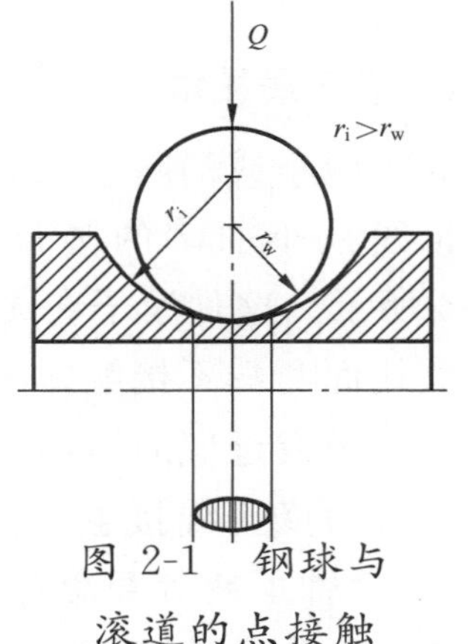

图 2-1　钢球与滚道的点接触

二、线接触

线接触分为无修正线接触和修正线接触。

1. 无修正线接触

如果滚子和滚道表面的母线都是直线，或者滚子和滚道的母线是曲率相等的曲线，则在无负荷状态下滚子与滚道接触于一条线，受 Q 负荷作用后，接触线扩展为一近似的矩形面或梯形面（圆锥滚子轴承），由于滚子两端外侧滚道处产生凹陷，此处滚道材料处于拉伸状态，造成滚子端部的压应力高于接触面中部的压应力，则在滚子接触线的两端伴随着很大的边缘应力集中（见图 2-3），滚子边缘应力集中降低了轴承疲劳寿命。

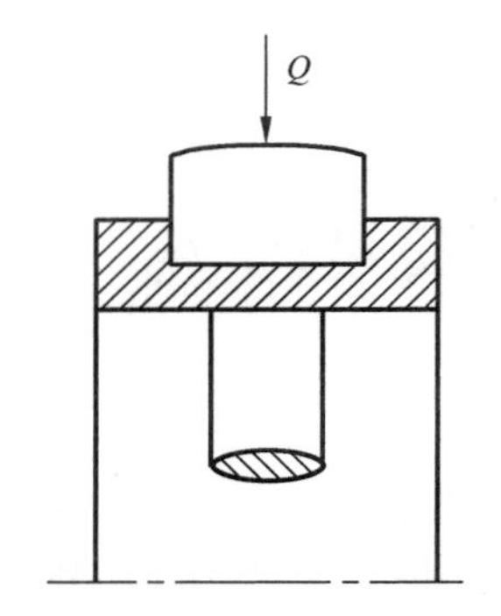

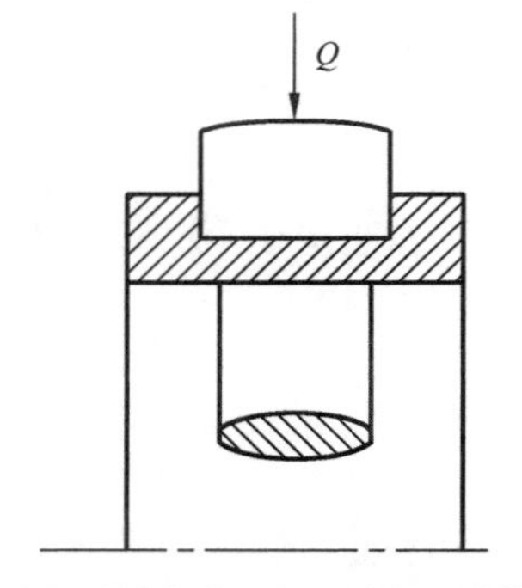

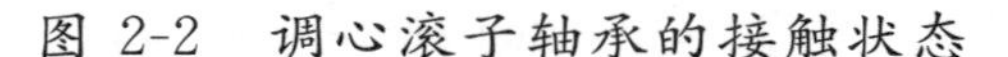

图 2-2　调心滚子轴承的接触状态

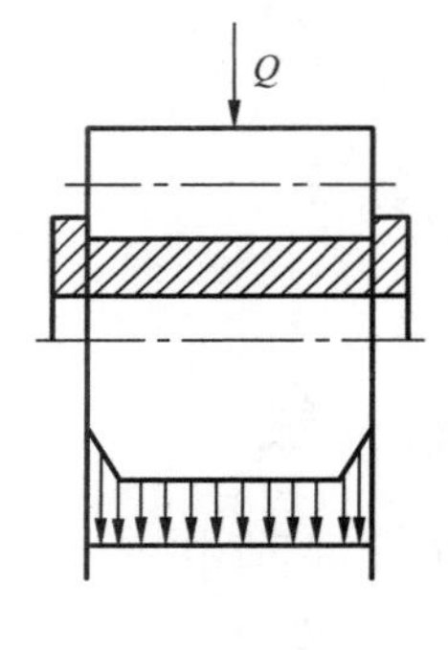

图 2-3　圆柱滚子轴承的无修正线接触

2. 修正线接触

为了减小或消除边缘应力集中，滚子轴承设计中一般都采用带凸度的滚子。滚子母线是小曲率的圆弧（全凸滚子），或者中间是直线而两端是圆弧，如图 2-4 所示。这种滚子在无负荷状态下滚子与滚道接触于一点，或者接触于中间一段线而两端不接触。滚子受 Q_{Fj} 负荷作用后，滚子与滚道接触面一般是非封闭的椭圆或近似的矩形，消除或减小了边缘应力集中（如图 2-5 所示），这种接触状态称为修正线接触。修正线接触滚子轴承由于消除或减小了边缘应力集中，从而使轴承疲劳寿命有很大提高。要消除边缘应力集中，实现修正线接触，关键是正确地设计滚子凸度和母线形状，这些将在第六章中叙述。

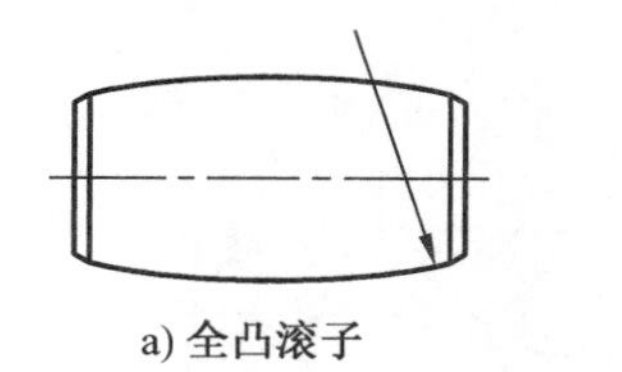

a) 全凸滚子

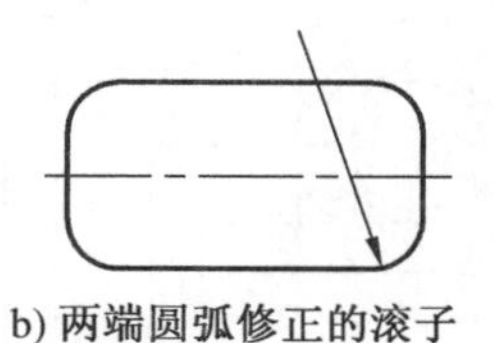

b) 两端圆弧修正的滚子

图 2-4　带凸度的滚子

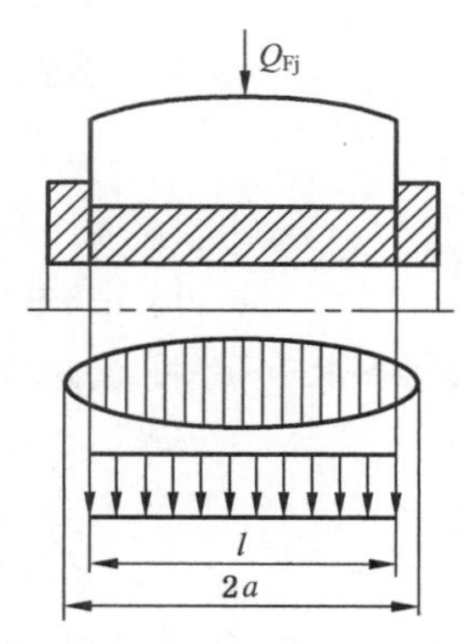

图 2-5　圆柱滚子轴承的修正线接触

对于修正线滚子与滚道的接触状态，当接触椭圆的长轴（$2a$）大于滚子有效长度 l 但小于 $1.5l$ 时，滚子与滚道接触状态为线接触；当接触椭圆的长轴（$2a$）小于滚子有效长度 l 时，滚子与滚道接触状态为点接触。同样尺寸的线接触轴承承载能力和刚度比点接触轴承高。

三、密合度和沟曲率半径系数

1. 密合度 Φ

在轴承轴向截面（或轴向平面）内，滚动体与滚道的密接程度用密合度来描述，密合度是滚动体母线曲率半径与滚道母线曲率半径之比。球轴承承载能力在很大程度上取决于钢球与滚道的密合度，密合度越大，在同样负荷下接触面越大，应力越小，因而轴承承载能力越高，但同时摩擦也越大；相反，密合度越小，则轴承承载能力越小，同时摩擦也越小。

图 2-6 表示深沟球轴承和角接触球轴承的几何关系。

球轴承的密合度 Φ 表示为：

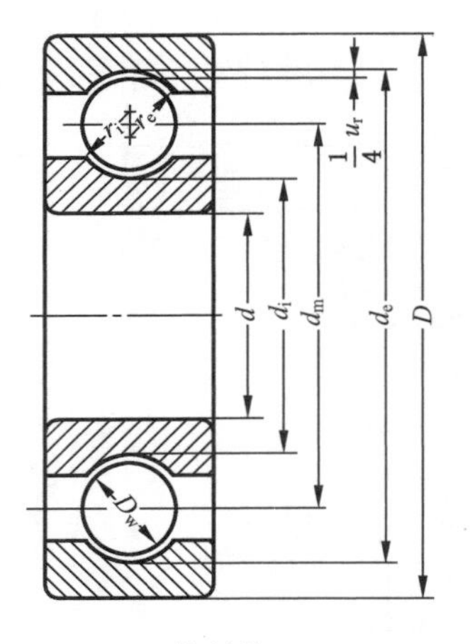

a) 接触前

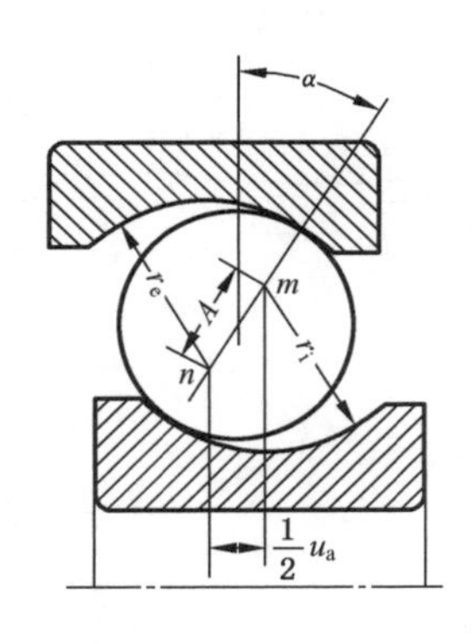

b) 内、外圈轴向相对移动与钢球接触

图 2-6　深沟球轴承和角接触球轴承几何关系

$$\Phi=\frac{D_w}{2r} \tag{2-1}$$

式中：D_w——钢球直径；

r——套圈沟曲率半径。

图 2-7 表示调心滚子轴承的几何关系，密合度表示为：

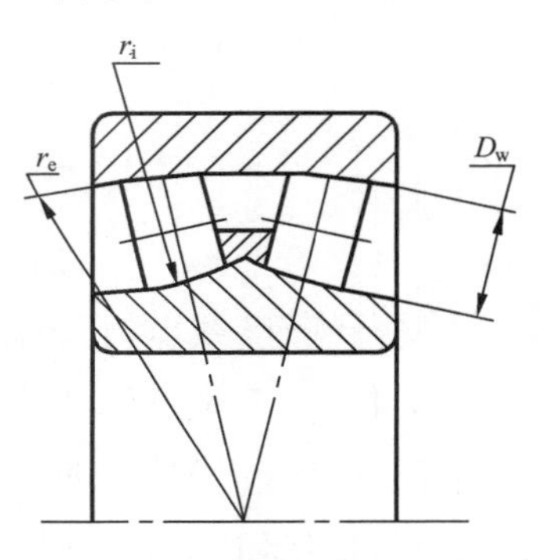

图 2-7　调心滚子轴承几何关系

$$\Phi=\frac{R_b}{r} \tag{2-2}$$

式中：R_b——在轴向平面内球面滚子母线的曲率半径；

r——在轴向平面内滚道母线的曲率半径，即图 2-7 中的 r_i 和 r_e。

对于圆柱滚子轴承、圆锥滚子轴承和滚针轴承，因为滚子和滚道母线是直线或曲率很小的修正线，显然密合度 Φ 等于 1 或近似等于 1。

2. 球轴承沟曲率半径系数 f

对于球轴承，常用沟曲率半径系数 f 来描述钢球与滚道之间的密接程度：

$$f=\frac{r}{D_w} \tag{2-3}$$

f 是球轴承设计的一个重要参数。f 愈大，轴承承载能力愈小，摩擦愈小；f 愈小，轴承承载能力愈大，摩擦愈大。f 还影响球轴承接触角和钢球运动状态。一般球轴承 f 值在 0.515～0.530。高速轻载轴承取较大的值。

灵敏仪表球轴承的 f 值可取更大些，一般在 0.540～0.580。内圈和外圈的沟曲率半径系数取值不相同时，分别用 f_i 和 f_e 表示。通常取 f_e 比 f_i 稍大一些。

由式(2-1)和式(2-3)可知，f 和 Φ 之间有如下关系：

$$\Phi=\frac{1}{2f} \tag{2-4}$$

第二节　接触点的主曲率

一、接触点的主曲率计算

对于滚动体与滚道间的接触点，采用滚动体、滚道表面的主曲率来描述滚动体、滚道表面在接触点的几何特征，滚动体、滚道表面的主曲率影响到接触应力与变形及轴承动态性能。为计算方便，下面先做一些规定(这些规定适合本书各章)。

轴向平面——过轴承旋转轴线的平面。

径向平面——与轴承旋转轴线垂直的平面。

主平面Ⅰ——规定轴承轴向平面为主平面Ⅰ，因为滚动体和滚道表面都是旋转曲面，可以证明过表面任一点的轴向平面是该点的一个主平面。

主平面Ⅱ——规定与轴向平面正交的另一个主平面为主平面Ⅱ。

主曲率 ρ_{I}、ρ_{II}——滚动体或滚道表面接触点在主平面Ⅰ、主平面Ⅱ中的两个主曲率，也可称第Ⅰ主曲率和第Ⅱ主曲率；凸面的主曲率取正号，曲率中心在物体内部；凹面的主曲率取负号，曲率中心在物体外部。

接触物体 1——滚动体。

接触物体 2——套圈滚道。

下标 i、e——与内圈有关的量用 i 表示，与外圈有关的量用 e 表示。

例如，$\rho_{2\mathrm{I}}$ 表示滚道表面接触点的第Ⅰ主曲面曲率，即滚道表面接触点在轴向平面内的主曲率。

在球轴承的接触点及滚子轴承的接触线中点，滚动体和滚道表面的主曲率计算方法由表 2-1 和表 2-2 给出。

表 2-1　球轴承接触点主曲率计算公式

主　曲　率		深沟球轴承和角接触球轴承	调心球轴承	推力球轴承
钢球和内圈（或轴圈）	$\rho_{1\mathrm{I}}$	$\frac{2}{D_\mathrm{w}}$	$\frac{2}{D_\mathrm{w}}$	$\frac{2}{D_\mathrm{w}}$
	$\rho_{1\mathrm{II}}$	$\frac{2}{D_\mathrm{w}}$	$\frac{2}{D_\mathrm{w}}$	$\frac{2}{D_\mathrm{w}}$
	$\rho_{2\mathrm{I}}$	$-\frac{1}{f_\mathrm{i}D_\mathrm{w}}$	$-\frac{1}{f_\mathrm{i}D_\mathrm{w}}$	$-\frac{1}{f_\mathrm{i}D_\mathrm{w}}$
	$\rho_{2\mathrm{II}}$	$\frac{2\gamma}{D_\mathrm{w}(1-\gamma)}$	$\frac{2\gamma}{D_\mathrm{w}(1-\gamma)}$	$\frac{2\gamma}{D_\mathrm{w}(1-\gamma)}$
钢球和外圈（或座圈）	$\rho_{1\mathrm{I}}$	$\frac{2}{D_\mathrm{w}}$	$\frac{2}{D_\mathrm{w}}$	$\frac{2}{D_\mathrm{w}}$
	$\rho_{1\mathrm{II}}$	$\frac{2}{D_\mathrm{w}}$	$\frac{2}{D_\mathrm{w}}$	$\frac{2}{D_\mathrm{w}}$
	$\rho_{2\mathrm{I}}$	$-\frac{1}{f_\mathrm{e}D_\mathrm{w}}$	$-\frac{2\gamma}{D_\mathrm{w}(1+\gamma)}$	$-\frac{1}{f_\mathrm{e}D_\mathrm{w}}$
	$\rho_{2\mathrm{II}}$	$-\frac{2\gamma}{D_\mathrm{w}(1+\gamma)}$	$-\frac{2\gamma}{D_\mathrm{w}(1+\gamma)}$	$-\frac{2\gamma}{D_\mathrm{w}(1+\gamma)}$

表 2-2　滚子轴承接触线中点主曲率计算公式

主　曲　率		圆柱滚子轴承，滚针轴承	圆锥滚子轴承	调心滚子轴承
滚子和内圈	$\rho_{1\mathrm{I}}$	0	0	$\frac{1}{r_\mathrm{b}}$
	$\rho_{1\mathrm{II}}$	$\frac{2}{D_\mathrm{w}}$	$\frac{2\cos\beta}{D_\mathrm{w}}$	$\frac{2}{D_\mathrm{w}}$
	$\rho_{2\mathrm{I}}$	0	0	$-\frac{1}{r_\mathrm{i}}$
	$\rho_{2\mathrm{II}}$	$\frac{2\gamma}{D_\mathrm{w}(1-\gamma)}$	$\frac{2\gamma_\mathrm{i}}{D_\mathrm{w}(1-\gamma_\mathrm{i})}$	$\frac{2\gamma}{D_\mathrm{w}(1-\gamma)}$

续表 2-2

主曲率		圆柱滚子轴承,滚针轴承	圆锥滚子轴承	调心滚子轴承
滚子和外圈	$\rho_{1\mathrm{I}}$	0	0	$\frac{1}{r_b}$
	$\rho_{1\mathrm{II}}$	$\frac{2}{D_w}$	$\frac{2\cos\beta}{D_w}$	$\frac{2}{D_w}$
	$\rho_{2\mathrm{I}}$	0	0	$-\frac{1}{r_e}$
	$\rho_{2\mathrm{II}}$	$-\frac{2\gamma}{D_w(1+\gamma)}$	$-\frac{2\gamma_e}{D_w(1+\gamma_e)}$	$-\frac{2\gamma}{D_w(1+\gamma)}$

表中：D_w——滚动体直径,对圆锥滚子和球面滚子为滚子中部的直径；

f_i、f_e——内、外圈的沟曲率半径系数；

r_b——球面滚子母线的曲率半径；

r_i——内滚道母线的曲率半径；

r_e——外滚道母线的曲率半径；

β——圆锥滚子的半锥角；

γ——无量纲几何参数,定义为：

$$\gamma_j=\frac{D_w\cos\alpha_j}{d_m}\qquad(j=\mathrm{i},\mathrm{e})\tag{2-5}$$

式中：α_i——滚动体与内滚道的接触角；

α_e——滚动体与外滚道的接触角；

d_m——轴承节圆直径,即滚动体中心圆直径,由图 2-6 看出：

$$d_m=\frac{1}{2}(d_i+d_e)\approx\frac{1}{2}(d+D)\tag{2-6}$$

式(2-6)对各类轴承都适用。

二、主曲率和函数与主曲率差函数

主曲率和函数与主曲率差函数是由两物体在接触点的主曲率组成的两个函数,它同样也描述了两物体在接触点的几何特征。主曲率和函数定义为：

$$\sum\rho=\rho_{1\mathrm{I}}+\rho_{1\mathrm{II}}+\rho_{2\mathrm{I}}+\rho_{2\mathrm{II}}\tag{2-7}$$

在滚动轴承中，滚动体和滚道在接触点的主平面互相重合，主曲率差函数定义为：

$$F(\rho)=\frac{(\rho_{1\mathrm{II}}-\rho_{1\mathrm{I}})+(\rho_{2\mathrm{II}}-\rho_{2\mathrm{I}})}{\sum\rho} \tag{2-8}$$

计算表明，对直母线接触的各类滚子轴承，$F(\rho)=1$；对曲母线接触的各类轴承，$0\leqslant F(\rho)<1$；除球面球轴承外滚道接触点 $F(\rho)$ 为零之外，其余 $F(\rho)$ 均在0.9左右。

第三节 接触角与游隙

一、游隙

轴承游隙分径向游隙和轴向游隙。轴承的径向游隙定义已经在第一章第四节中定义过，轴承的轴向游隙定义为“〈能承受两个方向轴向载荷、非预紧状态下的轴承〉不承受任何外载荷，一套圈相对另一套圈从一个轴承极限位置移到相反的极限位置的轴向距离的算术平均值”。

游隙是轴承的重要参数，它影响轴承的负荷分布、振动、噪声、摩擦、寿命、精度和刚性，应根据使用条件，合理选取游隙。

根据轴承所处状态不同，游隙分为原始游隙、安装游隙和工作游隙。一般三者是不相同的，选用游隙时必须考虑到游隙的变化情况，必要时要进行计算。

1. 径向接触轴承原始径向游隙 u_r^0

轴承装配之后，安装到轴上和座里之前的游隙称为原始游隙。由图2-6可知，深沟球轴承的原始径向游隙为：

$$u_r^0=d_e-d_i-2D_w \tag{2-9}$$

式(2-9)也适用于圆柱滚子轴承和滚针轴承。

为了满足不同的使用需要，原始径向游隙的大小分为2、N、3、4、5五个组别，表1-18～表1-26中给出了各类向心轴承不同游隙组别的原始径向游隙值。角接触球轴承的游隙大小可以在安装过程中进行调整，不需要给出原始游隙。

2. 径向接触轴承安装径向游隙 u_r'

轴承安装到轴上和座里之后，由于过盈配合，内圈膨胀，外圈收缩，因此使径向游隙减小。轴承在安装状态下的径向游隙表示为：

$$u'_r = u_r^0 - \Delta d_i - \Delta d_e \tag{2-10}$$

式中：Δd_i——内圈过盈配合引起的内滚道直径的增大量；

Δd_e——外圈过盈配合引起的外滚道直径的减少量。

当轴承、轴、座均为钢制零件，且轴为实心、座的壁厚尺寸比轴承外圈尺寸大很多时，滚道直径变化近似计算如下：

$$\Delta d_i = I \times \frac{d}{d_i} \tag{2-11}$$

$$\Delta d_e = I \times \frac{d_e}{D} \tag{2-12}$$

式中：I——有效过盈量；

d——轴承内径；

D——轴承外径；

d_i、d_e——内、外圈的滚道直径。

3. 径向接触轴承工作径向游隙 u_r

轴承在工作状态下，一般是内圈温度高于外圈温度，内圈的膨胀要减小游隙。当内圈转速特别高时，内圈因离心力作用膨胀也会减小游隙。轴承径向载荷产生的轴承径向变形会使游隙增大。工作状态下的径向游隙表示为：

$$u_r = u'_r - \Delta u_t - \Delta u_v + \delta_r \tag{2-13}$$

式中：Δu_t——内圈温度高于外圈温度引起的游隙减小量；

Δu_v——内圈高速旋转引起的游隙减小量；

δ_r——轴承径向变形引起的游隙增大量，轴承的径向变形在第六章中计算。

$$\Delta u_t = \Delta t \alpha (d + D)/2 \tag{2-14}$$

式中：Δt——内、外圈温度差；

α——线膨胀系数，对于轴承钢，$\alpha = 0.000\,012\,5$。

对钢制轴承：

$$\Delta u_v = 1.004 \times 10^{-14} (r_1^2 + r_2^2) r_2 \omega^2 + 1.703 \times 10^{-14} \omega^2 r_1^2 r_2 - 6.054 \times 10^{-15} \omega^2 r_2^3 (\mathrm{mm}) \tag{2-15}$$

式中：r_1——轴承内径之半，$r_1 = 0.5\,d$；

r_2——近似取为内滚道直径之半，$r_2 = 0.5\,d_i$；

ω——内圈角速度，$\omega = 2\pi n/60$，n 为每分钟的转数。

二、接触角

1. 接触角定义

滚动体与滚道的接触点或接触线中点的公法线与轴承径向平面的夹角称为轴承接触角。图 2-6b)所示为球轴承的原始接触角 α。钢球与内、外滚道的接触角可以是不相等的，如图 2-8 所示。圆锥滚子轴承的内、外接触角不相等，如图 2-9 所示，其差为：

$$\alpha_e - \alpha_i = 2\beta \tag{2-16}$$

式中：β——圆锥滚子的半锥角。

当内、外接触角不等时，轴承的名义接触角 α 系指外接触角 α_e。

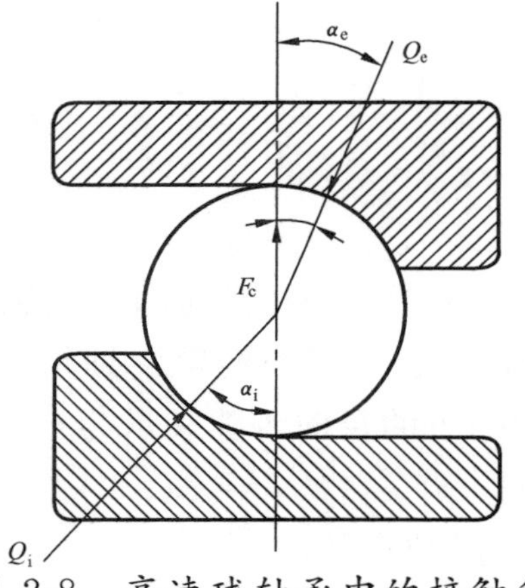

图 2-8　高速球轴承中的接触角

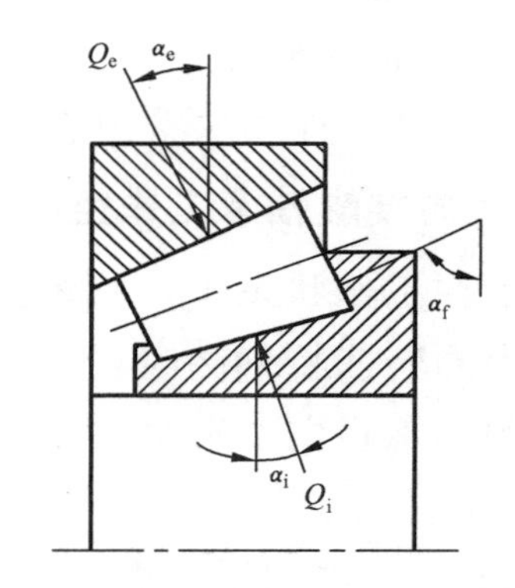

图 2-9　圆锥滚子轴承接触角

2. 接触角的力学意义

滚动体与滚道之间力的作用线沿接触点公法线方向，即沿接触方向，如图 2-10 所示。由力的平衡关系可以容易看出，接触角 α 的大小影响不同方向的承载能力，$\alpha=0°$，只承受径向力 F_r，不能承受轴向力 F_a；$0°<\alpha<90°$，可承受双向负荷 F_r 和 F_a，α 愈大，轴向承载能力愈大，而径向承载能力减小；$\alpha=90°$，只承受轴向力 F_a，不能承受径向力 F_r。

假设轴承制造是几何理想的，轴承各滚动体的原始接触角是相等的，此时，各滚动体与滚道接触点的法线将相交于轴承轴线上同一点，如图 2-11 所示。交点 T 称为负荷中心，在支承设计中，轴承排列方式不同，T 的位置不同，将影响到轴的弯曲变形和偏斜及轴承游隙变化。

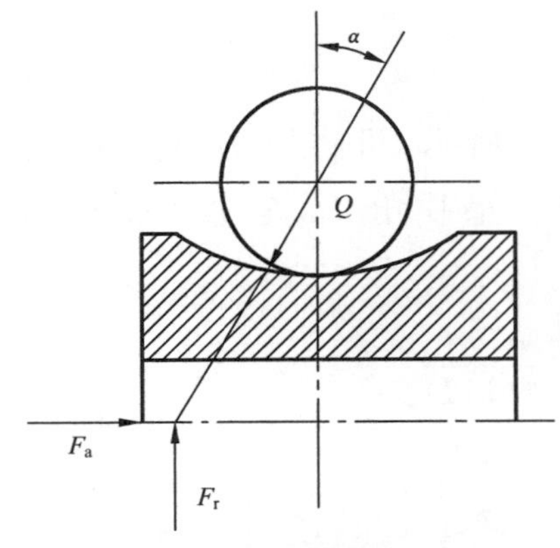

图 2-10　滚动体与滚道之间力的作用

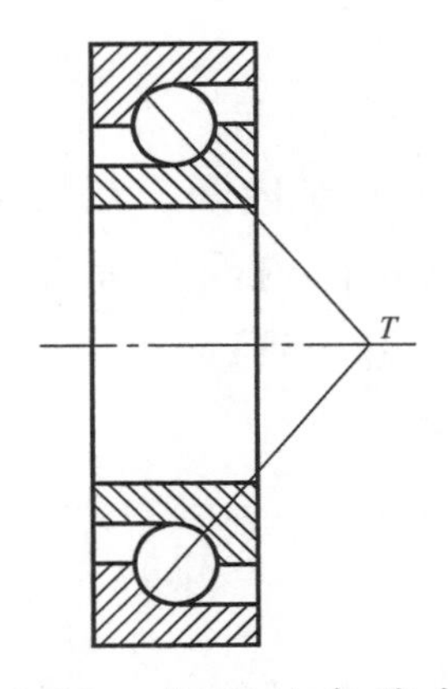

图 2-11　轴承的负荷中心

接触角是轴承设计的一个重要结构参数，它不仅影响轴承的受力、变形和寿命，还影响滚动体的动力学和摩擦润滑，这些将在以后各章中述及。

3. 接触角的计算

直母线接触的滚子轴承的接触角，由设计决定，在安装和工作过程中没有变化。其余各类轴承的接触角在安装和工作过程中一般都有变化，因此，根据轴承所处状态不同，分为原始接触角、安装接触角和工作接触角。一般应用中可以不考虑接触角变化，但是，在某些应用中则必须考虑和分析计算轴承在不同状态下的接触角。

(1) 原始接触角 α^0

轴承安装到轴上和座里之前的接触角称为原始接触角，由轴承结构设计参数和原始游隙决定。

1) 向心球轴承原始接触角的计算公式由图 2-6 的几何关系可得到：

$$\cos\alpha^0=1-\frac{u_r^0}{2D_w(f_i+f_e-1)} \tag{2-17}$$

式中：u_r^0——原始径向游隙；

D_w——滚动体直径；

f_i、f_e——内、外圈的沟曲率半径系数。

由图 2-6b)可以看出，无负荷接触状态下，内、外圈沟曲率中心 m 和 n 之间的距离：

$$A=r_i+r_e-D_w=f_iD_w+f_eD_w-D_w=(f_i+f_e-1)D_w \tag{2-18}$$

令

$$B=f_i+f_e-1 \tag{2-19}$$

则：

$$A=BD_{w} \tag{2-20}$$

2）双半内圈三点接触球轴承如图 2-12 所示，可将双半内圈考虑为深沟球轴承的整体内圈去除厚度 h 的垫片而成。垫片角 α_D 是个重要结构参数，由图 2-12b)得到：

$$\sin\alpha_{D}=\frac{h}{(2f_{i}-1)D_{w}} \tag{2-21}$$

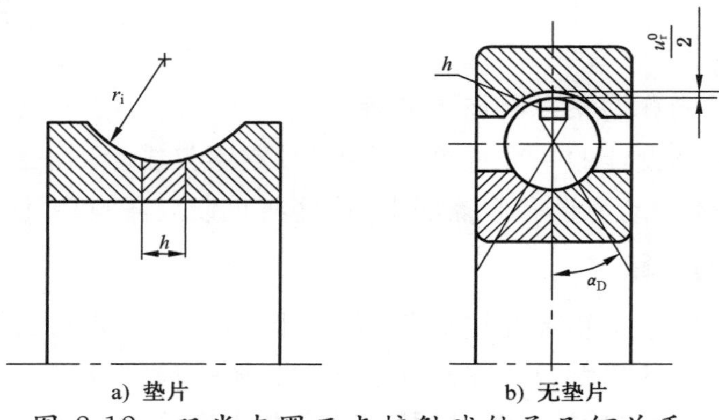

a) 垫片　　b) 无垫片

图 2-12　双半内圈三点接触球轴承几何关系

径向游隙是另一个重要结构参数，为了保证在工作状态下钢球不在内圈上出现两点接触，以免发生大的滑动摩擦，工作状态实际径向游隙必须大于下面的临界值：

$$u_{rc}=(2r_{e}-D_{w})(1-\cos\alpha_{D}) \tag{2-22}$$

这就需要考虑游隙的变化情况，选择适当的原始径向游隙。

双半内圈三点接触球轴承的原始接触角与原始径向游隙和垫片角有关，当原始径向游隙大于或等于临界值时，原始接触角用下式计算：

$$\cos\alpha^{0}=1-\frac{u_{r}^{0}}{2(f_{i}+f_{e}-1)D_{w}}-\frac{(2f_{i}-1)(1-\cos\alpha_{D})}{2(f_{i}+f_{e}-1)} \tag{2-23}$$

3）双列调心球轴承和双列调心滚子轴承，由于游隙的存在，内、外圈轴向相对移动与滚动体接触时的原始接触角一般不等于设计接触角，如图 2-13 和图 2-14 所示。有轴向位移时的原始接触角为：

$$\cos\alpha^{0}=\left(1-\frac{u_{n}^{0}}{2R_{e}}\right)\cos\alpha_{s} \tag{2-24}$$

式中：u_n^0——原始法向游隙；

α_s——设计接触角。

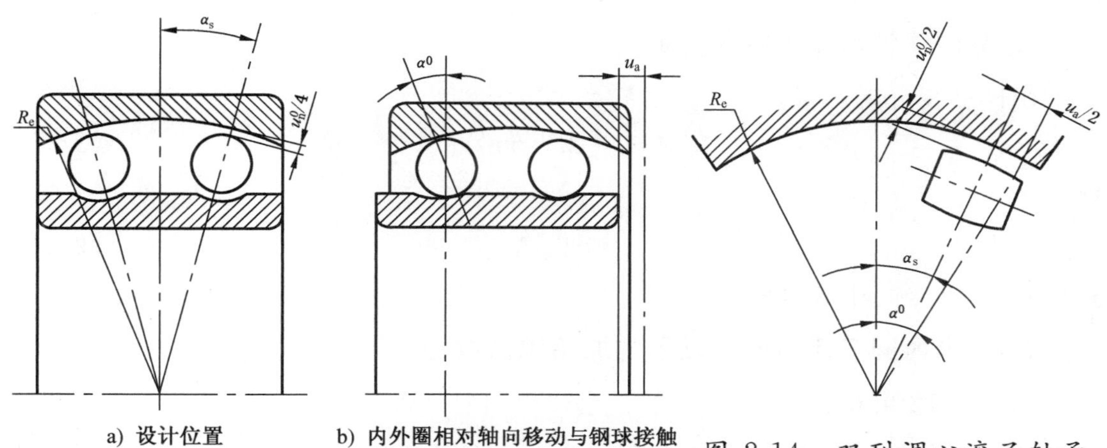

a) 设计位置　　b) 内外圈相对轴向移动与钢球接触

图 2-13　双列调心球轴承的游隙和接触角

图 2-14　双列调心滚子轴承的游隙和接触角

(2) 安装接触角 α'

上述几类轴承的接触角与游隙有关，因为轴承游隙在安装状态下要减小，所以这几类轴承在安装状态下的接触角也要变化，不同于原始接触角。在上述原始接触角计算公式中，只要用轴承安装状态的径向游隙 u'_r 替换原始径向游隙 u_r^0，便可得到轴承在安装状态下的接触角 α'。

(3) 工作接触角 α

轴承在工作状态下的接触角称为工作接触角。轴承在工作状态下影响接触角变化的因素主要有三个。

1) 工作状态下轴承游隙的变化影响接触角的变化。只要用前面计算的工作径向游隙 u_r 替换原始接触角计算公式中的原始径向游隙 u_r^0，便得到工作状态下由于游隙影响的轴承接触角。

2) 在载荷作用下轴承的变形影响接触角变化。在第五章计算滚动体负荷分布中将包括变形影响接触角变化的计算。

3) 高速球轴承中，由于离心力作用钢球“外抛”，使外接触角减小，内接触角增大，计算方法在第五章高速角接触球轴承负荷分布中叙述。

接触角影响轴承的各种性能。要精确分析轴承性能，必然包括对轴承工作中实际接触角的分析计算。

三、轴向游隙与接触角关系

向心轴承存在径向游隙时，也必然存在轴向游隙。在无负荷接触的原始状态下，轴向游隙与径向游隙、接触角有一定的关系。

1．深沟球轴承原始轴向游隙

由图 2-6 可得：

$$u_a^0 = 2A\sin\alpha^0 \tag{2-25}$$

或

$$u_a^0 = 2\sqrt{Au_r^0} \tag{2-26}$$

式中：A——内、外沟曲率中心距。

2．双半内圈三点接触球轴承的原始轴向游隙

由图 2-12 可得：

$$u_a^0 = 2(r_i + r_e - D_w)\sin\alpha^0 - (2r_i - D_w)\sin\alpha_D \tag{2-27}$$

3．双列调心球轴承和双列调心滚子轴承的原始轴向游隙

由图 2-13 和图 2-14 可得：

$$u_a^0 = 2R_e(\sin\alpha^0 - \sin\alpha_s) + u_n^0\sin\alpha_s \tag{2-28}$$

四、原始偏斜角

由于原始径向游隙的存在，在无负荷状态下，深沟球轴承的内、外圈轴线可以发生一些相对偏斜。原始偏斜角定义为一个套圈固定，另一个套圈绕通过轴承中心的某一径向轴线，从一个极限位置转到另一个极限位置的总角位移量，由图 2-15 可以得到原始偏斜角为：

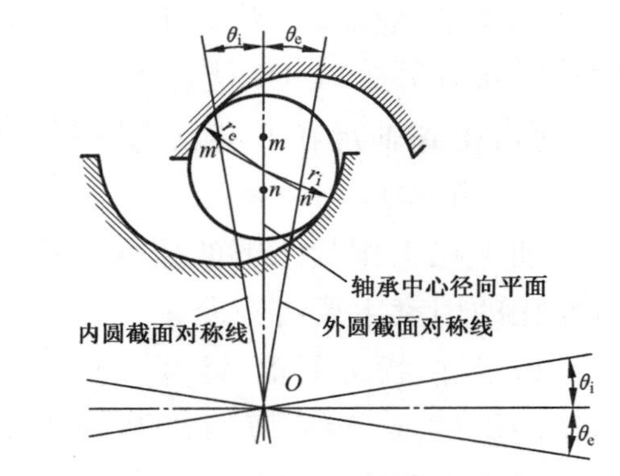

图 2-15　深沟球轴承的偏斜角

$$\theta = \theta_i + \theta_e$$

$$= 2\cos^{-1}\left\{1 - \frac{u_r^0}{4d_m}\left[\frac{(2f_i - 1)D_w - \frac{1}{4}u_r^0}{d_m + (2f_i - 1)D_w - \frac{1}{2}u_r^0} + \frac{(2f_e - 1)D_w - \frac{1}{4}u_r^0}{d_m - (2f_e - 1)D_w + \frac{1}{2}u_r^0}\right]\right\} \tag{2-29}$$

第三章　滚动轴承的运动学

第一节　概　　述

滚动轴承内、外圈的运动是很简单的，一般是定轴转动，但滚动体的运动却十分复杂，滚动体绕轴承轴线进行公转的同时，还要绕自身轴线进行自转。根据轴承结构和运转条件的不同，自转轴的方位不同，最复杂的是角接触球轴承的三维自转。接触角大于零的轴承中，还存在滚动体相对滚道绕接触点法线方向的自旋转动。圆锥滚子轴承设计合理时，即圆锥滚子轴承工作时，滚子与内、外滚道的接触线延长后交于轴承轴线上同一点，可避免滚子自旋转动发生。高速角接触球轴承中由于陀螺力矩作用于钢球，钢球还可能发生陀螺旋转。高速轻载轴承中还容易发生打滑现象。打滑、自旋和陀螺旋转都是很有害的滑动。

滚动轴承的运动学主要是研究滚动体的运动规律和计算方法。只有搞清楚滚动体的运动规律，才可以从设计和使用两方面加以改进，尽量减小轴承中的滑动摩擦。另外，要对轴承进行受力分析、寿命计算和润滑计算，也需要知道滚动体的运动。

对中、低速轴承进行运动分析时，因为自旋摩擦影响小，一般也不会发生陀螺旋转和打滑，所以，可以把这些因素忽略掉，只考虑滚动体纯滚动时的公转和自转，问题简单多了。高速轴承，特别是高速角接触球轴承，运动学计算特别复杂，精确的计算需要和轴承的受力、变形、润滑同时考虑，建立非线性动力学方程组，采用数值求解法进行计算。对高速轴承本章着重阐明基本概念，给出工程中常用的计算方法。

第二节　中、低速轴承运动学简化计算

一、简化计算的假设

简化计算在推导过程中采用了以下假设：①滚动体与滚道之间为纯滚动，无滑动，在接触点上两表面的线速度相等；②不考虑润滑油膜的影响；③不考虑惯性

力的影响；④轴承零件为刚体，无变形；⑤钢球的自转轴与二接触点的连线垂直。

须指出，尽管推导过程的以上假设与实际是有差异的，但推导的结果在工程计算中对各类中、低速轴承都是适用的。实验表明，理论计算结果与实际情况很符合，具有足够的精度。

二、轴承运动分析

在各类滚动轴承中，角接触球轴承的运动最具有代表性，因此，就以角接触球轴承为例进行分析。图 3-1 表示轴承内简化的运动关系。所选坐标系和符号说明如下：

x、y、z——固定坐标系，x 轴沿轴承轴线；

x'、y'、z'——动坐标系，与保持架固连，x'轴沿轴承轴线；

Ω、ω——相对定系和动系的角速度，分别称为绝对角速度和相对角速度，rad/s；

V、v——相对定系和动系的线速度，分别称为绝对线速度和相对线速度，m/s；

m——表示公转及保持架；

b、t——分别表示钢球和滚道；

n——转速，r/min。

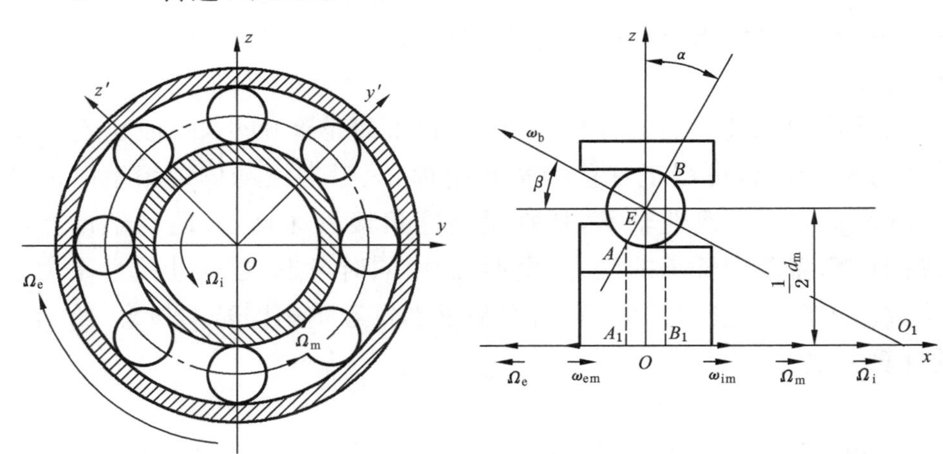

图 3-1　轴承内简化的运动关系

图 3-1 表示的运动关系说明如下。

1）内、外圈绕 x 轴反向定轴转动，转速为 Ω_i 和 Ω_e，Ω_i 指 x 轴正向。

2）保持架和钢球组件一起绕 x 轴定轴转动，转速为 Ω_m。根据内、外圈转速大小不同，Ω_m 可能沿 x 轴正向或负向，此处假设沿正向。

3）钢球一方面随保持架绕 x 轴转动——公转，转速为 Ω_m；同时钢球还绕自身轴线相对动系（保持架）转动——自转，转速为 ω_b。根据假设条件 ω_b 与接触点连线 AB 垂直，根据内、外圈的转向，可确定 ω_b 的指向（如图 3-1 所示）。β 称为自转姿态角，简化计算中 $\beta=\alpha$。

4）内圈相对保持架转动，转速的矢量式为：

$$\vec{\omega}_{im}=\vec{\Omega}_i-\vec{\Omega}_m \tag{3-1}$$

方向与 Ω_i 相同；

外圈相对保持架转动，转速的矢量式为：

$$\vec{\omega}_{em}=\vec{\Omega}_e-\vec{\Omega}_m \tag{3-2}$$

方向与 Ω_e 相同。

带箭头的角速度表示角速度矢量，不带箭头的表示角速度大小。

三、滚动体的公转和自转角速度

1. 公转速度 $\boldsymbol{\Omega}_m$

根据无滑动条件，在接触点钢球和滚道表面线速度相同。图 3-1 中 A 点的绝对线速度为：

$$\vec{V}_A=\vec{V}_A^b=\vec{V}_A^t=\vec{\Omega}_i\left(\frac{1}{2}d_m-\frac{D_w}{2}\cos\alpha\right)=\frac{1}{2}d_m\vec{\Omega}_i(1-\gamma) \tag{3-3}$$

式中：$\gamma=\dfrac{D_w\cos\alpha}{d_m}$。

同理可得：
$$\vec{V}_B=\frac{1}{2}d_m\vec{\Omega}_e(1+\gamma)$$

根据钢球直径 AB 上的速度分布，可得球心的绝对速度为：

$$\vec{V}_E=\frac{1}{2}(\vec{V}_A-\vec{V}_B)=\frac{1}{4}d_m[\vec{\Omega}_i(1-\gamma)-\vec{\Omega}_e(1+\gamma)] \tag{3-4}$$

球心的速度又可以表示为：

$$\vec{V}_E=\frac{1}{2}d_m\vec{\Omega}_m \tag{3-5}$$

由式(3-4)和式(3-5)可求得钢球公转速度为：

$$\vec{\Omega}_m=\frac{1}{2}[\vec{\Omega}_i(1-\gamma)-\vec{\Omega}_e(1+\gamma)] \tag{3-6a}$$

式中：$\Omega_m=\dfrac{1}{2}[\Omega_i(1-\gamma)\mp\Omega_e(1+\gamma)]$ （rad/s）。

也可以用转每分(r/min)表示转速：

$$n_m=\frac{1}{2}[n_i(1-\gamma)\mp n_e(1+\gamma)] \quad (r/min) \tag{3-7}$$

式(3-6)和式(3-7)中，当内、外圈转向相反时，取上面的符号“－”；当内、外圈转向相同时，取下面的符号“＋”。

两个转速单位的换算关系是：

$$\Omega=\frac{2\pi n}{60} \tag{3-8}$$

2. 自转速度 ω_b

滚道和钢球表面在 A 点相对动系的相对线速度分别为：

$$v_A^t=\frac{1}{2}d_m\omega_{im}(1-\gamma)$$

$$v_A^b=\frac{1}{2}D_w\omega_b$$

根据无滑动条件有：$v_A^t=v_A^b$

由此得：

$$\omega_b=\frac{d_m}{D_w}\omega_{im}(1-\gamma)=\frac{d_m}{D_w}(\Omega_i\pm\Omega_m)(1-\gamma) \tag{3-9}$$

将式(3-6)代入式(3-9)，可得钢球自转角速度为：

$$\omega_b=\frac{d_m}{2D_w}(\Omega_i\pm\Omega_e)(1-\gamma^2) \quad (rad/s) \tag{3-10}$$

或

$$n_b=\frac{d_m}{2D_w}(n_i\pm n_e)(1-\gamma^2) \quad (r/min) \tag{3-11}$$

式(3-10)和式(3-11)中，内、外圈转向相反时，取上面的符号“＋”；内、外圈转向相同时，取下面的符号“－”。

应指出，本节的分析方法和计算公式也适用于滚子轴承。对圆锥滚子轴承运动进行简化计算时，应该用平均接触角代入公式，即取：

$$\alpha=\frac{1}{2}(\alpha_i+\alpha_e) \tag{3-12}$$

四、接触循环次数和应力循环次数

1. 接触循环次数

将单位时间内或某套圈转一圈时通过一个套圈滚道上任一点的滚动体个数

称为该套圈滚道的接触循环次数。显然，当一个套圈相对保持架和滚动体组件转过一圈时，将有Z个滚动体通过滚道上每一点。Z为轴承中一列的滚动体数。因此，单位时间里内圈的接触循环次数为：

$$J_i = Zn_{im} = Z|n_i - n_m| = \frac{1}{2}Z|(n_i \pm n_e)(1+\gamma)| \quad (3\text{-}13)$$

同理，可得单位时间里外圈的接触循环次数为：

$$J_e = \frac{1}{2}Z|(n_i \pm n_e)(1-\gamma)| \quad (3\text{-}14)$$

在式(3-13)和式(3-14)中，内、外圈转向相反时，取上面的符号"+"；内、外圈转向相同时，取下面的符号"−"。

一般情况下，轴承只有一个套圈旋转，单位时间里接触循环次数变为：

$$J_i = \frac{1}{2}Zn(1+\gamma) \quad (3\text{-}15)$$

$$J_e = \frac{1}{2}Zn(1-\gamma) \quad (3\text{-}16)$$

式(3-15)和式(3-16)中：n——轴承内圈或外圈的转速。

显然，只有一个套圈旋转的情况下，轴承每转一圈，内、外滚道的接触循环次数为：

$$J_{i1} = \frac{1}{2}Z(1+\gamma) \quad (3\text{-}17)$$

$$J_{e1} = \frac{1}{2}Z(1-\gamma) \quad (3\text{-}18)$$

2. 应力循环次数

单位时间内或某套圈转一圈时滚道的应力循环次数一般不等于接触循环次数。设滚动体的负荷分布范围角为$2\psi_1$，只有一个套圈旋转的情况下，轴承每转一圈，内、外滚道的应力循环次数在表3-1中给出。负荷分布范围角ψ_1在第五章中计算。

表3-1　轴承每转一圈内、外滚道的应力循环次数

旋转套圈	内滚道的应力循环次数	外滚道的应力循环次数
内圈	$Z(1+\gamma)\frac{\psi_1}{360}$	$\frac{1}{2}Z(1-\gamma)$
外圈	$\frac{1}{2}Z(1+\gamma)$	$Z(1-\gamma)\frac{\psi_1}{360}$

第三节　高速轴承运动学

一、高速轴承运动学的特征

因为轴承结构和使用条件不同，研究的问题也就不同，关于高速轴承，很难下确切的定义。一般认为轴承内径 d 和转速 n 之积 $dn>0.6\times10^6$[mm·(r/min)]，或轴承节圆直径 d_m 和转速 n 之积 $d_m n>1.0\times10^6$[mm·(r/min)]时，称为高速轴承。但从运动学计算的观点来看，凡是由于转速的影响，滚动体的动力学特性与中、低速情况下有显著不同时，就应该按高速轴承考虑。高速轴承的运动学有下面一些特征应该考虑。

1. 离心力作用引起的接触角变化

由于离心力作用，钢球"外抛"，轴承节圆直径扩大，接触角发生变化。对角接触球轴承，如图 2-8 所示，内接触角增大，外接触角减小，$\alpha_i\neq\alpha_e$。对推力球轴承，接触角将小于 90°，钢球压向滚道和兜孔的侧面，接触力增大，摩擦增大，如图 3-2 所示。

2. 陀螺力矩对运动的影响

对于接触角大于零的轴承，当滚动体绕两相交的公转和自转轴线旋转时，滚动体要受到一惯性力矩的作用。该惯性力矩称为陀螺力矩，其大小及方向用下面的矢量式表示：

$$\vec{M}_g=J\vec{\omega}_b\times\vec{\Omega}_m \tag{3-19}$$

式中：J——钢球的转动惯量。

图 3-3 表示作用于钢球的陀螺力矩的方向。

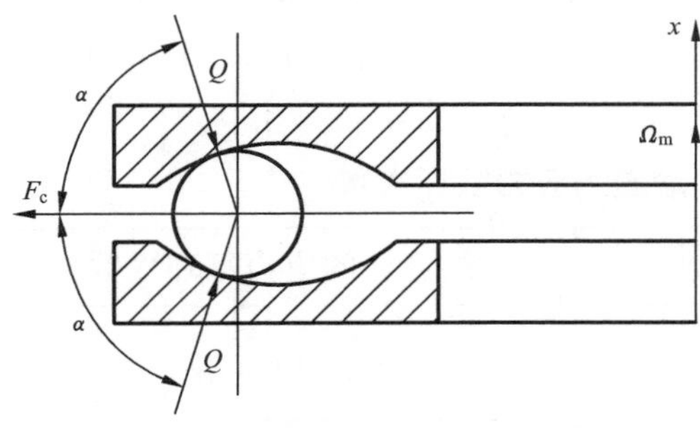

图 3-2　高速推力球轴承的接触角

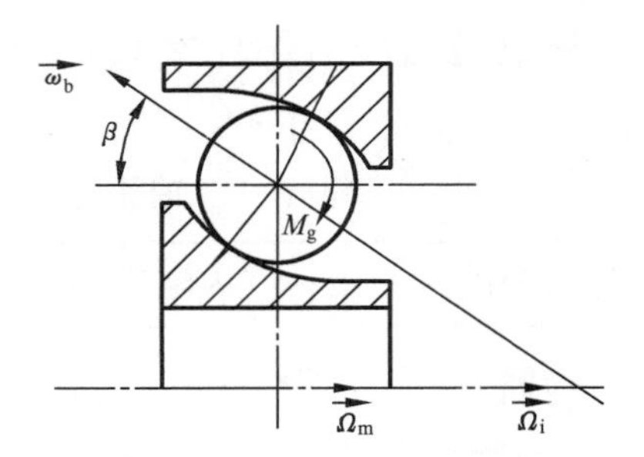

图 3-3　轴承受陀螺力矩的方向

钢球在陀螺力矩的作用下，有发生绕自身轴线在轴向平面内转动的趋势，这种转动称为陀螺旋转或陀螺自转。陀螺旋转是钢球相对滚道的滑动运动，加剧摩擦发热，轴承在正常工作下是不允许钢球发生陀螺旋转的。通过轴承结构设计减小陀螺力矩，或者通过轴向预负荷增大接触负荷，或者通过加大接触区的摩擦系数等，可以防止陀螺旋转的发生。在第四章中将给出防止发生陀螺旋转最小轴向力的计算方法。

无陀螺旋转发生时，钢球的自转轴位于轴向平面内，如图 3-3 所示。如果发生陀螺旋转，自转轴则偏离轴向平面，自转角速度 $\vec{\omega}_b$ 在 x'、y'、z'三个方向的分量都大于零，这就是所谓三维自转，如图 3-4 所示。三个分量分别为：

$$\omega_{bx'}=\omega_b\cos\beta\cos\beta' \tag{3-20}$$

$$\omega_{by'}=\omega_b\cos\beta\sin\beta' \tag{3-21}$$

$$\omega_{bz'}=\omega_b\sin\beta \tag{3-22}$$

式中：β——自转轴空间姿态角。

显然，$\omega_{by'}$就是由陀螺力矩引起的自转分量，即陀螺旋转。

当 $\omega_{by'}=0$，$\omega_{bx'}>0$，$\omega_{bz'}>0$ 时，称为二维自转，如图 3-3 所示。

向心轴承的自转轴与轴承轴线平行，$\omega_b=\omega_{bx'}$，是一维自转，向心轴承中显然不存在陀螺力矩。

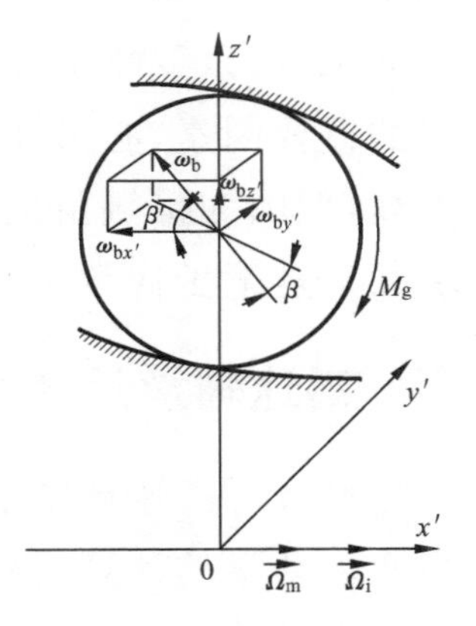

图 3-4　钢球的三维自转

3. 高速下滚动方向易打滑

轴承一般是内圈旋转，通过内滚道对滚动体的摩擦拖动，使滚动体在内、外滚道间滚动。在高速下，由于离心力作用，滚动体压向外滚道，滚动体与内滚道的接触力小于滚动体与外滚道的接触力，使内滚道对滚动体的拖动力不足，滚动体公转速度减小，内滚道相对滚动体发生滑动，这种现象称为公转打滑。发生打滑时轴承的摩擦磨损加剧，温度升高，易烧伤。公转打滑是高速轻载轴承存在的主要问题之一。

防止高速打滑的措施有多种：①加预负荷，增大接触负荷和拖动力；②采用空心滚动体或者相对密度低的材料制作滚动体，减小离心力；③减少滚动体数目，增加接触负荷；④采用椭圆滚道或者三瓣波滚道的圆柱滚子轴承，扩大滚动体受载区。

4. 角接触轴承中的自旋滑动

两个接触的弹性体相对转动时，角速度矢量可以分解为沿接触点切线方向

的分量 ω^{R} 和法线方向的分量 ω^{S}，如图 3-5 所示。切向分量 ω^{R} 称为滚动分量，其运动形式为滚动。法向分量 ω^{S} 称为自旋分量，其运动形式为自旋滑动，除接触中心两表面相对线速度为零外，接触面各点均有相对滑动，离中心愈远滑动速度愈大。图 3-5 表示接触面上的滑动线，是一组同心圆。

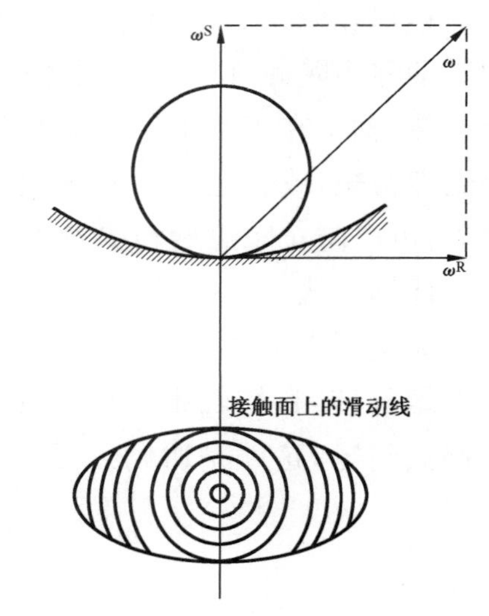

图 3-5　自旋分量和滚动分量示意图

角接触轴承中，除设计合理的圆锥滚子轴承外，滚动体相对滚道的转速在接触点法线方向的分量一般不为零，即存在与上述情况相似的自旋滑动。在中、低速轴承中，因自旋滑动产生的摩擦对轴承影响不大，故可以忽略不计。但在高速角接触轴承中，自旋滑动是轴承产生摩擦和发热的重要因素，必须加以考虑和控制。另外，像推力圆柱滚子轴承，工作转速并不高，但因为接触角是 90°，自旋分量很大，为减少自旋滑动摩擦，在一个兜孔中装几个短滚子代替一个长滚子用，这样可以减小滚子两端的自旋滑动线速度。

二、高速轴承运动学分析

本节对高速球轴承的分析计算假设不发生陀螺旋转。忽略陀螺旋转可以使高速运动学的计算得到简化，而更主要的理由是：轴承在正常工作下不允许发生陀螺旋转，总是要预先通过正确的设计和使用防止发生陀螺旋转，所以这种简化的计算符合轴承正常工作下的实际情况，计算的结果有实际意义。下面以最复杂的高速角接触球轴承为例进行分析。

图 3-6 为高速角接触球轴承各零件相对运动的角速度矢量图，图 3-6 中表示的运动关系如下。

1）内、外圈绕 x 轴（轴承轴线）反向定轴转动，转速分别为 $\vec{\Omega}_{i}$ 和 $\vec{\Omega}_{e}$，$\vec{\Omega}_{i}$ 指 x 轴正向。

2）保持架和钢球组件一起绕 x 轴定轴转动，转速为 $\vec{\Omega}_{m}$。根据内、外圈转速的大小不同，$\vec{\Omega}_{m}$ 可能指 x 轴正向，也可能指 x 轴负向，此处设指 x 轴正向。

3）钢球一方面随同保持架绕 x 轴转动——公转，转速为 $\vec{\Omega}_{m}$，另一方面钢球同时还绕自身几何轴线相对保持架转动——自转，转速为 $\vec{\omega}_b$。根据内、外圈的转向可判定 $\vec{\omega}_b$ 的指向。因为假设没有陀螺旋转发生，那么 $\vec{\omega}_b$ 位于轴向平面内，自转轴和公转轴的交点 O_1 是钢球定点转动的基点。β 为自转姿态角，可根据滚道控制理论求出。

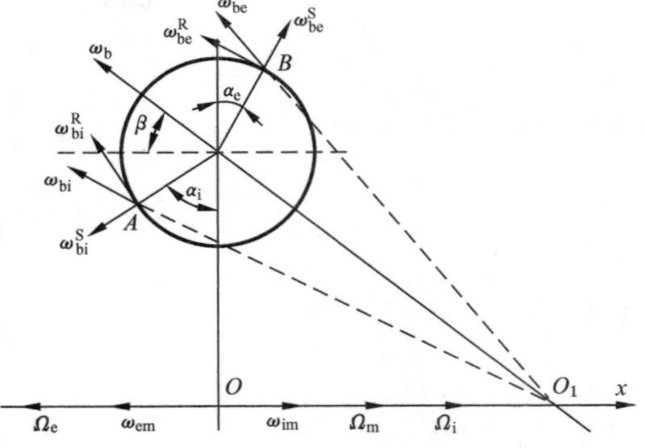

图 3-6　高速角接触球轴承运动关系

4）钢球相对内圈转动的转轴通过接触点 A 和定点 O_1，转速为 $\vec{\omega}_{bi}$。$\vec{\omega}_{bi}$ 在接触点法向和切向的两分量为 $\vec{\omega}_{bi}^S$ 和 $\vec{\omega}_{bi}^R$，前者为相对内滚道的自旋分量，后者为相对内滚道的滚动分量，$\vec{\omega}_{bi}$ 的指向可根据角速度矢量的合成法则确定。

5）钢球相对外圈转动的转轴通过接触点 B 和定点 O_1，转速为 $\vec{\omega}_{be}$，相对外滚道的自旋分量和滚动分量分别为 ω_{be}^S 和 ω_{be}^R，ω_{be} 的指向根据角速度矢量的合成法则确定。

6）内圈相对保持架转动，转速的矢量式为：

$$\vec{\omega}_{im}=\vec{\Omega}_i-\vec{\Omega}_m$$

方向与 $\vec{\Omega}_i$ 相同；

外圈相对保持架转动，转速的矢量式为：

$$\vec{\omega}_{em}=\vec{\Omega}_e-\vec{\Omega}_m$$

方向与 $\vec{\Omega}_e$ 相同。

带箭头的角速度表示角速度矢量，不带箭头的角速度表示角速度大小。

三、钢球的公转和自转角速度

这里计算钢球的公转和自转时，假设钢球不发生公转打滑和自转打滑。如果考虑打滑，要和受力、变形、润滑一起考虑，将在第十一章中讨论。

图 3-6 中，在接触点 A，钢球和滚道表面相对保持架的线速度分别为：

$$v_A^b=\frac{1}{2}\omega_b D_w\cos(\alpha_i-\beta)$$

$$v_A^t=\frac{1}{2}\omega_{im}d_m(1-\gamma_i)$$

钢球无打滑时：$v_A^b=v_A^t$，所以得：

$$\omega_b=\omega_{im}\frac{d_m(1-\gamma_i)}{D_w\cos(\alpha_i-\beta)}\tag{3-23}$$

同样，对 B 点可得：

$$\omega_b=\omega_{em}\frac{d_m(1+\gamma_e)}{D_w\cos(\alpha_e-\beta)}\tag{3-24}$$

式中：$\gamma_i=\dfrac{D_w\cos\alpha_i}{d_m}$；

$\gamma_e=\dfrac{D_w\cos\alpha_e}{d_m}$。

角速度矢量有下面的关系：

$$\vec{\omega}_{im}=\vec{\Omega}_i-\vec{\Omega}_m=(\vec{\Omega}_i-\vec{\Omega}_e)+(\vec{\Omega}_e-\vec{\Omega}_m)=(\vec{\Omega}_i-\vec{\Omega}_e)+\vec{\omega}_{em}$$

因 $\vec{\Omega}_e$ 和 $\vec{\omega}_{em}$ 指向 x 轴负向，所以上面的矢量在 x 轴上的投影即 ω_{im} 的大小为：

$$\omega_{im}=(\Omega_i+\Omega_e)-\omega_{em}\tag{3-25}$$

将式(3-25)代入式(3-23)得：

$$\omega_b=(\Omega_i+\Omega_e-\omega_{em})\frac{d_m(1-\gamma_i)}{D_w\cos(\alpha_i-\beta)}\tag{3-26}$$

由式(3-24)得：

$$\omega_{em}=\omega_b\frac{D_w\cos(\alpha_e-\beta)}{d_m(1+\gamma_e)}\tag{3-27}$$

将式(3-27)代入式(3-26)，整理后得到钢球自转角速度为：

$$\omega_b=\frac{d_m}{D_w}(\Omega_i\pm\Omega_e)\frac{(1-\gamma_i)(1+\gamma_e)}{(1-\gamma_i)\cos(\alpha_e-\beta)+(1+\gamma_e)\cos(\alpha_i-\beta)}\tag{3-28a}$$

$$n_b=\frac{d_m}{D_w}(n_i\pm n_e)\frac{(1-\gamma_i)(1+\gamma_e)}{(1-\gamma_i)\cos(\alpha_e-\beta)+(1+\gamma_e)\cos(\alpha_i-\beta)}\tag{3-28b}$$

式(3-28a)和式(3-28b)中，内、外圈转向相反时，取上面的符号“+”；内、外圈转向相同时，取下面的符号“－”。由式(3-23)和式(3-24)可得：

$$\omega_{im}\frac{d_m(1-\gamma_i)}{D_w\cos(\alpha_i-\beta)}=\omega_{em}\frac{d_m(1+\gamma_e)}{D_w\cos(\alpha_e-\beta)}\tag{3-29}$$

角速度矢量有下面的关系：

$$\vec{\omega}_{im}=\vec{\Omega}_i-\vec{\Omega}_m$$

$$\vec{\omega}_{em}=\vec{\Omega}_e-\vec{\Omega}_m$$

因 $\vec{\Omega}_m$ 与 $\vec{\Omega}_e$ 反向，所以上面两矢量在 x 轴上的投影即大小为：

$$\omega_{im}=\Omega_i-\Omega_m \tag{3-30}$$

$$\omega_{em}=\Omega_e+\Omega_m \tag{3-31}$$

将式(3-30)和式(3-31)代入式(3-29)，整理后可得钢球公转角速度为：

$$\Omega_m=\frac{\Omega_i(1-\gamma_i)\cos(\alpha_e-\beta)\mp\Omega_e(1+\gamma_e)\cos(\alpha_i-\beta)}{(1+\gamma_e)\cos(\alpha_i-\beta)\mp\Omega_e(1-\gamma_i)\cos(\alpha_e-\beta)} \tag{3-32a}$$

$$n_m=\frac{n_i(1-\gamma_i)\cos(\alpha_e-\beta)\mp n_e(1+\gamma_e)\cos(\alpha_i-\beta)}{(1+\gamma_e)\cos(\alpha_i-\beta)+(1-\gamma_i)\cos(\alpha_e-\beta)} \tag{3-32b}$$

式(3-32a)和式(3-32b)中，轴承内、外圈转向相反时，取上面的符号“＋”；轴承内、外圈转向相同时，取下面的符号“－”。

四、钢球相对滚道的滚动分量和自旋分量

自转是钢球相对保持架的转动，它等于钢球的绝对角速度 $\vec{\Omega}_b$ 和保持架角速度 $\vec{\Omega}_m$ 的矢量之差。同样，钢球相对内、外圈转动的角速度等于钢球的绝对角速度与套圈角速度的矢量之差。因此有下面的矢量关系：

$$\vec{\omega}_b=\vec{\Omega}_b-\vec{\Omega}_m=(\vec{\Omega}_b-\vec{\Omega}_i)+(\vec{\Omega}_i-\vec{\Omega}_m)=\vec{\omega}_{bi}+\vec{\omega}_{im} \tag{3-33}$$

$$\vec{\omega}_b=\vec{\Omega}_b-\vec{\Omega}_m=(\vec{\Omega}_b-\vec{\Omega}_e)+(\vec{\Omega}_e-\vec{\Omega}_m)=\vec{\omega}_{be}+\vec{\omega}_{em} \tag{3-34}$$

由式(3-33)和式(3-34)的关系可得到钢球相对内、外滚道的角速度矢量的表达式为：

$$\vec{\omega}_{bi}=\vec{\omega}_b-\vec{\omega}_{im} \tag{3-35}$$

$$\vec{\omega}_{be}=\vec{\omega}_b-\vec{\omega}_{em} \tag{3-36}$$

将 $\vec{\omega}_{bi}$ 和 $\vec{\omega}_{be}$ 沿接触点法向和切向分解，可以写为：

$$\vec{\omega}_{bi}=\vec{\omega}_{bi}^S+\vec{\omega}_{bi}^R \tag{3-37}$$

$$\vec{\omega}_{be}=\vec{\omega}_{be}^S+\vec{\omega}_{be}^R \tag{3-38}$$

根据图 3-6 表示的矢量方向，将式(3-35)和式(3-36)两矢量沿接触点的法向和切向投影，便得到钢球相对滚道的自旋分量和滚动分量如下：

$$\omega_{bi}^S=\omega_{im}\sin\alpha_i+\omega_b\sin(\alpha_i-\beta) \tag{3-39}$$

$$\omega_{bi}^R=\omega_{im}\cos\alpha_i+\omega_b\cos(\alpha_i-\beta) \tag{3-40}$$

$$\omega_{be}^S=\omega_{em}\sin\alpha_e-\omega_b\sin(\alpha_e-\beta) \tag{3-41}$$

$$\omega_{be}^R=-\omega_{em}\cos\alpha_e+\omega_b\cos(\alpha_e-\beta) \tag{3-42}$$

显然，钢球相对某一滚道不发生自旋时，须使相对该滚道的自旋分量为零，也就是说，钢球相对该套圈瞬时转轴应沿着接触点的切线方向。由图 3-6 看到，

角接触球轴承至少在一个滚道上存在自旋；深沟球轴承显然不存在自旋。

五、滚道控制理论和姿态角

通常只要钢球与滚道接触角不为零，钢球在滚道上不可能出现纯滚动，即不可能同时没有自旋运动，也就是说，对于接触角大于零的球轴承，钢球在内、外滚道上发生滚动运动时，必然伴随自旋运动。为了便于角接触球轴承运动特性的分析，常采用滚道控制理论进行简化处理。滚道控制理论假定：与钢球之间摩擦力比较大的滚道上不发生自旋运动，实现纯滚动；与钢球之间摩擦力比较小的滚道上发生自旋。如果内滚道无自旋，称钢球为“内滚道控制”；如果外滚道无自旋，称钢球为“外滚道控制”。

用下面的不等式判断滚道控制的类型。

若满足不等式：

$$Q_e a_e L_e(K_e)\cos(\alpha_i-\alpha_e)>Q_i a_i L_i(K_i) \tag{3-43}$$

则为外滚道控制；

若满足不等式：

$$Q_i a_i L_i(K_i)\cos(\alpha_i-\alpha_e)>Q_e a_e L_e(K_e) \tag{3-44}$$

则为内滚道控制。

式(3-43)和式(3-44)中：Q_i，Q_e——钢球与内、外滚道的法向接触负荷；

a_i，a_e——钢球与内、外滚道接触椭圆长半轴；

α_i，α_e——钢球与内、外滚道的工作接触角；

$L(K_{i(e)})$——与接触面形状有关的第二类完全椭圆积分，其值为：

$$L(K_j)=\int_0^{\frac{\pi}{2}}[1-(1-K_j^2)\sin^2\phi]^{1/2}\mathrm{d}\phi \quad (j=\mathrm{i},\mathrm{e}) \tag{3-45}$$

式中：K_j——椭圆偏心率，$K_j=\dfrac{b_j}{a_j}$。

这里，b_i、b_e 分别为钢球与内、外滚道的接触椭圆短半轴。

在高速角接触球轴承中，由于离心力作用，钢球与外滚道之间的接触负荷大于钢球与内滚道之间的接触负荷，滚道控制多为外滚道控制。

计算和实验结果表明，滚道控制理论是近似的、实用的，用来分析高速角接触球轴承性能和指导设计是有效的。

根据滚道控制理论，如果是内滚道控制，由式(3-39)可求出自转姿态角为：

$$\tan\beta=\frac{\cos\alpha_{\mathrm{i}}\sin\alpha_{\mathrm{i}}}{\cos^2\alpha_{\mathrm{i}}-\gamma_{\mathrm{i}}} \tag{3-46}$$

如果是外滚道控制，由式(3-41)可求出自转姿态角为：

$$\tan\beta=\frac{\cos\alpha_{\mathrm{e}}\sin\alpha_{\mathrm{e}}}{\cos^2\alpha_{\mathrm{e}}+\gamma_{\mathrm{e}}} \tag{3-47}$$

六、旋滚比

钢球在滚道上的自旋分量与滚动分量之比简称旋滚比，由式(3-39)～式(3-42)可得钢球在内、外滚道上的旋滚比分别为：

$$\frac{\omega_{\mathrm{bi}}^{\mathrm{S}}}{\omega_{\mathrm{bi}}^{\mathrm{R}}}=|\gamma_{\mathrm{i}}\tan\alpha_{\mathrm{i}}+(1-\gamma_{\mathrm{i}})\tan(\alpha_{\mathrm{i}}-\beta)| \tag{3-48}$$

$$\frac{\omega_{\mathrm{be}}^{\mathrm{S}}}{\omega_{\mathrm{be}}^{\mathrm{R}}}=|\gamma_{\mathrm{e}}\tan\alpha_{\mathrm{e}}-(1+\gamma_{\mathrm{e}})\tan(\alpha_{\mathrm{e}}-\beta)| \tag{3-49}$$

旋滚比愈大，表明钢球自旋滑动摩擦愈大。在高速角接触球轴承中，钢球自旋是轴承摩擦和发热的重要原因，应通过合理的结构设计和适当的轴向预负荷减小钢球旋滚比。按照滚道控制理论，一个滚道上钢球旋滚比为零，另一个滚道上钢球旋滚比大于零。

七、计算步骤

1）首先考虑钢球工作接触角 α_{i} 和 α_{e}：精确的计算必须建立非常复杂的非线性方程组，求数值解；把本节的运动学方程与第五章中高速角接触球轴承负荷分布的有关方程联立，用数值计算法可求得运动学参数和每个滚动体负荷的数值解；也可以用近似方法先确定 α_{i} 和 α_{e}，第四章中介绍。

2）判断滚道控制类型：这还需要先计算接触椭圆和接触负荷。作为近似计算，高速角接触球轴承由于离心力的作用也可以不加判断就认为是外滚道控制，计算过程简化很多。

3）根据滚道控制类型计算自转姿态角。

4）计算公转和自转角速度。

5）计算旋滚比。

第四章　滚动体受力分析

第一节　概　　述

滚动轴承承受的负荷是通过滚动体从一个套圈传递到另一个套圈上的，力的作用方向沿接触点的法线方向，这是滚动体受的主要负荷。在高速运转下，滚动体要受到一个不可忽略的离心力作用。角接触高速轴承中，滚动体还要受到陀螺力矩的作用。如果考虑再精确些，滚动体还要受到润滑油膜的切向摩擦力、流体动压力的滚动方向分量、流体阻力和保持架的作用力等。

轴承转速比较低时，可按静态分析滚动体负荷，也就是用轴承静力学分析方法；轴承转速比较高时，分析滚动体负荷要考虑惯性力和润滑的影响，也就是要用轴承拟静力学或拟动力学的分析方法。对于非稳态滚动体任一瞬时的受力分析，要用轴承动力学分析方法。

滚动体受力分析是轴承性能分析的基本内容，涉及的问题比较多，将在不同的章节中介绍。本章主要说明轴承在不同运转条件下滚动体受到哪些负荷，重点叙述惯性力的计算及其影响。第五章将计算轴承在一定的外力和运转条件下每个滚动体与滚道之间受到接触负荷的大小。第七章中介绍轴承摩擦力及摩擦力矩的计算。第八章中介绍轴承润滑油膜作用力的计算。

第二节　滚动体静负荷

轴承转速比较低时，可按静态分析滚动体负荷，由运动引起的各种力忽略不计，故称为滚动体静负荷。

一、球轴承和对称调心滚子轴承

球轴承和对称调心滚子轴承中，轴承静载荷下，滚动体与内、外滚道的接触角相等，滚动体与内、外滚道的接触负荷沿接触点法线方向，而且是沿同一直线，如图 4-1 和图 4-2 所示。法向接触负荷 Q 可以分解为轴向和径向两分量 Q_a 和

Q_r，其关系是：

$$Q=\frac{Q_r}{\cos\alpha}=\frac{Q_a}{\sin\alpha} \tag{4-1}$$

由式(4-1)可知，由于轴承接触角原因，滚动体与滚道之间的法向接触负荷可能是其某一分量的许多倍。而与轴承的工作载荷径向力或轴向力相平衡的是滚动体与滚道之间接触负荷的径向分量总和或者轴向分量总和，这又一次说明接触角大小不同，轴承在径向和轴向的承载能力也不同。例如轴承接触角很小时，即使轴承轴向载荷很小，轴承滚动体与滚道之间的法向接触力 Q 也很大，表明小接触角轴承不能承受大的轴向载荷。式(4-1)表明：小接触角轴承可承受较大的径向载荷，轴承径向承载能力大、轴向承载能力小；相反，大接触角轴承可承受较大的轴向载荷，轴承轴向承载能力高、径向承载能力小。

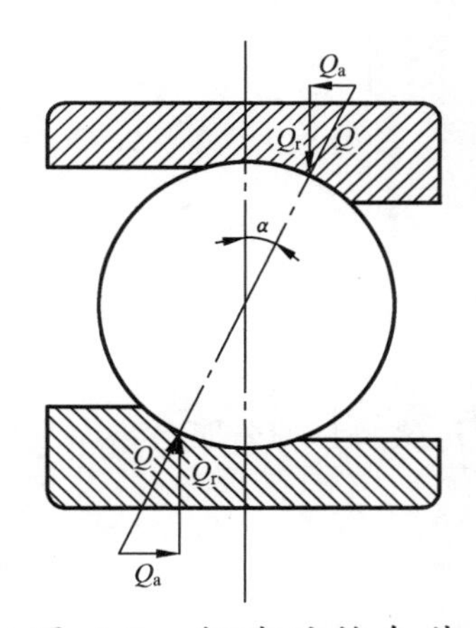

图 4-1　钢球的静负荷

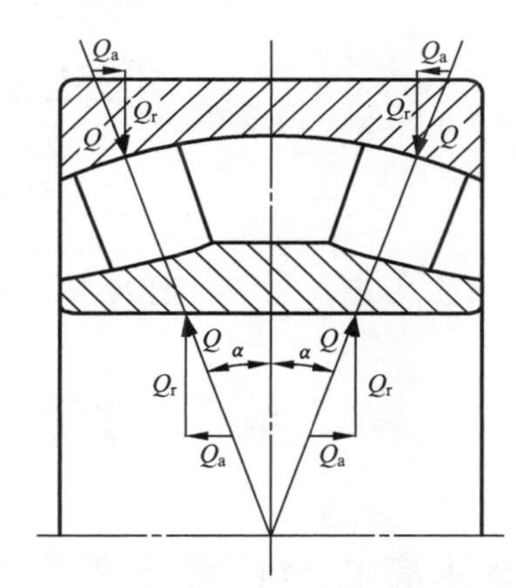

图 4-2　轴承受径向力时对称滚子的静负荷

二、圆锥滚子轴承

圆锥滚子受到轴承内、外滚道和滚道大挡边的三个接触负荷作用，如图 4-3 所示。每个接触负荷可分解为轴向和径向两分量，它们的关系是：

$$Q_j=\frac{Q_{jr}}{\cos\alpha_j}=\frac{Q_{ja}}{\sin\alpha_j}\qquad (j=\mathrm{i,e,f}) \tag{4-2}$$

由滚子的静平衡可得到如下关系：

$$Q_i=Q_{ea}\frac{(\cos\alpha_f+\cot\alpha_e\sin\alpha_f)}{\sin(\alpha_i+\alpha_f)} \tag{4-3}$$

$$Q_f=Q_{ea}\frac{(\cos\alpha_i-\cot\alpha_e\sin\alpha_i)}{\sin(\alpha_i+\alpha_f)} \tag{4-4}$$

用第五章负荷分布的计算方法可以求出外滚道接触负荷 Q_e，再用式(4-2)～式(4-4)三个方程可求出滚动体与内滚道及大挡边的接触负荷 Q_i 和 Q_f。应指出，因内圈有挡边接触力，根据第五章负荷分布有关方程求出的接触负荷应是外滚道接触负荷 Q_e，而不是内滚道接触负荷 Q_i。

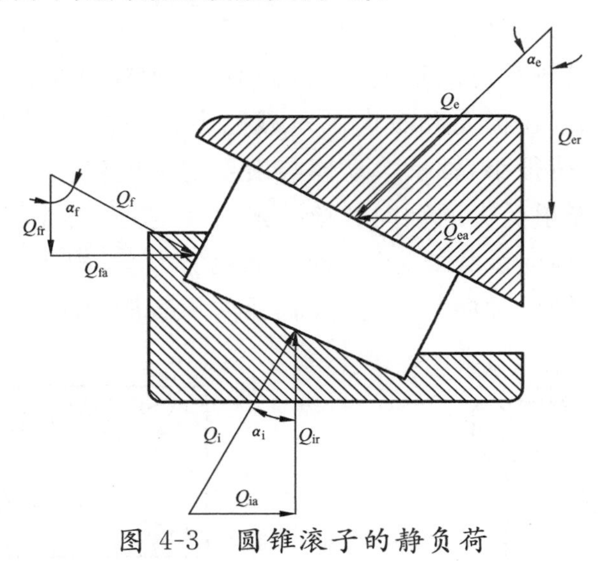

图 4-3　圆锥滚子的静负荷

第三节　高速轴承惯性力及其影响

一、滚动体离心力计算及其影响

轴承高速运转时滚动体的离心力是不可忽略的，离心力作用使得滚动体与外滚道的接触负荷增大，滚动体与内滚道的接触负荷减小，从而引起角接触球轴承的内、外接触角变化。另外离心力还可能引起滚动体与内滚道之间的公转打滑。

1. 离心力计算

钢球的离心力大小用式(4-5)计算：

$$F_c=2.26\times10^{-11}d_mD_w^3n_m^2\quad(\text{N})\tag{4-5}$$

钢制滚子的离心力大小用式(4-6)计算：

$$F_c=3.39\times10^{-11}d_mD_w^2ln_m^2\quad(\text{N})\tag{4-6}$$

式(4-5)和式(4-6)中：d_m——轴承节圆直径，mm；

D_w——滚动体直径，对圆锥滚子和球面滚子为平均直径，mm；

l——滚子长度，mm；

n_m——公转速度，r/min。

2. 滚动体离心力的影响

(1) 角接触球轴承

由于钢球离心力作用，使得钢球压向外滚道，从而导致钢球的外接触角减小、内接触角增大，轴承转速愈高，钢球的内、外接触角之差愈大，同时钢球与外滚道之间的接触负荷也增加、钢球与内滚道之间的接触负荷减小。图 4-4 表示角接触球轴承中受离心力作用的钢球。

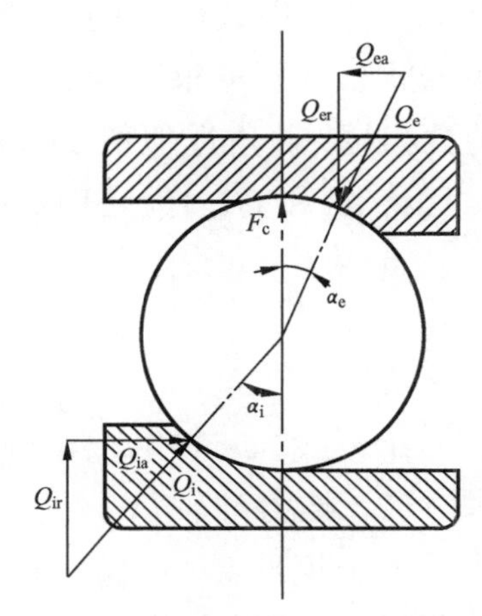

图 4-4　受离心力作用的钢球

在第五章高速角接触球轴承负荷分布计算中同时可以较精确地求出 α_i 和 α_e。这里介绍一种接触角变化的简化计算方法。

由钢球的平衡写出如下方程：

$$\left.\begin{aligned}Q_{ia}-Q_{ea}&=0\\Q_{ir}+F_c-Q_{er}&=0\end{aligned}\right\}$$

或

$$\left.\begin{aligned}Q_{ia}-Q_e\sin\alpha_e&=0\\Q_{ia}\cot\alpha_i+F_c-Q_e\cos\alpha_e&=0\end{aligned}\right\}$$

解上面的方程组可以得到：

$$\cot\alpha_e=\cot\alpha_i+\frac{F_c}{Q_{ia}} \tag{4-7}$$

$$Q_e=\left[1+\left(\cot\alpha_i+\frac{F_c}{Q_{ia}}\right)^2\right]^{1/2}Q_{ia} \tag{4-8}$$

可以近似地认为，内接触角的增大值等于外接触角的减小值，即设：

$$\left.\begin{aligned}\alpha_i&=\alpha+\Delta\alpha\\\alpha_e&=\alpha-\Delta\alpha\end{aligned}\right\} \tag{4-9}$$

式中：α——轴承在推力负荷作用下的接触角，要比原始接触角大，计算方法在第五章中介绍；

$\Delta\alpha$——离心力作用下接触角的变化值。

于是，将式(4-9)代入式(4-7)可得：

$$\cot(\alpha-\Delta\alpha)=\cot(\alpha+\Delta\alpha)+\frac{F_c}{Q_{ia}} \tag{4-10}$$

此外，因为钢球离心力主要是增加钢球与外滚道之间的接触负荷，对内滚道的接触负荷影响很小，故此处可以假设钢球与内滚道之间的接触负荷 Q_i 及其轴向接触负荷 Q_{ia} 的大小与静态下相同。可用第五章静载下负荷分布的计算方法求出 Q_i，再用式(4-1)求出静态下的 Q_{ia}，然后代入式(4-10)中，用试凑法或迭代法解式(4-10)可求出增量 $\Delta\alpha$，代入方程式(4-9)可求出钢球离心力作用下钢球的内、外接触角近似值 α_i 和 α_e。

将 α_i 和 Q_{ia} 代入式(4-8)，可求出钢球与外滚道的接触负荷 Q_e。

由图 4-4 可知：

$$Q_i=\frac{Q_{ia}}{\sin\alpha_i} \tag{4-11}$$

比较式(4-8)和式(4-11)，可以看出由于离心力作用，使得 $Q_e>Q_i$。

(2) 推力球轴承

由于钢球离心力的作用，使得钢球压向滚道外侧，造成钢球与滚道之间的接触角减小、接触负荷增大。图 4-5 表示推力球轴承中受离心力作用的钢球。

钢球径向方向的力平衡方程为：

$$2Q_r=2Q\cos\alpha=F_c \tag{4-12}$$

所以有：

$$\tan\alpha=\frac{Q_a}{Q_r}=\frac{2Q_a}{F_c} \tag{4-13}$$

由轴承套圈的轴向力方程可得：

$$ZQ_a=F_a \tag{4-14}$$

式中：F_a——轴承轴向外载荷。

由式(4-12)～式(4-14)三个方程可求得离心力作用下钢球的接触角和接触负荷，其计算公式分别为：

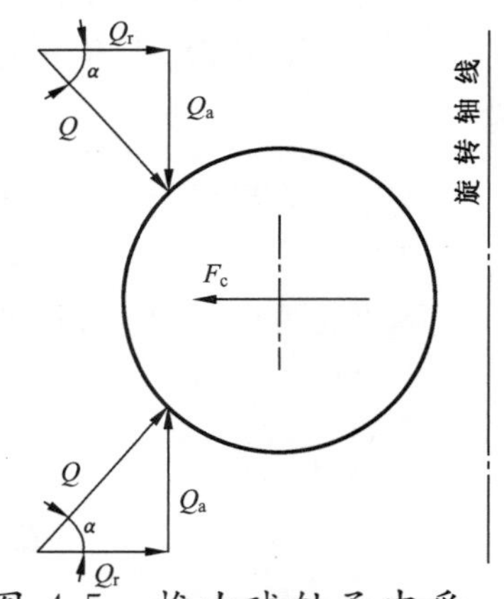

图 4-5 推力球轴承中受离心力作用的钢球

$$\tan\alpha=\frac{2F_a}{ZF_c} \tag{4-15}$$

$$Q=\frac{F_c}{2\cos\alpha}=\frac{F_a}{Z\sin\alpha} \tag{4-16}$$

式(4-16)表明：钢球离心力作用使得钢球与滚道之间的接触负荷大于轴承

静态下的钢球接触负荷。以上分析说明钢球离心力的影响是造成推力球轴承不适合高速运转的原因之一。

(3) 圆锥滚子轴承

因为圆锥滚子与滚道的接触状态为线接触，滚子离心力不能改变滚子与滚道之间的接触角，却增加了滚子与外滚道及大挡边之间的接触负荷，如图 4-6 所示。

由滚子的力平衡方程，可求出滚子与外滚道、大挡边的接触负荷，其值分别为：

$$Q_e=\frac{Q_{ia}(\cot\alpha_i\sin\alpha_f+\cos\alpha_f)+F_c\sin\alpha_f}{\sin(\alpha_e+\alpha_f)} \tag{4-17}$$

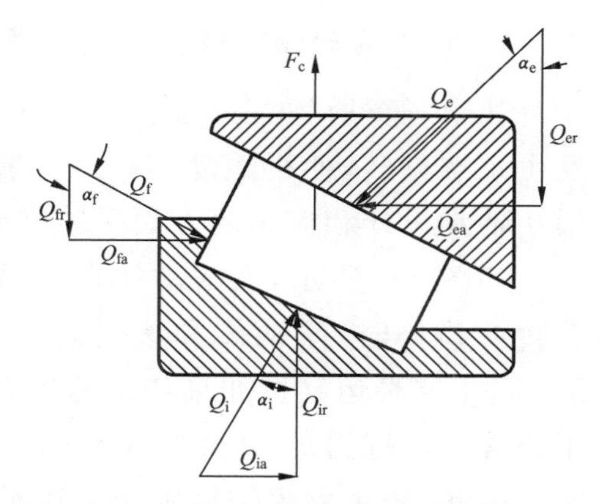

图 4-6　受离心力作用的圆锥滚子

$$Q_f=\frac{Q_{ia}(\cot\alpha_i\sin\alpha_e-\cos\alpha_e)+F_c\sin\alpha_e}{\sin(\alpha_e+\alpha_f)} \tag{4-18}$$

式(4-17)和式(4-18)中，因滚子离心力对内滚道接触负荷影响较小，可以假设内滚道轴向接触负荷 $Q_{i\alpha}$ 大小与静态下相同，其值可采用第五章轴承静载计算轴承负荷分布的方法求解。

二、陀螺力矩计算及其影响

1. 陀螺力矩的计算

如第三章所述，对于滚动体与滚道之间接触角大于零的轴承，滚动体在公转过程中要受到陀螺力矩的作用。

由式(3-19)可导出，钢球受陀螺力矩的大小用式(4-19)计算：

$$M_g=4.47\times10^{-12}D_w^5 n_b n_m\sin\beta \quad (\mathrm{N\cdot mm}) \tag{4-19}$$

钢制滚子受陀螺力矩的大小用式(4-20)计算：

$$M_g=8.37\times10^{-12}D_w^4 l n_b n_m\sin\beta \quad (\mathrm{N\cdot mm}) \tag{4-20}$$

式(4-19)和式(4-20)中：D_w——滚动体直径，对圆锥滚子和球面滚子为平均直径，mm；

l——滚子长度，mm；

n_b、n_m——滚动体的自转速度、公转速度，r/min；

β——滚动体自转姿态角，由滚道控制理论求出，或近似地取为接触角 α。

从式(4-19)和式(4-20)中看出，陀螺力矩随接触角的增大而增加，故高速轴承设计时，滚动体接触角不宜取值过大。

2. 防止滚动体陀螺旋转的力学条件

如第三章所述，在高速角接触球轴承中，由于陀螺力矩作用，滚动体可能会发生陀螺旋转，使得滚动体相对套圈滚道产生滑动，这种滑动是非常有害的，必须从轴承设计和应用两方面采取措施予以防止。

如图 4-7 所示，当滚动体在陀螺力矩 M_g 作用下有转动趋势时，滚动体和滚道之间便产生摩擦力矩 M_F 阻止这种运动。如果产生的最大摩擦力矩 M_F 大于或等于陀螺力矩 M_g 时，滚动体就不会发生陀螺旋转。因此，防止发生陀螺旋转的这种力学条件可以表示为：

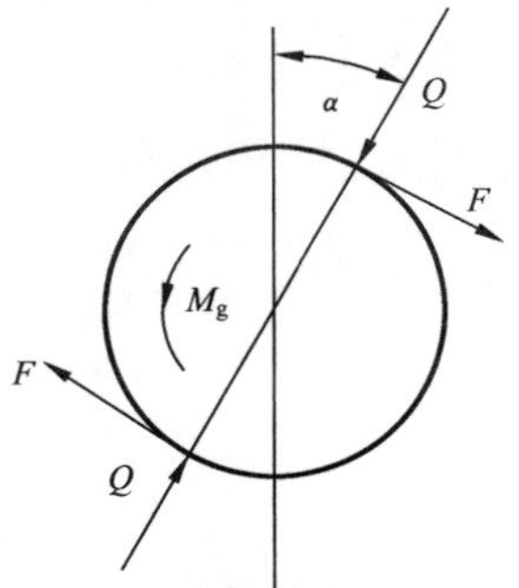

$$M_F \geqslant M_g \tag{4-21}$$

图 4-7 摩擦力矩与陀螺力矩的平衡

滚动体摩擦力矩大小取决于接触负荷 Q 和滑动摩擦系数 μ，计算式为：

$$M_F = \mu Q D_w \tag{4-22}$$

滑动摩擦系数的大小与滚动体与滚道之间接触界面的速度、载荷、润滑剂黏度及结构设计参数有关，高速下可取 $\mu \leqslant 0.02$。

由式(4-21)和式(4-22)，可以把防止陀螺旋转的力学条件用滚动体负荷表示为：

$$Q \geqslant \frac{M_g}{\mu D_w} \tag{4-23}$$

或

$$Q_{\min} = \frac{M_g}{\mu D_w} \tag{4-24}$$

式(4-23)和式(4-24)表明：当滚动体与滚道之间的接触负荷满足式(4-23)时，滚动体不发生陀螺旋转；或者说滚动体与滚道之间的接触负荷最小也要等于式(4-24)时，才能防止滚动体发生陀螺旋转。

3. 防止滚动体陀螺旋转的最小轴向负荷

为了达到足够的滚动体与滚道之间的接触负荷，以防止滚动体发生陀螺旋转，轴承的轴向载荷最小应该有多大呢？对于承受纯轴向载荷的角接触球轴承，滚动体负荷与轴承轴向负荷 F_a 有如下关系：

$$Q=\frac{F_a}{Z\sin\alpha} \tag{4-25}$$

式中：Z——轴承中滚动体数目。

对于滚动体为钢制的角接触球轴承，将式(4-25)和式(4-19)代入式(4-24)可求得轴向受载轴承防止钢球陀螺旋转所需要的最小轴向负荷：

$$F_{amin}=\frac{4.47\times10^{-12}D_w^4 Zn_b n_m\sin\beta\sin\alpha}{\mu}\quad(\text{N}) \tag{4-26}$$

当轴承内圈转速为 n(r/min)、外圈静止时，将式(3-7)、式(3-11)代入式(4-26)可得：

$$F_{amin}=\frac{1.12\times10^{-12}D_w^3 d_m(1-\gamma^2)(1-\gamma)Zn^2\sin\beta\sin\alpha}{\mu}\quad(\text{N}) \tag{4-27}$$

式中：$\gamma=\dfrac{D_w\cos\alpha}{d_m}$。

对于承受轴向载荷 F_a 和径向载荷 F_r 的角接触球轴承，由于径向载荷作用使各滚动体受载不均匀，同样的轴承在同样转速下运转克服陀螺旋转需要的最小轴向载荷要比纯轴向受载时大。轴承内圈转速为 n(r/min)、外圈静止时，根据第五章轴向、径向联合受载的轴承负荷分布计算，可以推导出轴承中全部钢球都不发生陀螺旋转时所需要的最小轴向负荷为：

$$F_{amin}=\frac{1.12\times10^{-12}D_w^3 d_m(1-\gamma^2)(1-\gamma)Zn^2\sin\beta\sin\alpha}{\mu}+1.9F_r\tan\alpha\quad(\text{N}) \tag{4-28}$$

如果轴承的工作轴向载荷小于式(4-27)或式(4-28)的计算值，则必须对轴承施加轴向预紧力。

第四节　滚动体一般受力情况分析

精确地分析高速轴承的性能需要全面考虑滚动体受的各种力，包括接触力、惯性力、摩擦力、流体动压力、流体阻力和保持架作用力等。但是应指出，为了简化计算，根据研究的问题不同，在有些计算中某些力是可以忽略的。本节说明高速轴承中滚动体受的各种力和力矩，它们的计算方法分别在不同章节中叙述。

一、高速球轴承中钢球的受力

图 4-8 表示高速球轴承中钢球受的各种力和力矩。各力说明如下：

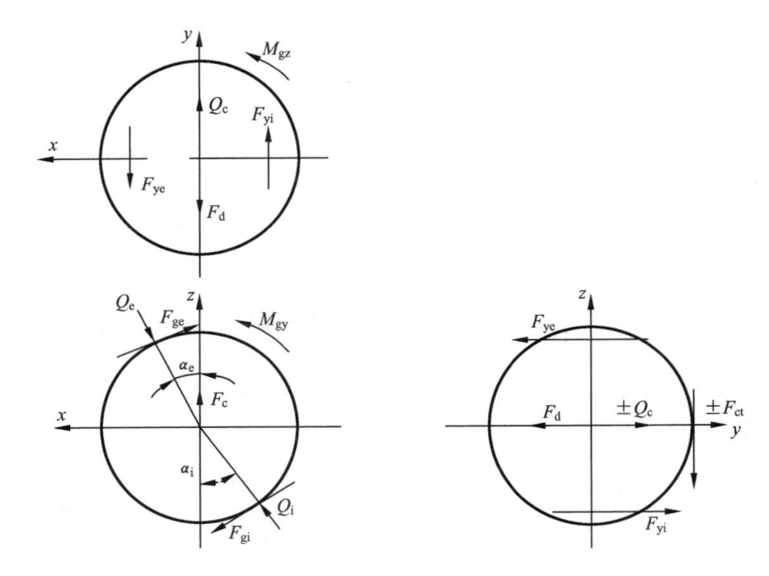

图 4-8　钢球的力和力矩

Q_i，Q_e——钢球与内、外滚道的法向接触负荷，N；

F_{gi}，F_{ge}——与陀螺力矩相平衡的切向摩擦力，N；

F_c——钢球离心力，N；

M_{gy}——钢球二维自转时沿 y 轴的陀螺力矩，N·m；

M_{gz}——钢球三维自转时沿 z 轴的陀螺力矩，无陀螺旋转发生时此力矩为零，N·m；

Q_c——钢球与保持架之间的法向力，N；

F_{ct}——钢球与保持架之间的摩擦力，N；

F_d——流体阻力，N；

F_{yi}，F_{ye}——滚动方向的切向摩擦力，N。

二、高速圆柱滚子轴承中圆柱滚子的受力

图 4-9 表示高速圆柱滚子轴承中圆柱滚子受的各种力。各力说明如下：

Q_i，Q_e——滚子与内、外滚道之间的法向接触负荷，N；

F_i，F_e——滚动方向的滚子切向摩擦力，N；

P_i，P_e——流体对滚子动压力，N；

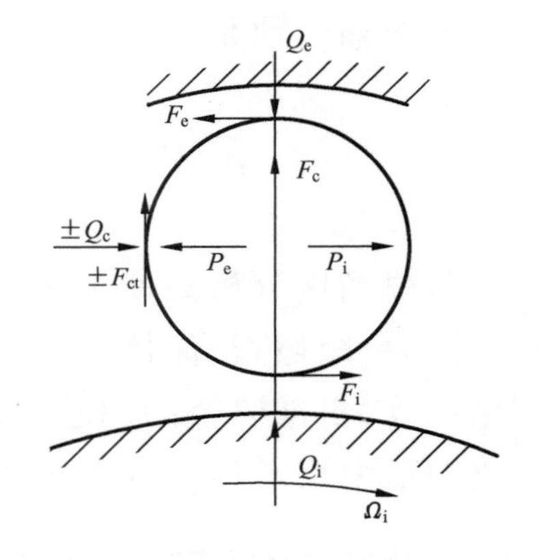

图 4-9　圆柱滚子的受力

F_c——滚子离心力，N；

Q_c——滚子与保持架之间的接触法向力，N；

F_{ct}——滚子与保持架之间的接触切向摩擦力，N。

三、高速滚子轴承中非对称滚子的受力

图 4-10 表示高速滚子轴承中非对称滚子受的各种力。各力说明如下：

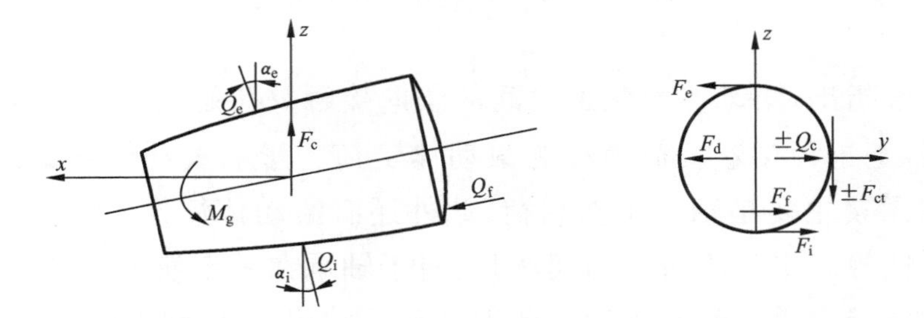

图 4-10 非对称滚子的受力

Q_i，Q_e——滚子与内、外滚道间的法向接触负荷，N；

Q_f——滚子与滚道大挡边之间的法向接触力，N；

F_c——滚子离心力，N；

M_g——陀螺力矩，N·m；

F_i，F_e——滚动方向的切向摩擦力，N；

F_f——滚子与挡边之间的接触摩擦力，N；

Q_c——滚子与保持架之间的接触法向力，N；

F_{ct}——滚子与保持架之间的接触切向摩擦力，N；

F_d——流体阻力，N。

第五章　滚动轴承中的负荷分布

第一节　概　　述

第四章曾指出，滚动体与滚道之间的法向接触负荷是滚动体受的主要负荷。因此，也常常把这种接触负荷简称为滚动体负荷。影响滚动体与滚道之间接触负荷大小的因素主要是轴承工作载荷，此外还有滚动体惯性力、轴承结构参数、轴和座的刚性等。本章所研究的问题是：对于轴承在一定使用条件下，求解轴承中每个滚动体与滚道之间的接触负荷大小和受载滚动体范围大小。这样的问题通常称为滚动轴承负荷分布问题。

滚动体负荷大小直接影响应力变形和疲劳寿命，特别是轴承中受载最大的滚动体负荷对轴承承载能力和疲劳寿命的影响最为显著。此外，滚动体负荷还影响轴承的摩擦和润滑，滚动体受载区大小影响高速运转轴承的打滑等。所以，计算轴承负荷分布是轴承性能分析中不可缺少的内容。

滚动轴承中受载滚动体个数一般多于两个，轴承负荷分布属于静不定问题。求解轴承负荷分布的一般方法：根据变形协调条件，求出每个滚动体接触位置的接触变形与轴承内、外圈相对位移的关系，根据赫兹接触理论写出滚动体负荷与接触弹性变形关系的方程，最后建立与位移及变形有关的力平衡方程，通过求解方程组可得轴承负荷分布。但对有些较简单的问题，解法可以简化。

对中、低速轴承，不考虑运动的影响，按轴承静载计算轴承负荷分布。对高速轴承，计算轴承负荷分布则必须考虑惯性力的影响。在考虑滚动体接触变形时，一般认为实心轴和轴承座的刚性很好，即认为轴承套圈不发生弯曲变形。但对于空心轴或者外圈孤立点支承的轴承，则要考虑套圈弯曲变形对轴承负荷分布的影响，这是所谓柔性支承轴承负荷分布问题。

第二节　负荷与变形关系

根据赫兹接触理论，轴承滚动体负荷与接触弹性变形之间有如下关系：

$$Q_{jq}=K_{jq}\cdot\delta_{jq}^{n}\qquad(j=\mathrm{i,e})\tag{5-1}$$

或

$$Q_{q}=K_{\mathrm{n}}\cdot\delta_{q}^{n}\tag{5-2}$$

式(5-1)描述滚动体与一个套圈之间的负荷-变形关系，式(5-2)描述滚动体与两个套圈之间总的负荷变形关系。

式(5-1)和式(5-2)中：Q_{jq}——第 q 个滚动体与内圈或外圈之间接触负荷；

δ_{jq}——第 q 个滚动体与内圈或外圈之间接触弹性变形量；

K_{jq}——第 q 个滚动体与内圈或外圈之间的负荷-变形常数，与两物体在接触点处的几何特征及材料有关；

n——指数，对点接触 $n=3/2$，对线接触 $n=10/9$；

Q_{q}——内、外接触角相等时第 q 个滚动体与滚道接触负荷；

δ_{q}——内、外接触角相等时第 q 个滚动体与内、外圈总的接触法向弹性变形量，这时有：

$$\delta_{q}=\delta_{\mathrm{i}q}+\delta_{\mathrm{e}q}\tag{5-3}$$

K_{n}——滚动体与内、外圈之间总的负荷-变形常数，与 K_{j} $(j=\mathrm{i,e})$关系为：

$$K_{\mathrm{n}}=\frac{1}{[(1/K_{\mathrm{i}})^{1/n}+(1/K_{\mathrm{e}})^{1/n}]^{n}}\tag{5-4}$$

应指出，式(5-2)～式(5-4)只适用于内、外接触角相等或为零的情况。

用轴承钢制造的轴承，$K_{j}(j=\mathrm{i,e})$用下式计算：

点接触

$$K_{j}=2.15\times10^{5}(\sum\rho)^{-1/2}(n_{\delta})^{-3/2}\quad(\mathrm{N\cdot mm^{-3/2}})\tag{5-5}$$

线接触

$$K_{j}=8.05\times10^{4}l^{8/9}\quad(\mathrm{N\cdot mm^{-10/9}})\tag{5-6}$$

式(5-5)和式(5-6)中：$\sum\rho$——两物体在接触点处的主曲率和，$\mathrm{mm^{-1}}$；

n_{δ}——两物体接触弹性变形系数，计算方法见第六章；

l——滚子有效长度，mm。

对于非钢制轴承，K_{j} 的计算方法见第六章。

第三节　受径向载荷的轴承

一、径向游隙为零的径向接触轴承

如图 5-1 所示，径向接触轴承受径向载荷作用后，内、外圈在外力方向上发生相对位移 δ_r。根据变形协调条件，第 q 个滚动体与内、外圈之间总的接触法向弹性变形量为

$$\delta_q = \delta_r \cos\psi_q \tag{5-7}$$

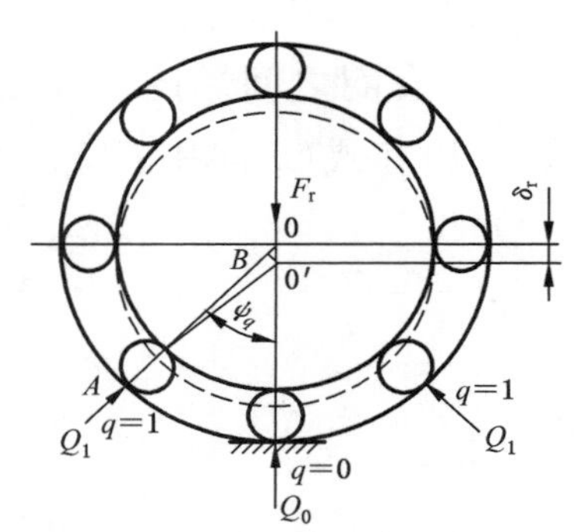

图 5-1　零游隙径向接触轴承负荷分布

式中：q——滚动体序号，位于轴承径向载荷作用线上受载最大的为 0 号，两边对称，依次为 1，2，3，…；

ψ_q——第 q 个滚动体位置角，轴承径向载荷作用方向为零位置。

由式(5-7)可知：当 $\psi_q=0$ 时，$\delta_0=\delta_r=\delta_{max}$，即 0 号滚动体与滚道接触变形量最大，滚动体负荷最大；当 $\psi_q=90°$时，$\delta_q=0$，表明轴承受载区的极限角为 $\psi_l=\pm 90°$，即轴承受载区为 180°，轴承半圈受载。

根据负荷与变形关系，由式(5-2)得到：

$$\frac{Q_q}{Q_{max}} = \left(\frac{\delta_q}{\delta_{max}}\right)^n \tag{5-8}$$

第 q 个滚动体负荷为：

$$Q_q = Q_{max}\cos^n\psi_q \tag{5-9}$$

轴承内圈的力平衡方程可表示为：

$$F_r = Q_{max} + 2\sum_{q=1}^{\overline{K}} Q_q\cos\psi_q = Q_{max}\left[1 + 2\sum_{q=1}^{\overline{K}}(\cos\psi_q)^{n+1}\right] = Q_{max}M \tag{5-10}$$

式中：

$$M = 1 + 2\sum_{q=1}^{\overline{K}}(\cos\psi_q)^{n+1} \tag{5-11}$$

式(5-10)和式(5-11)中：$\overline{K}$ 是受载最小的滚动体序号；位置角 ψ_q 与轴承中滚动体数 Z 及滚动体序号有关，指数 n 与接触类型有关，对点接触 $n=3/2$，对线接触 $n=10/9$。

通过大量计算发现，Z/M 近似为一常数。对球轴承 $Z/M=4.37$；对滚子轴承 $Z/M=4.08$。将 M 值代入式(5-10)求得最大滚动体负荷为：

对球轴承：

$$Q_{\max}=\frac{4.37F_{r}}{Z} \tag{5-12}$$

对滚子轴承：

$$Q_{\max}=\frac{4.08F_{r}}{Z} \tag{5-13}$$

将式(5-12)或者式(5-13)代入式(5-9)，可求出轴承受载区内任一滚动体负荷。

考虑轴承径向游隙存在时，轴承受载区会减小，最大滚动体负荷要增加，轴承负荷分布的计算方法将在本节第二部分介绍。这里给出一个考虑径向游隙因素的最大滚动体负荷近似计算公式：

对球轴承：

$$Q_{\max}=\frac{5F_{r}}{Z} \tag{5-14}$$

对滚子轴承：

$$Q_{\max}=\frac{4.6F_{r}}{Z} \tag{5-15}$$

二、径向游隙大于零的径向接触轴承

如图 5-2 所示，轴承受载前每个滚动体与滚道之间在法向方向的间隙为轴承径向游隙之半$\frac{1}{2}u_{r}$。轴承受径向载荷 F_{r} 作用后，轴承内、外圈在径向载荷方向上将发生相对位移，设此相对位移为 δ_{r}。位于径向载荷作用线上的滚动体受载最大，滚动体与内、外滚道之间总的最大接触变形显然为：

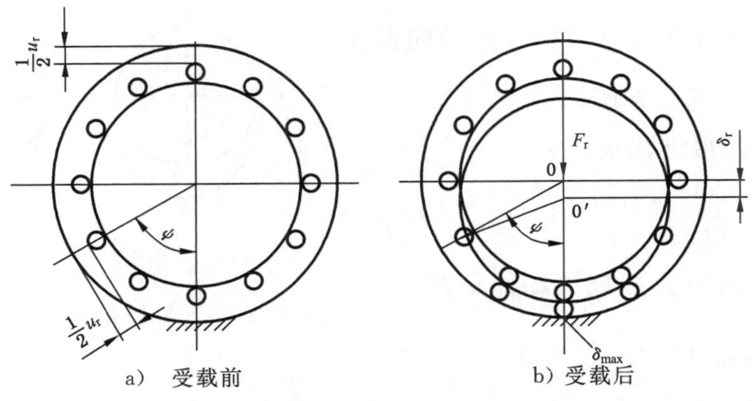

a）受载前　　b）受载后

图 5-2　径向游隙大于零时径向接触轴承的位移与变形关系

$$\delta_{max}=\delta_r-\frac{1}{2}u_r \tag{5-16}$$

于是有：

$$\delta_r=\delta_{max}+\frac{1}{2}u_r \tag{5-17}$$

根据变形协调条件，轴承任意角位置 ψ 处的滚动体与内、外滚道之间总的接触变形为：

$$\delta_\psi=\delta_r\cos\psi-\frac{1}{2}u_r=(\delta_{max}+\frac{1}{2}u_r)\cos\psi-\frac{1}{2}u_r=\delta_{max}\left(1-\frac{1-\cos\psi}{\frac{2\delta_{max}}{2\delta_{max}+u_r}}\right) \tag{5-18}$$

令 $\varepsilon=\frac{1}{2}\left(\frac{2\delta_{max}}{2\delta_{max}+u_r}\right)$，则：

$$\frac{2\delta_{max}}{2\delta_{max}+u_r}=2\varepsilon \tag{5-19}$$

ε 叫负荷分布范围参数，将式(5-19)代入式(5-18)可得：

$$\delta_\psi=\delta_{max}\left[1-\frac{1}{2\varepsilon}(1-\cos\psi)\right] \tag{5-20}$$

当 $\delta_\psi=0$ 时，可得轴承负荷分布范围的极限角：

$$\psi_1=\pm\arccos(1-2\varepsilon)=\pm\arccos\left(\frac{u_r}{2\delta_{max}+u_r}\right) \tag{5-21}$$

可见，径向游隙 $u_r>0$ 时，$\varepsilon<0.5$，$\psi_1<90°$，即轴承受载区小于 180°，比径向游隙为零时要小，如图 5-3 所示。

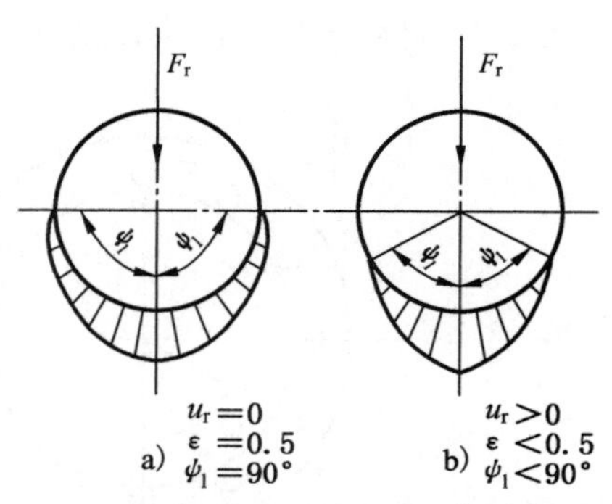

图 5-3　径向接触轴承负荷分布范围

由式(5-2)得下面关系：

$$\frac{Q_\psi}{Q_{max}}=\left(\frac{\delta_\psi}{\delta_{max}}\right)^n \tag{5-22}$$

于是，任意位置 ψ 处滚动体负荷为：

$$Q_\psi=Q_{max}\left[1-\frac{1}{2\varepsilon}(1-\cos\psi)\right]^n \tag{5-23}$$

内圈的力平衡方程为：

$$F_{r}=\sum_{-\psi_1}^{+\psi_1}Q_{\psi}\cos\psi=\sum_{-\psi_1}^{+\psi_1}Q_{max}\left[1-\frac{1}{2\varepsilon}(1-\cos\psi)\right]^{n}\cos\psi \tag{5-24}$$

式(5-24)可近似地表示为积分形式如下：

$$F_{r}=Q_{max}ZJ_{r}(\varepsilon) \tag{5-25}$$

式中：

$$J_{r}(\varepsilon)=\frac{1}{2\pi}\int_{-\psi_1}^{+\psi_1}\left[1-\frac{1}{2\varepsilon}(1-\cos\psi)\right]^{n}\cos\psi d\psi \tag{5-26}$$

$J_{r}(\varepsilon)$称为负荷分布径向积分，是 ε 的函数，可由表 5-1 查得。

由式(5-25)得最大滚动体负荷为：

$$Q_{max}=\frac{F_{r}}{ZJ_{r}(\varepsilon)} \tag{5-27}$$

式(5-25)可以改写为：

$$F_{r}=K_{n}\delta_{max}^{n}ZJ_{r}(\varepsilon) \tag{5-28}$$

通过以上有关方程可以求解轴承负荷分布，步骤如下：

1）较精确解法

① 由式(5-4)求出滚动体与内、外圈之间总的负荷-变形常数 K_{n}。

② 用数值计算中的迭代法解方程式(5-19)和式(5-28)，求出 ε 和 δ_{max}。

③ 根据 ε 查表 5-1 求出 $J_{r}(\varepsilon)$。

④ 由方程式(5-27)计算 Q_{max}。

⑤ 由方程式(5-21)和式(5-23)计算轴承受载区极限角 ψ_1 和受载区内每一滚动体负荷 Q_{ψ}。

2）近似解法

① 由式(5-14)或式(5-15)计算 Q_{max} 近似值。

② 根据 Q_{max} 由式(5-27)求 $J_{r}(\varepsilon)$。查表 5-1 求 ε。

③ 由式(5-21)和式(5-23)计算轴承受载区极限角 ψ_1 和受载区内每一滚动体负荷 Q_{ψ}。

表 5-1 单列轴承负荷分布积分值

ε	点 接 触			线 接 触		
	$\frac{2e}{d_m}$	$J_m(\varepsilon)$	$J_a(\varepsilon)$	$\frac{2e}{d_m}$	$J_m(\varepsilon)$	$J_a(\varepsilon)$
0.0	1.000 0	1/Z	1/Z	1.000 0	1/Z	1/Z
0.1	0.966 3	0.115 6	0.119 6	0.961 3	0.126 8	0.131 9
0.2	0.931 8	0.159 0	0.170 7	0.921 5	0.177 4	0.188 5
0.3	0.896	0.189 2	0.211 0	0.880 5	0.205 5	0.233 4
0.4	0.860 1	0.211 7	0.246 2	0.830 8	0.228 6	0.272 8
0.5	0.822 5	0.228 8	0.278 2	0.793 9	0.245 3	0.309 0
0.6	0.783 5	0.241 6	0.308 4	0.748 0	0.256 8	0.343 3
0.7	0.742 7	0.250 5	0.337 4	0.399 9	0.263 6	0.376 6
0.8	0.699 5	0.255 9	0.365 8	0.648 6	0.265 8	0.409 8
0.9	0.652 9	0.257 6	0.394 5	0.592 0	0.262 8	0.446 9
1.0	0.600 0	0.254 6	0.424 4	0.523 8	0.252 3	0.481 7
1.25	0.433 8	0.228 9	0.504 4	0.359 8	0.207 8	0.577 5
1.67	0.308 8	0.187 1	0.606 0	0.234 0	0.158 9	0.679 0
2.5	0.185 0	0.133 9	0.724 0	0.137 2	0.107 5	0.783 8
5.0	0.083 1	0.071 1	0.855 8	0.061 1	0.504 4	0.890 9
∞	0	0	1.000 0	0	0	1.000 0
ε	$\frac{F_r\tan\alpha}{F_a}$	$J_r(\varepsilon)$	$J_a(\varepsilon)$	$\frac{F_r\tan\alpha}{F_a}$	$J_r(\varepsilon)$	$J_a(\varepsilon)$
	点 接 触			线 接 触		

第四节 受轴向载荷的轴承

一、受中心轴向载荷作用的轴承

推力轴承以及角接触向心轴承受中心轴向载荷作用时，即承受纯轴向载荷作用时，各滚动体载荷均匀分布，为：

$$Q=\frac{F_a}{Z\sin\alpha} \tag{5-29}$$

式中：α——受载后实际接触角。对角接触球轴承，受载后 α 比受载前接触角大。

二、轴向载荷作用下球轴承接触角计算

角接触球轴承受轴向载荷作用时，轴承接触角将增大。如图 5-4 所示。受力后任意位置的滚动体和两套圈之间接触变形 δ 等于内、外沟曲率中心 m 和 n 之间的距离变形。由图 5-4 可知：

$$nm' = nm + \delta = BD_w + \delta$$

式中：$B = f_i + f_e - 1$；

$$nc = nm\cos\alpha^0 = nm'\cos\alpha$$

$$\frac{\cos\alpha^0}{\cos\alpha} = \frac{BD_w + \delta}{BD_w}$$

所以有：

$$\delta = BD_w\left(\frac{\cos\alpha^0}{\cos\alpha} - 1\right) \quad (5\text{-}30)$$

将式(5-30)代入式(5-2)可得：

$$Q = K_n(BD_w)^{1.5}\left(\frac{\cos\alpha^0}{\cos\alpha} - 1\right)^{1.5} \quad (5\text{-}31)$$

将式(5-29)代入式(5-31)并整理可得：

$$\frac{F_a}{ZK_n(BD_w)^{1.5}} = \left(\frac{\cos\alpha^0}{\cos\alpha} - 1\right)^{1.5}\sin\alpha \quad (5\text{-}32)$$

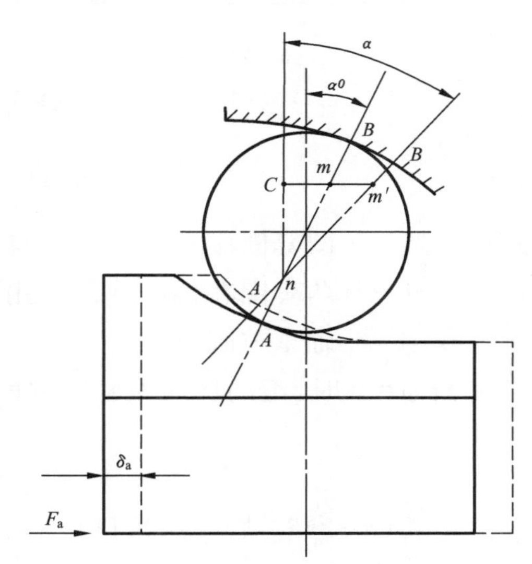

图 5-4 受轴向载荷角接触球轴承接触角变化

式中：α^0——轴承受载前接触角；

α——轴承受轴向载荷后的接触角；

K_n——滚动体与内、外圈之间总的负荷-变形常数，由式(5-4)可求得。

根据已知的轴向载荷和轴承结构参数，采用数值迭代法求解方程式(5-32)，可求出轴向载荷作用下的轴承接触角 α。

三、受偏心轴向载荷作用的单向推力轴承

单向推力轴承受偏心的轴向载荷作用后，各滚动体受载不均匀，偏心距愈大，不均匀程度愈严重。如图 5-5 所示，轴承在偏心距 e 处受轴向载荷 F_a 作用，取轴承受载最大的滚动体位置 $\psi = 0$，则任意位置 ψ 处滚动体与两套圈之间在接触法向总的接触变形为：

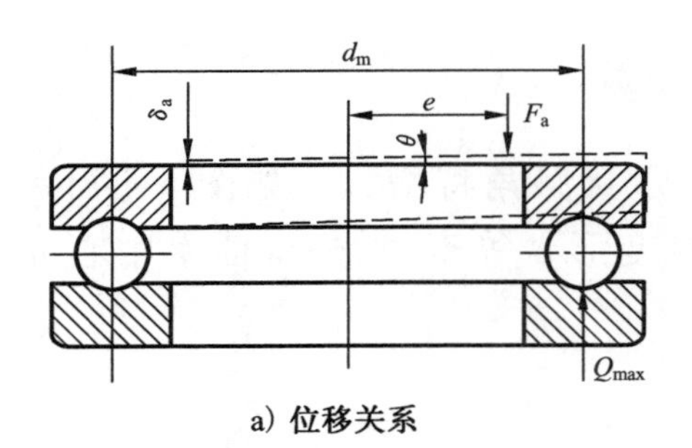

a) 位移关系

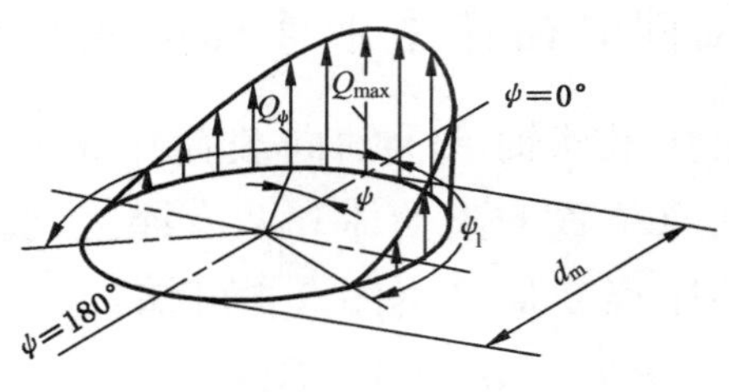

b) 负荷分布

图 5-5 受偏心轴向载荷作用的单向推力轴承

$$\delta_\psi=\left(\delta_a+\frac{1}{2}\theta d_m\cos\psi\right)\sin\alpha \tag{5-33}$$

式中：δ_a——两套圈中心轴向相对位移；

θ——两套圈在偏心载荷作用下的转角；

d_m——轴承节圆直径。

当 $\psi=0$ 时，滚动体与两套圈之间在接触法向总的接触变形最大，其值为：

$$\delta_{max}=\left(\delta_a+\frac{1}{2}\theta d_m\right)\sin\alpha \tag{5-34}$$

由式(5-33)和式(5-34)可得：

$$\delta_\psi=\delta_{max}\left[1-\frac{1}{2\varepsilon}(1-\cos\psi)\right] \tag{5-35}$$

式中：

$$\varepsilon=\frac{1}{2}\left(1+\frac{2\delta_a}{\theta d_m}\right) \tag{5-36}$$

由 $\delta_\psi=0$ 得轴承受载区极限角为：

$$\psi_1=\cos^{-1}(1-2\varepsilon) \tag{5-37}$$

根据式(5-2)得出任意位置的滚动体负荷为：

$$Q_\psi=Q_{max}\left[1-\frac{1}{2\varepsilon}(1-\cos\psi)\right]^n \tag{5-38}$$

轴承套圈的力和力矩平衡方程为：

$$F_a=\sum_{\psi=0}^{\pm\psi_1}Q_\psi\sin\alpha \tag{5-39}$$

$$M=eF_a=\sum_{\psi=0}^{\pm\psi_1}Q_\psi\sin\alpha\cdot\frac{1}{2}d_m\cos\psi \tag{5-40}$$

引入轴向负荷分布积分 $J_a(\varepsilon)$ 和力矩负荷分布积分 $J_m(\varepsilon)$。式(5-39)和式(5-40)可变为：

$$F_a = ZQ_{max} J_a(\varepsilon) \sin\alpha \tag{5-41}$$

$$M = eF_a = \frac{1}{2} d_m ZQ_{max} J_m(\varepsilon) \sin\alpha \tag{5-42}$$

式中：

$$J_a(\varepsilon) = \frac{1}{2\pi}\int_{-\psi_1}^{+\psi_1}\left[1 - \frac{1}{2\varepsilon}(1-\cos\psi)\right]^n d\psi \tag{5-43}$$

$$J_m(\varepsilon) = \frac{1}{2\pi}\int_{-\psi_1}^{+\psi_1}\left[1 - \frac{1}{2\varepsilon}(1-\cos\psi)\right]^n \cos\psi d\psi \tag{5-44}$$

由式(5-41)和式(5-42)得：

$$Q_{max} = \frac{F_a}{ZJ_a(\varepsilon)\sin\alpha} = \frac{2eF_a}{Zd_m J_m(\varepsilon)\sin\alpha} \tag{5-45}$$

由式(5-45)可得到：

$$\frac{2e}{d_m} = \frac{J_m(\varepsilon)}{J_a(\varepsilon)} \tag{5-46}$$

对任意给定的一个 ε 值，根据上述有关方程，对应的 $J_a(\varepsilon)$、$J_m(\varepsilon)$、$\frac{2e}{d_m}$均确定，可作出一个数值表（表 5-1）。计算轴承负荷分布时，根据$\frac{2e}{d_m}$，在表 5-1 中查出对应的 ε、$J_a(\varepsilon)$、$J_m(\varepsilon)$，然后可按上述有关公式计算出 Q_{max}、ψ_1、Q_ψ。

四、受偏心轴向载荷作用的双向推力轴承

双向推力轴承如图 5-6 所示，受偏心轴向载荷后两列滚动体可能都受载，规定下面受载重的一列为第 1 列，上面受载轻的一列为第 2 列。上述单向推力轴承的各个方程适用于双向推力轴承的每一列。而且双向轴承中两列滚动体之间还有如下关系：

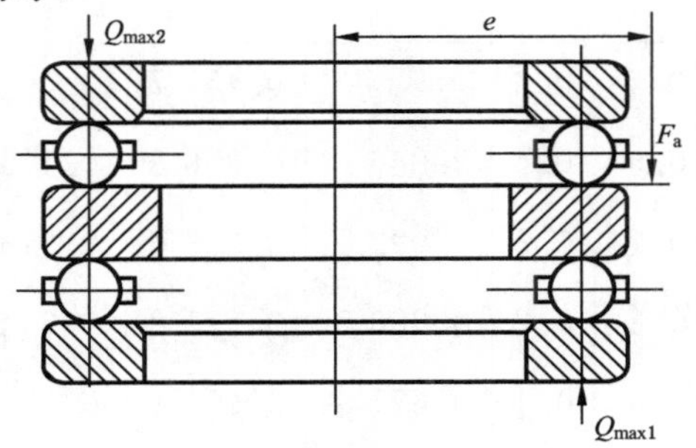

图 5-6　双向推力轴承

$$\varepsilon_1 + \varepsilon_2 = 1 \tag{5-47}$$

$$\frac{Q_{max2}}{Q_{max1}} = \left(\frac{\varepsilon_2}{\varepsilon_1}\right)^n \tag{5-48}$$

$$F_a = ZQ_{max1} J_a \sin\alpha \tag{5-49}$$

$$M = eF_a = \frac{1}{2} ZQ_{max1} J_m d_m \sin\alpha \tag{5-50}$$

式中：

$$J_{a}=J_{a}(\varepsilon_{1})-\frac{Q_{max2}}{Q_{max1}}J_{a}(\varepsilon_{2}) \tag{5-51}$$

$$J_{m}=J_{m}(\varepsilon_{1})+\frac{Q_{max2}}{Q_{max1}}J_{m}(\varepsilon_{2}) \tag{5-52}$$

上式中 $J_{a}(\varepsilon_{1})$、$J_{m}(\varepsilon_{1})$、$J_{a}(\varepsilon_{2})$、$J_{m}(\varepsilon_{2})$用单向推力轴承相应的公式计算。

$$\frac{J_{m}}{J_{a}}=\frac{2e}{d_{m}} \tag{5-53}$$

对于满足方程式(5-47)的任意一组(ε_1,ε_2)值，J_a、J_m、$\frac{2e}{d_m}$、$\frac{Q_{max2}}{Q_{max1}}$均确定，可作出一个数值表（表 5-2）。计算轴承负荷分布时，根据$\frac{2e}{d_m}$，在表 5-2 中查出 ε_1、ε_2、J_a、J_m、$\frac{Q_{max2}}{Q_{max1}}$各值，由式(5-49)或式(5-50)计算 Q_{max1}，再计算 Q_{max2}，然后利用推力轴承的式(5-37)和式(5-38)，可计算出轴承各列的受载范围和受载区内每一滚动体负荷。

表 5-2　双列轴承负荷分布积分值

ε_1	ε_2	点接触				线接触			
		$\frac{F_r\tan\alpha}{F_a}$	J_r	J_a	$\frac{Q_{max2}}{Q_{max1}}$	$\frac{F_r\tan\alpha}{F_a}$	J_r	J_a	$\frac{Q_{max2}}{Q_{max1}}$
0.5	0.5	∞	0.457 7	0	1	∞	0.490 9	0	1
0.6	0.4	2.046	0.356 8	0.174 4	0.544	2.389	0.403 1	0.168 7	0.640
0.7	0.3	1.092	0.303 6	0.278 2	0.281	1.21	0.344 5	0.284 7	0.394
0.8	0.2	0.800 5	0.275 8	0.344 5	0.125	0.823 2	0.303 6	0.368 8	0.218
0.9	0.1	0.671 3	0.261 8	0.390 0	0.037	0.634 3	0.274 1	0.432 1	0.089
1.0	0	0.600 0	0.254 6	0.424 4	0	0.523 8	0.252 3	0.481 7	0
1.25	0	0.433 8	0.228 9	0.504 4	0	0.359 8	0.207 8	0.577 5	0
1.67	0	0.300 8	0.187 1	0.606 0	0	0.234 0	0.158 9	0.679 0	0
2.5	0	0.185 0	0.133 9	0.724 0	0	0.137 2	0.107 5	0.783 7	0

续表 5-2

ε_1	ε_2	点　接　触				线　接　触			
		$\frac{F_r\tan\alpha}{F_a}$	J_r	J_a	$\frac{Q_{max2}}{Q_{max1}}$	$\frac{F_r\tan\alpha}{F_a}$	J_r	J_a	$\frac{Q_{max2}}{Q_{max1}}$
5.0	0	0.803 1	0.071 1	0.855 8	0	0.061 1	0.054 4	0.890 9	0
∞	0	0	0	1.000	0	0	0	1.000 0	0
ε_1	ε_2	$\frac{2e}{d_m}$	J_m	J_a	$\frac{Q_{max2}}{Q_{max1}}$	$\frac{2e}{d_m}$	J_m	J_a	$\frac{Q_{max2}}{Q_{max1}}$
		点　接　触				线　接　触			

球轴承 $e \leqslant 0.3\, d_m$、滚子轴承 $e \leqslant 0.261\,9\, d_m$ 时，仅一列滚动体受载，按单向推力轴承计算轴承负荷分布。当 $e \to \infty$，即轴承受纯力矩 M 作用时，两列滚动体负荷分布对称，都是半圈受载，最大滚动体负荷用下式计算：

球轴承：

$$Q_{max1} = Q_{max2} = \frac{4.37\, M}{Z d_m} \tag{5-54}$$

滚子轴承：

$$Q_{max1} = Q_{max2} = \frac{4.08\, M}{Z d_m} \tag{5-55}$$

第五节　受径向和轴向联合载荷的轴承

角接触轴承可以同时承受径向载荷和轴向载荷。角接触球轴承受径向载荷和轴向载荷联合作用后，轴承接触角发生变化，且各滚动体与滚道之间的接触角也不相同。为简化计算，本章介绍工程上常用的计算方法：对角接触球轴承而言，假设角接触球轴承受载后各接触角相同，且与轴承受载前的接触角相同；对圆锥滚子轴承因轴承套圈平衡方程中没有考虑大挡边的接触力，故求出的滚动体负荷应为圆锥滚子与外圈之间的接触负荷。

一、单列角接触轴承

如图 5-7 所示，角接触轴承受径向载荷和轴向载荷联合作用后，内、外圈在径向和轴向的相对位移分别为 δ_r 和 δ_a，规定轴承受载最大的滚动体位置为 $\psi =$

0，任意位置 ψ 处的滚动体和内、外圈之间总接触变形为：

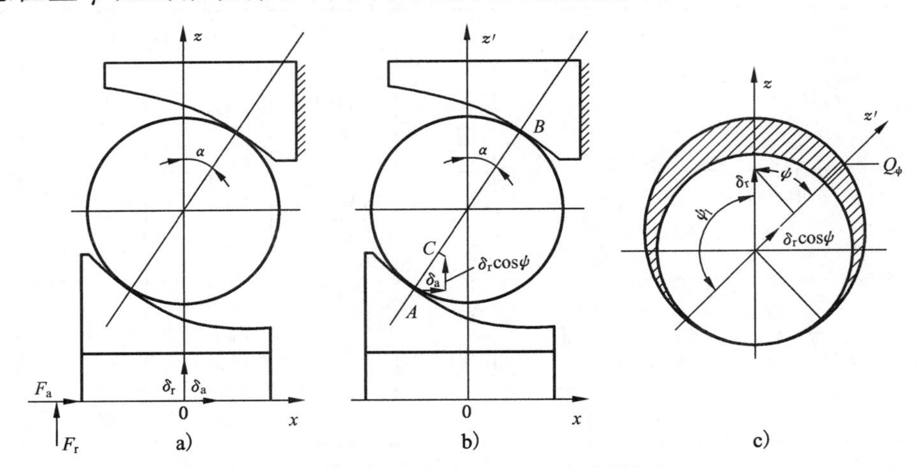

图 5-7 角接触轴承的位移和接触变形的关系

$$\delta_\psi = AC = \delta_a \sin\alpha + \delta_r \cos\psi \cos\alpha \tag{5-56}$$

$\psi=0$ 时最大接触变形为：

$$\delta_{max} = \delta_a \sin\alpha + \delta_r \cos\alpha \tag{5-57}$$

由式(5-56)和式(5-57)可得：

$$\delta_\psi = \delta_{max}\left[1-\frac{1}{2\varepsilon}(1-\cos\psi)\right] \tag{5-58}$$

式中：

$$\varepsilon = \frac{1}{2}\left(1+\frac{\delta_a}{\delta_r}\tan\alpha\right) \tag{5-59}$$

轴承受载区极限角为：

$$\psi_l = \cos^{-1}(1-2\varepsilon) \tag{5-60}$$

由式(5-2)得任意位置 ψ 处的滚动体负荷为：

$$Q_\psi = Q_{max}\left[1-\frac{1}{2\varepsilon}(1-\cos\psi)\right]^n \tag{5-61}$$

引入负荷分布径向积分 $J_r(\varepsilon)$ 和轴向积分 $J_a(\varepsilon)$，轴承套圈力平衡方程表示为：

$$F_r = Q_{max} Z J_r(\varepsilon) \cos\alpha \tag{5-62}$$

$$F_a = Q_{max} Z J_a(\varepsilon) \sin\alpha \tag{5-63}$$

式中：

$$J_r(\varepsilon) = \frac{1}{2\pi}\int_{-\psi_l}^{+\psi_l}\left[1-\frac{1}{2\varepsilon}(1-\cos\psi)\right]^n \cos\psi \mathrm{d}\psi \tag{5-64}$$

$$J_a(\varepsilon) = \frac{1}{2\pi}\int_{-\psi_l}^{+\psi_l}\left[1-\frac{1}{2\varepsilon}(1-\cos\psi)\right]^n \mathrm{d}\psi \tag{5-65}$$

由式(5-62)和式(5-63)可得最大滚动体负荷为：

$$Q_{\max}=\frac{F_{r}}{ZJ_{r}(\varepsilon)\cos\alpha}=\frac{F_{a}}{ZJ_{a}(\varepsilon)\sin\alpha} \tag{5-66}$$

由式(5-66)得如下关系：

$$\frac{F_{r}}{F_{a}}\tan\alpha=\frac{J_{r}(\varepsilon)}{J_{a}(\varepsilon)} \tag{5-67}$$

对给定的任意 ε 值，$J_{r}(\varepsilon)$、$J_{a}(\varepsilon)$、$\frac{F_{r}}{F_{a}}\tan\alpha$ 均确定，可作一个数值表（见表 5-1），计算轴承负荷分布时，根据$\frac{F_{r}\tan\alpha}{F_{a}}$，查表 5-1 求出 ε、$J_{r}(\varepsilon)$、$J_{a}(\varepsilon)$，然后根据上述有关公式计算 $Q_{\max}$、ψ_{1}、Q_{ψ} 各值。

负荷分布范围参数 ε 描述了轴承的受载区的大小和负荷分布的均匀程度，如图 5-8 所示。轴向载荷愈大，ε 值愈大。

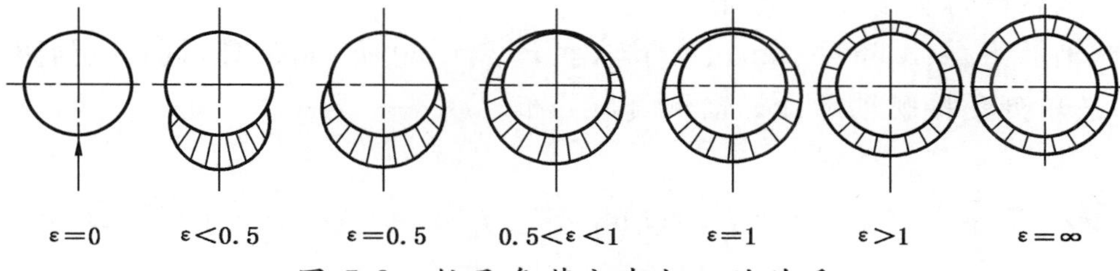

图 5-8　轴承负荷分布与 ε 的关系

二、双列角接触轴承

双列角接触球轴承、双列圆锥滚子轴承、对称型双联角接触球轴承、双列调心球轴承以及双列调心滚子轴承，受径向和轴向联合载荷作用后，两列滚动体受载不均匀，规定受载重的为第 1 列，受载轻的为第 2 列。上述单列角接触轴承的各个方程适用于双列轴承的每一列，而且两列滚动体之间还有如下关系：

$$\varepsilon_{1}+\varepsilon_{2}=1 \tag{5-68}$$

$$\frac{Q_{\max2}}{Q_{\max1}}=\left(\frac{\varepsilon_{2}}{\varepsilon_{1}}\right)^{n} \tag{5-69}$$

$$F_{r}=Q_{\max1}ZJ_{r}\cos\alpha \tag{5-70}$$

$$F_{a}=Q_{\max1}ZJ_{a}\sin\alpha \tag{5-71}$$

式(5-70)和式(5-71)中：

$$J_{r}=J_{r}(\varepsilon_{1})+\frac{Q_{\max2}}{Q_{\max1}}J_{r}(\varepsilon_{2})$$

$$J_a=J_a(\varepsilon_1)-\frac{Q_{\max2}}{Q_{\max1}}J_a(\varepsilon_2)$$

这里$J_r(\varepsilon_1)$、$J_r(\varepsilon_2)$、$J_a(\varepsilon_1)$、$J_a(\varepsilon_2)$用单列角接触轴承的相应公式计算。

由式(5-70)和式(5-71)还可以得到如下关系：

$$\frac{F_r}{F_a}\tan\alpha=\frac{J_r}{J_a} \tag{5-72}$$

对于满足方程式(5-68)的任意一组$(\varepsilon_1,\varepsilon_2)$值，$J_a$、$J_r$、$\frac{F_r\tan\alpha}{F_a}$、$\frac{Q_{\max2}}{Q_{\max1}}$均确定，可作出一个数值表(见表5-2)。计算轴承负荷分布时，根据$\frac{F_r\tan\alpha}{F_a}$，在表(5-2)中查出$\varepsilon_1$、$\varepsilon_2$、$J_a$、$J_r$、$\frac{Q_{\max2}}{Q_{\max1}}$各值，由式(5-70)或式(5-71)计算$Q_{\max1}$，再由式(5-69)计算$Q_{\max2}$，最后利用单列角接触轴承的式(5-60)和式(5-61)计算各列的受载范围和受载区内每一滚动体负荷。

球轴承$F_a\geqslant1.667F_r\tan\alpha$、滚子轴承$F_a\geqslant1.909F_r\tan\alpha$时，只有一列滚动体受载，按单列角接触轴承计算轴承负荷分布。

第六节　受径向、轴向和力矩联合载荷的轴承

图5-9表示角接触球轴承受轴向载荷F_a、径向载荷F_r和绕y轴的力矩M联合作用后，内圈相对外圈在外载荷作用方向上发生的相对位移分别为δ_a、δ_r和θ。假设外圈固定不动，图5-10表示轴承内、外沟曲率中心轨迹在产生位移前后的相对位置。图中m_0、n_0是滚动体受载最大位置$\psi=0$处的轴承内、外沟曲率中心，m'_0是m_0位移后的位置，m_ψ、n_ψ是任意位置ψ处轴承内、外沟曲率中心，m'_ψ是m_ψ位移后的位置。

轴承受载前任意位置ψ处的轴承内、外沟曲率中心距均为A，由式(2-18)可知：

$$A=(f_i+f_e-1)D_w \tag{5-73}$$

受载后任意位置ψ处的钢球与内、外滚道之间总接触变形等于位移后内、外沟曲率中心距S_ψ与原始内、外沟曲率中心距A之差，即

$$\delta_\psi=S_\psi-A \tag{5-74}$$

位移之后任意位置ψ处的内、外滚道沟曲率中心距为：

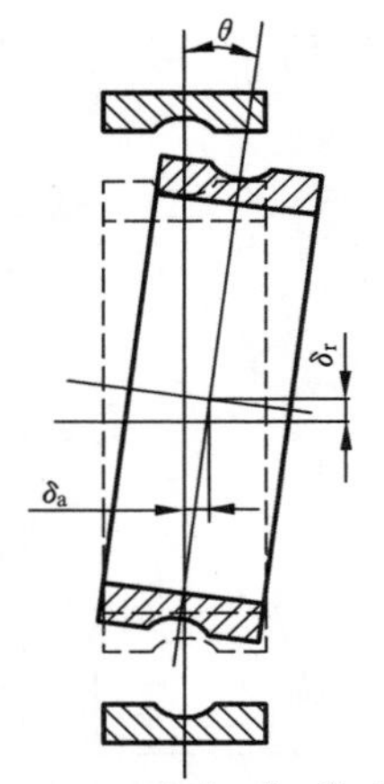

图 5-9 联合载荷作用下内、外圈相对位移

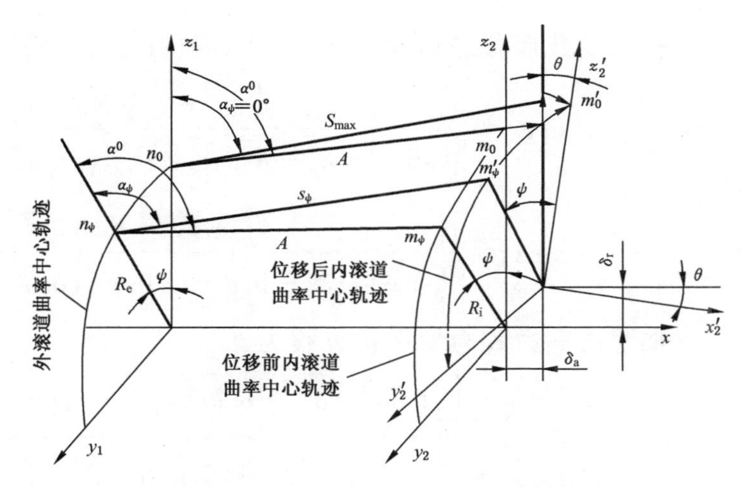

图 5-10 位移前后沟曲率中心轨迹的相对位置

$$S_\psi=[(A\sin\alpha^0+\delta_a+R_i\theta\cos\psi)^2+(A\cos\alpha^0+\delta_r\cos\psi)^2]^{1/2} \tag{5-75}$$

式中：α^0 为轴承受载前接触角；

$$R_i=\frac{1}{2}d_m+(f_i-0.5)D_w\cos\alpha^0 \tag{5-76}$$

$$d_m=\frac{1}{2}(d+D) \tag{5-77}$$

式中：d——轴承内径；

D——轴承外径。

引入无量纲位移：

$$\left.\begin{aligned}\overline{\delta_a}&=\frac{\delta_a}{A}\\ \overline{\delta_r}&=\frac{\delta_r}{A}\\ \overline{\theta}&=\frac{\theta}{A}\end{aligned}\right\} \tag{5-78}$$

$$S_\psi=A\left[\left(\sin\alpha^0+\overline{\delta_a}+R_i\overline{\theta}\cos\psi\right)^2+\left(\cos\alpha^0+\overline{\delta_r}\cos\psi\right)^2\right]^{1/2} \tag{5-79}$$

将式(5-79)代入式(5-74)可得：

$$\delta_\psi=A\left\{\left[\left(\sin\alpha^0+\overline{\delta_a}+R_i\overline{\theta}\cos\psi\right)^2+\left(\cos\alpha^0+\overline{\delta_r}\cos\psi\right)^2\right]^{1/2}-1\right\} \tag{5-80}$$

将式(5-80)代入式(5-2)可得任意位置 ψ 处的滚动体负荷：

$$Q_\psi=K_nA^{3/2}\left\{\left[\left(\sin\alpha^0+\overline{\delta_a}+R_i\overline{\theta}\cos\psi\right)^2+\left(\cos\alpha^0+\overline{\delta_r}\cos\psi\right)^2\right]^{1/2}-1\right\}^{3/2} \tag{5-81}$$

轴承受载后接触角发生变化，任意位置 ψ 处的滚动体接触角 α_{ψ} 可表示为：

$$\sin\alpha_{\psi}=\frac{\sin\alpha^{0}+\overline{\delta}_{a}+R_{i}\overline{\theta}\cos\psi}{\left[\left(\sin\alpha^{0}+\overline{\delta}_{a}+R_{i}\overline{\theta}\cos\psi\right)^{2}+\left(\cos\alpha^{0}+\overline{\delta}_{r}\cos\psi\right)^{2}\right]^{1/2}} \tag{5-82}$$

$$\cos\alpha_{\psi}=\frac{\cos\alpha^{0}+\overline{\delta}_{r}\cos\psi}{\left[\left(\sin\alpha^{0}+\overline{\delta}_{a}+R_{i}\overline{\theta}\cos\psi\right)^{2}+\left(\cos\alpha^{0}+\overline{\delta}_{r}\cos\psi\right)^{2}\right]^{1/2}} \tag{5-83}$$

轴承内圈力和力矩平衡方程为：

$$F_{a}=K_{n}A^{3/2}\sum_{\psi=0}^{\pm\pi}\frac{\left\{\left[\left(\sin\alpha^{0}+\overline{\delta}_{a}+R_{i}\overline{\theta}\cos\psi\right)^{2}+\left(\cos\alpha^{0}+\overline{\delta}_{r}\cos\psi\right)^{2}\right]^{1/2}-1\right\}^{3/2}}{\left[\left(\sin\alpha^{0}+\overline{\delta}_{a}+R_{i}\overline{\theta}\cos\psi\right)^{2}+\left(\cos\alpha^{0}+\overline{\delta}_{r}\cos\psi\right)^{2}\right]^{1/2}}\times\left(\sin\alpha^{0}+\overline{\delta}_{a}+R_{i}\overline{\theta}\cos\psi\right) \tag{5-84}$$

$$F_{r}=K_{n}A^{3/2}\sum_{\psi=0}^{\pm\pi}\frac{\left\{\left[\left(\sin\alpha^{0}+\overline{\delta}_{a}+R_{i}\overline{\theta}\cos\psi\right)^{2}+\left(\cos\alpha^{0}+\overline{\delta}_{r}\cos\psi\right)^{2}\right]^{1/2}-1\right\}^{3/2}}{\left[\left(\sin\alpha^{0}+\overline{\delta}_{a}+R_{i}\overline{\theta}\cos\psi\right)^{2}+\left(\cos\alpha^{0}+\overline{\delta}_{r}\cos\psi\right)^{2}\right]^{1/2}}\times\left(\cos\alpha^{0}+\overline{\delta}_{r}\cos\psi\right)\cos\psi \tag{5-85}$$

$$M=\frac{1}{2}d_{m}K_{n}A^{3/2}\sum_{\psi=0}^{\pm\pi}\frac{\left\{\left[\left(\sin\alpha^{0}+\overline{\delta}_{a}+R_{i}\overline{\theta}\cos\psi\right)^{2}+\left(\cos\alpha^{0}+\overline{\delta}_{r}\cos\psi\right)^{2}\right]^{1/2}-1\right\}^{3/2}}{\left[\left(\sin\alpha^{0}+\overline{\delta}_{a}+R_{i}\overline{\theta}\cos\psi\right)^{2}+\left(\cos\alpha^{0}+\overline{\delta}_{r}\cos\psi\right)^{2}\right]^{1/2}}\times\left(\sin\alpha^{0}+\overline{\delta}_{a}+R_{i}\overline{\theta}\cos\psi\right)\cos\psi \tag{5-86}$$

方程式(5-84)～式(5-86)是未知量 δ_{a}、δ_{r}、θ 的非线性方程，采用数值计算方法求解式(5-84)～式(5-86)组成的非线性方程组，求出 δ_{a}、δ_{r}、θ 后，再根据上述有关方程便可计算任意位置 ψ 处的滚动体负荷 Q_{ψ} 及接触角 α_{ψ}。

第七节　高速角接触球轴承负荷分布

受径向载荷和轴向载荷联合作用的高速角接触球轴承，由于离心力和陀螺力矩影响，不仅各钢球与滚道之间的接触角不相同，而且每个钢球与内、外滚道之间的接触角也不相同，钢球与内、外滚道之间的接触负荷也不相同。图 5-11 表示钢球位置的编号，取受载最大的钢球序号为 $q=1$，位置 $\psi_{1}=0$。图 5-12 表示任意位置第 q 个钢球球心与内、外沟曲率中心受载和运转前、后的相对位置。

图 5-12 中设轴承外沟曲率中心 n 固定不动，轴承受载后由于内、外圈发生轴向相对位移 δ_a 和径向相对位移 δ_r，内沟曲率中心由初位置 m 移至终位置 m'，而球心由于离心力和工作负荷的共同作用，由初位置 E 移至终位置 E'。

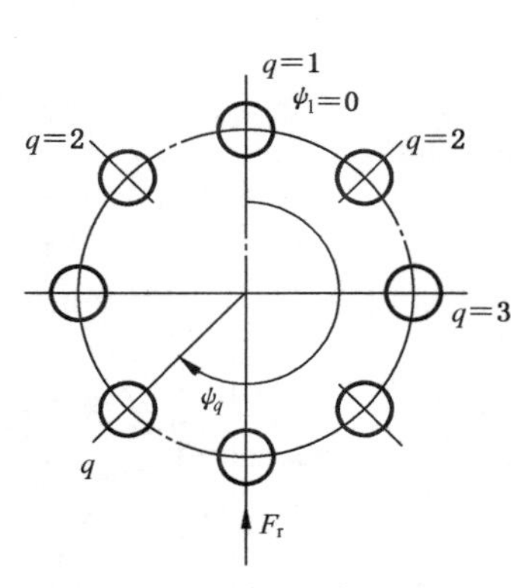

图 5-11　钢球位置

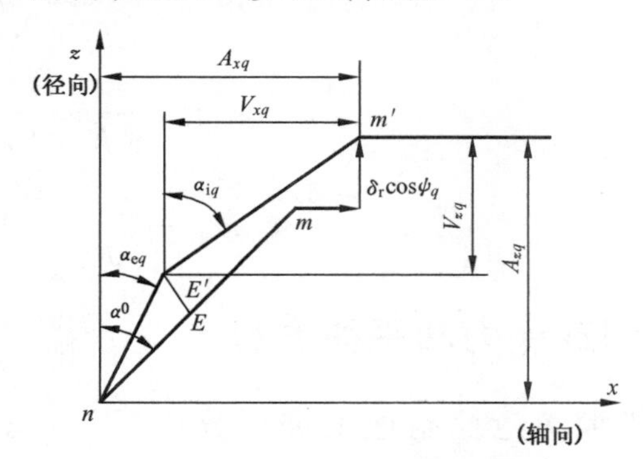

图 5-12　任意位置钢球球心与内、外沟曲率中心相对位置

一、钢球与内、外滚道的接触变形及接触负荷

由图 5-12 可知：轴承受载后任意钢球位置 ψ_q 处的内沟曲率中心 m' 在轴向和径向的坐标分别为：

$$A_{xq}=BD_w\sin\alpha^0+\delta_a \tag{5-87}$$

$$A_{zq}=BD_w\cos\alpha^0+\delta_r\cos\psi_q \tag{5-88}$$

式(5-87)和式(5-88)中：$B=f_i+f_e-1$；

α^0 为轴承受载前接触角。

钢球与内、外滚道之间的接触变形分别为：

$$\delta_{iq}=E'm'-Em=(V_{xq}^2+V_{zq}^2)^{1/2}-(f_i-0.5)D_w \tag{5-89}$$

$$\delta_{eq}=E'n-En=[(A_{xq}-V_{xq})^2+(A_{zq}-V_{zq})^2]^{1/2}-(f_e-0.5)D_w \tag{5-90}$$

式中：V_{xq}，V_{zq}——第 q 个钢球球心位置参数，与轴承受载变形及转速有关。

根据式(5-1)，钢球与内、外滚道之间的接触负荷分别为：

$$Q_{iq}=K_{iq}\delta_{iq}^{3/2} \tag{5-91}$$

$$Q_{eq}=K_{eq}\delta_{eq}^{3/2} \tag{5-92}$$

式(5-91)和式(5-92)中：K_{iq}、K_{eq} 可由式(5-5)计算得到，其值与接触角有关。

二、接触角

由图 5-12 可确定第 q 个钢球与内、外滚道之间的接触角为：

$$\cos\alpha_{iq}=\frac{V_{zq}}{(f_i-0.5)D_w+\delta_{iq}} \tag{5-93}$$

$$\sin\alpha_{iq}=\frac{V_{xq}}{(f_i-0.5)D_w+\delta_{iq}} \tag{5-94}$$

$$\cos\alpha_{eq}=\frac{A_{zq}-V_{zq}}{(f_e-0.5)D_w+\delta_{eq}} \tag{5-95}$$

$$\sin\alpha_{eq}=\frac{A_{xq}-V_{xq}}{(f_e-0.5)D_w+\delta_{eq}} \tag{5-96}$$

三、钢球受力和平衡方程

按照滚道控制理论进行分析，不考虑滚动体公转打滑和陀螺旋转时，第 q 个钢球在轴承轴向平面内的受力如图 5-13 所示。

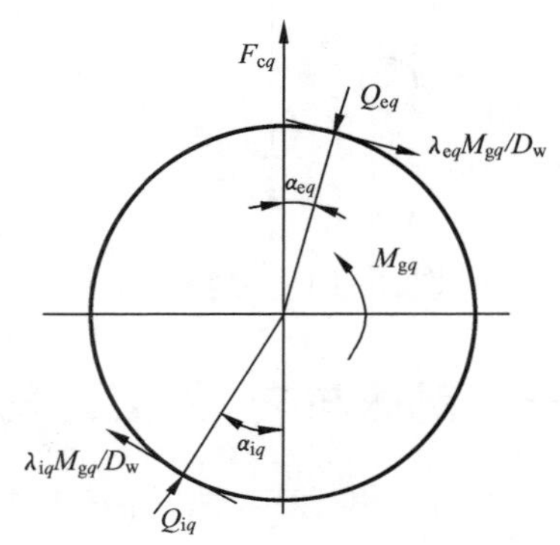

图 5-13　第 q 个钢球的受力

钢球惯性力是钢球转速的函数，转速又与接触角有关。因此，第 q 个钢球离心力计算由式(4-5)可得：

$$F_{cq}=2.26\times10^{-11}d_mD_w^3n_{mq}^2\quad(\text{N}) \tag{5-97}$$

第 q 个钢球陀螺力矩由式(4-19)可得：

$$M_{gq}=4.47\times10^{-12}D_w^5n_{bq}n_{mq}\sin\beta_q\quad(\text{N}) \tag{5-98}$$

式中：n_{mq}——第 q 个钢球公转速度，由式(3-32b)计算，r/min；

n_{bq}——第 q 个钢球自转速度，由式(3-28b)计算，r/min；

β_q——第 q 个钢球自转姿态角，用式(3-46)或式(3-47)计算。

阻止钢球陀螺旋转的摩擦力计算，根据滚道控制类型决定，钢球为外滚道控制时，认为摩擦力只产生在外滚道上，取 $\lambda_{iq}=0$，$\lambda_{eq}=2$。钢球为内滚道控制时，认为摩擦力平均产生在内、外滚道上比较安全，取 $\lambda_{iq}=\lambda_{eq}=1$。

钢球的力平衡方程为：

$$Q_{iq}\sin\alpha_{iq}-Q_{eq}\sin\alpha_{eq}-\frac{M_{gq}}{D_w}(\lambda_{iq}\cos\alpha_{iq}-\lambda_{eq}\cos\alpha_{eq})=0 \tag{5-99}$$

$$Q_{iq}\cos\alpha_{iq}-Q_{eq}\cos\alpha_{eq}+\frac{M_{gq}}{D_w}(\lambda_{iq}\sin\alpha_{iq}-\lambda_{eq}\sin\alpha_{eq})+F_{cq}=0 \tag{5-100}$$

将式(5-91)至式(5-96)代入式(5-99)和式(5-100)可得：

$$\frac{K_{iq}\delta_{iq}^{3/2}V_{xq}-\frac{M_{gq}}{D_w}\lambda_{iq}V_{zq}}{(f_i-0.5)D_w+\delta_{iq}}-\frac{K_{eq}\delta_{eq}^{3/2}(A_{xq}-V_{xq})-\frac{M_{gq}}{D_w}\lambda_{eq}(A_{zq}-V_{zq})}{(f_e-0.5)D_w+\delta_{eq}}=0 \tag{5-101}$$

$$\frac{K_{iq}\delta_{iq}^{3/2}V_{zq}+\frac{M_{gq}}{D_w}\lambda_{iq}V_{iq}}{(f_i-0.5)D_w+\delta_{iq}}-\frac{K_{eq}\delta_{eq}^{3/2}(A_{zq}-V_{zq})+\frac{M_{gq}}{D_w}\lambda_{eq}(A_{xq}-V_{xq})}{(f_e-0.5)D_w+\delta_{eq}}+F_{cq}=0 \tag{5-102}$$

四、轴承套圈力平衡方程

轴承外圈固定不动，轴承内圈在轴向载荷和径向载荷联合作用下高速旋转，由轴承内圈受力分析可知，轴承内圈力平衡方程为：

$$F_a-\sum_{q=1}^{Z}\left(Q_{iq}\sin\alpha_{iq}-\frac{M_{gq}}{D_w}\lambda_{iq}\cos\alpha_{iq}\right)=0 \tag{5-103}$$

$$F_r-\sum_{q=1}^{Z}\left(Q_{iq}\cos\alpha_{iq}+\frac{M_{gq}}{D_w}\lambda_{iq}\sin\alpha_{iq}\right)\cos\psi_q=0 \tag{5-104}$$

或

$$F_a-\sum_{q=1}^{Z}\left[\frac{K_{iq}\delta_{iq}^{3/2}V_{xq}-\frac{M_{gq}}{D_w}\lambda_{iq}V_{zq}}{(f_i-0.5)D_w+\delta_{iq}}\right]=0 \tag{5-105}$$

$$F_r-\sum_{q=1}^{Z}\left[\frac{K_{iq}\delta_{iq}^{3/2}V_{zq}+\frac{M_{gq}}{D_w}\lambda_{iq}V_{xq}}{(f_i-0.5)D_w+\delta_{iq}}\right]\cos\psi_q=0 \tag{5-106}$$

五、计算步骤

由几何方程式(5-87)和式(5-88)、变形方程式(5-89)和式(5-90)、钢球平衡方程式(5-101)和式(5-102)、套圈平衡方程式(5-105)和式(5-106)构成的基本非线性方程组共有$(6Z+2)$个方程$(q=1,2,3,\cdots,Z)$，含有基本未知量A_{xq}、A_{zq}、V_{xq}、V_{zq}、δ_{iq}、δ_{eq}、δ_a、δ_r一共$(6Z+2)$个。对于给定的轴承结构参数和轴承使用工况参数(径向载荷、轴向载荷和工作转速)，用数值计算方法求解上述的$(6Z+2)$个非线性方程组，可求出上述$(6Z+2)$个基本变量，然后由式(5-91)至式(5-96)可求出每个钢球与内、外滚道之间的接触负荷和接触角。但是，因为方程中的K_{iq}、K_{eq}、M_{gq}、F_{cq}等量都与接触角有关，所以解上述基本方程组时还必须引入许多辅助方程同时进行迭代，这些辅助方程包括式(5-5)、式(5-97)、式(5-98)、式(3-28b)、式(3-32b)、式(3-46)或式(3-47)等。可见，计算过程非常复杂，必须使用电子计算机进行数值计算方法求解。

如果高速角接触球轴承受纯轴向载荷作用，则各钢球的状态均相同，各变量的下标 q 不要了，基本方程减少为 7 个，计算过程大为简化。

图 5-14 是高速角接触球轴承受纯轴向载荷作用时的轴承负荷分布和接触角计算实例。轴承的结构参数是：$D_w=22.2$ mm，$d_m=125.3$ mm，$\alpha^\circ=40^\circ$，$Z=16$，$f_i=f_e=0.523$。

本节以及下一节介绍的关于高速轴承的计算方法，都不考虑润滑影响和滚动体打滑现象。尽管如此，这种计算方法对高速轴承性能分析和优化设计仍然是十分有用的。

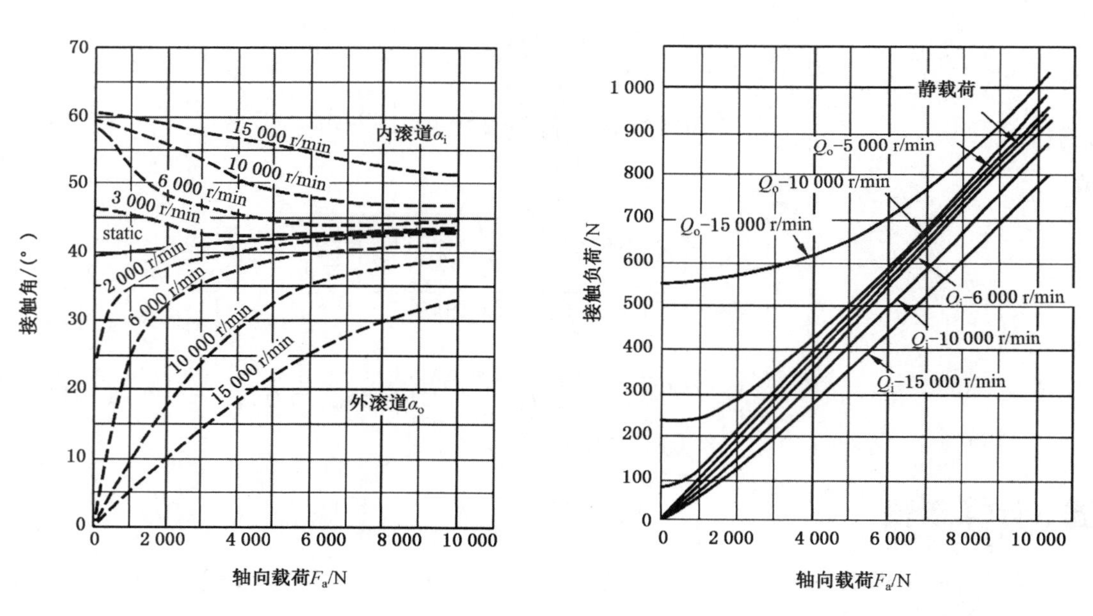

图 5-14　纯轴向载荷作用下高速球轴承的接触角与接触负荷

第八节　高速圆柱滚子轴承负荷分布

对于高速圆柱滚子轴承，由于滚子离心力作用，滚子与外滚道的接触负荷比滚子与内滚道的接触负荷大。不考虑润滑影响和滚子打滑现象时，滚子受力情况如图 5-15 所示。取轴承径向载荷方向上受载最大的滚子序号

为 $q=1$，滚子位置角为 $\psi_1=0$。第 q 个滚子力平衡方程为：

$$Q_{eq}-Q_{iq}-F_c=0 \tag{5-107}$$

式中：F_c——滚子离心力，可由式(4-6)计算。

将式(5-1)代入式(5-107)可得：

$$K\delta_{eq}^{10/9}-K\delta_{iq}^{10/9}-F_c=0 \tag{5-108}$$

式中：K——滚子与单个套圈之间的负荷-变形常数，用式(5-6)计算。

将式(5-3)代入式(5-108)可得：

$$(\delta_q-\delta_{iq})^{10/9}-\delta_{iq}^{10/9}-\frac{F_c}{K}=0 \tag{5-109}$$

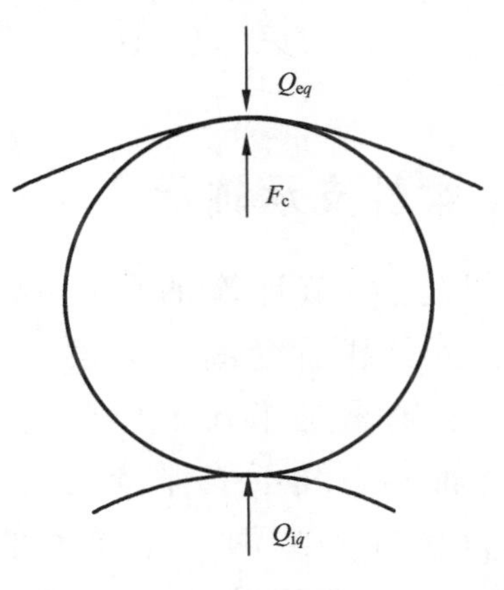

图 5-15　任意位置滚子的受力

轴承在径向载荷作用下，设轴承内、外套圈径向相对位移为 δ_r，根据变形协调条件，第 q 个滚子与内、外滚道之间的总接触变形 δ_q 为：

$$\delta_q=\delta_r\cos\psi_q-\frac{u_r}{2} \tag{5-110}$$

式中：u_r——轴承受载前的径向游隙，用第二章的方法计算。

将式(5-110)代入式(5-109)可得：

$$\left(\delta_r\cos\psi_q-\frac{u_r}{2}-\delta_{iq}\right)^{10/9}-\delta_{iq}^{10/9}-\frac{F_c}{K}=0 \tag{5-111}$$

轴承内圈力平衡方程为：

$$F_r-\sum_{q=1}^{Z}Q_{iq}\cos\psi_q=0 \tag{5-112}$$

或

$$\frac{F_r}{K}-\sum_{q=1}^{Z}\delta_{iq}^{10/9}\cos\psi_q=0 \tag{5-113}$$

由式(5-111)和式(5-113)构成的非线性方程组，共有$(Z+1)$个方程$(q=1,2,\cdots,Z)$，含未知量 δ_r 和 δ_{iq} 共$(Z+1)$个。用数值计算方法解方程组可求出 δ_r 和 δ_{iq}，然后用下面的方程求出任一滚子与内、外滚道之间的接触负荷：

$$\begin{cases}Q_{iq}=K\delta_{iq}^{10/9}\\ Q_{eq}=Q_{iq}+F_c\end{cases} \tag{5-114}$$

第九节　柔性支承轴承负荷分布

一、柔性支承轴承

以上各节计算轴承负荷分布均假设轴承座刚性很好，轴是实心的。因而轴承受载后套圈不会发生弯曲变形，只有局部接触变形。本节讨论的柔性支承轴承是指在工作状态下轴承的一个或两个套圈会发生弯曲变形，其横截面形心线不能保持几何圆的一类轴承应用。例如：装在空心轴上的轴承，外圈在一或两个点受力的轧机支承辊轴承，无轴箱铁路车辆轴承，行星齿轮轴承，凸轮谐波传动薄壁轴承等，都属于柔性支承轴承，从轴承负荷分布特征来看，椭圆滚道轴承也属于这个范围。这类轴承负荷分布因受套圈弯曲变形的影响，不能用前面介绍的方法计算。

二、接触弹性变形

求解柔性支承轴承负荷分布必须考虑内、外圈由于弯曲变形引起的任意角位置的径向挠度对接触变形的影响。图 5-16 表示径向游隙为零的径向接触轴承中套圈弯曲变形对接触变形的影响，规定内、外圈的径向挠度分别为 W_i 和 W_e，指向圆心为正值。在任意滚动体位置 ψ 处由于套圈弯曲而产生的滚动体和内、外圈之间的接触变形量为：

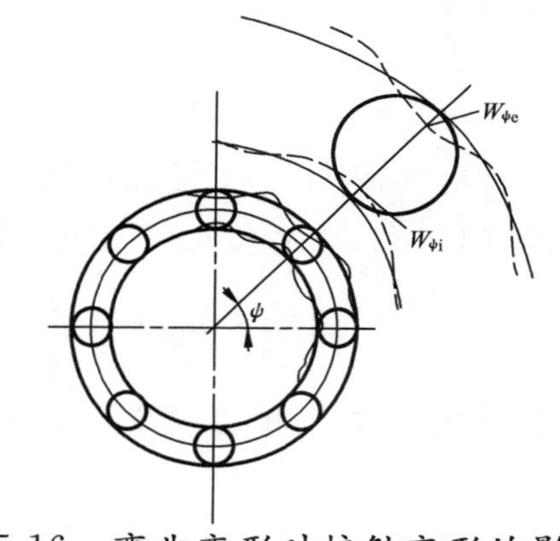

图 5-16　弯曲变形对接触变形的影响

$$\delta_{\psi 1}=-W_{\psi i}+W_{\psi e} \tag{5-115}$$

如果径向接触轴承受载后内、外圈的中心还产生径向相对位移 δ_r 的话，规定径向位移的方向为 $\psi=0$，则在任意滚动体位置 ψ 处与位移 δ_r 有关的接触变形为：

$$\delta_{\psi 2}=\delta_r\cos\psi \tag{5-116}$$

于是，考虑到套圈的弯曲变形和套圈中心的相对位移两种因素，任意位置滚动体与内、外圈总的接触弹性变形为：

$$\delta_\psi=\delta_{\psi 1}+\delta_{\psi 2}=\delta_r\cos\psi-W_{\psi i}+W_{\psi e} \tag{5-117}$$

从式(5-117)可知，求轴承负荷分布的关键是求出任意位置内、外圈的径

向挠度 $W_{\psi i}$ 和 $W_{\psi e}$。

三、套圈的径向挠度

假设套圈在同一径向平面内受任意的平衡力系作用，如图 5-17 所示。各作用力说明如下：

Q_m——径向力（法向力），包括滚动体负荷及其他法向作用力，指向圆心为正，$m=1,2,\cdots,i$；

T_m——切向力，指向位置角 ψ 增加的方向为正，$m=1,2,\cdots,j$；

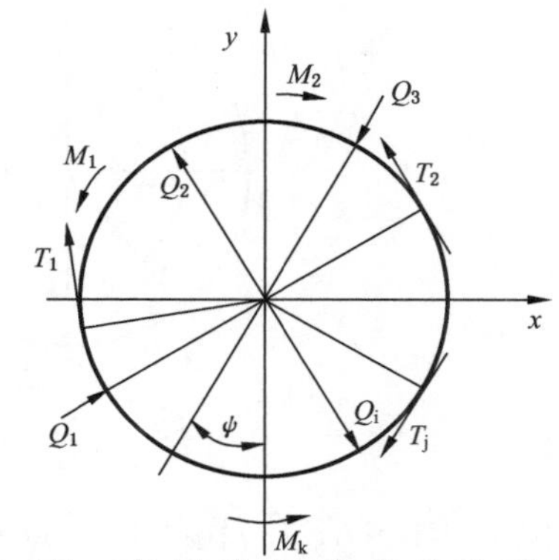

图 5-17　套圈受任意平面力系作用

M_m——力矩负荷，顺时针方向为正，$m=1,2,\cdots,K$。

轴承套圈属于薄壁圆环，按照薄壁圆环的平面弯曲理论，在平面力系作用下描述任意角位置 ψ 处套圈径向挠度的微分方程如下：

$$\frac{\mathrm{d}^2W}{\mathrm{d}\psi^2}+W=-\frac{MR^2}{EI} \tag{5-118}$$

式中：W——ψ 处套圈的径向挠度，指向圆心为正；

EI——套圈在原始曲率平面内的弯曲刚度；

M——ψ 处横截面上的弯矩，使外层纤维受压时或使原始曲率减小时为正；

R——套圈横截面形心线原始曲率半径。

微分方程式(5-118)的一般解即套圈在 ψ 处的径向挠度用级数形式表示为：

$$W_\psi=\frac{R^3}{4\pi EI}\left[\sum_{m=1}^{i}Q_m f_Q(\phi_m)+2\sum_{m=1}^{j}T_m f_T(\phi_m)+\frac{2}{R}\sum_{m=1}^{k}M_m f_M(\phi_m)\right] \tag{5-119}$$

式中：

$$f_Q(\phi_m)=-\phi_m\sin\phi_m+\left(\frac{\phi_m}{2}-\pi\right)\phi_m\cos\phi_m-2 \tag{5-120}$$

$$f_T(\phi_m)=\left(\phi_m-\frac{\pi}{2}\right)\cos\phi_m+\frac{1}{4}(\phi_m^2-2\pi\phi_m-4)\sin\phi_m-\phi_m \tag{5-121}$$

$$f_M(\phi_m)=(\phi_m-\pi)\cos\phi_m-\frac{3}{2}\sin\phi_m-\phi_m \tag{5-122}$$

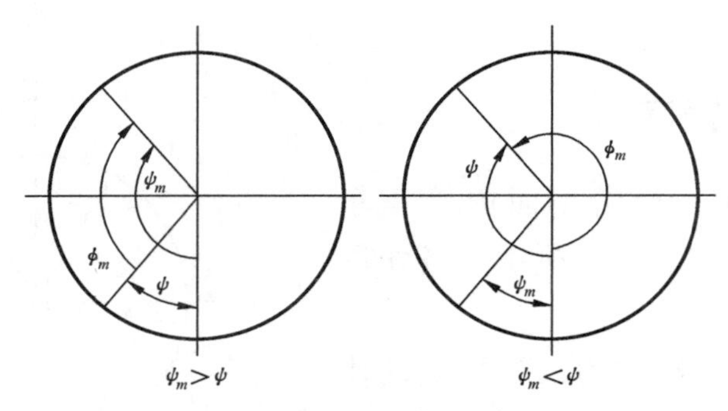

图 5-18　ϕ_m 角示意图

这里 ϕ_m 是第 q 个作用力的位置 ψ_m 与圆环上考察径向挠度点的位置角 ψ 之差，如图 5-18 所示。注意 ϕ_m 必须取正值，用下式表示：

当 $\psi_m>\psi$ 时：$\phi_m=\psi_m-\psi$　(5-123)

当 $\psi_m<\psi$ 处时：$\phi_m=2\pi-\psi+\psi_m$　(5-124)

四、滚动体负荷的确定

滚动体与滚道之间接触负荷和接触变形的关系为：

$$Q_q=K_n\delta_q^n \qquad (q=1,2,\cdots,z) \tag{5-125}$$

在方程式(5-119)的右端只有滚动体负荷是未知量，可以将式(5-125)代入式(5-119)，在 ψ 位置内、外圈的径向挠度表示为接触变形的函数：

$$W_{\psi i}=W_{\psi i}(\delta_1,\delta_2,\cdots,\delta_z) \tag{5-126}$$

$$W_{\psi e}=W_{\psi e}(\delta_1,\delta_2,\cdots,\delta_z) \tag{5-127}$$

将式(5-126)和式(5-127)代入式(5-117)，可得任意角位置滚动体与内、外滚道之间的总接触变形：

$$\delta_\psi=\delta_r\cos\psi-W_{\psi i}(\delta_1,\delta_2,\cdots,\delta_z)+W_{\psi e}(\delta_1,\delta_2,\cdots,\delta_z) \quad (\delta_\psi=\delta_1,\delta_2,\cdots,\delta_z) \tag{5-128}$$

式(5-128)是未知量为滚动体与内、外滚道之间的总接触变形 $\delta_1,\delta_2,\cdots,\delta_z$ 和径向位移 δ_r 的非线性方程组，共含$(Z+1)$个未知量，有 Z 个方程。根据套圈受力平衡，由图 5-17 还可以很容易再写出一个方程：

$$\sum x=0 \qquad \text{或} \sum y=0 \tag{5-129}$$

用数值计算方法求解式(5-128)和式(5-129)组成的非线性方程组，求出接触变形 $\delta_1,\delta_2,\cdots,\delta_z$ 后，代入式(5-125)就可求出任意位置 ψ 处的滚动体负荷。

求解柔性支承轴承负荷分布，除本节介绍的方法外，还可以用有限元法计算，也可以用光弹性实验方法测定。

第六章　滚动轴承接触应力和变形

第一节　概　　述

第五章确定了滚动体和滚道之间法向接触负荷的大小，本章介绍滚动体和滚道之间在接触负荷作用下接触点邻域的应力和变形情况。滚动体和滚道之间的接触负荷只作用在很小的接触面上，既使接触负荷不很大，接触应力也是相当高的，表面最大接触应力通常在 1 500 MPa～4 000 MPa。轴承接触应力对轴承的疲劳寿命和额定静负荷有重要影响。

轴承接触应力和变形的计算是轴承性能分析的基础，滚动轴承的疲劳寿命、额定静负荷和刚度的计算方法等都是在应力和变形计算的基础上建立起来的。

接触面的形状大小、接触应力和变形的大小与接触负荷、两接触体材料特性以及两接触面的几何特征即主曲率有关。赫兹（Hertz）关于弹性固体的接触理论成功地解决了滚动轴承接触应力和变形的计算问题。尽管滚动轴承的问题和 Hertz 假设的条件不尽相同，诸如滚动轴承接触表面摩擦力的影响等，也有很多人进行了这方面的研究，但到目前为止，在工程实际中轴承的接触应力和变形仍然是按照 Hertz 理论进行计算的，据此而进行的轴承性能分析具有足够的精度。本章只介绍根据 Hertz 理论导出的轴承接触应力和变形的计算公式，对接触理论不作详述。

第二节　表面接触应力和变形计算

一、赫兹弹性接触理论的基本假设

赫兹求解互相挤压的两弹性固体的接触面形状大小、表面压力分布和两物体弹性趋近量时，采用了下列假设：

1）接触物体只产生弹性变形，并服从虎克（Hooke）定律；

2）光滑表面，只有法向力作用，不存在切向摩擦力；

3）接触面的尺寸与接触物体表面的曲率半径相比是很小的。

滚动轴承的接触情况基本符合赫兹假设，如前所述，赫兹理论在滚动轴承工程学中获得了成功的应用。

二、计算公式

1. 点接触

滚动体与滚道为点接触时，包括各类球轴承和受轻载作用带修正线的滚子轴承，按照 Hertz 理论接触面为一椭圆，表面压力呈半椭球分布，如图 6-1 所示。点接触计算公式如下：

长半轴：

$$a=n_{a}\left(\frac{3\eta Q}{2\sum\rho}\right)^{1/3} \tag{6-1}$$

短半轴：

$$b=n_{b}\left(\frac{3\eta Q}{2\sum\rho}\right)^{1/3} \tag{6-2}$$

两物体趋近量即接触弹性变形量：

$$\delta=n_{\delta}\left(\frac{9}{32}\eta^{2}Q^{2}\sum\rho\right)^{1/3} \tag{6-3}$$

接触面中心最大压应力：

$$P_{0}=\frac{1}{\pi n_{a}n_{b}}\left[\frac{3}{2}\left(\frac{\sum\rho}{\eta}\right)^{2}Q\right]^{1/3}=\frac{3Q}{2\pi ab} \tag{6-4}$$

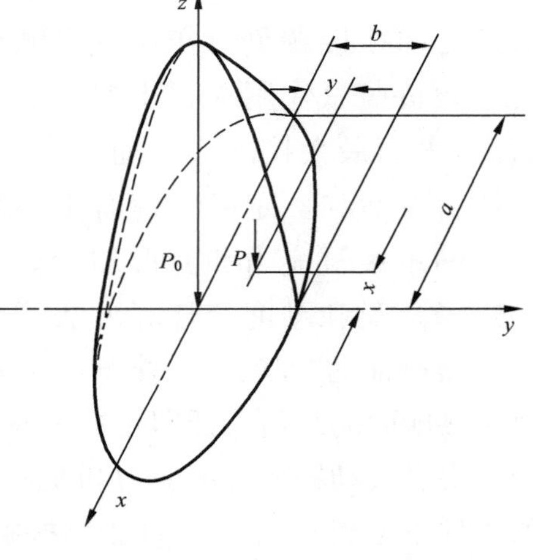

图 6-1 点接触表面压力分布

接触面上任意一点压应力：

$$P(x,y)=P_{0}\sqrt{1-\left(\frac{x}{a}\right)^{2}-\left(\frac{y}{b}\right)^{2}} \tag{6-5}$$

式(6-1)～式(6-5)中：n_a、n_b、n_δ——与接触点主曲率差函数 $F(\rho)$有关的系数，根据 $F(\rho)$查表 6-1，$F(\rho)$的计算方法见第二章；

η——两物体的综合弹性常数，其值为：

$$\eta=\frac{1-\mu_{1}^{2}}{E_{1}}+\frac{1-\mu_{2}^{2}}{E_{2}} \tag{6-6}$$

E_1、E_2、μ_1、μ_2——两材料的弹性模量和泊松比；

Q——滚动体与滚道之间法向接触负荷；

$\sum\rho$——接触点的主曲率和函数，计算方法见第二章。

对于轴承钢制造的滚动轴承 $E=2.07\times10^5$ MPa，$\mu=0.3$，将材料常数代入式(6-1)～式(6-4)，简化可得：

$$a=0.0236\,n_a\left(\frac{Q}{\sum\rho}\right)^{1/3} \tag{6-7}$$

$$b=0.0236\,n_b\left(\frac{Q}{\sum\rho}\right)^{1/3} \tag{6-8}$$

$$\delta=2.79\times10^{-4}n_\delta(Q^2\sum\rho)^{1/3} \tag{6-9}$$

表 6-1　n_a、n_b、n_an_b、n_δ 值

$F(\rho)$	n_a	n_b	n_an_b	n_δ	$F(\rho)$	n_a	n_b	n_an_b	n_δ
0.9995	23.95	0.163	3.91	0.171	0.9870	7.02	0.301	2.11	0.410
0.9990	18.53	0.185	3.43	0.207	0.9865	6.93	0.303	2.10	0.416
0.9985	15.77	0.201	3.17	0.230	0.9860	6.84	0.305	2.09	0.420
0.9980	14.25	0.212	3.02	0.249	0.9855	6.74	0.307	2.07	0.423
0.9975	13.15	0.220	2.89	0.266	0.9850	6.64	0.310	2.06	0.427
0.9970	12.26	0.228	2.80	0.279	0.9845	6.55	0.302	2.04	0.430
0.9965	11.58	0.235	2.72	0.291	0.9840	6.47	0.314	2.03	0.433
0.9960	11.02	0.241	2.65	0.302	0.9835	6.40	0.316	2.02	0.437
0.9955	10.53	0.246	2.59	0.311	0.9830	6.33	0.317	2.01	0.440
0.9950	10.15	0.251	2.54	0.320	0.9825	6.26	0.319	2.00	0.444
0.9945	9.77	0.256	2.50	0.328	0.9820	6.19	0.321	1.99	0.447
0.9940	9.46	0.260	2.46	0.336	0.9815	6.12	0.323	1.98	0.450
0.9935	9.17	0.264	2.42	0.343	0.9810	6.06	0.325	1.97	0.453
0.9930	8.92	0.268	2.39	0.350	0.9805	6.00	0.327	1.96	0.456
0.9925	8.68	0.271	2.36	0.356	0.9800	5.95	0.328	1.95	0.459
0.9920	8.47	0.275	2.33	0.362	0.9795	5.89	0.330	1.94	0.462
0.9915	8.27	0.278	2.30	0.368	0.9790	5.83	0.332	1.93	0.465
0.9910	8.10	0.281	2.28	0.373	0.9785	5.78	0.333	1.92	0.463
0.9905	7.93	0.281	2.25	0.379	0.9780	5.72	0.335	1.92	0.470
0.9900	7.76	0.287	2.23	0.384	0.9775	5.67	0.336	1.91	0.473
0.9895	7.62	0.289	2.21	0.388	0.9770	5.63	0.338	1.90	0.476
0.9890	7.49	0.292	2.19	0.393	0.9765	5.58	0.339	1.89	0.478
0.9885	7.37	0.294	2.17	0.398	0.9760	5.53	0.340	1.88	0.481
0.9880	7.25	0.297	2.15	0.402	0.9755	5.49	0.342	1.88	0.483
0.9875	7.13	0.299	2.13	0.407	0.9750	5.44	0.343	1.87	0.486

续表 6-1

$F(\rho)$	n_a	n_b	$n_a n_b$	n_δ	$F(\rho)$	n_a	n_b	$n_a n_b$	n_δ
0.9745	5.39	0.345	1.86	0.489	0.944	3.94	0.406	1.60	0.593
0.9740	5.35	0.346	1.85	0.491	0.942	3.88	0.409	1.59	0.598
0.9735	5.32	0.347	1.85	0.493	0.940	3.83	0.412	1.58	0.603
0.9730	5.28	0.349	1.84	0.495	0.938	3.78	0.415	1.57	0.608
0.9725	5.24	0.350	1.83	0.498	0.936	3.73	0.418	1.56	0.613
0.9720	5.20	0.351	1.83	0.500	0.934	3.68	0.420	1.55	0.618
0.9715	5.16	0.353	1.82	0.502	0.932	3.63	0.423	1.54	0.622
0.9710	5.13	0.354	1.82	0.505	0.930	3.59	0.426	1.53	0.626
0.9705	5.09	0.355	1.81	0.507	0.928	3.55	0.428	1.52	0.630
0.9700	5.05	0.357	1.80	0.509	0.926	3.51	0.431	1.51	0.634
0.969	4.98	0.359	1.79	0.513	0.924	3.47	0.433	1.50	0.638
0.968	4.92	0.361	1.78	0.518	0.922	3.43	0.436	1.50	0.642
0.967	4.86	0.363	1.77	0.522	0.920	3.40	0.438	1.49	0.646
0.966	4.81	0.365	1.76	0.526	0.918	3.36	0.441	1.48	0.650
0.965	4.76	0.367	1.75	0.530	0.916	3.33	0.443	1.47	0.653
0.964	4.70	0.369	1.74	0.533	0.914	3.30	0.445	1.47	0.657
0.963	4.65	0.371	1.73	0.536	0.912	3.27	0.448	1.46	0.660
0.962	4.61	0.374	1.72	0.540	0.910	3.23	0.450	1.45	0.664
0.961	4.56	0.376	1.71	0.543	0.908	3.20	0.452	1.45	0.667
0.960	4.51	0.378	1.70	0.546	0.906	3.17	0.454	1.44	0.671
0.959	4.17	0.380	1.70	0.550	0.904	3.15	0.456	1.44	0.674
0.958	4.42	0.382	1.69	0.553	0.902	3.12	0.459	1.43	0.677
0.957	4.38	0.384	1.68	0.556	0.900	3.09	0.461	1.42	0.680
0.956	4.34	0.386	1.67	0.559	0.895	3.03	0.466	1.41	0.688
0.955	4.30	0.388	1.67	0.562	0.890	2.97	0.471	1.40	0.695
0.954	4.26	0.390	1.66	0.565	0.885	2.92	0.476	1.39	0.702
0.953	4.22	0.391	1.65	0.568	0.880	2.86	0.481	1.38	0.709
0.952	4.19	0.393	1.65	0.571	0.875	2.82	0.485	1.37	0.715
0.951	4.15	0.394	1.64	0.574	0.870	2.77	0.490	1.36	0.721
0.950	4.12	0.396	1.63	0.577	0.865	2.72	0.494	1.35	0.727
0.948	4.05	0.399	1.62	0.583	0.860	2.68	0.498	1.34	0.733
0.946	3.99	0.403	1.61	0.588	0.855	2.64	0.502	1.33	0.739

续表 6-1

$F(\rho)$	n_a	n_b	$n_a n_b$	n_δ	$F(\rho)$	n_a	n_b	$n_a n_b$	n_δ
0.850	2.60	0.507	1.32	0.745	0.50	1.48	0.718	1.06	0.938
0.840	2.53	0.515	1.30	0.755	0.45	1.41	0.745	1.05	0.951
0.830	2.46	0.523	1.29	0.765	0.40	1.35	0.771	1.04	0.962
0.820	2.40	0.530	1.27	0.774	0.35	1.29	0.796	1.03	0.971
0.81	2.35	0.537	1.26	0.783	0.30	1.24	0.824	1.02	0.979
0.80	2.30	0.544	1.25	0.792	0.25	1.19	0.853	1.01	0.986
0.75	2.07	0.577	1.20	0.829	0.20	1.15	0.879	1.01	0.991
0.70	1.91	0.607	1.16	0.859	0.15	1.11	0.908	1.01	0.994
0.65	1.77	0.637	1.13	0.884	0.10	1.07	0.938	1.00	0.997
0.60	1.66	0.664	1.10	0.904	0.05	1.03	0.969	1.00	0.999
0.55	1.57	0.690	1.08	0.922	0	1	1	1	1

$$P_0=\frac{858}{n_a n_b}\left[Q\left(\sum\rho\right)^2\right]^{1/3}=\frac{3Q}{2\pi ab} \quad (6\text{-}10)$$

式(6-7)～式(6-10)中，a、b、δ 的单位为 mm，Q 的单位为 N，$\sum\rho$ 的单位为 mm^{-1}，P_0的单位为 MPa。

2. 线接触

按照 Hertz 理论，两个相当长且等长度的平行圆柱体接触时表面压力呈半椭圆柱分布，如图 6-2 所示。各类滚子轴承一般均为线接触，表面压力可以认为近似呈半椭圆柱分布。须指出，各种球面滚子与滚道的接触面大小均按点接触计算，当接触椭圆长轴小于滚子长度时应力和变形也按点接触计算，当接触椭圆长轴大于滚子长度时应力和变形则按线接触计算。线接触计算公式如下：

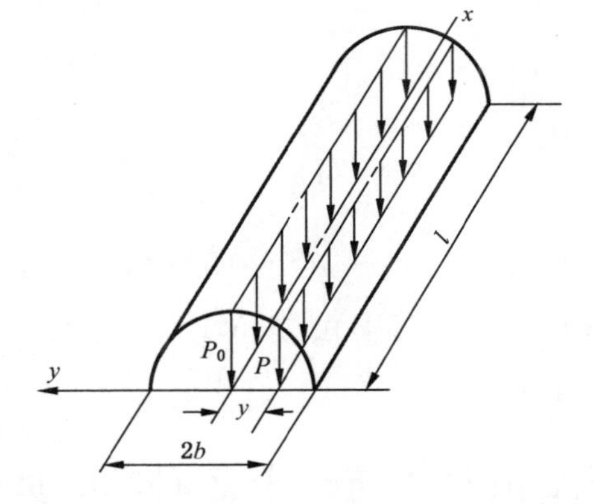

图 6-2　理想线接触表面压力分布

接触半宽度：

$$b=\left(\frac{4\eta Q}{\pi l\sum\rho}\right)^{1/2} \quad (6\text{-}11)$$

接触宽度中心最大压应力：

$$P_0=\left(\frac{Q\sum\rho}{\pi\eta l}\right)^{1/2} \quad (6\text{-}12)$$

接触面上任一点压应力：

$$P(x,y)=P_0\sqrt{1-\left(\frac{y}{b}\right)^2} \tag{6-13}$$

在 Hertz 之后，Palmgren 给出线接触趋近量计算公式为：

$$\delta=1.36\frac{(\eta Q)^{0.9}}{l^{0.8}} \tag{6-14}$$

式中，η、Q、$\sum\rho$ 的意义同点接触计算中的说明，l 为滚子有效长度。

对于轴承钢制造的滚动轴承，将两材料的弹性模量和泊松比代入式(6-6)，计算出两物体的综合弹性常数 η，再将两物体的综合弹性常数 η 代入式(6-11)～式(6-14)，可得：

$$b=3.34\times10^{-3}\left(\frac{Q}{l\sum\rho}\right)^{1/2} \tag{6-15}$$

$$P_0=190.6\left(\frac{Q\sum\rho}{l}\right)^{1/2} \tag{6-16}$$

$$\delta=3.83\times10^{-5}\frac{Q^{0.9}}{l^{0.8}} \tag{6-17}$$

式(6-14)～式(6-15)中，b、l、δ 的单位为 mm，Q 的单位为 N，$\sum\rho$ 的单位为 mm^{-1}，P_0 的单位为 MPa。由式(6-6)计算 η 值时，材料弹性模量 E 的单位为 N/mm^2。

三、滚动体与一个套圈之间负荷-变形常数计算

对于点接触，由式(6-3)得：

$$Q=\left(\frac{32}{9n_\delta^3\eta^2\sum\rho}\right)^{1/2}\delta^{3/2} \tag{6-18}$$

将式(6-18)与式(5-1)比较，便可得到钢球与某一套圈之间的负荷-变形常数 K_j(j=i,e)的计算公式：

$$K_j=\left(\frac{32}{9n_\delta^3\eta^2\sum\rho}\right)^{1/2}\quad(N/mm^{1.5}) \tag{6-19}$$

式中：n_δ、η、$\sum\rho$ 的意义同本章点接触计算中的说明，$\sum\rho$ 的单位为 mm^{-1}，η 的计算中弹性模量 E 的单位为 N/mm^2。

对于线接触，由式(6-14)得：

$$Q=0.71\frac{l^{8/9}}{\eta}\delta^{10/9} \tag{6-20}$$

将式(6-20)与式(5-1)比较，便可得到滚子与某一套圈之间的负荷-变形常数 $K_j(j=\mathrm{i},\mathrm{e})$ 计算公式：

$$K_j=0.71\frac{l^{8/9}}{\eta}\quad (\mathrm{N/mm^{10/9}}) \tag{6-21}$$

式中：l——滚子有效长度，mm；

η——两物体的综合弹性常数，用式(6-6)计算。计算式(6-21)中的 η 时，弹性模量 E 的单位为 $\mathrm{N/mm^2}$。

对于轴承钢制造的轴承，将两材料的弹性模量和泊松比代入式(6-6)，计算出两物体的综合弹性常数 η，再将两物体的综合弹性常数 η 代入式(6-19)和式(6-21)，便可得到式(5-5)和式(5-6)。

第三节　接触表面下的剪应力

许多实验和经验表明，滚动轴承的疲劳剥落主要是由于滚动表面下剪应力引起的裂纹逐渐扩展到表面而造成的。目前的滚动轴承疲劳寿命计算方法就是根据表面下的最大动态剪应力理论建立起来的，这种理论认为表面下平行于滚动方向的最大交变剪应力是产生疲劳裂纹的原因，裂纹扩展到表面后导致接触疲劳剥落。因此，了解接触表面下的剪应力状态，有助于探讨滚动轴承的疲劳机理，并寻求提高寿命的途径。

一、最大静态剪应力

表面下的最大静态剪应力发生在表面下 z 轴上的某一深度 z_1 处，作用方向与 z 轴和 y 轴成45°角，如图6-3所示。

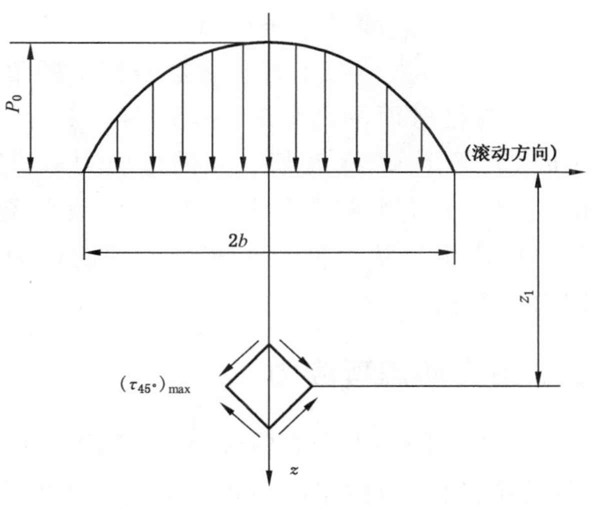

图 6-3　最大静态剪应力

z 轴上各点45°方向的剪应力大小为：

$$\tau_{45°}=\frac{1}{2}(\sigma_z-\sigma_y) \tag{6-22}$$

式中：σ_z、σ_y——z 轴上各点沿 z 向和 y 向的主应力；

$$\sigma_y=-P_0\frac{ab}{a^2-b^2}\left\{-1+\frac{a^2+z^2\left(\frac{2a^2}{b^2}-1\right)}{\sqrt{a^2+z^2}\sqrt{b^2+z^2}}-\frac{2z}{a}\left(\frac{a^2}{b^2}L-K\right)+2\mu\left[1-\sqrt{\frac{b^2+z^2}{a^2+z^2}}+\frac{z}{a}(L-K)\right]\right\} \tag{6-23}$$

$$\sigma_z=-P_0\frac{ab}{\sqrt{a^2+b^2}\sqrt{b^2+z^2}} \tag{6-24}$$

式中：K、L——第一类、第二类椭圆积分。

$$K(e,\psi)=\int_0^{\psi}\frac{d\phi}{\sqrt{1-e^2\sin^2\phi}} \tag{6-25}$$

$$L(e,\psi)=\int_0^{\psi}\sqrt{1-e^2\sin^2\phi}\,d\phi \tag{6-26}$$

式中：ψ——参数，$\psi=\arctan\frac{z}{a}$；

e——椭圆偏心率，$e=\sqrt{1-\left(\frac{b}{a}\right)^2}$；

μ——材料的泊松比；

P_0——表面最大压应力。

$\tau_{45°}$的最大值$(\tau_{45°})_{max}$就是表面下的最大静态剪应力。其值大小及所处深度 z_1，与接触面的形状有关，如图 6-4 所示。从图 6-3 可以看到，当滚动体滚过时，表面下 z_1 深度某一点的剪应力 $\tau_{45°}$在 $0\sim(\tau_{45°})_{max}$ 之间变化。有人认为最大静态剪应力的反复作用是产生疲劳裂纹的原因，这就是滚动疲劳的最大静态剪应力理论。但有更充分的理由认为滚动疲劳是由表面下的最大动态剪应力引起的。

二、最大动态剪应力

表面下的最大动态剪应力，指表面下平行于滚动方向的剪应力 τ_{zy} 的最大值 τ_0，其位置和方向如图 6-5 所示。τ_0的大小及其所在位置由下面的公式确定。

$$\tau_0=P_0\frac{\sqrt{2t-1}}{2t(t+1)}=P_0T \tag{6-27}$$

$$z_0 = b\frac{1}{(t+1)\sqrt{2t-1}} = b\xi \tag{6-28}$$

$$y_0 = b\frac{t}{t+1}\sqrt{\frac{2t+1}{2t-1}} = b\xi \tag{6-29}$$

式(6-27)～式(6-29)中的参数 t 可根据接触椭圆的尺寸，由式(6-30)确定：

$$\frac{b}{a} = \sqrt{(t^2-1)(2t-1)} \tag{6-30}$$

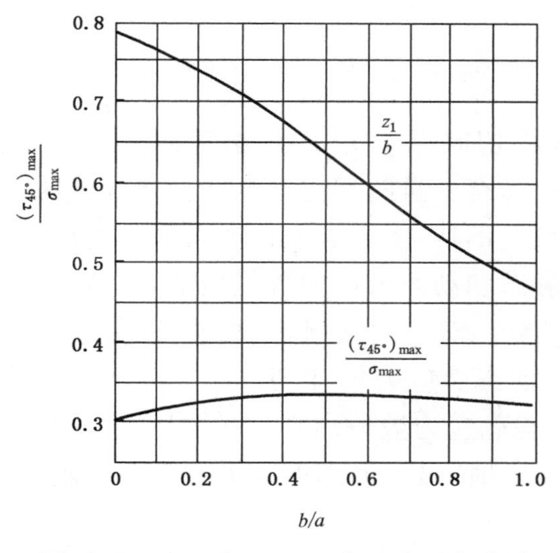

图 6-4 $(\tau_{45°})_{max}$，z_1 与 b/a 的关系

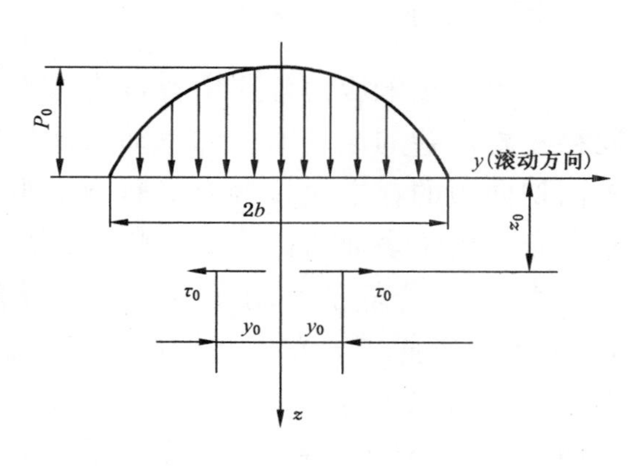

图 6-5 最大动态剪应力

最大动态剪应力 τ_0 及其所在深度 z_0 与接触面形状的关系如图 6-6 所示。

从图 6-5 可以看到，当滚动体前后滚过表面下 z_0 深度某一点时，平行于滚动方向的最大动态剪应力大小和方向都发生变化，变化幅值为 $2\tau_0$。

比较图 6-4 和图 6-6 可知，对于同一接触，在静态下最大剪应力 $(\tau_{45°})_{max}$ 比平行于滚动方向的剪应力最大值 τ_0 稍大些。但在滚动过程中，平行于滚动方向的最大动态剪应力变化幅值 $2\tau_0$，比 45°方向剪应力变化幅值 $(\tau_{45°})_{max}$ 大

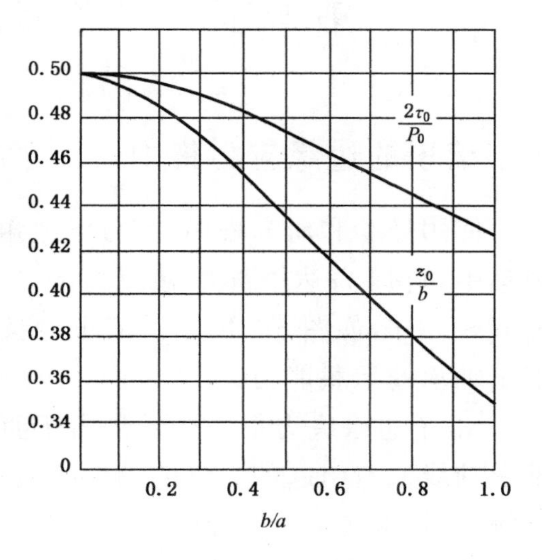

图 6-6 $2\tau_0$，z_0 与 b/a 的关系

很多，而且最大动态剪应力 τ_0 处的位置比较浅。因此，更有理由认为是由于变化幅值较大的最大动态剪应力 τ_0 的反复作用引起了疲劳裂纹的发生和扩展，最后导致疲劳剥落。这就是滚动疲劳的最大动态剪应力理论，目前滚动轴承疲劳寿命的计算方法就是根据这种理论建立起来的。关于滚动疲劳的机理还有多种解释，目前也还在不断地研究。

为了提高疲劳寿命，用渗碳钢制造轴承时，渗碳层厚度应大于 z_0，必要时还需要乘以安全系数。特大型轴承用表面淬火工艺时，硬化层深度应大于 z_1，并乘以安全系数。

三、表面切向力的影响

以上的接触应力计算中都没有考虑表面切向力。实际上，滚动体和滚道之间存在着复杂的滚动摩擦和滑动摩擦现象，总有少量的切向力存在。研究表明，表面切向力的存在对接触变形影响微小，可以不计，主要影响接触表面下剪应力的分布。由于表面切向力的影响，最大的静态和动态剪应力数值增加，位置趋向于表面，因而降低了滚动疲劳寿命。研究指出：对于线接触，当摩擦系数为 1/9 时，最大静态剪应力发生在接触表面，最大动态剪应力增加到 $0.285P_0$，位置也趋近于表面；当摩擦系数达 1/3 时，最大静态剪应力数值增加 43%，其作用面与表面呈 36°。对于点接触，当摩擦系数达 0.25 时，最大静态剪应力发生在接触表面上。

第四节　滚子母线修缘及凸度计算

一、滚子的边缘应力集中

使用经验和研究表明，直母线接触的滚子轴承在滚子两端存在着严重的应力集中，可以高达中部接触应力的 3～7 倍，应力集中的长度占总接触长度的 0.07～0.16，如图 6-7 所示。滚子边缘应力集中导致轴承早期疲劳剥落，降低了滚子轴承的承载能力。

滚子边缘应力集中主要是由于直母线滚子接触的边缘效应和轴承应用中轴承轴线偏斜引起的。赫兹的线接触理论假设两相当长而且等长度的平行圆柱接触时，接触表面压力呈半椭圆柱分布，实际上滚子轴承的接触长度和滚子直径及滚道直径相比远不是相当长的，并且滚道母线长度还往往大于滚子长度，因此，滚子轴承接触情况不完全符合 Hertz 接触理论假设，接触表面压力分布不是理想的半椭圆柱，而是在滚子两端存在应力集中，这种现象称为直母线滚子接触的边缘效应。对边缘效应可以作一直观的解释：如图 6-7 所示，滚子受挤压后，滚子下面的滚道材料受压变形，滚子以外的滚道材料无受压变形，使位于滚子两端的滚道材料处于拉伸状态，增加了抵抗压缩变形的能力，压缩变形较小。因此，当滚子和滚道之间产生趋近量 δ 时，滚子两端变形量必然要大些。这就可以理解为什么会出现边缘应力集中。

另外，在轴承应用中由于轴的弯曲或轴两端的轴承安装不同心造成轴承内、外圈轴线相对偏斜时，也会产生滚子端部应力集中。

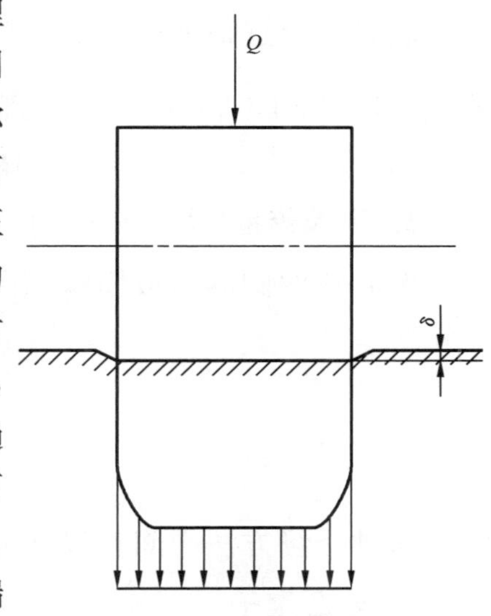

图 6-7　边缘应力集中

二、滚子修缘方法与凸度计算

为了提高滚子轴承的承载能力和疲劳寿命，必须从轴承设计和应用两方面采取措施，减小或消除滚子边缘应力集中。设计方面通常的办法是减小滚子两端的直径，采用带凸度滚子，或者进行滚子母线修缘，改善滚子型面。也可以在滚子两端面上挖深穴，增加滚子端部的变形能力，也有采用带凸度滚道。

理想滚子型面能使应力沿接触线均匀分布，下面介绍实用的母线修缘方法。

1. 弧坡修缘，圆心在中线上

如图 6-8 所示，取滚子单面凸度等于滚子与一个滚道之间的弹性趋近量，即取：

$$\Delta c=\delta \tag{6-31}$$

式中：δ——滚子与一个滚道之间的弹性趋近量，由式(6-17)计算。

母线修缘长度取：$l_c=0.15\ l$　　(6-32)

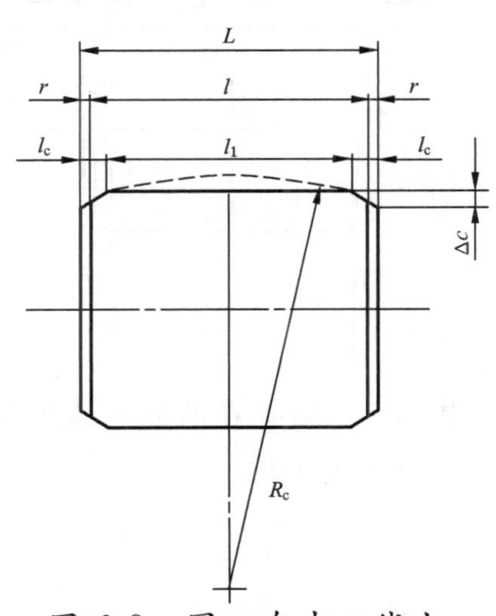

图 6-8　圆心在中心线上的弧坡修缘

圆弧半径近似取：
$$R_c = \frac{l^2 - l_1^2}{8\Delta c} \tag{6-33}$$

式(6-32)和式(6-33)中：l——滚子有效长度，$l = L - 2r$；

l_1——滚子中部直母线部分的长度，$l_1 = l - 2l_c$。

2. 弧坡修缘，圆心在两侧

圆心在两侧的弧坡修缘如图 6-9 所示，取：

$$\Delta c = \delta \tag{6-34}$$

$$l_c = 0.15l \tag{6-35}$$

$$R_c = \frac{l^2}{88\Delta c} \tag{6-36}$$

这种修缘方法中间直线部分和两端的圆弧相切，在理论上是光滑连接。

3. 全凸滚子

这种滚子的型面如同对称球面滚子，只是圆弧半径非常之大，如图 6-10 所示。这种修正方法的优点是不仅可以消除或减小边缘效应引起的应力集中，还可以有效地消除或减小轴线偏斜引起的端部应力集中。缺点是滚子实际接触长度减小，滚子中部接触应力高，还会降低轴承疲劳寿命。

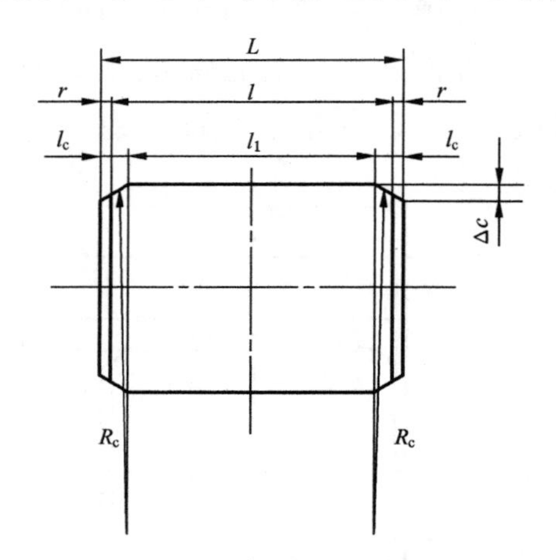

图 6-9 圆心在两侧的弧坡修缘

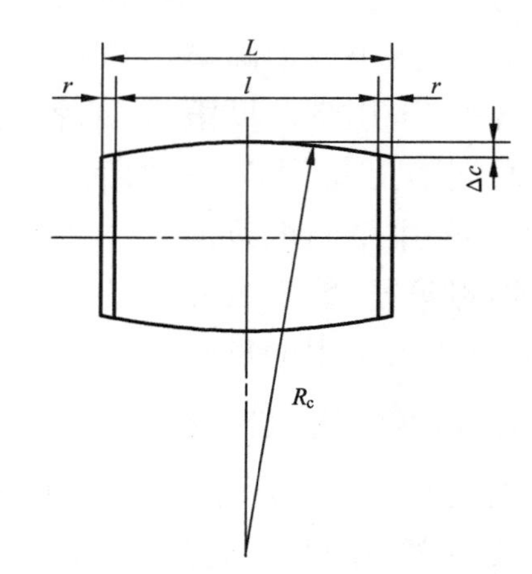

图 6-10 全凸滚子

全凸滚子取：

$$\Delta c = \delta \tag{6-37}$$

$$R_c = \frac{l^2}{8\Delta c} \tag{6-38}$$

计算滚子凸度时，也就是由式(6-17)计算趋近量时，式(6-17)中的滚动体负

荷 Q 应为轴承中受载最大的滚动体负荷 Q_{max}。对于专用轴承，要根据实际轴承载荷，用第五章的方法计算出最大滚动体负荷。对于通用轴承，一般取额定动负荷的 10%～15%作为轴承当量动负荷，然后用第五章的方法计算出最大滚动体负荷。偏小的凸度不足以消除滚子边缘应力集中；偏大的凸度又易出现滚子两端不接触，造成滚子中部接触应力高。凸度偏小或偏大都不好，最佳滚子凸度不仅要根据实际轴承载荷进行计算，还应该通过实验和使用经验来确定。对于全凸滚子，轴承受载后，滚子接触椭圆长轴 $2a$ 大于滚子有效长度而小于 1.5 倍有效长度是较合适的修正线接触。

4. 对数母线修缘滚子

对数母线滚子最早是由瑞典 SKF 公司的 Lundberg 提出的，对数母线是目前认为的最好的滚子修缘曲线，以这一形式修正滚子表面，滚子两端的边缘效应将被消除，接触压力沿滚子轴向将呈均匀分布。图 6-11 为对数母线滚子几何尺寸，图中，D_w 为滚子直径；L 为滚子的全长；t_1 为滚子凸度测量点距滚子端面的距离；r 为装配倒角；c 为滚子凸度量。对数修型母线可表示为：

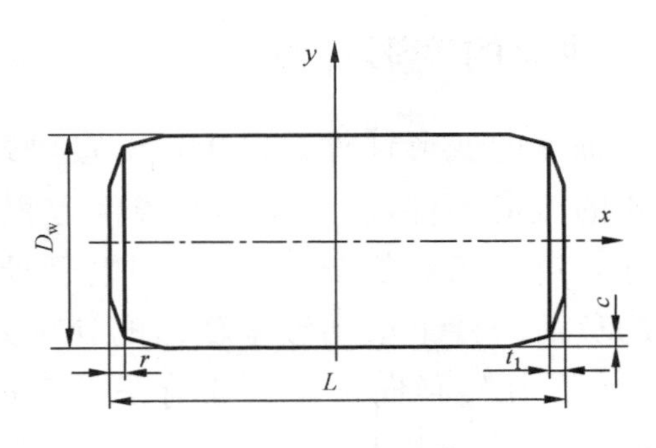

图 6-11　对数母线滚子

$$y=2\frac{(1-\nu)^2}{\pi E}\frac{W}{L}\ln\frac{1}{1-(2x/L_{we})^2} \tag{6-39}$$

式中：ν——滚子材料的泊松比；

E——滚子材料的弹性模量；

W——滚子负荷，在设计计算时一般取滚子最大负荷；

L——滚子长度；

L_{we}——滚子有效长度。

第五节　滚动轴承的变形和刚度

如第五章所述，滚动轴承在载荷作用下由于滚动体和套圈之间的接触弹性变形，轴承内、外圈在载荷方向上要发生相对弹性位移。一般情况下，轴承受径向载荷、轴向载荷和力矩联合作用时，内、外圈将发生相应的径向位移 δ_r、轴向位移 δ_a 和角位移 θ。轴承内、外圈在载荷作用下发生的这种相对位移又称为滚动轴承的变形。

滚动轴承刚度定义为在载荷方向上轴承内、外圈产生单位的相对弹性位移量所需的外加载荷。

滚动轴承的弹性变形影响轴系的刚性，不同类型主机对轴承刚度要求不同。例如，精密机床主轴轴承要有较高的刚度，以保证加工零件的高精度；高速旋转轴轴承要有合适的径向刚度，以使旋转轴的临界转速远离轴的工作转速，减小轴的振动；陀螺仪马达轴承要求具有径向和轴向相等的刚度，以提高导航精度，而对大多数轴承应用，由于轴承变形量很小，一般不必考虑。

一、轴承的变形计算

轴承的变形计算是以 Hertz 接触理论为基础的。在第五章已经知道，对于一般的载荷条件，解有关的非线性方程组便可求得轴承位移，即变形 δ_r、δ_a 和 θ，其计算过程相对复杂，通常使用电子计算机进行数值计算求解。下面介绍在特定的负荷条件下滚动轴承变形的计算公式。

(1) 在纯径向位移的载荷条件下（$\delta_a=0$，$\theta=0$），轴承钢制滚动轴承的径向变形用下列公式计算：

由式(5-57)可知：

$$\delta_{max}=\delta_a\sin\alpha+\delta_r\cos\alpha \tag{6-40}$$

当 $\delta_a=0$ 时可得：

$$\delta_r=\frac{\delta_{max}}{\cos\alpha} \tag{6-41}$$

当滚动体与内、外滚道接触角相等时，由式(5-3)可得滚动体与内、外滚道之间的最大接触变形为：

$$\delta_{max}=\delta_{imax}+\delta_{emax} \tag{6-42}$$

式中：δ_{imax}、δ_{emax}——受载最大的滚动体分别与内、外滚道之间的接触变形。点接触时用式(6-9)计算，式(6-9)中的 n_δ 和 $\sum\rho$ 取同一类轴承通用的近似值；线接触时用式(6-17)进行计算。

将式(6-9)或式(6-17)、式(6-42)代入式(6-40)中便求得各类轴承径向变形计算公式。

单列深沟球轴承和角接触球轴承：

$$\delta_r=\frac{0.000\ 44}{\cos\alpha}\left(\frac{Q_{max}^2}{D_w}\right)^{1/3} \tag{6-43}$$

双列调心球轴承：

$$\delta_{r}=\frac{0.0007}{\cos\alpha}\left(\frac{Q_{max}^{2}}{D_{w}}\right)^{1/3} \tag{6-44}$$

一个滚道点接触，另一个滚道线接触的滚子轴承：

$$\delta_{r}=\frac{0.00018}{\cos\alpha}\frac{Q_{max}^{3/4}}{l^{1/2}} \tag{6-45}$$

两个滚道都是线接触的滚子轴承：

$$\delta_{r}=\frac{0.000077}{\cos\alpha}\frac{Q_{max}^{0.9}}{l^{0.8}} \tag{6-46}$$

(2) 在纯轴向位移的载荷作用下($\delta_{r}=0,\theta=0$)，轴承钢制滚动轴承的轴向变形用下列公式计算：

当 $\delta_{r}=0$ 时，由式(5-57)得：

$$\delta_{a}=\frac{\delta_{max}}{\sin\alpha} \tag{6-47}$$

式中，δ_{max} 的推导方法与前纯径向载荷作用下的 δ_{max} 推导方法相同。

单列深沟球轴承和角接触球轴承：

$$\delta_{a}=\frac{0.00044}{\sin\alpha}\left(\frac{Q_{max}^{2}}{D_{w}}\right)^{1/3} \tag{6-48}$$

双列调心球轴承：

$$\delta_{a}=\frac{0.0007}{\sin\alpha}\left(\frac{Q_{max}^{2}}{D_{w}}\right)^{1/3} \tag{6-49}$$

一个滚道点接触，另一个滚道线接触的滚子轴承：

$$\delta_{a}=\frac{0.00018}{\sin\alpha}\frac{Q_{max}^{3/4}}{l^{1/2}} \tag{6-50}$$

两个滚道都是线接触的滚子轴承：

$$\delta_{a}=\frac{0.000077}{\sin\alpha}\frac{Q_{max}^{0.9}}{l^{0.8}} \tag{6-51}$$

推力球轴承：

$$\delta_{a}=\frac{0.00052}{\sin\alpha}\left(\frac{Q_{max}^{2}}{D_{w}}\right)^{1/3} \tag{6-52}$$

在式(6-43)～式(6-52)中，Q_{max} 是受载最大的滚动体负荷，根据第五章负荷分布计算方法求出，单位为N。D_{w} 是滚动体直径，l 是滚子有效长度，D_{w}、l、δ_{r}、δ_{a} 的单位均为mm。

须指出，原始接触角为零的深沟球轴承受纯轴向负荷时轴向变形较大，上述公式不合适。

(3) 在纯径向位移的载荷条件下，根据第五章负荷分布的关系，考虑径向游隙影响时：

单列球轴承的最大滚动负荷近似为：

$$Q_{max}=\frac{5F_r}{Z\cos\alpha} \tag{6-53}$$

单列滚子轴承的最大滚动体负荷近似为：

$$Q_{max}=\frac{4.6F_r}{Z\cos\alpha} \tag{6-54}$$

双列球轴承的最大滚动体负荷近似为：

$$Q_{max}=\frac{2.5F_r}{Z\cos\alpha} \tag{6-55}$$

双列滚子轴承最大滚动体负荷近似为：

$$Q_{max}=\frac{2.3F_r}{Z\cos\alpha} \tag{6-56}$$

(4) 在纯轴向位移的载荷条件下，各类轴承的最大滚动体负荷均为：

$$Q_{max}=\frac{F_a}{Z\sin\alpha} \tag{6-57}$$

把式(6-53)～式(6-57)代入轴承变形公式中，就可以直接根据轴承负荷计算轴承变形。反过来，也可以根据轴承变形计算轴承载荷。计算公式列在表6-2和表6-3中。

表6-2适于纯径向位移的载荷条件下轴承径向变形、径向载荷和径向刚度计算。表6-3适于纯轴向位移的载荷条件下轴承的轴向变形、轴向载荷和轴向刚度计算。表6-2中力的单位为N，长度单位为mm。

表6-2　径向的载荷、变形和刚度计算

轴承类型	径向载荷与径向变形关系	轴承径向刚度/(N/mm)
单列深沟球轴承或角接触球轴承	$F_r=2.19\times10^4Z(D_w\delta_r^3\cos^5\alpha)^{1/2}$ 或 $\delta_r=12.8\times10^{-4}\left(\frac{F_r^2}{D_wZ^2\cos^5\alpha}\right)^{1/3}$	$R_r=3.29\times10^4Z(D_w\delta_r\cos^5\alpha)^{1/2}$ 或 $R_r=0.118\times10^4(D_wF_rZ^2\cos^5\alpha)^{1/3}$

续表 6-2

轴承类型	径向载荷与径向变形关系	轴承径向刚度/(N/mm)
双列调心球轴承	$F_r=2.17\times10^4Z(D_w\delta_r^3\cos^5\alpha)^{1/2}$ 或 $\delta_r=12.9\times10^{-4}\left(\frac{F_r^2}{D_wZ^2\cos^5\alpha}\right)^{1/3}$	$R_r=3.25\times10^4Z(D_w\delta_r\cos^5\alpha)^{1/2}$ 或 $R_r=0.117\times10^4(D_wF_rZ^2\cos^5\alpha)^{1/3}$
双列调心滚子轴承	$F_r=4.28\times10^4Z(l^2\delta_r^4\cos^7\alpha)^{1/3}$ 或 $\delta_r=3.36\times10^{-4}\left(\frac{F_r^3}{l^2Z^3\cos^7\alpha}\right)^{1/4}$	$R_r=5.7\times10^4Z(\delta_rl^2\cos^7\alpha)^{1/3}$ 或 $R_r=0.396\times10^4(F_rl^2Z^3\cos^7\alpha)^{1/4}$
单列圆柱滚子轴承或圆锥滚子轴承	$F_r=0.75\times10^4Z\delta_r^{1.11}l^{0.89}\cos^{2.11}\alpha$ 或 $\delta_r=3.27\times10^{-4}\frac{F_r^{0.9}}{l^{0.8}Z^{0.9}\cos^{1.9}\alpha}$	$R_r=0.828\times10^4Z\delta_r^{0.11}l^{0.89}\cos^{2.11}\alpha$ 或 $R_r=0.340\times10^4F_r^{0.1}Z^{0.9}l^{0.8}\cos^{1.9}\alpha$

表 6-3　轴向的载荷、变形和刚度计算

轴承类型	轴向载荷与轴向变形关系	轴承轴向刚度/(N/mm)
单列深沟球轴承或角接触球轴承	$F_a=11.0\times10^4Z(D_w\delta_a^3\sin^5\alpha)^{1/2}$ 或 $\delta_a=4.36\times10^{-4}\left(\frac{F_a^2}{D_wZ^2\sin^5\alpha}\right)^{1/3}$	$R_a=16.5\times10^4Z(D_w\delta_a\sin^5\alpha)^{1/2}$ 或 $R_a=0.344\times10^4(D_wF_aZ^2\sin^5\alpha)^{1/3}$
双列调心球轴承	$F_a=5.42\times10^4Z(D_w\delta_a^3\sin^5\alpha)^{1/2}$ 或 $\delta_a=6.98\times10^{-4}\left(\frac{F_a^2}{D_wZ^2\sin^5\alpha}\right)^{1/3}$	$R_a=8.14\times10^4Z(D_w\delta_a\sin^5\alpha)^{1/2}$ 或 $R_a=0.215\times10^4(D_wF_aZ^2\sin^5\alpha)^{1/3}$
推力球轴承或推力角接触球轴承	$F_a=8.35\times10^4Z(D_w\delta_a^3\sin^5\alpha)^{1/2}$ 或 $\delta_a=5.24\times10^{-4}\left(\frac{F_a^2}{D_wZ^2\sin^5\alpha}\right)^{1/3}$	$R_a=12.5\times10^4Z(D_w\delta_a\sin^5\alpha)^{1/2}$ 或 $R_a=0.286\times10^4(D_wF_aZ^2\sin^5\alpha)^{1/3}$
双列调心滚子轴承	$F_a=9.79\times10^4Z(l^2\delta_a^4\sin^7\alpha)^{1/3}$ 或 $\delta_a=1.81\times10^{-4}\left(\frac{F_a^2}{l^2Z^3\sin^7\alpha}\right)^{1/4}$	$R_a=13.0\times10^4Z(\delta_al^2\sin^7\alpha)^{1/3}$ 或 $R_a=0.737\times10^4(F_al^2Z^3\sin^7\alpha)^{1/4}$

续表 6-3

轴承类型	轴向负荷与轴向变形的关系	轴承轴向刚度/(N/mm)
单列圆柱滚子轴承或圆锥滚子轴承	$F_a=3.73\times10^4 Z\delta_a^{1.11} l^{0.89}\sin^{2.11}\alpha$ 或 $\delta_a=0.77\times10^{-4}\dfrac{F_a^{0.9}}{l^{0.8}Z^{0.9}\sin^{1.9}\alpha}$	$R_a=4.15\times10^4 Z\delta_a^{0.11} l^{0.89}\sin^{2.11}\alpha$ 或 $R_a=1.45\times10^4 F_a^{0.1} Z^{0.9} l^{0.8}\sin^{1.9}\alpha$

二、轴承的刚度计算

如前所述，滚动轴承刚度是轴承内、外圈在载荷方向上产生单位的相对弹性位移量所需的外加载荷。轴承刚度可表示为：

$$R=\frac{\mathrm{d}F}{\mathrm{d}\delta} \tag{6-58}$$

式中：F——轴承所受载荷，可以是径向载荷、轴向载荷或力矩；

δ——轴承内、外圈在相应的载荷方向上发生的弹性位移量。

根据轴承载荷和位移的方向不同，轴承径向刚度表示为：

$$R_r=\frac{\mathrm{d}F_r}{\mathrm{d}\delta_r} \tag{6-59}$$

轴承轴向刚度表示为：

$$R_a=\frac{\mathrm{d}F_a}{\mathrm{d}\delta_a} \tag{6-60}$$

轴承的角刚度表示为：

$$R_\theta=\frac{\mathrm{d}M}{\mathrm{d}\theta} \tag{6-61}$$

前面已经求出轴承载荷和变形的关系式，将这种关系式分别代入式(6-59)～式(6-61)中求导数，便可得到相应的轴承刚度。

在纯径向位移的载荷条件下轴承径向刚度及纯轴向位移的载荷条件下轴承轴向刚度计算公式分别列在表 6-2 和表 6-3 中。

从轴承变形和刚度的计算公式中可以看到，轴承变形和载荷是非线性关系，轴承刚度不是常量。球轴承的刚度与变形的 0.5 次幂成正比。内、外滚道都是线接触的滚子轴承变形量与载荷的 0.9 次幂成正比，刚度与变形的 0.11 次幂成正比，可以近似认为滚子轴承变形与载荷呈线性关系，滚子轴承刚度为常量。

根据轴承变形和刚度的特性，在轴承应用中可以通过施加预载荷使轴承工作在较大的变形状态下，以提高轴承刚度。

第六节　球轴承的极限轴向载荷

受轴向载荷的深沟球轴承和角接触球轴承，如果轴向载荷太大，套圈挡边和滚道的交线棱边可能进入滚动体与滚道的接触区，产生应力集中，易发生疲劳破坏且严重磨损滚动体。图 6-12 表示棱边处于接触椭圆边缘的极限状态，这种状态下的轴向载荷叫极限轴向载荷。轴承的实际轴向载荷必须小于这个值，必要时要进行校核。

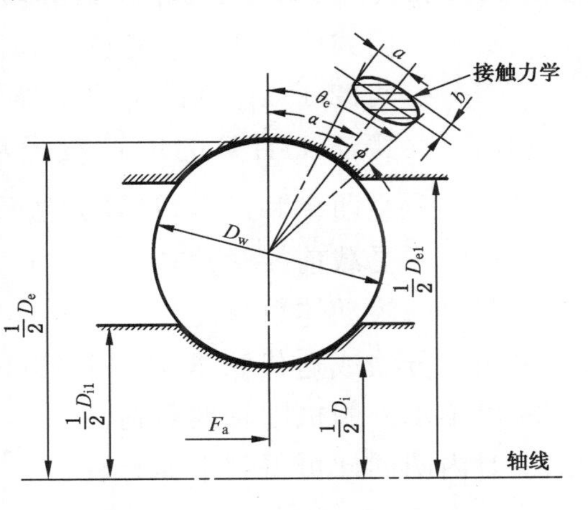

图 6-12　极限接触状态

根据图 6-12 中的几何关系，对外圈有：

$$\phi=\theta_e-\alpha \tag{6-62}$$

$$\theta_e=\cos^{-1}\left(1-\frac{D_e-D_{el}}{D_w}\right) \tag{6-63}$$

$$\sin\phi=\frac{2a}{D_w} \tag{6-64}$$

式中：ϕ——接触椭圆长半轴 a 所对的钢球圆心角；

θ_e——外圈挡边边缘和球心的连线与径向平面的夹角；

α——接触角；

D_e——外滚道直径；

D_{el}——外圈挡边直径。

考虑纯轴向载荷的情况，根据式(6-62)、式(6-64)、式(5-29)、式(6-7)可以得到：

$$\sin(\theta_e-\alpha)=\frac{0.047\ 2\ n_a}{D_w}\left(\frac{F_a}{Z\sin\alpha\sum\rho}\right)^{1/3} \tag{6-65}$$

式中：力单位为 N，长度单位为 mm。

由式(6-65)可得球轴承极限轴向载荷：

$$F_a=9\ 510\ Z\sin\alpha\sum\rho\left[\frac{D_w\sin(\theta_e-\alpha)}{n_a}\right]^3 \tag{6-66}$$

因式(6-65)中的 α 随 F_a 变化，所以需要首先求出 α。将式(6-65)代入式(5-32)中得：

$$\sin(\theta_e-\alpha)=0.0472\,n_a\left(\frac{B}{D_w}\right)^{1/2}\left(\frac{K_n}{\sum\rho}\right)^{1/3}\times\left(\frac{\cos\alpha^0}{\cos\alpha}-1\right)^{1/2} \tag{6-67}$$

式(6-66)和式(6-67)中：力单位为N，长度单位为mm；

n_a——同式(6-1)中 n_a 的意义和说明；

B——式(2-19)计算的总曲率半径系数；

K_n——式(5-4)计算的负荷-变形常数；

$\sum\rho$——主曲率和函数，计算方法见第二章；

α^0——受载前接触角；

Z——滚动体数目。

用二分法或迭代法求解方程式(6-67)，求出 α 后，将 α 值代入式(6-66)中，可求出轴承外圈极限轴向载荷。

对内圈同样可得到下面方程：

$$\sin(\theta_i-\alpha)=0.0472\,n_a\left(\frac{B}{D_w}\right)^{1/2}\left(\frac{K_n}{\sum\rho}\right)^{1/3}\times\left(\frac{\cos\alpha^0}{\cos\alpha}-1\right)^{1/2} \tag{6-68}$$

式中：θ_i——内圈挡边边缘和球心的连线与径向平面的夹角，其值为：

$$\theta_i=\cos^{-1}\left(1-\frac{D_{i1}-D_i}{D_w}\right) \tag{6-69}$$

式中：D_{i1}——内圈挡边直径；

D_i——内圈滚道直径。

解方程式(6-68)，求出 α 后，用下面方程可求出内圈的极限轴向载荷：

$$F_a=9510\,Z\sin\alpha\sum\rho\left[\frac{D_w\sin(\theta_i-\alpha)}{n_a}\right]^3 \tag{6-70}$$

取式(6-66)和式(6-70)中较小的计算值作为球轴承的极限轴向载荷。

第七章 滚动轴承的摩擦磨损

第一节 概 述

滚动轴承正是因为具有低摩擦的优点才得到迅速的发展和广泛的应用。但是，这并不意味着滚动轴承中的摩擦是可以忽略的，恰恰相反的是滚动轴承中存在着极其复杂的摩擦现象，轴承摩擦特性仍然是轴承应用中的一项重要性能指标，在很多应用中摩擦甚至是导致轴承损坏的根本原因。大的摩擦不仅会损耗能量，严重的是产生大的磨损使轴承丧失精度，还会产生过高的温升使工作表面发生烧伤，或使润滑剂失效等。精密仪表轴承不仅要求摩擦小，而且要求摩擦力矩稳定，有些航天装置上用的轴承，要求连续工作十几年的轴承摩擦力矩增加量不允许超过原来的一倍。

由于摩擦而发生的磨损以及由于接触疲劳和腐蚀作用而发生的磨损使轴承内部间隙增大，精度下降，振动噪声增大。同时，磨损使表面变粗糙，进而又使摩擦变大。

本章主要目的是分析滚动轴承中的各种摩擦和磨损现象，并应用轴承摩擦产生的主要影响因素，给出摩擦力矩计算方法。

第二节 滚动轴承中摩擦的来源

滚动轴承的摩擦来自滚动体与滚道之间的滚动摩擦和滑动摩擦，滚动体、保持架、挡边、密封件等滑动接触部位的滑动摩擦，以及润滑剂的黏性摩擦。下面详细分析滚动轴承中的各种摩擦现象。

一、弹性滞后引起的摩擦

钢球在滚道上滚动时由于材料的弹性滞后性质，接触区前后两部分（$y>0$ 和 $y<0$）压力分布不对称。前半部接触面上压力对钢球滚动的阻力矩大于后半部接触面上压力对钢球滚动的推动力矩，从而产生一个滚动摩擦力。图 7-1 表

示弹性滞后引起的压力分布和一个假想的作用于球心的当量弹性滞后滚动阻力 F_h。

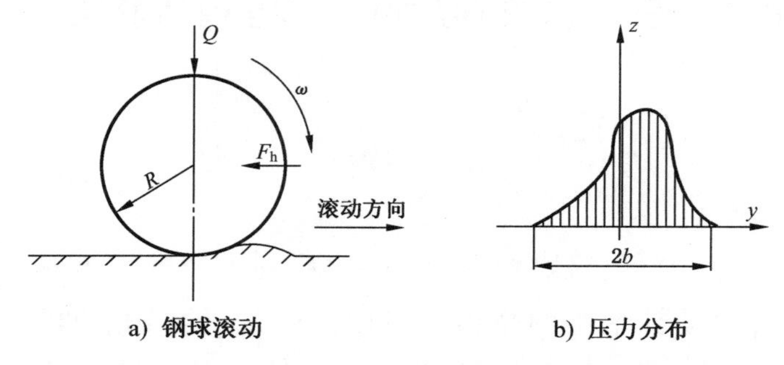

图 7-1　弹性滞后产生的滚动摩擦

不考虑弹性滞后影响时，根据第六章的表面压力计算方法及图 7-1 可以得到，接触面上到 x 轴距离为 y 的窄带 dy 上的压力为：

$$dQ=\frac{\pi a p_0}{2b^2}(b^2-y^2)dy$$

$0\leqslant y\leqslant b$ 半椭圆上的压力对钢球（x 轴）的力矩为：

$$M_x=\int_0^b y dQ=\frac{\pi a p_0}{2b^2}\int_0^b (b^2-y^2)y dy=\frac{3}{16}Qb \tag{7-1}$$

半径为 R 的钢球滚过单位弧长时，M_x 做的功为：

$$A=M_x\frac{1}{R}=\frac{3Qb}{16R} \tag{7-2}$$

由于弹性滞后，前后两半椭圆上压力分布不对称，滚过单位弧长时，$-b\leqslant y\leqslant 0$ 半椭圆上的压力对钢球的力矩所做的功小于 A，其差就是弹性滞后的能量损失。因为实际压力分布很难知道，引入一个弹性滞后损失系数 a_h，把损失功表示为：

$$\Delta A=a_h A=\frac{3a_h Qb}{16R} \tag{7-3}$$

引入一个假想的作用于球心的当量弹性滞后阻力 F_h 和弹性滞后阻力系数 f_h，使：

$$f_h=\frac{F_h}{Q} \tag{7-4}$$

且滚过单位弧长时有：

$$F_hR\times\frac{1}{R}=\Delta A \tag{7-5}$$

于是，得到钢球滚动过程的弹性滞后当量阻力和阻力系数分别为：

$$F_h=\frac{3a_hQb}{16R} \tag{7-6}$$

$$f_h=\frac{3a_hb}{16R} \tag{7-7}$$

类似地，可以得到滚子滚动过程的弹性滞后当量阻力和阻力系数分别为：

$$F_h=\frac{2a_hQb}{3\pi R} \tag{7-8}$$

$$f_h=\frac{2a_hb}{3\pi R} \tag{7-9}$$

损失系数 a_h 与材料和转速有关，由试验确定。转速高时 a_h 比较大。另外，从式(7-6)可知，对球轴承阻力 F_h 与接触力 $Q^{4/3}$ 成正比例，因为式中接触半宽 b 是与 $Q^{1/3}$ 成正比例的。同样由式(7-8)可知，对滚子轴承阻力 F_h 与接触力 $Q^{3/2}$ 成正比例。与滚动轴承中的其他摩擦相比，弹性滞后引起的摩擦一般是比较小的，只有在转速较高负荷较重条件下弹性滞后损失才比较大。

二、差动滑动引起的摩擦

曲母线接触的球轴承和球面滚子轴承，受载后滚动体和滚道的接触变形表面是一个曲面，除了两物体的相对转轴与接触曲面相交的两个点之外，接触面上各点两物体的线速度都不相同，由此而产生的微观滑动称为差动滑动。

图 7-2 表示深沟球轴承钢球与内圈的差动滑动。内圈转速为 Ω_i，钢球自转角速度 ω_b，钢球相对内圈的角速度为 ω_{bi}。内滚道表面各点的线速度与到轴承轴线的距离成正比例，而钢球表面各点的线速度与到球自转轴线的距离成正比例。因此，接触面上两物体的线速度不可能处处相等，必有滑动存在。可以看出，只有钢球相对内圈的角速度 ω_{bi} 的瞬轴与接触曲面的交点 C 处两物体无相对滑动，为纯滚动点，接触面上其余各点均有相对滑动。而且，纯滚动点 C 把接触区分为两部分，在中间的部分和两侧的部分上相对滑动速度 v_{bi} 方向相反，滑动摩擦力的方向也相反。

根据钢球受的摩擦力和力矩平衡，可以用数值方法计算纯滚动点 C 的位置及差动滑动引起的摩擦力矩。

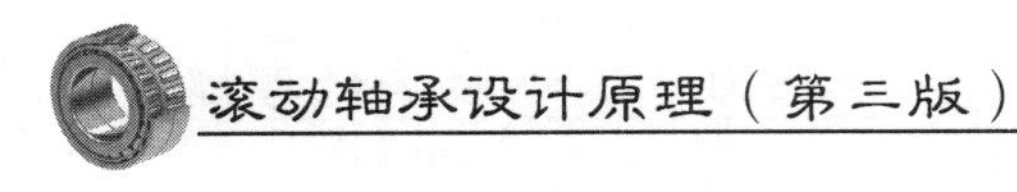

应该着重指出的是，差动滑动与滚动体和滚道的密合度关系很大，密合度越大差动滑动越大。所以，灵敏仪表球轴承的沟曲率半径系数取的比较大，密合度比较小，以减小差动滑动摩擦。

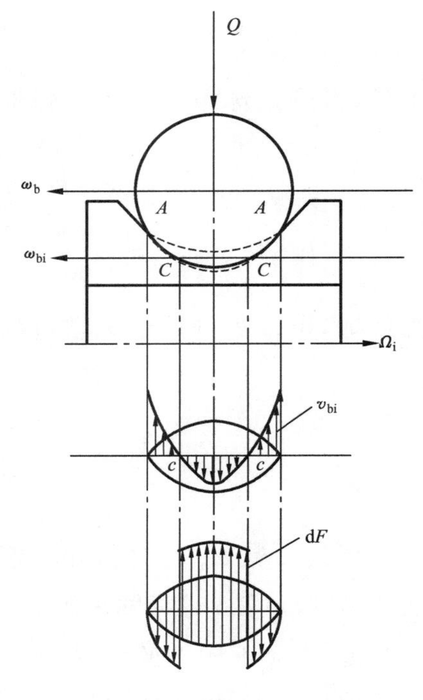

图 7-2　差动滑动

三、自旋滑动引起的摩擦

如第三章中的分析所指出，接触角大于零的球轴承和滚子轴承中，除设计合理的圆锥滚子轴承之外，都存在着滚动体相对滚道绕接触面法线的自旋滑动。

由第六章可知，点接触的接触区压力分布为：

$$P(x,y)=\frac{3Q}{2\pi ab}\left[1-\left(\frac{x}{a}\right)^2-\left(\frac{x}{b}\right)^2\right]^{1/2} \tag{7-10}$$

设接触区各点的滑动摩擦系数为常量 μ，则接触椭圆上总的自旋滑动摩擦力矩为：

$$\begin{aligned} M_s &= \frac{3\mu Q}{2\pi ab}\int_{-a}^{+a}\int_{-b[1-(x/a)^2]^{1/2}}^{+b[1-(x/a)^2]^{1/2}}(x^2+y^2)^{1/2}\times\left[1-\left(\frac{x}{a}\right)^2-\left(\frac{y}{b}\right)^2\right]^{1/2}\mathrm{d}y\mathrm{d}x \\ &= \frac{3}{8}\mu QaL(k) \end{aligned} \tag{7-11}$$

式中：$L(k)$——第二类完全椭圆积分，见式(3-45)。

第三章中曾指出，自旋滑动是高速角接触球轴承中摩擦的重要因素，应合理地减小旋滚比。在中、低速的推力圆柱滚子轴承中，因接触角是 90°，自旋滑动也很严重，所以，常在每个兜孔中装入几个短滚子代替一个长滚子，以减小这种自旋滑动。

四、滚动体打滑引起的摩擦

在高速轻载的轴承应用中，因离心力作用，滚动体压向外滚道，使滚动体与内滚道的接触力小于滚动体与外滚道的接触力，容易造成内滚道对滚动体的摩擦拖动力不足，滚动体的实际公转速度小于纯滚动的理论值，发生内圈相对滚动体的打滑现象，打滑是严重的滑动摩擦，如第三章所述，应从轴承结构设计和使用条件方面采取措施予以防止。本书第十一章中还将讨论滚动体打滑的计算方法。

五、钢球陀螺旋转引起的摩擦

高速轻载角接触球轴承中钢球的陀螺旋转也是一种严重的滑动摩擦。在第三章和第四章中已经分析了钢球的陀螺旋转，并给出了防止发生陀螺旋转所需要的最小轴向负荷计算方法。

六、滚子歪斜引起的摩擦

如图 7-3 所示，滚子绕 Z 轴的转动称为滚子的歪斜。滚子发生歪斜后，滚子在滚道里不能维持正常的滚动运动，将产生很大的滑动摩擦，特别是滚子两端和外滚道之间的摩擦磨损最为严重。同时，也加剧了滚子和保持架之间及滚子和引导挡边之间的摩擦。

受轴向负荷的圆锥滚子轴承或圆柱滚子轴承，以及应用中内、外圈轴线有倾斜的滚子轴承，都会导致摩擦力沿滚子长度分布不均，从而产生一个力矩使滚子发生歪斜。图 7-4 表示圆柱滚子轴承在径向和轴向负荷作用下滚子的受力情况。由图 7-4 可见，由于内、外圈挡边法向力 Q_{fi} 和 Q_{fe} 的作用，内、外滚道的接触力沿滚子长度分布不均，因而摩擦应力 τ 分布也不均，加上挡边摩擦力 F_{fi} 和 F_{fe} 的共同作用，将产生一个使滚子发生歪斜的力矩。滚子发生歪斜之后，保持架对滚子的作用力将抵抗歪斜，同时，挡边对滚子端面作用力的位置将发生变化，也产生一个抵抗歪斜力矩，从而使滚子处于具有某一歪斜角度的稳定状态。

减小歪斜的办法是通过改善保持架和挡边对滚子的引导，并正确地使用轴承。

值得指出的一个有趣的实例是，SKF 公司开发的 CC 型调心滚子轴承通过精心设计内、外圈接触的密合度，使滚子在运转中具有一个微小的正歪斜角，利用摩擦力平衡一部分轴向负荷，反而可以减小轴承的摩擦。

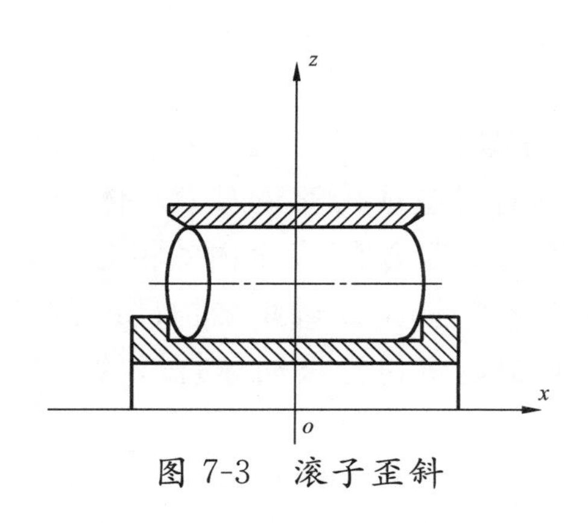

图 7-3　滚子歪斜

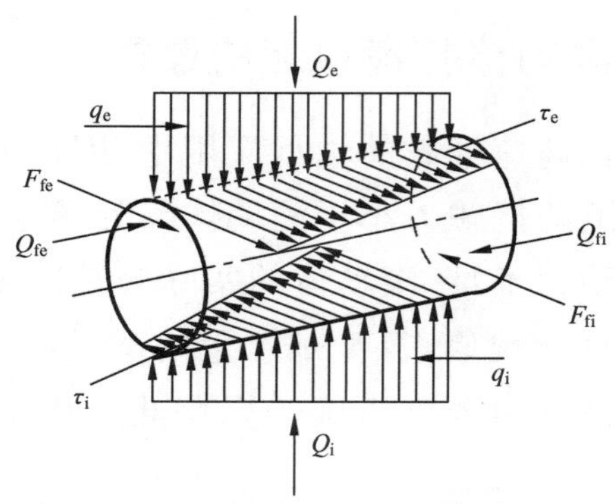

图 7-4　圆柱滚子受的径向力、轴向力和摩擦力

七、滚子端面与套圈挡边之间的滑动摩擦

滚子端面与套圈挡边之间的滑动摩擦是不可忽略的一种摩擦成分。特别是在圆锥滚子轴承、不对称滚子的调心滚子轴承和轴向受力的圆柱滚子轴承中，高速情况下滚子和挡边之间如果润滑不良，会产生严重的摩擦磨损，甚至烧伤，导致轴承失效。

改进滚子端面和挡边引导面的设计，实现点接触，使其易于形成润滑油膜，可以减小滚子与挡边之间的滑动摩擦。采用环下润滑的方法也可以减小这种摩擦。

对圆锥滚子轴承，可用下式近似计算滚子端面和挡边之间的滑动摩擦所产生的轴承摩擦力矩：

$$M=\mu e_{f}\cos\beta F_{a} \tag{7-12}$$

式中：μ——滚子端面与挡边间的滑动摩擦系数；

e_f——滚子与挡边的接触负荷作用点至挡边底部的距离；

β——圆锥滚子的半锥角；

F_a——轴承受的轴向负荷。

八、保持架与滚动体及保持架与套圈之间的滑动摩擦

滚动体和保持架兜孔之间存在着滑动摩擦，摩擦力的大小取决于滚动体兜孔之间法向力的大小、润滑剂的性质、滚动体速度以及兜孔的几何形状，其中最后一个因素是最主要的。

保持架由内圈或外圈挡边引导时，保持架和引导面之间存在滑动摩擦。对

于动平衡状态良好的保持架，可用下式计算滑动摩擦力：

$$F_{CL}=\frac{\eta_0 \pi W_{CR} C_n d_{CR}(\Omega_n-\Omega_m)}{1-\dfrac{d_1}{d_2}} \tag{7-13}$$

式中：η_0——常压下润滑剂动力黏度；

W_{CR}——保持架引导面总宽度；

n——指内圈或外圈，$n=\mathrm{i,e}$；

C_n——常数，$C_i=-1$，$C_e=1$；

d_{CR}——保持架引导面直径；

Ω_n——套圈转速，rad/s；

Ω_m——保持架转速，rad/s；

d_1——保持架引导面直径和挡边引导面直径中较小的一个；

d_2——保持架引导面直径和挡边引导面直径中较大的一个。

九、润滑剂的黏性摩擦

滚动体在充满油气混合物的轴承内公转运动时要受到流体的绕流阻力，滚动体的自转运动要受到流体的搅拌摩擦力矩。对于球轴承，每个钢球受的绕流阻力为：

$$F_d=\frac{\pi}{32}C_d\rho(D_w d_m \Omega_m)^2 \tag{7-14}$$

对于滚子轴承，每个滚子受的绕流阻力为：

$$F_d=\frac{1}{8}C_d\rho D_w l(d_m\Omega_m)^2 \tag{7-15}$$

式中：ρ——油气混合物的质量密度；

C_d——绕流阻力系数，根据雷诺数由表 7-1 查取，对圆锥和球面滚子，可近似采用表中圆柱滚子的数据；

l——滚子长度。

表 7-1　绕流阻力系数

雷诺数 Re	C_d	
	球	圆柱滚子
10^{-1}	275.00	60.00
1	30.00	10.00

续表 7-1

雷诺数 Re	C_d	
	球	圆柱滚子
10	4.20	3.00
10^2	1.20	1.80
10^3	0.48	1.00
10^4	0.40	1.20
10^5	0.45	1.20
2×10^5	0.40	1.20
3×10^5	0.10	0.90
4×10^5	0.09	0.65
5×10^5	0.09	0.30
10^6	0.09	0.30

表 7-1 中的雷诺数用下式计算：

$$Re=\frac{\rho VD_w}{\eta} \tag{7-16}$$

式中：ρ——油气混合物的质量密度；

V——滚动体中心的公转线速度；

D_w——滚动体直径；

η——润滑剂动力黏度。

P. K. Gupta 对搅拌摩擦力矩也给出了计算方法，但计算式较为复杂。

在使用润滑脂的轴承中，润滑脂的摩擦在轴承总的摩擦力矩中占很大比例，如表 7-2 所示。为减小摩擦，要控制脂的填入量，一般注入脂的体积约占轴承内部自由空间的 1/3 左右。

表 7-2　脂润滑轴承摩擦力矩构成因素

摩擦因素	百分比/%
轴承内各种滚动和滑动摩擦	20～30
润滑脂的摩擦	50～60
密封圈的摩擦	10～30

十、密封圈的摩擦

在表 7-2 中可以看到，密封轴承中密封圈和套圈挡边的接触滑动摩擦是很大的，因此使轴承的转速受到限制。合理地设计密封圈可以减小这项摩擦。

第三节　滚动轴承摩擦力矩计算

一、滚动轴承摩擦力矩的特征

由各种摩擦因素构成的对轴承旋转的阻力矩称为滚动轴承的摩擦力矩。从前面的分析可以知道，轴承摩擦力矩具有多因素和随机性的特征。图 7-5 表示同一轴承在同一条件下摩擦力矩的变化情况。图中看到启动时摩擦力矩比运转过程中大得多，在运转中摩擦力矩也有很大波动。在轴承应用中所关心的几个特征值是启动力矩、平均力矩和运转中的最大力矩。

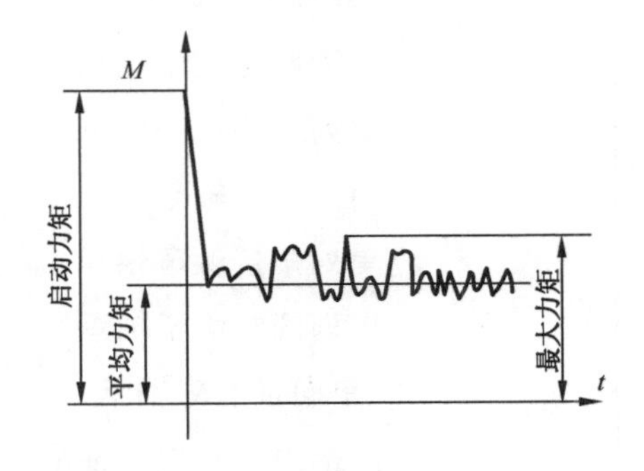

图 7-5　轴承摩擦力矩

总的来说，各种轴承应用都希望平均摩擦力矩越小越好。但不同的应用还有不同的要求，连续运转的一般轴承应用只要求平均力矩小；频繁启动或反向旋转的轴承应用要求启动力矩小；灵敏仪表轴承不仅要求平均力矩要小，还要求启动力矩和运转中的最大力矩最小，还要求在使用期间摩擦力矩保持稳定。

在前一节中分析了各种摩擦因素，有些因素也给出了计算方法，这些分析可以用来更深刻地了解产生摩擦的机理，以此改进轴承设计和使用方法，以减小轴承摩擦。但是，因为构成轴承摩擦的因素太多太复杂，不可能根据以上的分析导出一个计算轴承摩擦力矩的精确公式。下面介绍的两种计算方法是在大量实验的基础上得到的经验公式，这些公式适合于计算中等负荷、中等转速和润滑良好工作条件下的平均摩擦力矩。

二、开式滚动轴承摩擦力矩近似计算

根据轴承的类型、尺寸和工作负荷用下式近似计算形式滚动轴承的摩擦力矩：

$$M=\frac{1}{2}\mu dP \tag{7-17}$$

式中：μ——轴承的摩擦系数，由表 7-3 选取；

d——轴承内径；

P——轴承的当量动负荷。

表 7-3　滚动轴承的摩擦系数

轴承类型	μ
单列深沟球轴承	0.001 5～0.002 2
双列调心球轴承	0.001 0～0.001 8
单列圆柱滚子轴承	0.001 1～0.002 2
双列调心滚子轴承	0.001 8～0.002 5
滚针轴承	0.002 5～0.004 0
单列角接触球轴承	0.001 8～0.002 5
单列圆锥滚子轴承	0.001 8～0.002 8
单向推力球轴承	0.001 3～0.002 0
单向推力调心滚子轴承	0.001 8～0.003 0

每一类轴承的摩擦系数有一定的变化范围，可根据轴承结构及负荷、润滑、转速等工作条件对摩擦的影响决定选取。表中值适于轴承负荷接近 10%额定动负荷、转速接近 50%极限转速和润滑良好的工作条件。

三、开式滚动轴承摩擦力矩较准确的计算

开式滚动轴承较准确的摩擦力矩计算方法考虑了负荷引起的摩擦和润滑剂引起的黏性摩擦两个部分。对于中等负荷、中等转速和润滑正常的滚动轴承，可按下式计算轴承摩擦力矩：

$$M=M_0+M_1 \tag{7-18}$$

式中：M_0——与轴承类型、转速和润滑剂性质有关的摩擦力矩，N·mm；

M_1——与轴承所受负荷有关的摩擦力矩，N·mm。

1. M_0 的计算

M_0 反映了润滑剂的流体动力损耗，可按下式计算。

在 $\nu n \geqslant 2\ 000$ 时：

$$M_0=10^{-7} f_0 (\nu n)^{2/3} d_m^3 \tag{7-19}$$

在 $\nu n < 2\ 000$ 时：

$$M_0=160\times 10^{-7} f_0 d_m^3 \tag{7-20}$$

式中：d_m——轴承节圆直径，mm；

f_0——与轴承类型和润滑方式有关的系数，从表 7-4 中选取，轻系列轴承可取偏小的 f_0 值，重系列轴承宜取偏大的 f_0 值；

n——轴承转速，r/min；

ν——工作温度下润滑剂的运动黏度（对于润滑脂，取基油的黏度），$mm^2 \cdot s^{-1}$。

表 7-4　系数 f_0 的值

轴承类型		油雾润滑	油浴润滑或脂润滑	立式轴油浴润滑或喷油润滑
单列深沟球轴承		0.7～1	1.5～2	3～4
双列调心球轴承		0.7～1	1.5～2	3～4
单列角接触球轴承		1	2	4
双列角接触球轴承		2	4	8
圆柱滚子轴承	带保持架	1～1.5	2～3	4～6
	满装滚子	—	2.5～4	—
双列调心滚子轴承		2～3	4～6	8～12
圆锥滚子轴承		1.5～2	3～4	6～8
推力球轴承		0.7～1	1.5～2	3～4
推力圆柱滚子轴承		—	2.5	5
推力调心滚子轴承		—	3～4	6～8

2. M_1 的计算

M_1 反映了与负荷有关的各种摩擦损耗，按下式计算：

$$M_1 = f_1 P_1 d_m \tag{7-21}$$

式中：f_1——与轴承类型和所受负荷有关的系数，从表 7-5 中选取；

P_1——确定轴承摩擦力矩的计算负荷，N，计算方法见表 7-5。

表 7-5　f_1 和 P_1 的计算式

轴承类型	f_1	P_1 [1)]
单列深沟球轴承	$0.0009(P_0/C_0)^{0.55}$	$3F_a-0.1F_r$
双列调心球轴承	$0.0003(P_0/C_0)^{0.4}$	$1.4yF_a-0.1F_r$
单列角接触球轴承	$0.0033(P_0/C_0)^{0.33}$	$F_a-0.4F_r$
双列角接触球轴承	$0.001(P_0/C_0)^{0.33}$	$1.4yF_a-0.1F_r$

续表 7-5

轴承类型		f_1	P_1 [1)]
圆柱滚子轴承	带保持架	0.000 25～0.000 3[2)]	F_r
	满装滚子	0.000 45	F_r
双列调心滚子轴承		0.000 4～0.000 5[2)]	$1.2yF_a$
圆锥滚子轴承		0.000 4～0.000 5[2)]	$2yF_a$
推力球轴承		$0.001\,2(P_0/C_0)^{0.33}$	F_a
推力圆柱滚子轴承		0.001 8	F_a
推力调心滚子轴承		0.000 5～0.000 6[2)]	$F_a(F_{rmax}\leqslant 0.55F_a)$

1）若 $P_1<F_r$，则取 $P_1=F_r$。

2）轻系列时，取偏小的值；重系列时，取偏大的值。

表 7-5 中，P_0 为轴承当量静负荷，N；C_0 为轴承额定静负荷，N；y 为当 $F_a/F_r>e$ 时的轴向负荷系数，从轴承样本中选取。

若圆柱滚子轴承受径向和轴向负荷同时作用，则应考虑附加摩擦力矩 M_2，即轴承总摩擦力矩为：

$$M=M_0+M_1+M_2 \tag{7-22}$$

$$M_2=f_2F_ad_m \tag{7-23}$$

式中：f_2——与轴承结构及润滑方式有关的系数，从表 7-6 查得。

表 7-6 的 f_2 值适用于 F_a/F_r 应不超过 0.4 以及 $K_v=1.5$。这里 $K_v=\nu/\nu_1$，ν 为所选用润滑剂在轴承工作温度下的运动黏度，ν_1 为以根据轴承转速和节圆直径由图 7-6 查得的运动黏度。

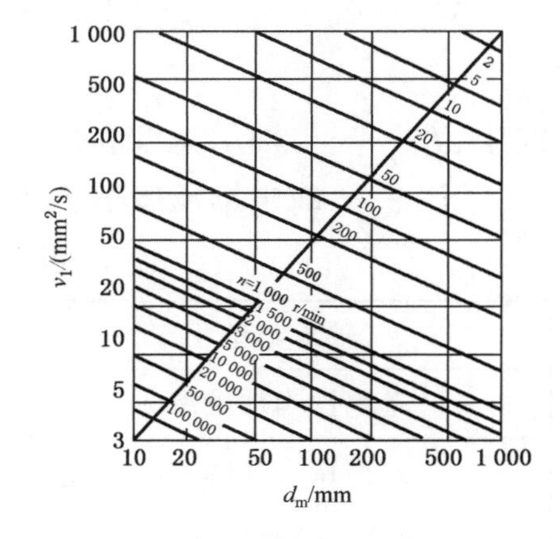

图 7-6　轴承运转所需的黏度

表 7-6　f_2 的值

轴承结构	油润滑	脂润滑
带保持架	0.006	0.009
满装滚子	0.003	0.006

四、密封式滚动轴承摩擦力矩计算方法

轴承实际运行中，轴承的摩擦力矩将受到

来自轴承的运动状态、结构差异、密封及润滑剂的影响，因此密封式滚动轴承摩擦力矩精确计算不但需要考虑轴承的负荷、转速、轴承的结构类型及尺寸，同时还需要考虑轴承运行时导致摩擦的各种因素，如轴承各部件之间的摩擦、润滑剂特性及润滑剂内部的摩擦、接触式密封件的滑动摩擦等。密封式滚动轴承摩擦力矩计算式可表示为：

$$M=M_{rr}+M_{sl}+M_{seal}+M_{drag}\quad (\mathrm{N \cdot mm}) \tag{7-24}$$

式中：M_{rr}——滚动摩擦力矩，N·mm，计算式见式(7-25)；

M_{sl}——滑动摩擦力矩，N·mm，计算式见式(7-37)；

M_{seal}——密封件摩擦力矩，N·mm，计算式见式(7-49)；

M_{drag}——润滑剂拖曳、涡流和飞溅等导致的摩擦力矩(N·mm)，计算见式(7-50)和式(7-51)。

(1) 滚动摩擦力矩 M_{rr} 计算

$$M_{rr}=G_{rr}(\nu n)^{0.6}\quad (\mathrm{N \cdot mm}) \tag{7-25}$$

式中：G_{rr}——滚动摩擦变量，由轴承类型、轴承节圆直径 d_m(mm)、径向载荷 F_r(N)、轴向载荷 F_a(N)和轴承转速 n(r/min)确定；

ν——润滑剂在轴承工作温度下的运动黏度($\mathrm{mm^2/s}$)，对于润滑脂，则为基础油的黏度。

式(7-25)中的 G_{rr} 滚动摩擦变量计算为：

① 深沟球轴承

当 $F_a=0$ 时：$G_{rr}=R_1 d_m^{1.96} F_r^{0.54}$ (7-26)

当 $F_a>0$ 时：$G_{rr}=R_1 d_m^{1.96}\left(F_r+\dfrac{R_2}{\sin\alpha_F}F_a\right)^{0.54}$ (7-27)

式中：$\alpha_F=24.6(F_a/C_o)^{0.24}$，单位为度(°)。

② 角接触球轴承

$$G_{rr}=R_1 d_m^{1.97}(F_r+R_3 d_m^4 n^2+R_2 F_a)^{0.54} \tag{7-28}$$

③ 四点接触球轴承

$$G_{rr}=R_1 d_m^{1.97}(F_r+R_3 d_m^4 n^2+R_2 F_a)^{0.54} \tag{7-29}$$

④ 自动调心球轴承

$$G_{rr}=R_1 d_m^2(F_r+R_3 d_m^{3.5} n^2+R_2 F_a)^{0.54} \tag{7-30}$$

⑤ 圆柱滚子轴承

$$G_{rr}=R_1 d_m^{2.41} F_r^{0.31} \tag{7-31}$$

⑥ 圆锥滚子轴承

$$G_{rr}=R_1 d_m^{2.38}(F_r+R_2 Y F_a)^{0.31} \tag{7-32}$$

式中，Y——单列圆锥滚子轴承的轴向载荷系数，见表 9-16 或者表 9-18。

⑦ 调心滚子轴承

$$G_{rr}=\begin{cases} R_1 d_m^{1.85}(F_r+R_2 F_a)^{0.54}, & R_1 d_m^{1.85}(F_r+R_2 F_a)^{0.54}<R_3 d_m^{2.3}(F_r+R_4 F_a)^{0.31} \\ R_3 d_m^{2.3}(F_r+R_4 F_a)^{0.31}, & R_1 d_m^{1.85}(F_r+R_2 F_a)^{0.54}\geqslant R_3 d_m^{2.3}(F_r+R_4 F_a)^{0.31} \end{cases} \tag{7-33}$$

⑧ CARB 轴承

$$G_{rr}=\begin{cases} R_1 d_m^{1.97} F_r^{0.54}, & F_r<(R_2^{1.85} d_m^{0.78}/R_1^{1.85})^{2.35} \\ R_2 d_m^{2.37} F_r^{0.31}, & F_r\geqslant(R_2^{1.85} d_m^{0.78}/R_1^{1.85})^{2.35} \end{cases} \tag{7-34}$$

⑨ 推力球轴承

$$G_{rr}=R_1 d_m^{1.83} F_a^{0.54} \tag{7-35}$$

⑩ 圆柱滚子推力轴承

$$G_{rr}=R_1 d_m^{2.38} F_a^{0.31} \tag{7-36}$$

式(7-26)～式(7-36)中的 R_1、R_2、R_3 是滚动摩擦力矩的几何常数，各种类型及各系列轴承的 R_1、R_2、R_3 值分别见表 7-7～表 7-13。

表 7-7　深沟球轴承滚动摩擦力矩的几何常数

轴承系列	R_1	R_2
2、3	4.4×10^{-7}	1.7
42、43	5.4×10^{-7}	0.96
60、630	4.1×10^{-7}	1.7
62、622	3.9×10^{-7}	1.7
63、623	3.7×10^{-7}	1.7
64	3.6×10^{-7}	1.7
160、161	4.3×10^{-7}	1.7
617、618、628、637、638	4.7×10^{-7}	1.7
619、639	4.3×10^{-7}	1.7

表 7-8　自动调心球轴承滚动摩擦力矩的几何常数

轴承系列	R_1	R_2	R_3
12	3.25×10^{-7}	6.51	2.43×10^{-12}
13	3.11×10^{-7}	5.76	3.52×10^{-12}
22	3.13×10^{-7}	5.54	3.12×10^{-12}
23	3.11×10^{-7}	3.87	5.41×10^{-12}
112	3.25×10^{-7}	6.16	2.48×10^{-12}
130	2.39×10^{-7}	5.81	1.10×10^{-12}
139	2.44×10^{-7}	7.96	5.63×10^{-13}

表 7-9　圆柱滚子轴承滚动摩擦力矩的几何常数

轴承系列	R_1
带保持架的 N、NU、NJ 和 NUP 型轴承	
2、3	1.09×10^{-6}
4	1.00×10^{-6}
10	1.12×10^{-6}
12	1.23×10^{-6}
20	1.23×10^{-6}
22	1.40×10^{-6}
23	1.48×10^{-6}
NCF、NJG、NNC、NNCF、NNC 和 NNF 型满滚子轴承	
18、28、29、30、48、49、50	2.13×10^{-6}

表 7-10　调心滚子轴承滚动摩擦力矩的几何常数

轴承系列	R_1	R_2	R_3	R_4
213E、222E	1.6×10^{-6}	5.84	2.81×10^{-6}	5.8
222	2.0×10^{-6}	5.54	2.92×10^{-6}	5.5
223	1.7×10^{-6}	4.1	3.13×10^{-6}	4.05
223E	1.6×10^{-6}	4.1	3.14×10^{-6}	4.05

续表 7-10

轴承系列	R_1	R_2	R_3	R_4
230	2.4×10^{-6}	6.44	3.76×10^{-6}	6.4
231	2.4×10^{-6}	4.7	4.04×10^{-6}	4.72
232	2.3×10^{-6}	4.1	4.00×10^{-6}	4.05
238	3.1×10^{-6}	12.1	3.82×10^{-6}	12
239	2.7×10^{-6}	8.53	3.87×10^{-6}	8.47
240	2.9×10^{-6}	4.87	4.78×10^{-6}	4.84
241	2.6×10^{-6}	3.8	4.79×10^{-6}	3.7
248	3.8×10^{-6}	9.4	5.09×10^{-6}	9.3
249	3.0×10^{-6}	6.67	5.09×10^{-6}	6.62

表 7-11　CARB 轴承滚动摩擦力矩的几何常数

轴承系列	R_1	R_2
C22	1.17×10^{-6}	2.08×10^{-6}
C23	1.20×10^{-6}	2.28×10^{-6}
C30	1.40×10^{-6}	2.59×10^{-6}
C31	1.37×10^{-6}	2.77×10^{-6}
C32	1.33×10^{-6}	2.63×10^{-6}
C39	1.45×10^{-6}	2.55×10^{-6}
C40	1.53×10^{-6}	3.15×10^{-6}
C41	1.49×10^{-6}	3.11×10^{-6}
C49	1.49×10^{-6}	3.24×10^{-6}
C59	1.77×10^{-6}	3.81×10^{-6}
C60	1.83×10^{-6}	5.22×10^{-6}
C69	1.85×10^{-6}	4.53×10^{-6}

表 7-12 圆锥滚子轴承滚动摩擦力矩的几何常数

轴承系列	R_1	R_2
302	1.76×10^{-6}	10.9
303	1.69×10^{-6}	10.9
313	1.84×10^{-6}	10.9
320X	2.38×10^{-6}	10.9
322	2.27×10^{-6}	10.9
322B	2.38×10^{-6}	10.9
323	2.38×10^{-6}	10.9
323B	2.79×10^{-6}	10.9
329	2.31×10^{-6}	10.9
330	2.71×10^{-6}	11.3
331	2.71×10^{-6}	10.9
332	2.71×10^{-6}	10.9
LL	1.72×10^{-6}	10.9
L	2.19×10^{-6}	10.9
LM	2.25×10^{-6}	10.9
M	2.48×10^{-6}	10.9
HM	2.60×10^{-6}	10.9
H	2.66×10^{-6}	10.9
HH	2.51×10^{-6}	10.9
所有其他系列	2.31×10^{-6}	10.9

表 7-13 其他类型轴承滚动摩擦力矩的几何常数

轴承系列	R_1	R_2	R_3
单列角接触球轴承	5.03×10^{-7}	1.97	1.90×10^{-12}
双列角接触球轴承	6.34×10^{-7}	1.41	7.83×10^{-13}
四点接触球轴承	4.78×10^{-7}	2.42	1.40×10^{-12}

续表 7-13

轴承系列	R_1	R_2	R_3
推力球轴承	1.03×10^{-6}	—	—
推力圆柱滚子轴承	2.25×10^{-6}	—	—

（2）滑动摩擦力矩 M_{sl} 计算

$$M_{sl}=\mu_{sl}\cdot G_{sl} \tag{7-37}$$

式中：G_{sl}——滑动摩擦变量，由轴承类型、轴承节圆直径 d_m(mm)、径向载荷 F_r(N)、轴向载荷 F_a(N)和轴承转速 n(r/min)确定；

μ_{sl}——滑动摩擦系数，当润滑条件良好、润滑油的黏度指数 $\kappa\geqslant2$ 时，传动液压油润滑取 0.1，矿物油润滑取 0.05，合成油润滑取 0.04，圆柱滚子轴承 0.02，圆锥滚子轴承取 0.002。

式(7-37)中的 G_{sl} 滑动摩擦变量计算：

① 深沟球轴承

当 $F_a=0$ 时，$G_{sl}=S_1d_m^{-0.26}F_r^{5/3}$ (7-38)

当 $F_a>0$ 时，$G_{sl}=S_1d_m^{-0.145}\left(F_r^5+\dfrac{S_2d_m^{1.5}}{\sin\alpha_F}F_a^4\right)^{1/3}$ (7-39)

式中：$\alpha_F=24.6(F_a/C_o)^{0.24}$，单位为度(°)。

② 角接触球轴承

$$G_{sl}=S_1d_m^{0.26}\left[(F_r+S_3d_m^4n^2)^{4/3}+S_2F_a^{4/3}\right] \tag{7-40}$$

③ 四点接触球轴承

$$G_{sl}=S_1d_m^{0.26}\left[(F_r+S_3d_m^4n^2)^{4/3}+S_2F_a^{4/3}\right] \tag{7-41}$$

④ 自动调心球轴承

$$G_{sl}=S_1d_m^{-0.12}\left[(F_r+S_3d_m^{3.5}n^2)^{4/3}+S_2F_a^{4/3}\right] \tag{7-42}$$

⑤ 圆柱滚子轴承

$$G_{sl}=S_1d_m^{0.9}F_a+S_2d_mF_r \tag{7-43}$$

⑥ 圆锥滚子轴承

$$G_{sl}=S_1d_m^{0.82}(F_r+S_2YF_a) \tag{7-44}$$

式中，Y——单列圆锥滚子轴承的轴向载荷系数，见表 9-16 或者表 9-18。

⑦ 调心滚子轴承

$$G_{sl}=\begin{cases}S_1d_m^{0.25}(F_r^4+S_2F_a^4)^{1/3}, & S_1d_m^{0.25}(F_r^4+S_2F_a^4)^{1/3}<S_3d_m^{0.94}(F_r^3+S_4F_a^3)^{1/3}\\ S_3d_m^{0.94}(F_r^3+S_4F_a^3)^{1/3}, & S_1d_m^{0.25}(F_r^4+S_2F_a^4)^{1/3}\geqslant S_3d_m^{0.94}(F_r^3+S_4F_a^3)^{1/3}\end{cases} \tag{7-45}$$

⑧ CARB 轴承

$$G_{sl}=\begin{cases}S_1d_m^{-0.19}F_r^{5/3}, F_r<(S_2d_m^{1.24}/S_1)^{1.5}\\S_2d_m^{1.05}F_r, F_r\geqslant(S_2d_m^{1.24}/S_1)^{1.5}\end{cases} \tag{7-46}$$

⑨ 推力球轴承

$$G_{sl}=S_1d_m^{0.05}F_a^{4/3} \tag{7-47}$$

⑩ 圆柱滚子推力轴承

$$G_{sl}=S_1d_m^{0.62}F_a \tag{7-48}$$

式(7-38)～式(7-48)中的 S_1、S_2、S_3、S_4 为滑动摩擦力矩的几何常数，各种类型及各系列轴承的 S_1、S_2、S_3、S_4 值分别见表 7-14～表 7-20。

表 7-14 深沟球轴承滑动摩擦力矩的几何常数

轴承系列	S_1	S_2
2、3	2.00×10^{-3}	100
42、43	3.00×10^{-3}	40
60、630	3.73×10^{-3}	14.6
62、622	3.23×10^{-3}	36.5
63、623	2.84×10^{-3}	92.8
64	2.43×10^{-3}	198
160、161	4.63×10^{-3}	4.25
617、618、628、637、638	6.50×10^{-3}	0.78
619、639	4.75×10^{-3}	3.6

表 7-15 自动调心球轴承滑动摩擦力矩的几何常数

轴承系列	S_1	S_2	S_3
12	4.36×10^{-3}	9.33	2.43×10^{-12}
13	5.76×10^{-3}	8.03	3.52×10^{-12}
22	5.84×10^{-3}	6.60	3.12×10^{-12}
23	0.01	4.35	5.41×10^{-12}

续表 7-15

轴承系列	S_1	S_2	S_3
112	4.33×10^{-3}	8.44	2.48×10^{-12}
130	7.25×10^{-3}	7.98	1.10×10^{-12}
139	4.51×10^{-3}	12.11	5.63×10^{-13}

表 7-16　圆柱滚子轴承滑动摩擦力矩的几何常数

轴承系列	S_1	S_2
带保持架的 N、NU、NJ 和 NUP 型轴承		
2、3	0.16	0.001 5
4	0.16	0.001 5
10	0.17	0.001 5
12	0.16	0.001 5
20	0.16	0.001 5
22	0.16	0.001 5
23	0.16	0.001 5
NCF、NJG、NNC、NNCF、NNC 和 NNF 型满滚子轴承		
18、28、29、30、48、49、50	0.16	0.001 5

表 7-17　调心滚子轴承滑动摩擦力矩的几何常数

轴承系列	S_1	S_2	S_3	S_4
213E、222E	3.62×10^{-3}	508	8.8×10^{-3}	117
222	5.10×10^{-3}	414	9.7×10^{-3}	100
223	6.92×10^{-3}	124	1.7×10^{-2}	41
223E	6.23×10^{-3}	124	1.7×10^{-2}	41
230	4.13×10^{-3}	755	1.1×10^{-2}	160
231	6.70×10^{-3}	231	1.7×10^{-2}	65
232	8.66×10^{-3}	126	2.1×10^{-2}	41
238	1.74×10^{-3}	9 495	5.9×10^{-3}	1 057

续表 7-17

轴承系列	S_1	S_2	S_3	S_4
239	2.77×10^{-3}	2 330	8.5×10^{-3}	371
240	6.95×10^{-3}	240	2.1×10^{-2}	68
241	1.00×10^{-2}	86.7	2.9×10^{-2}	31
248	2.80×10^{-3}	3 415	1.2×10^{-2}	486
249	3.90×10^{-3}	887	1.7×10^{-2}	180

表 7-18　CARB 轴承滑动摩擦力矩的几何常数

轴承系列	S_1	S_2
C22	1.32×10^{-3}	0.8×10^{-2}
C23	1.24×10^{-3}	0.9×10^{-2}
C30	1.58×10^{-3}	1.0×10^{-2}
C31	1.30×10^{-3}	1.1×10^{-2}
C32	1.31×10^{-3}	1.1×10^{-2}
C39	1.84×10^{-3}	1.0×10^{-2}
C40	1.50×10^{-3}	1.3×10^{-2}
C41	1.32×10^{-3}	1.3×10^{-2}
C49	1.39×10^{-3}	1.5×10^{-2}
C59	1.80×10^{-3}	1.8×10^{-2}
C60	1.17×10^{-3}	2.8×10^{-2}
C69	1.61×10^{-3}	2.3×10^{-2}

表 7-19　圆锥滚子轴承滑动摩擦力矩的几何常数

轴承系列	S_1	S_2
302	0.017	2
303	0.017	2
313	0.048	2
320X	0.014	2

续表 7-19

轴承系列	S_1	S_2
322	0.018	2
322B	0.026	2
323	0.019	2
323B	0.030	2
329	0.009	2
330	0.010	2
331	0.015	2
332	0.018	2
LL	0.005 7	2
L	0.009 3	2
LM	0.011	2
M	0.015	2
HM	0.020	2
H	0.025	2
HH	0.027	2
所有其他系列	0.019	2

表 7-20 其他类型轴承滑动摩擦力矩的几何常数

轴承系列	S_1	S_2	S_3
单列角接触球轴承	1.30×10^{-2}	0.68	1.91×10^{-12}
双列角接触球轴承	7.56×10^{-3}	1.21	7.83×10^{-13}
四点接触球轴承	1.20×10^{-2}	0.9	1.40×10^{-12}
推力球轴承	1.60×10^{-2}	—	—
推力圆柱滚子轴承	0.154	—	—

（3）密封件摩擦力矩 M_{seal} 计算

带有接触式密封件的轴承，密封件唇口在一定的预压作用下与旋转套圈直接接触，并在密封接触处处于滑动摩擦状态。因此密封件引起的摩擦损失可能比轴承自身的摩擦损失更大，带两侧密封件产生的摩擦力矩可以按下公式计算：

$$M_{seal}=K_{S1}d_S^{\beta}+K_{S2} \quad (N \cdot mm) \tag{7-49}$$

式中：K_{S1}——根据轴承类型确定的常数(见表 7-21)；

d_S——轴承肩部的直径，mm；

β——根据轴承和密封圈类型确定的常数(见表 7-21)；

K_{S2}——根据轴承和密封件类型确定的常数(见表 7-21)。

表 7-21　密封件摩擦力矩计算有关系数

密封件及轴承类型	轴承外径 D/mm		指数和常数		
	>	≤	β	K_{S1}	K_{S2}
RSL 密封圈深沟球轴承	—	25	0	0	0
	25	52	2.25	0.001 8	0
RZ 密封圈深沟球轴承	—	175	0	0	0
RSH 密封圈深沟球轴承	—	52	2.25	0.028	2
RSI 密封圈深沟球轴承	—	62	2.25	0.023	2
	62	80	2.25	0.018	20
	80	100	2.25	0.018	15
	100	—	2.25	0.018	0
角接触球轴承	30	120	2	0.014	10
自动调心球轴承	30	125	2	0.014	10
LS 密封圈圆柱滚子轴承	42	360	2	0.032	50
CS、CS2、CS5 密封圈调心滚子轴承	62	300	2	0.057	50
CARB 轴承	42	340	2	0.057	50

这里 M_{seal} 指两侧接触式密封件产生的摩擦力矩，如果轴承只有一侧密封件，则密封件摩擦力矩值可取 $0.5M_{seal}$。但对于轴承外径大于 25 mm、带一侧或两侧 RSL 型密封圈的深沟球轴承，可直接用 M_{seal} 值计算。

(4) 润滑剂拖曳、涡流和飞溅等导致的摩擦力矩 M_{drag} 计算

轴承运行过程中润滑剂具有减小摩擦的作用，但同时也因不同的润滑方式与润滑状态也会产生一定的摩擦力矩，润滑剂所产生的综合摩擦力矩 M_{drag} 由润滑剂拖曳、涡流和飞溅等部分组成。

在油浴润滑中润滑油的拖曳损失是影响总摩擦力矩的最大因素，在油浴润滑中，轴承部分或全部被油浸没，油池大小等对轴承摩擦力矩有直接影响，如油池非常大时，可以不考虑油池内相互工作的机械元件（如齿轮等）的影响。在一般的油浴润滑中（见图 7-7），油位 H 和轴承节圆直径 d_m 的比值将直接影响拖曳损失变动量 V_M。

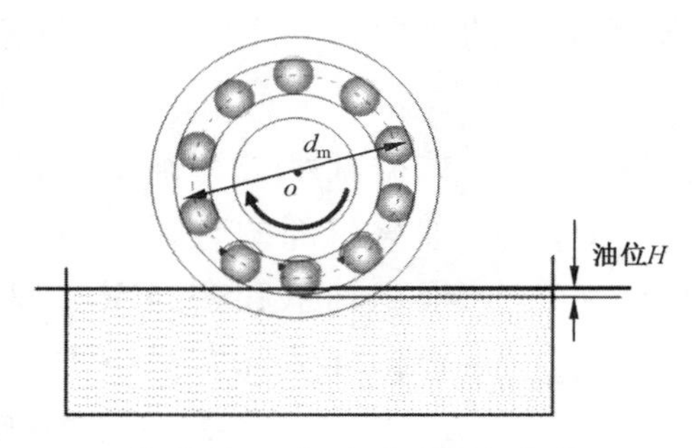

图 7-7　油浴润滑的油位

① 油浴润滑

球轴承：　$M_{drag}=V_M K_{ball} d_m^5 n^2$　（N·mm）　(7-50)

滚子轴承：　$M_{drag}=10V_M K_{roll} B d_m^4 n^2$　（N·mm）　(7-51)

式中：V_M——由轴承类型及油位高度决定的拖曳损失变动量，其值可由图 7-8 选取；

K_{ball}——球轴承的常数；

K_{roll}——滚子轴承的常数；

B——轴承内套圈宽度（mm）。

球轴承的常数 K_{ball}：　$K_{ball}=\dfrac{i_b K_Z(d+D)}{D-d}\times10^{-12}$　(7-52)

滚子轴承的常数 K_{roll}：$K_{roll}=\dfrac{K_L K_Z(d+D)}{D-d}\times10^{-12}$　(7-53)

式中：i_b——球列数；

K_Z——由轴承类型确定的几何常数（见表 7-22）；

d——轴承内径（mm）；

D——轴承外径（mm）；

K_L——由滚子轴承类型确定的几何常数（见表 7-22）。

表 7-22　拖曳损失的几何常数 K_Z 和 K_L

轴承类型	K_Z	K_L
单、双列深沟球轴承	3.1	—
单列角接触球轴承	4.4	—
双列角接触球轴承	3.1	—
四点接触球轴承	3.1	—

续表 7-22

轴承类型	K_Z	K_L
自动调心球轴承	4.8	—
单列、双列圆柱滚子轴承	5.1	0.65
单、双列满圆柱滚子轴承	6.2	0.7
圆锥滚子轴承	6	0.7
球面滚子轴承	5.5	0.8
带保持架 CARB 轴承	5.3	0.8
满滚子 CARB 轴承	6	0.75
推力球轴承	3.8	—
推力圆柱滚子轴承	4.4	0.43

② 喷油润滑

把滚子直径的一半作为油位，并将油浴润滑计算的 M_{drag} 乘以 2，可作为喷油润滑时润滑油拖曳所产生的摩擦力矩值。

油浴润滑时油位高度 H 与轴承的节圆直径 d_m 的比值与润滑油的拖曳损失变动量 V_M 的关系见图 7-8。图 7-8 显示油浴润滑时油位越高，必然产生更多的润滑油搅拌，导致润滑油温升大，润滑油所产生的拖曳损失（摩擦力矩）也越大，而且这种由润滑油位产生的拖曳损失（摩擦力矩）滚子轴承比球轴承更明显，因为滚子轴承的结构比球轴承结构对润滑油的搅拌有更明显的摩擦效应。润滑油的拖曳损失对轴承使用寿命带来不利因素，因此油浴润滑时，润滑油位的高度应控制在轴承最底部滚动体的 1/3～1/2，比较合适。

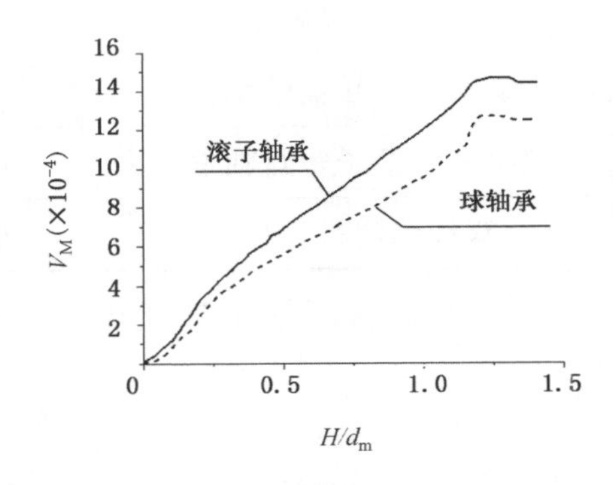

图 7-8　润滑油的拖曳损失的变动量 V_M 与 H/d_m 关系

五、其他类轴承摩擦力矩的计算方法

1. 转盘轴承

转盘轴承的滚动体的滚动阻力、密封件摩擦阻力、润滑剂等所产生的阻力都会影响支承的旋转力矩，同时支承的平面度、角度等偏差也都会影响支承的旋转力矩。

① 在平稳状态下由外加载荷引起的旋转力矩 M_R 计算式为：

$$M_R = \mu_D (kM_{res}/D_L + F_r k\tan\alpha/2 + F_a) \cdot D_L/2 \quad (N \cdot m) \tag{7-54}$$

式中：μ_D——摩擦系数(见表 7-23)；

k——载荷力矩系数(见表 7-23)；

M_{res}——合成的倾覆力矩，N·mm；

D_L——转盘轴承的滚道直径，m；

F_r——径向载荷，N；

α——载荷在滚道中的转递角(见表 7-23)；

F_a——轴向载荷，N。

表 7-23　摩擦系数 μ_D 及载荷力矩系数 k

转盘轴承的类型	μ_D	k	$\tan\alpha$
单排球转盘轴承	0.006	4.37	由型号确定
交叉滚子转盘轴承	0.004	4.08	1.0
三排圆柱滚子转盘轴承	0.003	4.08	1.0
双排球转盘轴承	0.004	4.37	由型号确定

② 加速状态下由加速度引起的加速力矩 M_B 计算式为：

$$M_B = \frac{\pi J_{ges} n}{30 t_a} \quad (N \cdot m) \tag{7-55}$$

式中：J_{ges}——转盘轴承整体的惯性质量力矩，kg·m²，其值为：

$$J_{ges} \approx m_1 \cdot r_1^2 + m_2 \cdot r_2^2 + \cdots + m_n \cdot r_n^2 \tag{7-56}$$

这里 $m_1, m_2, \cdots, m_n$ 为不同结构零件质量(kg)；$r_1, r_2, \cdots, r_n$ 为单独结构零件重心到回转轴的距离(m)。

n——轴承转速，r/min；

t_a——加速时间，s；转盘轴承从静止到工作转速的时间。

③ 转盘轴承总的摩擦力矩 M

$$M = M_R + M_B \tag{7-57}$$

2. 滚轮轴承

滚轮转速的额定运行条件：脂润滑，连续工作载荷＜0.05 C_{orw}，歪斜角度

$\alpha<0.03^{\circ}$，环境温度$+20$ ℃，外圈温度小于$+70$ ℃，没有外部轴向载荷。

摩擦力矩 M_R：

$$M_R=fF_rd_M/2 \quad (N \cdot mm) \tag{7-58}$$

运动阻力 F_v：

$$F_v=2(f_RF_r+M_R)/D \quad (N) \tag{7-59}$$

式中：f——滚轮的摩擦系数(见表 7-24)；

F_r——径向载荷，N；

d_M——滚轮平均直径，mm；

f_R——硬化钢支撑轨道的滚动摩擦系数，$f_R=0.05$；

D——滚轮外径，mm。

表 7-24　滚轮的摩擦系数 f

滚轮类型	摩擦系数 f
球轴承、单列	0.001 5～0.002
球轴承、双列	0.002～0.003
圆柱滚子、无保持架	0.002～0.003
带保持架的滚针轴承	0.003～0.004
滚针轴承、无保持架	0.003～0.007

六、功率损失

轴承摩擦力矩确定之后，由于摩擦发热引起的功率损失可按下式计算：

$$N=1.05\times10^{-4}nM \quad (W) \tag{7-60}$$

式中：n——轴承转速，r/min；

M——轴承摩擦力矩，N·mm。

第四节　滚动轴承中的磨损

一、轴承中存在的磨损型式

在润滑不好的情况下相对运动的摩擦表面容易发生黏着磨损，甚至发生表面烧伤而不能旋转。因密封不严外部灰尘砂粒等进入轴承，润滑剂不清洁含有的杂质，以及轴承清洗不好留下的脏物等，都将在轴承中引起磨粒磨损。湿气、水分以及酸或碱溶液侵入轴承会发生腐蚀磨损。轴承不旋转，但长时间处于微小振动状态下时可能发生微动磨损。此外，从磨损的观点看，接触疲劳也是轴承的一种磨损型式。但对于轴承来说，往往将接触疲劳区别于其他的磨损形式而单独研究。

磨损将使轴承零件工作表面变粗糙，轴承内部游隙增大，旋转精度降低，振动噪声增大，摩擦力矩增大，最终使轴承丧失规定的性能指标而不能工作。严重的轴承烧伤还可造成重大事故，例如航空轴承和铁路车轴轴承烧伤引起的事故等。

减小磨损的主要措施是润滑良好、减小摩擦、密封可靠、防止异物进入轴承。

二、轴承的结构性摩擦磨损

滚动轴承的结构性磨损指滚动轴承由于使用需要，在结构的设计上无法完全避免的自身滑动摩擦，从而造成轴承因局部接触打滑而产生的磨损，同时滚动轴承零部件（如滚动体、保持架、密封件等）在轴承旋转过程中由于转动速度差异所产生的滑动摩擦也都属于结构性摩擦范围。

1. 圆柱滚子轴承的结构性摩擦磨损

圆柱滚子轴承主要承受径向载荷，在承受径向载荷的同时也可以通过滚子端面和套圈的挡边进行传递及承受一定的轴向载荷（图 7-9）。圆柱滚子轴承的结构性摩擦主要发生在圆柱滚子端面与挡边之间。

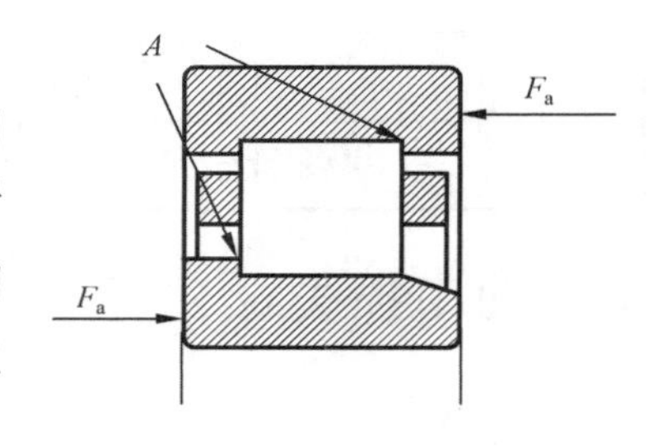

图 7-9　圆柱滚子轴承轴向载荷的传递

圆柱滚子端面与套圈之间接触处处于滑动运动状态（图 7-9 的 A 处），同时接触处的结构形态也是润滑的薄弱环节，导致润滑剂很难进入滚子端面与套圈挡边之间的接触处，更难形成良好的润滑油膜，所以在圆柱滚子端面与套圈挡边之间的接触处摩擦大、摩擦温升明显，是很容易产生热裂纹的部位。

在纯径向载荷作用下，圆柱滚子轴承的滚子可以平稳地在内、外滚道之间进行滚动运行。当圆柱滚子承受轴向载荷时，在传递轴向载荷的同时，轴向载荷和滚子端面与套圈挡边之间接触处的摩擦阻力会导致圆柱滚子发生倾斜与歪斜的趋势（图 7-9 的轴向载荷 F_a），这会加剧滚动体端面与挡边间的摩擦磨损。同时如果没有足够的径向载荷使圆柱滚子处于稳定状态，那么很容易在内、外滚道的边缘（油沟处）发生边缘应力集中现象，出现早期磨损和表面局部的疲劳剥离失效。

由于圆柱滚子轴承存在这种滑动摩擦及承受轴向载荷时滚动体可能发生的不良倾斜趋势，因此在圆柱滚子轴承的内、外挡边与滚子端面的接触处进行改形设计的同时，完全有必要对圆柱滚子轴承承受轴向载荷进行约束与限制。

圆柱滚子轴承的轴向承载能力的大小在相关的所有轴承产品资料中都有不同形式的计算方法及表达形式，但约束与限制条件基本相同，原则上都考虑了以下五个主要的因素：

(1) 为保证圆柱滚子的运行稳定性，防止圆柱滚子的倾斜，所以必须保持持续合理的径向载荷的存在，例如，规定 $F_{rmin}=C_{0r}/60$ 或直接标定容许轴向载荷 F_{aper}，又或确定保持轴向载荷 F_a 和径向载荷 F_r 的比值范围：F_a/F_r 的比值不应该超过 0.4 等。

(2) 控制摩擦热，需要考虑套圈挡边和滚动体端面接触处的滑动面积大小。

(3) 限制轴承套圈挡边和滚动体端面之间滑动速度。

(4) 保持套圈挡边和滚动体端面接触处的良好润滑及散热状态。

(5) 不同圆柱滚子轴承的类型、系列采用不同的计算参数。

同时都强调在安装时必须对圆柱滚子轴承套圈挡边的整个高度都需要得到轴肩支撑的要求。

2. 圆锥滚子轴承的结构性摩擦磨损

在圆锥滚子轴承中，当轴承在外界载荷的作用下，滚动体的大端部会压向内圈的推力挡边。在滚动体与内圈的推力挡边处，由于滚子的公转速度与自转速度的差异，在接触处会出现类似圆柱滚子轴承滚动体与挡边之间的滑动摩擦及滚子的不稳定运行状态。同理，在圆锥滚子与内圈推力挡边接触处在较大的轴向载荷和难以形成良好的润滑条件时，很容易导致轴承的损坏，在使用过程中必须特别注意(图 7-10)。

图 7-10 中，左图中 S 表示滑动运动，R 表示滚动运动；右图中 ω_1 表示滚动体自转运动，ω_2 表示轴承内圈转动运动，V_1 表示滚动体端面顶部对内圈滚道接触点 O_1 的回转线速度，V_2 表示滚动体端面各点对内圈轴中心 O 的回转线速度。

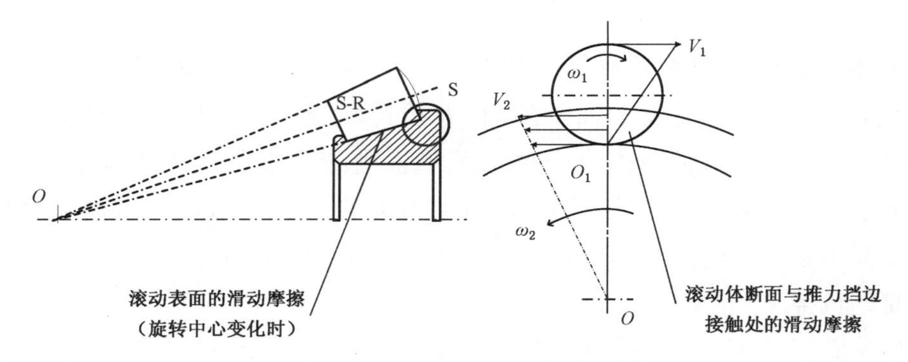

图 7-10 圆锥滚子轴承的结构性滑动摩擦磨损

当圆锥滚子轴承的内、外滚道的母线及圆锥滚子的母线的延长线不能交于一点时，圆锥滚子的旋转运动也会发生改变，圆锥滚子将有倾斜趋势，这将在轴承旋转过程中加剧滚动体与滚道面的滑动摩擦磨损，同时也会增加滚动体对保持架的磨损及损害。

3. 推力圆柱滚子轴承的结构性摩擦磨损

推力圆柱滚子轴承内由于滚动体在旋转时，圆柱滚子母线上各点与轴承旋转中心的距离不同，因此其环绕旋转中心的公转速度也不相同，而圆柱滚子母线上各点又必须要环绕滚子自身旋转中心轴转动，这就导致圆柱滚子母线上各点线速度存在差异（图 7-11），即在滚动体的中部 A 处［图 7-11a)］属纯滚动以外，在滚子中部的前、后部位滚动体母线上各点都存在方向相反、大小不同的滑动速度［图 7-11b)］，从而导致推力圆柱滚子轴承的摩擦系数比一般滚动轴承要大。为减小推力圆柱滚子轴承的差动滑动，可将推力圆柱滚子轴承的滚动体采用分体结构。即在总长度不变的情况下，将一个推力圆柱滚子分为二个或二个以上的长度不同的短圆柱滚子，并交替安装［图 7-11c)］，同时在推力圆柱滚子轴承的保持架设计上也应作相应的改进。

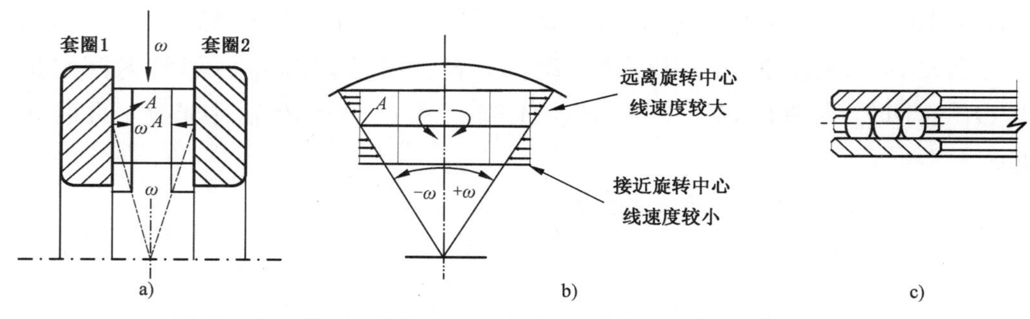

图 7-11 推力圆柱滚子轴承的结构性滑动摩擦磨损

三、轴承磨损寿命的计算

实际应用中很多轴承不是由于疲劳破坏，而是因为过量的磨损使轴承丧失正常的工作性能，对这样的轴承应用，在设计分析中应考虑磨损寿命。将轴承由于磨损而丧失正常工作性能前的总转数，或在一定转速下的工作小时数，称为轴承的磨损寿命。轴承磨损寿命尚无完善的计算方法，目前只是把由于磨损引起的轴承径向游隙增加量作为轴承磨损程度的指标。首先给定许用的径向游隙增加量，达到许用的径向游隙增加量之前的运转小时数就是轴承的磨损寿命，计算方法如下。

根据主机对轴承的技术要求，首先确定许用的径向游隙增加量，以符号 V 表示，单位为 μm。引入一个许用磨损系数 f_v：

$$f_v=\frac{V}{e_0} \tag{7-61}$$

式中：e_0——与轴承内径尺寸有关的磨损率，μm，由图 7-12 确定。

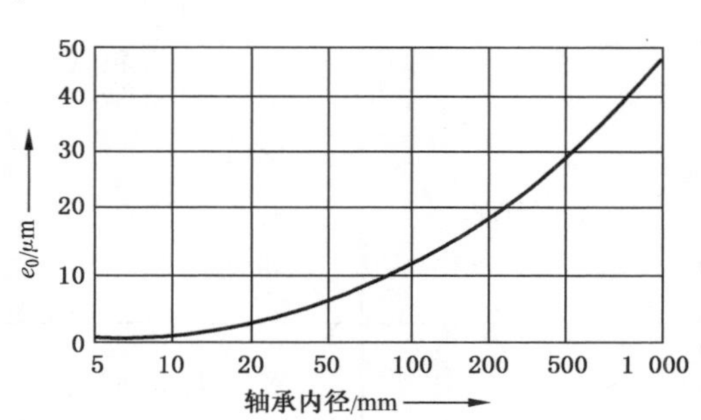

图 7-12 轴承磨损率 e_0

根据轴承的工作条件从表 7-25 中选定轴承的磨损条件区域。然后，根据磨损系数 f_v 和磨损条件区域在图 7-13 中确定轴承磨损寿命的最大值和最小值，即表示 f_v 值对应的水平线与所在磨损条件区域两条边界曲线的分别交点所对应的磨损寿命值。

表 7-25 磨损条件区域和许用磨损系数

轴承使用部位		磨损条件区域	许用磨损系数
汽车	齿轮	g～k	5～8
	传动轴	g～k	3～6
	水泵	k	5～7
	离合器	k	5～7
	轮毂	h～i	4～6
电机	电机	i～k	3～5
	标准电机	c～d	3～5
	大电机	b～d	3～5
	主传动电机	c～d	3～5

续表 7-25

轴承使用部位		磨损条件区域	许用磨损系数
机床	机床主轴	a～b	0.5～1.5
	铣床主轴	a～b	0.5～1.5
	钻床主轴	b～c	1～2
	磨床主轴	c～d	0.5～1
	精研机主轴	c～d	0.5
	压力机飞轮	d～f	3～8
	压力机曲轴	d～e	3～8
	电动工具	g～h	3～8
	气动工具	g～h	3～8
齿轮	一般齿轮	d～e	3～8
	大尺寸齿轮	c～d	6～10
铁路车辆	客车	c～d	8～12
	货车	c～d	8～12
	机车	d～e	6～10
运输装备	矿井皮带传动	c～d	5～10
	皮带运输托辊	g～k	10～20
	皮带轮	e～f	10～25
	挖掘机传动轴	c～e	5～10
风机	小型风机	f～h	5～8
	中型风机	d～f	3～8
	大型风机	d～f	3～5
泵	离心泵	f～g	3～5
	压缩机	d～f	3～5
冶金机械	破碎机	f～g	8～10
	轧辊	e～f	6～10
	振动筛	e～f	4～6
	管轧机	f～g	12～18

续表 7-25

轴承使用部位		磨损条件区域	许用磨损系数
造纸机械	湿的部位	b～c	7～10
	干的部位	a～b	10～15
	精致机械	b～c	5～8
	压光机	a～b	4～8
木工机械	铣刨机	e～f	1.5～3.0
	锯床	e～g	3～4
	加工塑料机	e～f	3～5
纺织机械		a～e	2～8
离心浇注机		e～f	8～12
印刷机械		a～b	3～4

如果预先选定了轴承的许用磨损系数 f_v，可以由图 7-13 和式(7-61)得到许用的径向游隙增加量 V，即轴承磨损失效时的径向游隙增加量。

上述方法是根据对大量磨损轴承的实际测量得出的，是很粗略的估计，但这种估计也对轴承的设计和使用给出了一定的依据。

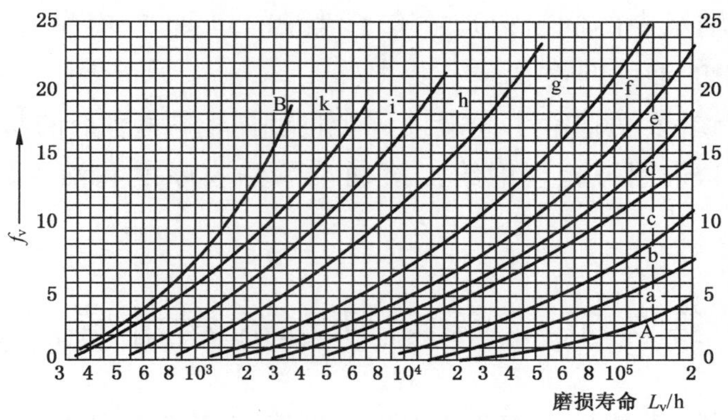

图 7-13　磨损系数 f_v 与轴承磨损寿命 L_v

第八章　滚动轴承接触润滑

第一节　概　　述

润滑是为了减少轴承内部摩擦及磨损，滚动轴承常用的润滑方式有油润滑、脂润滑以及固体润滑三种，通常根据轴承的速度选择合适的润滑方式。当滚动轴承采用油润滑进行润滑时，可以达到很好的降温、冷却效果，特别适用于工作温度比较高的滚动轴承；当滚动轴承采用润滑脂作为润滑介质，其优点在于润滑脂的流动性小，不容易出现泄漏，形成的油膜强度好，更利于滚动轴承的密封使用；对于高真空、耐腐蚀、抗辐射、极低温以及避免油脂污染等特殊条件，油润滑和脂润滑使用受到限制时，可以使用固体润滑。每一种润滑方式都有自己独特的作用，正确选择合适的润滑方式及合理的润滑方法对于滚动轴承设计及轴承可靠运行是非常重要的。

人们早就知道在固体接触的表面之间加入一种润滑剂是减小摩擦磨损的有效方法。但直到最近几十年随着弹性流体动力润滑理论（以下简称“弹流理论”）的发展，对滚动轴承中的润滑机理才有了满意的解释，应用弹流理论可以有效地预测滚动轴承中的油膜厚度。

本章主要介绍滚动轴承中润滑油、润滑脂和固体润滑剂的特点，说明其润滑方式和选择原则，采用弹流理论给出滚动轴承油膜厚度和油膜切向摩擦力的计算方法。

第二节　滚动轴承的润滑特点

针对不同的轴承使用工况，滚动轴承除了考虑合理的设计、制造及材料等因素外，润滑是其实现功能的必要条件。对于一些特殊工况，如高速、高温、高负荷及高真空等应用领域，润滑的作用就显得更加重要。润滑的目的是在轴承的滚动面上建立起可靠的润滑膜，降低转动力矩和摩擦热，减小轴承温升。轴承的环境温度、转速、负荷、介质等因素变化都会不同程度地影响润滑特性，进而影响润滑膜，并且这些条件影响是相互联系的，有明显的协同效应，具体表现为：

1）载荷增加使油或脂润滑轴承的油膜厚度变薄，转动摩擦力和热量增加，进而降低润滑油的黏度和油膜厚度，对轴承润滑造成不利影响；载荷增加使轴承接触面的应力加大，对固体润滑膜的破坏程度增加，降低润滑寿命。

2）轴承环境温度变化对油润滑影响十分明显，当温度降低到油的凝点温度以下时，润滑油失去了流动性和润滑能力；温度适当降低可增加油的黏度和转动力矩，作用的结果虽然较复杂，但总的趋势是对轴承润滑有利；温度升高首先降低润滑油黏度，减小油膜厚度，有可能出现润滑膜不能完全隔开轴承工作面的现象，使润滑状况恶化，另外高温也加速了润滑油劣化，对轴承润滑产生负面影响；固体润滑膜耐温范围较宽，能在极低的温度工作，但过高的温度导致固体润滑剂变质，破坏润滑性。

3）轴承低转速对油膜形成不利，尤其是极低速或摆动工作的轴承油膜不易建立；转速提高有利于增加油膜厚度，但轴承摩擦力矩和发热量也会同时增加。

4）环境介质侵入到轴承工作面，首先破坏润滑膜；尤其是一些腐蚀性介质和硬机械杂质对轴承的润滑危害更大，破坏轴承基体导致严重后果，同时污染润滑剂，降低其润滑性能。

润滑剂特性是影响轴承润滑的重要因素，轴承常用的润滑方式润滑方式的选择与轴承工况有关，各润滑方式的特点如下。

一、油润滑的特点

采用油润滑的滚动轴承，可以达到很好的降温、冷却效果，在高速或高温条件下工作的轴承，一般采用油润滑方式。

1. 油润滑优点

1）油润滑的摩擦阻力小，摩擦所产生的热量少；

2）油润滑时润滑油具有流动性，可以不断地从滚动表面吸取热量，因此可以加速摩擦热的散发，有良好的降温冷却作用，对高速运行的滚动轴承非常有利；

3）滚动轴承采用油润滑时，可以同时对系统的其他摩擦副（如齿轮等）进行润滑，润滑系统整体设计简单；

4）油润滑时，流动的润滑油容易带出轴承或系统中的摩擦颗粒，并可以通过过滤系统进行过滤且再使用，有效保证润滑油的清洁度。

2. 油润滑缺点

油润滑可靠、摩擦系数小，具有良好的冷却和清洗作用、可用多种润滑方式以适应不同的工作条件等优势，但其缺点也是明显的，滚动轴承采用油润滑时，系统往往需要添置辅助的润滑设备及采用相应的密封措施，成本较高。

滚动轴承采用润滑油作润滑剂。各类矿物油、植物油及合成油都可以作为润滑剂的基础油，根据用途不同加入抗氧剂、极压剂、润滑剂及其他功能成分。对于油润滑轴承，润滑方式随轴承工况而变化。对于负荷大、转速高的轴承，利用油泵将润滑油强制喷射在轴承工作面，保证润滑充分，将轴承内热量带走；对于轻载、极高速轴承则利用油气润滑方式，用洁净高压空气把润滑油雾化，将润滑油传输到轴承内，使微量润滑油形成润滑膜，气流带走轴承的热量；对于速度和载荷较低的轴承则可采用油浴等方式。实践表明轴承利用微量润滑油即可建立完整润滑膜，实现很长寿命，过多的润滑油反而由于过热产生烧伤，加大润滑剂的流量仅对于轴承工作面散热有利。

二、脂润滑的特点

脂润滑的滚动轴承，具有维护保养简单，便于密封的特点，能适用于中等负荷，中、低转速，环境恶劣的情况。对于滚动轴承而言，几乎80%的滚动轴承，采用润滑脂润滑，应用比较广泛。

1. 脂润滑优点

1）适应性强，润滑脂中的脂肪酸皂，能在金属表面形成吸附层，所以在高温、极压、低延、冲击、间歇运转、回转方向变化的轴承等苛刻条件下耐用；

2）具有良好的防护和密封作用，可防止灰尘等异物的混入，润滑脂大部分品种，具有良好的耐水性，即使在水存在下，也可以使用；

3）润滑脂的黏稠性大，因此在润滑过程中的流失、滴落及飞溅较小，润滑剂的消耗及对环境的污染影响也小，润滑脂与润滑油相比，给脂次数少，总体成本较低；

4）润滑脂适于长时间放置和继续使用的设备润滑，而且本身具有良好的性能；

5）润滑脂可以使用在宽温度范围，即使在温度变化范围大的地方，也可以用润滑脂润滑；

6）润滑脂可防止振动，且对噪声有减小的效果。

2. 脂润滑的缺点

1）润滑脂在润滑点上，由于内摩擦阻力较大，不适于在特高速精密微型轴承上使用；

2）润滑脂由于散热冷却性比较差，一般产生的温度略高；

3）润滑脂在温度高和剪切应力大的条件下，容易引起氧化和稠度的变化；

4）润滑脂在润滑部位具有抵制水或尘埃等杂质混入的优点，但是一旦混入就不易除去；

5）润滑脂的填充、更换、洗净等操作稍困难。

滚动轴承采用润滑脂作润滑剂。润滑脂是以润滑油作基础油，内部均匀地分散着皂纤维或其他成分形成的半固态混合物，根据稠化剂和稠度不同分为不同的种类级别。润滑脂被密封在轴承的空腔内，通过渗淅作用向轴承提供润滑油，润滑脂中起润滑作用的主要是基础油，轴承内部的润滑油可以在轴承工作面与润滑脂之间循环转移。脂润滑方式使用简便，结构简单，可以把外来杂质与湿气排除在工作面之外，有吸振降噪、终生润滑的功能，然而由于散热差，发热量稍大而仅能用于低中速工况。常用润滑脂根据稠化剂不同分为锂基脂、钙基脂、复合锂和脲基脂等不同类型，润滑脂的稠度与滴点是影响其使用的主要指标。

三、固体润滑的特点

滚动轴承在一些特殊工况下可以采用固体润滑，高低温或高真空环境是固体润滑的主要应用场所。它是利用固体微粉、薄膜或复合材料代替润滑油（脂），在轴承接触面形成固体薄膜，以达到减摩和耐磨的目的。当前，可作为固体润滑剂的物质有石墨、二硫化钼等层状固体物质、塑料和树脂等高分子材料、软金属及各种化合物等。其作用机理和使用方法的研究也得到迅速的发展，并出现了许多制造设备和应用这些材料的新工艺新技术。

1. 固体润滑的优点

1）固体润滑剂可用于高温、低温、高真空、强辐射等特殊工况，也可用于粉尘、湿度、海水等恶劣环境；

2）可以在不能使用润滑油脂的运转条件和环境条件下使用；

3）固体润滑剂重量轻，体积小，不需要像润滑油和润滑脂那样密封、储存罐和液体供应系统，系统（包括控制装置等）消除了漏油现象；

4）时效变化小，减轻了维修保养的工作量和费用；

5）解决了润滑技术中的一些难题，增强了潮湿环境中的防锈能力，减轻了设备的有形磨损。

2. 固体润滑的缺点

1）固体润滑剂的摩擦系数较大，一般比润滑脂大50倍～100倍，比润滑油大100倍～500倍；

2）因热传导困难，摩擦件的温度容易升高；

3）会产生磨屑等污染摩擦面；

4）有时会产生噪声和振动；

5）自修复性差。固体润滑剂不像润滑油脂那样自我修复。在液体润滑中，即使润滑膜破裂，只要润滑油流入破裂部位，润滑性能也会立即恢复。固体润滑剂几乎没有这种功能。但是，与层状固体润滑剂相比，软金属具有一定的流动性，一旦接触到固体润滑膜破裂部位，也能通过自修补性而适量恢复其润滑性能。

固体润滑膜的黏结力和厚度是影响其寿命的主要因素。固体润滑膜层与轴承工作面基体是两种完全不同的材料，界面处在应力作用下破裂和磨损。轴承内的固体润滑剂流动困难，润滑膜出现破损则难以修复。为了延长轴承寿命，常利用固体润滑保持架兜孔与滚动体的转移物进行补充润滑。固体润滑膜厚度大时容易因应力集中造成破裂，因此轴承的表面粗糙度和膜厚必须严格控制。固体润滑膜是固体润滑剂黏结在轴承滚动面上而形成的一次性润滑膜，在应力作用下固体润滑膜产生形变，破坏润滑膜的黏结强度，反复摩擦使润滑膜变薄，因此固体润滑膜的寿命有限。

第三节　滚动轴承的润滑方式

润滑油、润滑脂和固体润滑剂等除需要满足轴承运行的工况条件以外，还应与相应的润滑方式一致。所谓润滑方式就是润滑摩擦表面的方法。润滑方法是多种多样的，而且到目前为止还没有统一的分类方法，图8-1列出了按所采用的润滑剂进行的分类。

润滑是轴承形成润滑膜的手段，依据轴承的工况和润滑剂种类而定，目前轴承的润滑方式有油润滑、脂润滑和固体润滑等，分别适用于不同的工况条件，发挥着重要作用。

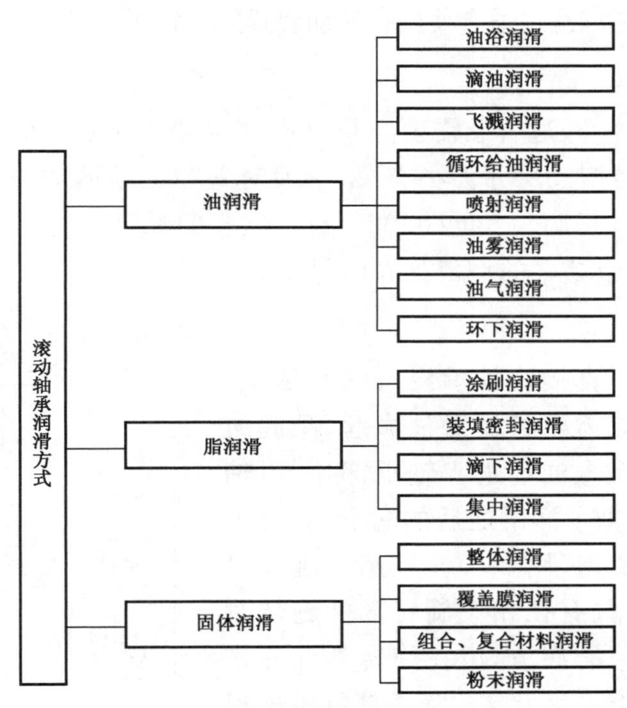

图 8-1　滚动轴承的润滑剂分类

一、油润滑方式

1. 油浴润滑

油浴润滑也称为油池润滑，即将轴承的部分浸入在润滑油中，使轴承在转动过程中，每个滚动体都有进入润滑油中的机会，并把润滑油带到轴承的其他工作部位(图 8-2)。

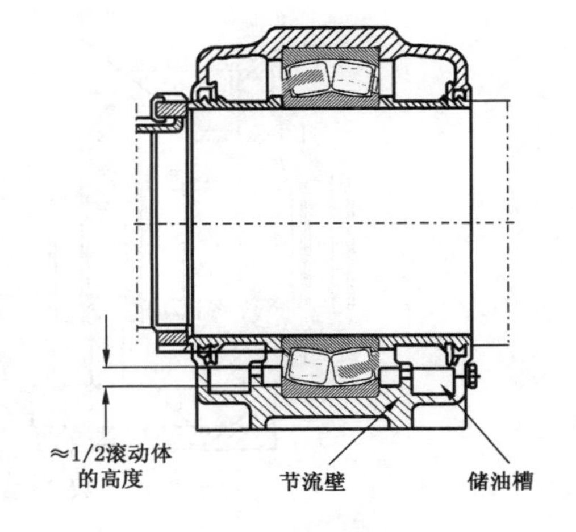

图 8-2　油浴润滑油位及节流壁、储油槽

由于油浴润滑时存在轴承对润滑油的搅拌作用，因此必须考虑润滑油老化、轴承温升和轴承系统能耗等问题。在油浴中设置一个节流壁可以有效地避免因轴承转动而引起全油池润滑油的翻转搅拌和产生温度升高等不利因素，同时也有利于污染物在储油槽内沉淀。润滑油的油浴润滑是最简单、也是最受速度限制的轴承润滑系统，油浴润滑的散热能力有限，因此只能用于低速和中速运行的

轴承应用场合，油浴润滑最适合使用在转动装置如齿轮箱等设备。

2. 滴油润滑

滴油润滑（图 8-3）适合于需要定量供应润滑油的轴承，如高速旋转的轴承。滴油量与轴承的类型及尺寸大小有关，一般对每列滚动体的滴油量为 3 滴/min～50 滴/min 为宜（每滴大约重 0.025 g）。过多的油量将导致轴承运行温度增高，同时需要将多余结聚的润滑油及时排出轴承腔。

3. 飞溅润滑

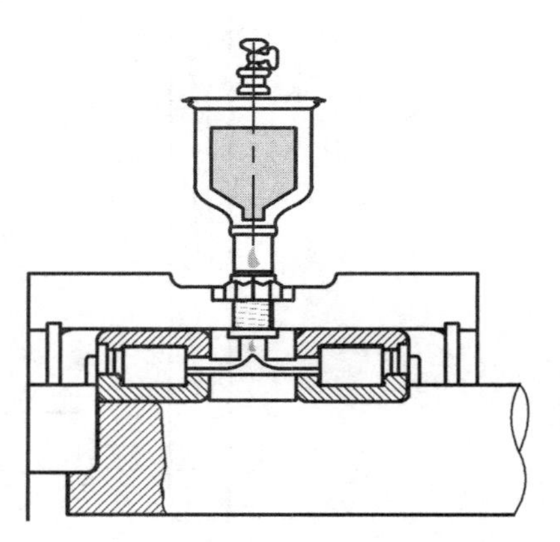

图 8-3　滴油润滑

飞溅润滑是不直接将轴承浸入润滑油中，是利用旋转部件如齿轮将润滑油溅起，溅起的润滑油沿着箱壁流入油槽进入轴承部位，对轴承进行润滑，经过轴承润滑之后的润滑油，又可汇集箱体内重复使用（图 8-4）。采用飞溅润滑方法润滑轴承时，只有在相关旋转部件旋转时轴承才能达到充分的润滑，但在旋转部件静止及启动时轴承处于乏油状态，为了避免这种现象应在轴承部位设置一个箱壁储油槽，箱壁储油槽可以储存一定油位的润滑油量，保证轴承启动时的良好润滑。

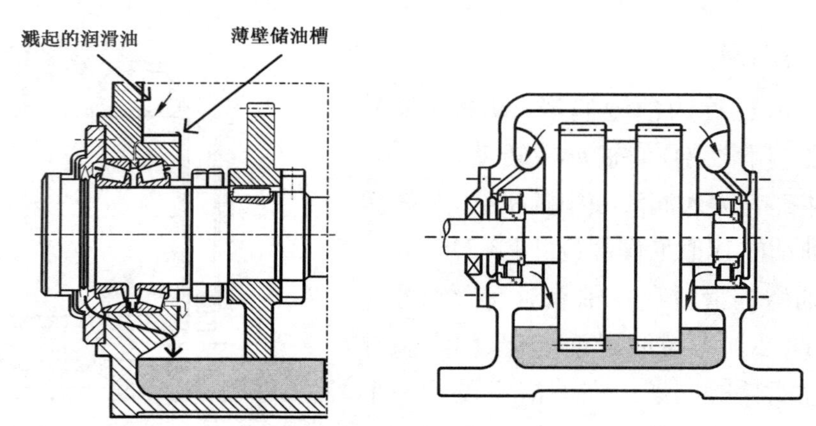

图 8-4　典型齿轮箱轴承的飞溅润滑

4. 循环给油润滑

循环给油润滑是一种对轴承部位进行积极润滑的润滑方式，适用于载荷大、转速较高的轴承部位。在油循环润滑的过程中，润滑油经过轴承返回油池，经冷却和过滤后再使用，因此油循环润滑能够在排出较多热量的同时，还具有有效地排出摩擦副中的磨屑功能。油循环润滑系统的配置见图 8-5。

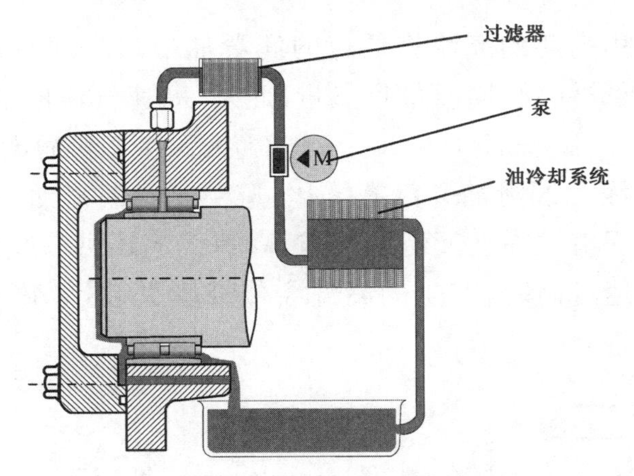

图 8-5 油循环润滑系统

对于角接触球轴承及圆锥滚子轴承内圈挡边的速度低于 25 m/s 时可以采用循环油润滑。对于角接触球轴承(或圆锥滚子轴承)采用油循环时，润滑油应从内圈的小端进入，润滑油会根据内圈(或圆锥滚子)的旋转运动，在离心力的作用下从小端被推向大端，对轴承整体进行润滑与散热。

5. 喷射润滑

当轴承运行的 $d_m n$(d_m 为轴承中径;n 为轴承转速)值大于 1.0×10^5 mm·r/min 时，为了使润滑油能充分进入轴承内部的相对运动表面，同时又要避免由于高速运行条件下循环给油量过大而产生过高温升及过大的摩擦阻力，可使用喷射润滑方式将润滑油输送到轴承中。其方法是将油泵输出的较高压力的润滑油通过位于轴承内圈和保持架之间的一个或几个小直径喷嘴，喷射到轴承上并使之穿过轴承内部，经另一端流出，见图 8-6a)。在早期的航空发动机主轴承上均采用此种润滑方式，喷嘴位置、喷嘴数目、喷射速度、喷射角度和供油量都对轴承的性能有一定影响。

6. 油雾润滑

在油雾润滑中，润滑油经喷嘴雾化后，在高速气流的带动下，喷入到润滑表面实现对轴承的润滑，见图 8-6b)。为了保证雾化效果，油雾润滑对润滑油的黏度有一定的要求，一般选择的润滑油黏度不高于 340 mm^2/s。该润滑方法适用于 $d_m n$ 值大于 6.0×10^5 mm·r/min 的轴承，由于润滑油是以雾的形态进入轴承，因此相对于喷油润滑，在大流量的情况下，不会发生搅动生热过大，使轴承温度升高的问题。

7. 油气润滑

油气润滑是利用高速的气流将低速的润滑油带入到润滑位置，润滑油流经轴承，在接触面上形成油膜，同时带走热量，此外，高速气流的强迫对流也对轴承的冷却起到重要的作用，见图 8-6c)。油气润滑中空气和润滑油的速度相差很大，没有充分混合，因此润滑油并没有雾化，避免了对润滑油的浪费和环境的污染。该润滑方法对润滑油黏度无特定要求，高速气流还可以起到防尘、防有害气体的作用。但在转速过高时，产生的高温会使油膜失效，导致轴承失效，因此不适用于超高速轴承。

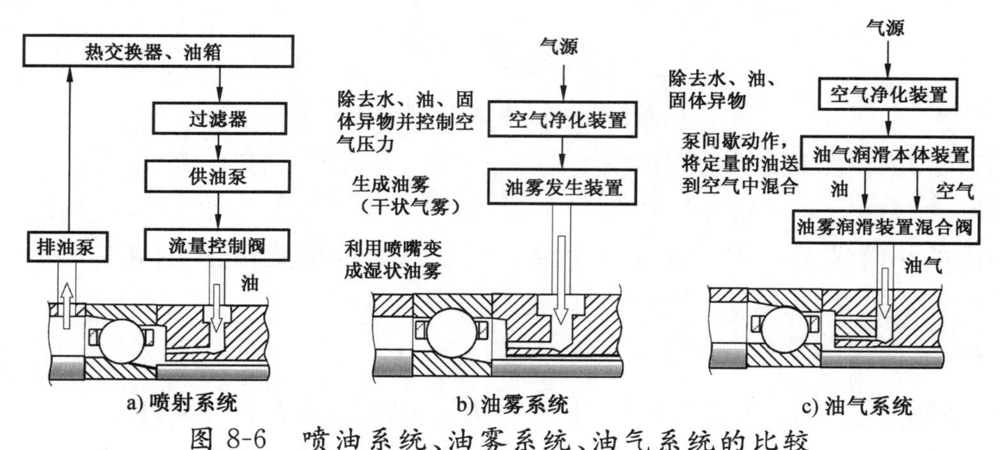

图 8-6　喷油系统、油雾系统、油气系统的比较

8. 环下润滑

随着滚动轴承工作速度的进一步提高，采用通常的喷射润滑已不能满足要求，主要是因为喷射润滑油的穿透性受到限制，如果提高润滑油流量会因为润滑油搅拌而增加附加的发热量。为适应高速轴承而发展起来的一种新颖润滑方式"环下润滑"，此种方法润滑油首先通过轴承下部，依靠离心力把润滑油供到需要润滑的部位，并且使润滑油的搅拌损失维持在一个合理的范围，见图 8-7。

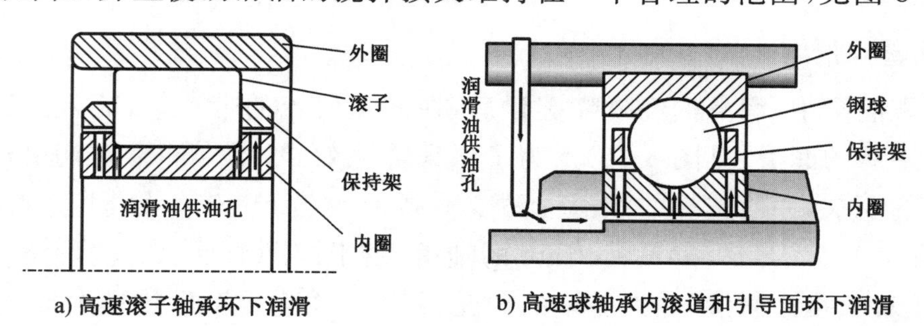

图 8-7　高速轴承环下润滑

二、脂润滑方式

轴承的脂润滑方式比较简单，使用较为广泛。主要有涂刷润滑、装填密封润滑、滴下润滑和集中润滑方式。

1）涂刷润滑是将润滑脂抹入轴承中，或用脂枪将脂注入到润滑部位。

2）装填密封润滑是将脂装填入轴承中，一般只装填内部有效空间的1/3。封装润滑脂时，应使用清洁的清洗剂除去轴承上的防锈油，经过充分干燥后，用注射器、乙烯基塑胶袋等将其适量均匀地涂到轴承内部。

3）滴下润滑是将润滑脂装在脂杯里利用受热或压力滴向润滑部位。

4）集中润滑是用压力泵将脂缸中的脂输送到润滑点上，多用于润滑点多的车间和工厂，可分为单管式和双管式两类。

当轴承运转温度超过120℃时，润滑脂应该采用特殊型号，如果超过200℃，填充方式就要有所改变，不可一次性填满，因为消耗量较大，所以要定时注入或者是在一定的压力下连续注入，具体使用量，可以根据轴承类型和转速等而定。

三、固体润滑方式

1）整体润滑指以整体材料作为润滑剂进行擦涂生成转移膜来润滑。

2）覆盖膜润滑是采用固体润滑膜覆盖在需润滑的部件上。由于成膜方法不同，有溅射膜、离子镀膜、电刷镀膜、热喷镀膜、黏结干膜等。目前应用较多的为黏结干膜。黏结干膜主要可分为有机干膜和无机干膜两大类。前者是以有机树脂做黏结剂制成的干膜。后者是以无机盐及金属为黏结剂制成的干膜，干膜除了黏结剂外，还有固体润滑剂（MoS_2、石墨、PTFE等）、抗磨、防锈添加剂。干膜中的固体润滑剂是多元复合的，如MoS_2与石墨，还有加入Sb_2O_3、金粉、银粉、稀土化合物等。干膜一般都有较低的摩擦系数（0.05～0.20）、良好的耐磨性及极好的承载能力。

3）组合、复合材料润滑指将塑料基、金属基自润滑复合材料制成轴承直接使用。聚四氟乙烯基自润滑复合材料适用于化工腐蚀条件下的轴承零件；酚醛基自润滑复合材料适用于与水接触的如潜水泵、船尾轴承等；金属基自润滑组合材料适用高温条件下的轴承零件。

4）粉末润滑是直接用固体润滑剂粉末进行润滑。固体润滑剂粉末当前应用较多的是加到润滑油脂中应用，这样既可增加其减摩效果，又可增加其极压性能，随着固体润滑剂的微细化成功，这种应用将会得到很快发展。

四、润滑方式的选择原则

在轴承的润滑方式选择方面，可以根据实际的运行状况来选择适宜的方式，主要原则可以归结为如下几点：

1）如果轴承的运行速度以及温升指标都比较合理，那么可以优先选择润滑脂的方式。

2）在所有的润滑油润滑方式中，在技术以及经济方面综合指标较高的为滴油润滑，因此在润滑方式选择的过程中，应该给予重视。对于滴油润滑来讲，如果说可以将自动化系统应用其中，将滴油润滑控制的更好，那么这种方式将会有很好的发展前途。

3）如果是转速不高的重载轴承，那么可以选择压力循环的润滑方式。

4）高速轻载轴承可选择弥散微滴或油雾润滑、油气润滑、环下润滑，高速重载应选择喷油润滑。

5）飞溅润滑与油浴润滑的综合技术经济指标较低，应尽量少采用或不采用。

6）高负荷、高真空、高低温、强辐射和强腐蚀等特殊工况下，可以选择固体润滑方式，可作为固体润滑剂的物质有石墨、二硫化钼等层状固体物质、塑料和树脂等高分子材料、软金属及各种化合物等。

7）如果是成套的设备中的轴承，在选择润滑方式的过程中，应该充分地考虑其他部件的润滑方式和特点，尽量的采用同一型号或者是同一个品种的润滑剂，这样在运行中，就可以减少很多的运行成本。

第四节　滚动轴承的弹流油膜厚度计算

应用弹性流体动力润滑理论计算滚动体和滚道接触区的油膜厚度和切向摩擦力，不仅可以深刻了解滚动轴承润滑的机理，而且为滚动轴承的分析计算和优化设计提供了必要的基础。本节介绍球轴承和滚子轴承油膜厚度的计算方法，以及润滑油膜切向摩擦力的计算方法。为选用轴承时方便，还介绍了一种近似的油膜计算方法。

一、滚子轴承油膜厚度的计算

在滚动轴承中，滚动体与套圈之间的最大赫兹接触应力一般在 1 500 MPa～

4 000 MPa 之间，其接触区的润滑状态应按弹性流体动力润滑来考虑。

根据等温条件下线接触弹流油膜厚度的计算方法，滚子与套圈之间的最小油膜厚度可用下式计算：

$$h_{\min}=2.65\frac{\alpha^{0.54}(\eta_0 u)^{0.7}R^{0.43}}{E_0^{0.03}q^{0.13}} \tag{8-1}$$

接触区中心油膜厚度用下式计算：

$$h_0=1.95\frac{(\alpha\eta_0 u)^{8/11}R^{4/11}E_0^{1/11}}{q^{1/11}} \tag{8-2}$$

式中：α——黏度的压力指数；

η_0——常压下的动力黏度；

u——表面平均速度；

R——当量曲率半径；

E_0——当量弹性模数；

q——单位接触长度上的负荷。

不考虑滚子打滑时，表面平均速度用下式计算：

$$u=\frac{1}{2}D_{\mathrm{w}}\omega_{\mathrm{b}}=\frac{\pi n}{120}d_{\mathrm{m}}(1-\gamma^2) \tag{8-3}$$

式中：n——内圈或外圈的转速，r/min；

γ——无量纲几何参数，由式(2-5)定义。

当量曲率半径表示为：

$$R=\frac{R_1R_2}{R_2\pm R_1}=\frac{1}{2}D_{\mathrm{w}}(1\mp\gamma) \tag{8-4}$$

式中：R_1——滚子半径；

R_2——滚道半径；

D_{w}——滚子直径；

上面的符号适用于内圈，下面的符号适用于外圈。

当量弹性模数 E_0 表示为：

$$\frac{1}{E_0}=\frac{1}{2}\left(\frac{1-\mu_1^2}{E_1}+\frac{1-\mu_2^2}{E_2}\right) \tag{8-5}$$

对钢制轴承，取 $E_1=E_2=2.07\times10^5$ MPa，$\mu_1=\mu_2=0.3$，$E_0=2.25\times10^5$ MPa。

单位接触长度上的负荷为：

$$q=\frac{Q_{max}}{l} \tag{8-6}$$

式中：Q_{max}——受载最大的滚动体负荷，按第五章中的方法计算；

l——有效接触长度。

将式(8-3)、式(8-4)和式(8-6)代入式(8-2)得到滚子与内滚道的最小油膜厚度为：

$$h_{min}=0.1536\alpha^{0.54}(\eta_0 n d_m)^{0.7}D_w^{0.43}(1-\gamma_i)^{1.13}\times(1+\gamma_i)^{0.7}l^{0.13}E_0^{-0.03}Q_{max}^{-0.13} \tag{8-7}$$

滚子与外滚道的最小油膜厚度为：

$$h_{min}=0.1536\alpha^{0.54}(\eta_0 n d_m)^{0.7}D_w^{0.43}(1+\gamma_e)^{1.13}\times(1-\gamma_e)^{0.7}l^{0.13}E_0^{-0.03}Q_{max}^{-0.13} \tag{8-8}$$

式(8-1)～式(8-8)中：h_{min}、D_w、d_m、l 的单位为 m；α 的单位为 Pa^{-1}；η_0 的单位为 Pa·s；n 的单位为 r/min；E_0 的单位为 Pa；Q_{max} 的单位为 N。

二、球轴承油膜厚度的计算

根据等温条件下点接触弹流油膜厚度的计算方法，钢球与套圈之间的最小油膜厚度可用下式计算：

$$h_{min}=3.63\frac{\alpha^{0.49}(\eta_0 u)^{0.68}R_x^{0.466}}{E_0^{0.117}Q_{max}^{0.073}}(1-e^{-0.68K}) \tag{8-9}$$

接触区中心油膜厚度用下式计算：

$$h_0=2.69\frac{\alpha^{0.53}(\eta_0 u)^{0.67}R_x^{0.464}}{E_0^{0.073}Q_{max}^{0.067}}(1-0.61e^{-0.72K}) \tag{8-10}$$

式中：R_x——沿钢球滚动方向的当量曲率半径，即第Ⅱ主平面（见第二章中的定义）内的当量曲率半径；

Q_{max}——受载最大的滚动体负荷，按第五章中的方法计算；

e——自然对数的底；

K——椭圆率，$K=a/b$。

其余符号的意义同滚子轴承油膜计算中的说明。

同滚子轴承一样，平均速度 u 和当量曲率半径 R_x 分别用下面方程计算：

$$u=\frac{\pi n}{120}d_m(1-\gamma^2) \tag{8-11}$$

$$R_x=\frac{1}{2}D_w(1\mp\gamma) \tag{8-12}$$

式中，上面的符号适用于内圈，下面的符号适用于外圈。

当接触椭圆的半轴 a、b 未知时，椭圆率可用下式计算：

$$K=1.03\left(\frac{R_y}{R_x}\right)^{0.64} \tag{8-13}$$

式中：R_y——轴向平面内的当量曲率半径，用下式计算：

$$R_y=\frac{R_1R_2}{R_2-R_1}=\frac{f_jD_w}{2f_j-1} \quad (j=i,e) \tag{8-14}$$

式中：f_j——内圈或外圈的沟曲率半径系数；

R_1——钢球半径；

R_2——套圈的沟曲率半径。

将方程式(8-11)和式(8-12)代入式(8-9)得到钢球与内滚道的最小油膜厚度为：

$$h_{min}=0.2207\alpha^{0.49}(\eta_0nd_m)^{0.68}D_w^{0.466}(1-\gamma_i)^{1.15}\times(1+\gamma_i)^{0.68}E_0^{-0.117}Q_{max}^{-0.073}(1-e^{-0.68K}) \tag{8-15}$$

钢球与外滚道的最小油膜厚度为：

$$h_{min}=0.2207\alpha^{0.49}(\eta_0nd_m)^{0.68}D_w^{0.466}(1+\gamma_e)^{1.15}\times(1-\gamma_e)^{0.68}E_0^{-0.117}Q_{max}^{-0.073}(1-e^{-0.68K}) \tag{8-16}$$

式中：h_{min}、D_w、d_m 的单位为 m，α 的单位为 Pa^{-1}，η_0 的单位为 Pa・s，n 的单位为 r/min，E_0 的单位为 Pa，Q_{max} 的单位为 N。

三、热效应和供油不足对油膜厚度的影响

高速滚动时，接触区入口处因油膜中大的速度梯度导致产生大量的黏性剪切热，使油温升高，黏度降低，从而使油膜厚度减小。

对于线接触滚子轴承，由于热效应的影响，中心油膜厚度的降低可用下式表示：

$$H_h=C_hH_0 \tag{8-17}$$

式中：H_h——考虑热效应的无量纲中心油膜厚度；

H_0——无量纲中心油膜厚度，$H_0=h_0/R$；

C_h——热修正系数，C_h 可按下式计算：

$$C_h=\frac{3.94}{3.94+L^{0.62}} \tag{8-18}$$

式中：L——热效应参数；

$$L=\frac{\eta_0u^2\delta_t}{k_t} \tag{8-19}$$

δ_t——黏度的温度指数；

k_t——润滑剂的导热率。

图 8-8 中把等温解同考虑热效应利用式(8-17)的计算结果进行了比较。可以看出，中、低速下不必考虑热效应的影响；在接近极限转速或高速下运转时则应考虑发热的影响。

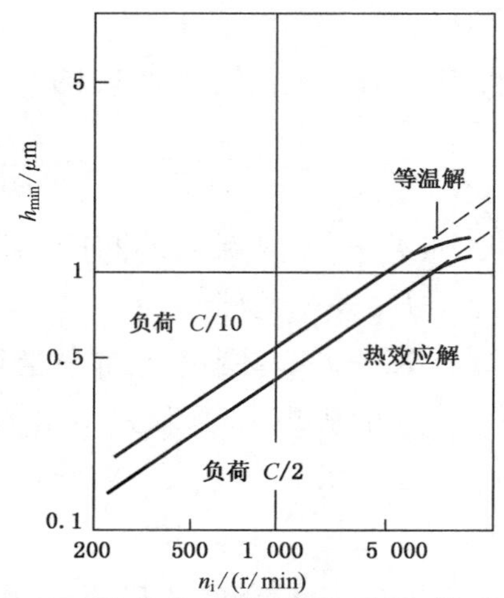

图 8-8 某圆柱滚子轴承内圈处油膜厚度

在高速运转的滚动轴承中，前一滚动体刚滚过套圈某一位置，当润滑剂尚未补充到这个位置时，后一滚动体又滚到这个位置，这种现象称为供油不足或贫油润滑状态。供油不足将使油膜厚度有所降低。

如图 8-9 所示，供油不足与入口区边缘至接触中心的无量纲距离 m 有关，当 m 较大时，油膜厚度基本不变，而当 m 减小到某一临界值 m^* 时，油膜厚度开始减小。由充分供油过渡到供油不足的这一临界值 m^* 用式(8-20)计算：

$$m^*=1+3.34\left[\left(\frac{R_x}{b}\right)^2 H_{\min}\right]^{0.56} \tag{8-20}$$

式中：b——接触椭圆短半轴；

$H_{\min}$——无量纲最小油膜厚度，$H_{\min}=h_{\min}/R_x$。

当 $m<m^*$ 时，属于供油不足的情况，应对油膜厚度乘以一个小于 1 的修正系数，用下式计算供油不足时的最小油膜厚度：

$$h_{\mathrm{mins}}=h_{\min}\left(\frac{m-1}{m^*-1}\right)^{0.25} \tag{8-21}$$

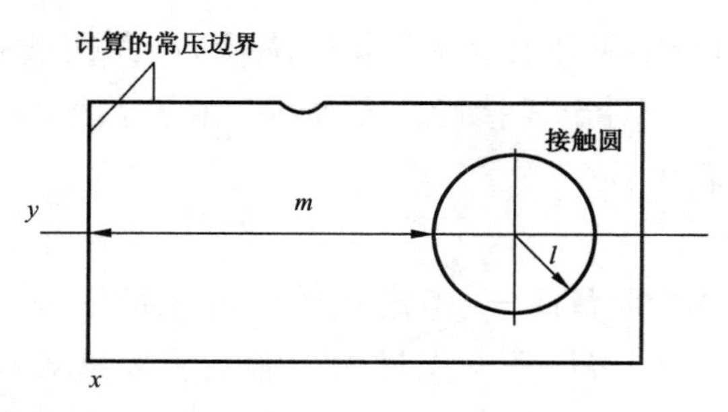

图 8-9 接触区入口位置

实际入口边缘至接触中心的无量纲距离 m 应根据工作条件确定，具体方法可参考书后参考文献[1]。

四、油膜润滑参数 λ

两表面之间的润滑状态不仅取决于油膜厚度计算值的大小，还与表面粗糙度有关。对同样的 h_{min} 值，粗糙度小的表面可能不发生与金属直接接触，粗糙度大的表面可能发生与金属直接接触。油膜润滑参数 λ 综合了油膜厚度和粗糙度对润滑的共同影响，表示为：

$$\lambda=\frac{h_{min}}{\sqrt{\sigma_1^2+\sigma_2^2}} \tag{8-22}$$

式中：σ_1、σ_2——两表面粗糙度的均方根偏差。

目前表面粗糙度的评定参数一般采用算术平均偏差 Ra，它与均方根偏差之间的换算关系近似为：

$$\sigma=1.25\ Ra \tag{8-23}$$

当 $\lambda \geqslant 3$ 时，称为全膜弹流润滑，油膜把两表面完全隔开。当 $\lambda<3$ 时，称为部分膜弹流润滑，表面上的个别微凸体可能发生接触。滚动轴承中的润滑状态一般是处于 $\lambda=2$ 左右。当 λ 接近 1 或小于 1 时，摩擦磨损严重，轴承不能正常工作，在第九章中将说明 λ 值对轴承疲劳寿命的影响。

五、滚动轴承油膜润滑参数的近似计算方法

如上所述，计算轴承油膜润滑参数需要知道轴承的内部尺寸、转速、负荷、材料等条件，是比较复杂的。下面介绍一种近似计算方法，可以很方便地求出油膜润滑参数 λ。这种方法虽然精度稍差，但对于了解轴承的润滑状态，特别是比较不同轴承应用于设计方案的润滑状态，是有用的。

油膜润滑参数可近似地按下式计算：

$$\lambda=k_\lambda d_m(\alpha\eta_0 n_i)^{0.73}P_0^{-0.09} \tag{8-24}$$

式中：k_λ——与轴承类型有关的常数，从表 8-1 中查得；

d_m——节圆直径，取为轴承内、外径的均值；

$(\alpha\eta_0)^{0.73}$——工作温度下润滑油的运动黏度，从图 8-10 中查得；

n_i——内圈转速，r/min；

P_0——轴承当量静负荷，N。

表 8-1　k_λ 的值

轴承类型	k_λ
单列深沟球轴承	2 210
双列调心球轴承	2 210
角接触球轴承	2 460
调心滚子轴承	2 700
圆柱滚子轴承	2 330
圆锥滚子轴承	2 210
推力球轴承	1 970
推力调心滚子轴承	2 820

六、油膜中的切向摩擦力

试验表明，滚滑接触中润滑油膜的切向摩擦力随滑滚比变化很复杂。图 8-11 是利用圆盘试验机在弹流润滑条件下得到的摩擦系数曲线。相对滑动速度为 $\Delta u = u_2 - u_1$，滑滚比为 $\Delta u/u$，两圆盘的正压力为 Q，摩擦力为 F。图中可以看出，在Ⅰ区内滑动比较小，摩擦系数随滑滚比线性增加，可按牛顿流体算。在Ⅱ区内滑动比较大，摩擦系数随滑滚比的增加逐渐减缓。在Ⅲ区内滑动更大，由于热效应，摩擦系数随滑滚比的增加而稍有减小，可以近似地认为不变。

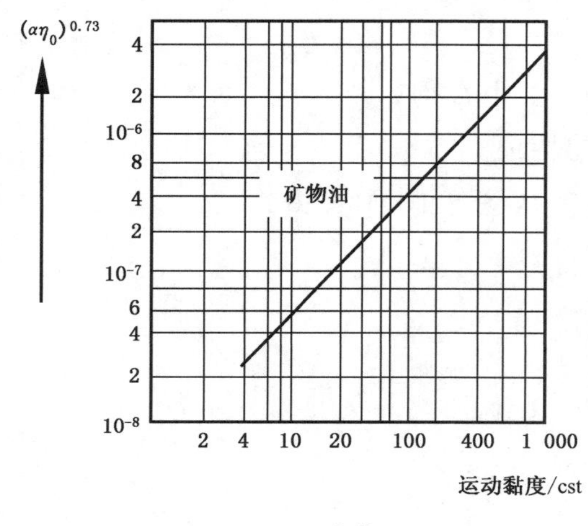

图 8-10　$(\alpha\eta_0)^{0.73}$ 的数值

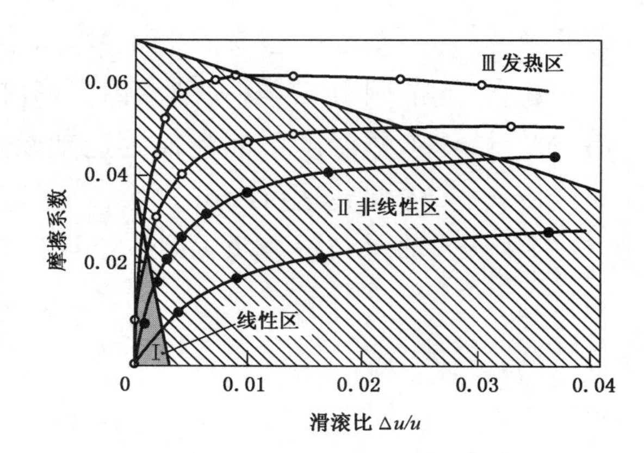

图 8-11　典型的摩擦系数曲线

油膜摩擦力的计算方法目前还不完善，可以用下列的一些方法计算滚动体和套圈滚道之间润滑油膜的切向摩擦力。

1. 按牛顿流体计算摩擦力

认为润滑油是牛顿流体时，根据牛顿流体的定义，流体内部的切应力与速度梯度成正比，即有：

$$\tau=\eta\frac{\partial u}{\partial z} \tag{8-25}$$

考虑到油膜厚度极薄，速度梯度可用常量代替，上式变为：

$$\tau=\eta\frac{v}{h} \tag{8-26}$$

式中：τ——油膜的摩擦切应力；

η——润滑油的动力黏度；

v——两表面的相对滑动速度；

h——油膜厚度。

润滑油的黏度随压力的增加而增加，随温度的升高而降低。在等温条件下，黏度与压力的关系通常用下式表示：

$$\eta=\eta_0 e^{\alpha p} \tag{8-27}$$

式中：η_0——一个大气压下的动力黏度；

η——压力为 p 时的动力黏度；

α——黏度的压力指数。

摩擦切应力在整个接触区内积分，可以得到总的油膜的切向摩擦力。考虑到滑动速度有 x 向和 y 向两个分量时，这两个方向上的摩擦力分别用下式计算：

$$F_x=ab\int_{-1}^{+1}\int_{-\sqrt{1-t^2}}^{+\sqrt{1-t^2}}\left(\eta\frac{v_x}{h}\right)\mathrm{d}s\,\mathrm{d}t \tag{8-28}$$

$$F_y=ab\int_{-1}^{+1}\int_{-\sqrt{1-s^2}}^{+\sqrt{1-s^2}}\left(\eta\frac{v_y}{h}\right)\mathrm{d}t\,\mathrm{d}s \tag{8-29}$$

式中：s、t——无量纲坐标，表示为：

$$s=\frac{x}{a},t=\frac{y}{b}$$

x——从接触椭圆中心沿长半轴方向的坐标；

y——从接触椭圆中心沿短半轴方向的坐标。

从图 8-11 可以知道，当滑动速度很小时，用牛顿流体模型计算摩擦力是足够精确的。但滑动速度很大时，计算误差就比较大。

2. 经验摩擦系数

根据试验结果，把摩擦系数表示为最大接触应力和滑滚比的函数，即：

$$\mu = AK\mathrm{e}^{-\frac{BCK}{P_0}}(1-\mathrm{e}^{\frac{B-P_0}{B}}) + D(1-\mathrm{e}^{-CK}) \tag{8-30}$$

式中：A、B、C、D——润滑剂所决定的常数，由试验确定；

K——滑滚比；

P_0——最大赫兹接触应力。

为了简化计算，可以将摩擦系数近似地取为常数 0.007，计算表明，用这个常系数分析轴承的性能也可以得到较好的结果。

根据确定的摩擦系数，接触区任一点的摩擦切应力可以表示为：

$$\tau = \mu P(x,y) \tag{8-31}$$

式中：$P(x,y)$——接触区任一点的压应力，用方程(6-5)计算。

与方程式(8-28)和式(8-29)的形式类似，上式的切应力在接触区内积分可以得到总的摩擦力。

第九章　滚动轴承的额定动载荷和疲劳寿命

第一节　概　　述

一、滚动轴承的损坏与疲劳寿命

各种机械装置一般要求滚动轴承具有精度高、承载能力大、刚性好、摩擦力矩小及旋转平稳等性能，同时要求在使用期内能保持所需要的性能指标。当轴承性能指标低于使用要求而不能正常工作时就称为轴承损坏或失效，轴承损坏前的使用期限就是广义的轴承寿命。

滚动轴承的损坏形式很多，如接触疲劳剥落、塑性压痕、磨损、烧伤、腐蚀、振动噪声大、精度降低、摩擦力矩增大等。

轴承损坏的原因很多是由于使用不当，例如选型不合理、安装不正确、润滑不良、预紧不当、配合不当、尘埃和异物进入等。但是，无论轴承设计的多么合理，使用条件多么合适，轴承也不可能永久地使用下去，终究会因为滚动表面的疲劳剥落而损坏。滚动轴承的疲劳寿命定义为轴承中任一滚动体或滚道出现疲劳剥落前总的转数，或在一定转速下的工作小时数。寿命的单位常用 10^6 转或小时表示。通常所说的轴承寿命一般指的就是疲劳寿命。

疲劳寿命是滚动轴承最重要的性能，轴承的设计和应用都需要分析计算疲劳寿命。对给定的轴承尺寸和工况（载荷、转速、温度等）条件，追求最长的疲劳寿命是一般轴承设计的目标。本章将扼要地说明轴承滚动疲劳的机理、疲劳寿命的随机特性和分布规律、疲劳寿命的计算方法和影响因素、寿命试验数据处理等基本内容。

二、滚动疲劳机理

滚动疲劳的机理很复杂，有多种解释。第六章中已经说过了滚动疲劳的最大静态剪应力理论和最大动态剪应力理论，这两种理论都认为是轴承零件表面下剪应力反复作用在非金属夹杂物等缺陷处产生了微小的裂纹，进而扩展到表面导致疲劳剥落。此外，还有很多研究指出裂纹起源于表面，认为表面存在着原始缺陷如微小预裂纹、划伤、加工刀痕、粗糙凸峰等，在滚动过程中由于接触应力的反复作用产生了裂纹，进而向零件表面下扩展导致了疲劳剥落。滚动疲劳的工程模型则认为疲劳剥落是零件表面下和零件表面多种裂纹起源和扩展方式共同作用的结果。工程模型能比较满意地解释滚动疲劳的各种现象，如表面粗糙度、弹流油膜厚度、切向摩擦力、润滑剂中杂质颗粒大小以及材料纯净度、金相组织等对疲劳寿命的影响。

三、Lundberg-Palmgren 寿命理论

在滚动轴承发展的初期，设计和性能评价是以经验为依据的，直到 20 世纪 40 年代中期瑞典 Lundberg 和 Palmgren 发表滚动轴承的寿命理论才结束了滚动轴承的经验时代。Lundberg-Palmgren 的寿命理论是在 Hertz 接触理论、Weibull 分析统计理论和大量实验的基础上建立起来的。这个理论解决了滚动轴承的承载能力和疲劳寿命的计算问题，先后为世界各国承认，并作为 ISO 标准沿用至今。近几十年的许多新的轴承寿命研究也未能改变这种计算方法，只是作了一些修正和补充。本章着重叙述 Lundberg-Palmgren 理论的基本内容和计算方法。

第二节　滚动轴承疲劳寿命的 Weibull 分布

一、轴承疲劳寿命的随机特性

大量试验表明，结构设计、材料和加工相同的同一批轴承在相同的载荷、速度、润滑和环境条件下运转，所有的轴承并不具有相同的疲劳寿命，轴承寿命数据呈现很大的离散性，最长寿命和最短寿命可能相差几十倍甚至上百倍，轴承疲劳寿命是个随机变量。轴承寿命离散性可以认为是由于轴承材料内部组织和夹杂物分布的随机性、表面微观缺陷的随机性和试验条件不可避免的差异等随机因素造成的。

二、轴承疲劳寿命的使用概率和破坏概率

设轴承寿命随机变量为 η，容量为 n 套轴承的子样在相同条件下试验得到 n 个数据，按大小顺序排列为一组次序统计量：

$$L_1 \leqslant L_2 \leqslant \cdots \leqslant L_i \leqslant \cdots \leqslant L_n$$

随机变量 $\eta < L_i$ 这一事件的概率 $P(\eta < L_i)$ 称为轴承疲劳寿命为 L_i 时的破坏概率。记为 $F(L_i)$，即：

$$F(L_i) = P(\eta < L_i) \tag{9-1}$$

随机变量 $\eta \geqslant L_i$ 这一事件的概率 $P(\eta \geqslant L_i)$ 称为轴承疲劳寿命为 L_i 时的使用概率，记为 $S(L_i)$，即：

$$S(L_i) = P(\eta \geqslant L_i) \tag{9-2}$$

对于单个轴承，使用概率指该轴承的寿命达到或超过某指定寿命值的概率，又称为寿命可靠性。

轴承的使用和破坏是两对立事件，因此有：

$$F(L_i) + S(L_i) = 1 \tag{9-3}$$

可以证明，次序统计量中 L_i 的破坏概率 $F(L_i)$ 仅仅与 L_i 的序号 i 及容量 n 有关，表示为：

$$F(L_i) = \frac{i}{n+1} \tag{9-4}$$

如果已知容量为 n 的子样达到寿命 L_i 时有 i 套轴承疲劳破坏，破坏概率和使用概率还可以用相对数量近似计算如下：

$$F(L_i) = \frac{i}{n} = \frac{\text{破坏数}}{\text{总数}} \tag{9-5}$$

$$S(L_i) = \frac{n-i}{n} = \frac{\text{未破坏数}}{\text{总数}} \tag{9-6}$$

评定滚动轴承寿命质量常用额定寿命和中值寿命这两个量。额定寿命指一批相同的轴承中 90% 的轴承在疲劳破坏前能够达到或超过的寿命。简言之，使用概率为 90% 的寿命称为额定寿命，记为 L_{10}。中值寿命指一批相同的轴承中 50% 的轴承在疲劳破坏前能够达到或超过的寿命，记为 L_{50}。

寿命 L_s 表示使用概率 S 所对应的寿命。通常下标的数值习惯上用 $100F = 100(1-S)$ 表示，例如 $S = 0.95$ 时，对应的寿命记为 L_5。

三、轴承疲劳寿命统计理论的基本假说

Lundberg 和 Palmgren 用概率统计方法处理轴承疲劳寿命时是以下面的一些假设为基础的：

1) 材料内部存在强度弱点，例如非金属夹杂物和金属组织缺陷等。在交变

应力重复作用下，这些弱点的邻域出现应力集中和塑性变形，最后形成微观裂纹，裂纹尺寸渐渐增大并向表面扩展，最终发生疲劳剥落。

2）表面下 z_0 深度最大动态剪应力 τ_0 的反复作用引起了疲劳裂纹的产生和扩展，τ_0 越大，破坏概率越大。

3）τ_0 的深度 z_0 越大，裂纹扩展到表面的过程越长，破坏概率越小。

4）交变应力的循环次数 N 越大，破坏概率越大。

5）受应力作用的材料体积 V 越大，其内包含的强度弱点数目越多，因此破坏概率越大。

根据以上的假设和大量的经验数据，Lundberg 和 Palmgren 用下面的指数型方程描述滚动接触疲劳寿命：

$$\ln\frac{1}{S}\propto\frac{\tau_0^c N^e}{z_0^h}V \tag{9-7}$$

式中：S——材料经受 N 百万次应力循环的使用概率；

N——应力循环次数，以百万次计；

τ_0——最大动态剪应力；

z_0——τ_0 所处的深度；

V——受应力的体积；

c、e、h——待定指数，根据试验确定。

式(9-7)是处理轴承疲劳寿命的基本方程，有关的计算公式都由这个基本方程推导而来。

四、轴承疲劳寿命的 Weibull 分布

式(9-7)中，假设应力体积的边界为接触椭圆的长轴 $2a$、深度为 z_0 和滚道周长 πD，那么应力体积可表示为：

$$V\propto\pi D a z_0 \tag{9-8}$$

式中：D——接触处的滚道直径。

用 L_s 表示以 10^6r 为单位的使用概率为 S 的疲劳寿命，用 u 表示轴承每转一圈滚道上某一点的应力循环次数，则有：

$$N=uL_s \quad (10^6\ \mathrm{r}) \tag{9-9}$$

把式(9-8)和式(9-9)代入式(9-7)得：

$$\ln\frac{1}{S}\propto\tau_0^c z_0^{1-h} aDu^e L_s^e \tag{9-10}$$

对于给定的轴承和给定的轴承负荷，τ_0、z_0、a、D、u 均为已知量，式(9-10)可以写为：

$$\ln \frac{1}{S}=AL_s^e \tag{9-11}$$

或：

$$\ln \ln \frac{1}{S}=e\ln L_s+\ln A \tag{9-12}$$

式(9-12)就是轴承疲劳寿命的二参数 Weibull 分布，描述了轴承寿命与使用概率之间的关系。这里 A 为与上述各已知量有关的常数。e 称为韦布尔(Weibull)分布斜率，它描述了一批轴承寿命离散的程度，e 越大，寿命离散程度越小，由钢制轴承的大量试验得出，e 在 1.1～1.5 之间，一般情况下对球轴承取 $e=10/9$，对滚子轴承取 $e=9/8$。

如取 $S=0.9$，$L_s=L_{10}$，由式(9-11)可得：

$$A=\ln \frac{10}{9}/L_{10}^e$$

$$\ln \frac{1}{S}=0.1053\left(\frac{L_s}{L_{10}}\right)^e \tag{9-13}$$

式(9-13)是通常使用的轴承寿命二参数 Weibull 分布方程。使用概率 S 在 0.4～0.93 范围内时式(9-13)是有效的，满足大多数轴承应用的需要。使用概率大于 0.93 时实际疲劳寿命大于上式的计算值。当 $S\geqslant 0.999$ 时，疲劳寿命不再下降，即存在所谓"无破坏"寿命 L_{NF}。

对球轴承有：

$$L_{NF}=0.053L_{10} \tag{9-14}$$

对滚子轴承有：

$$L_{NF}=0.055L_{10} \tag{9-15}$$

方程式(9-13)可以解决下面的问题：

1. 已知轴承的额定寿命 L_{10}，可以求出任意使用概率 S 对应的疲劳寿命 L_s。

2. 一批相同轴承同时运转一段时间后，根据已知的破坏情况可以预测剩余轴承的破坏规律。

1) 已知一批轴承的额定寿命为 L_{10}，运转 L_a 小时后有部分疲劳破坏。试确定剩余轴承可期望的附加寿命 L'_{10}，即再运转多长时间剩余轴承中 10% 会发生疲劳破坏？

求解步骤如下：

① 由式(9-13)求达到寿命 L_a 时的使用概率 S_a；

② 由式(9-6)可知，剩余轴承的10%破坏时轴承的相对存留数即使用概率 $S_b=0.9S_a$；

③ 由式(9-13)求与 S_b 对应的寿命 L_b；

④ 附加寿命 $L'_{10}=L_b-L_a$。

2）已知总数为 n 的一批轴承额定寿命为 L_{10}，在给定的应用中有 i 套疲劳破坏，试确定剩余轴承可期望的附加寿命 L'_{10}。

求解步骤如下：

① 由式(9-6)求 i 套破坏时对应的使用概率 S_a；

② 由式(9-13)求与 S_a 对应的寿命 L_a；

③ 剩余轴承的10%破坏时轴承的相对存留数 $S_b=0.9S_a$；

④ 由式(9-13)求与 S_b 对应的寿命 L_b；

⑤ 附加寿命 $L'_{10}=L_b-L_a$。

3）已知总数为 n 的一批轴承寿命达到 L_a 时有 i_a 套疲劳破坏，再运转 L 小时还将有多少套疲劳破坏？

求解步骤如下：

① 由式(9-6)求与 L_a 对应的使用概率 S_a；

② 根据 L_a 和 S_a 由(9-13)式求 L_{10}；

③ 再运转 L 小时后该批轴承总的寿命为 $L_b=L_a+L$；

④ 由式(9-13)求与 L_b 对应的 S_b；

⑤ 根据 S_b 由式(9-6)求寿命达到 L_b 时总的破坏套数 i_b；

⑥ 再运转 L 小时还将会疲劳破坏的套数为 i_b-i_a。

第三节　滚动轴承额定动载荷和疲劳寿命的计算方法

Lundberg 和 Plmgren 的寿命计算方法可以分为两种情况。一种是根据轴承中的实际负荷分布(计算方法见第五章)，首先分别计算内、外套圈的寿命，再计算整套轴承的寿命。这种方法比较精确，比较复杂，适用于柔性支承轴承和高速轴承等负荷分布比较特殊的情况。另一种是简化计算方法，直接计算整套轴承的额定动载荷、当量动载荷和疲劳寿命，这种方法适用于大多数的轴承应用场合。本节叙述这两种计算方法及其推导过程。

一、轴承单个套圈的额定寿命

使用概率为90%的某一套圈的疲劳寿命称为该套圈的额定寿命。套圈额定寿命为一百万转时套圈所能承受的均匀分布的滚动体负荷称为该套圈的额定滚动体负荷。下面推导单个套圈的额定寿命计算公式。

1. 单个套圈额定寿命与滚动体负荷的关系

将计算 τ_0、z_0、a 的有关公式(6-27)、式(6-28)、式(6-1)、式(6-2)、式(6-4)代入式(9-10)中，为了引入滚动体直径，并在比例式右端乘以值为 1 的式子 $D_w^{\frac{c+h-1}{2}} D_w^{\frac{c-h-1}{2}} \left(\frac{1}{D_w^2}\right)^{\frac{c-h+1}{2}} D_w^{2-h}$，可得到点接触的关系式：

$$\ln\frac{1}{S}\propto\frac{T^c}{\xi^{h-1} n_a^{c-1} n_b^{c+h-1}}\left(\frac{2D_w\sum\rho}{3\eta}\right)^{\frac{2c+h-2}{3}}\left(\frac{Q}{D_w^2}\right)^{\frac{c-h+2}{3}} D D_w^{2-h} u^e L_s^e \tag{9-16}$$

对线接触，式(9-10)中的 a 换以$\frac{3}{4}l$、l 为滚子有效长度，得到：

$$\ln\frac{1}{S}\propto\frac{3}{4}\tau_0^c z_0^{1-h} l D u^e L_s^e \tag{9-17}$$

将 τ_0、z_0 的计算公式代入式(9-17)，右端乘以值为 1 的式子 $D_w^{\frac{c+h-1}{2}} D_w^{\frac{c-h-1}{2}} \left(\frac{1}{D_w^2}\right)^{\frac{c-h+1}{2}} D_w^{2-h}$，并注意到由于线接触$\frac{b}{a}$很小，根据弹性理论，取极限值：

$$\lim_{\frac{b}{a}\to 0} n_a n_b^2=\frac{2}{\pi} \tag{9-18}$$

对应于$\frac{b}{a}=0$ 的 T，ξ 值用 T_0、ξ_0 表示，最后可以得到如下线接触关系式：

$$\ln\frac{1}{S}\propto\frac{T_0^c}{\xi_0^{h-1}}\left(\frac{2\pi D_w\sum\rho}{6\eta}\right)^{\frac{c+h-1}{2}}\left(\frac{4D_w}{3l}\right)^{\frac{c-h-1}{2}}\left(\frac{Q}{D_w^2}\right)^{\frac{c-h+1}{2}} D D_w^{2-h} u^e L_s^e \tag{9-19}$$

对点接触，令$\frac{b}{a}=1$ 时的 T、ξ 值为 T_1、ξ_1，在式(9-17)中引入 T_1、ξ_1，以便把各种接触面与圆形接触面比较。并注意到，在计算额定寿命 L_{10} 时 $S=0.9$，于是，由式(9-16)可得：

$$\ln \frac{1}{0.9} \propto \frac{T^{c} \xi_{1}^{h-1} T_{1}^{c}}{T_{1}^{c} \xi_{1}^{h-1} \xi^{h-1} n_{a}^{c-1} n_{b}^{c+h-1}} \left(\frac{2D_{w} \sum \rho}{3\eta}\right)^{\frac{2c+h-2}{3}} \left(\frac{Q}{D_{w}^{2}}\right)^{\frac{c-h+2}{3}} D D_{w}^{2-h} u^{e} L_{10}^{e} \tag{9-20}$$

对式(9-20)进行整理可得到：

$$Q L_{10}^{\frac{3e}{c-h+2}} = A_{1} \Phi D_{w}^{\frac{2c+h-5}{c-h+2}} \tag{9-21}$$

式中：A_1——常数，与材料及待定指数 c、h 有关；

$$A_{1} = K\left(\frac{T_{1}^{c}}{\ln \frac{1}{0.9} \xi_{1}^{h-1}}\right)^{\frac{-3}{c-h+2}} \left(\frac{2}{3\eta}\right)^{-\frac{(2c+h-2)}{c-h+2}} \tag{9-22}$$

式中：K——系数；

Φ——与结构和材料有关的函数，其值为：

$$\Phi = \left\{ \left(\frac{T}{T_{1}}\right)^{c} \left(\frac{\xi_{1}}{\xi}\right)^{h-1} \frac{(D_{w} \sum \rho)^{\frac{2c+h-2}{3}}}{n_{a}^{c-1} n_{b}^{c+h-1}} \frac{D}{D_{w}} u^{e} \right\}^{-\frac{3}{c-h+2}} \tag{9-23}$$

如前所述，$L_{10}=1(10^6\ \mathrm{r})$时的滚动体负荷叫额定滚动体负荷，记为 Q_c，由式(9-21)得点接触轴承一个套圈的额定滚动体负荷为：

$$Q_{c} = A_{1} \Phi D_{w}^{\frac{2c+h-5}{c-h+2}} \tag{9-24}$$

由式(9-21)和式(9-24)得点接触轴承一个套圈在均匀滚动体负荷 Q 作用下的额定寿命为：

$$L_{10} = \left(\frac{Q_{c}}{Q}\right)^{\frac{c-h+2}{3e}} \tag{9-25}$$

对线接触，与点接触的方法相同，引入 T_1、ξ_1，取 $S=0.9$，由式(9-19)可得到

$$Q L_{10}^{\frac{2e}{c-h+1}} = B_{1} \Psi D_{w}^{\frac{c+h-3}{c-h+1}} l^{\frac{c-h-1}{c-h+1}} \tag{9-26}$$

当 $L_{10}=1$ 时，得额定滚动体负荷为：

$$Q_{c} = B_{1} \Psi D_{w}^{\frac{c+h-3}{c-h+1}} l^{\frac{c-h-1}{c-h+1}} \tag{9-27}$$

式中：B_1——常数，与材料及待定指数有关，其值为：

$$B_{1} = \left(\frac{3}{4}\right)^{\frac{c-h-1}{c-h+1}} \left(\frac{\pi}{2}\right)^{-\frac{c+h-1}{c-h+1}} \left(\frac{T_{1}}{T_{0}}\right)^{\frac{2c}{c-h+1}} \left(\frac{\xi_{0}}{\xi_{1}}\right)^{\frac{2(h-1)}{c-h+1}} \left(\frac{2}{3\eta}\right)^{\frac{c-h-1}{3(c-h+1)}} A_{1}^{\frac{2(c-h+2)}{3(c-h+1)}} \tag{9-28}$$

Ψ——与结构有关的函数，其值为：

$$\Psi = \left[(D_{w} \sum \rho)^{\frac{c+h-1}{2}} \frac{D}{D_{w}} u^{e} \right]^{-\frac{2}{c-h+1}} \tag{9-29}$$

由式(9-26)和式(9-27)得到线接触轴承一个套圈在均匀滚动体负荷 Q 作用下的额定寿命为：

$$L_{10}=\left(\frac{Q_c}{Q}\right)^{\frac{c-h+1}{2e}} \tag{9-30}$$

把式(9-25)和式(9-30)写为统一形式：

$$L_{10}=\left(\frac{Q_c}{Q}\right)^{\varepsilon} \tag{9-31}$$

大量实验得出：

对点接触：

$$\varepsilon=\frac{c-h+2}{3e}=3 \tag{9-32}$$

对线接触：

$$\varepsilon=\frac{c-h+1}{2e}=4 \tag{9-33}$$

2. 各指数的确定

上述方程中的各指数是通过大量实验确定的，在表 9-1 中给出。

表 9-1 各指数的值

接触类型	e	c	h	ε	D_w 的指数	l 的指数
点接触	10/9	31/3	7/3	3	1.8	—
线接触	9/8	31/3	7/3	4	29/27	7/9

将表 9-1 中各指数代入式(9-23)、式(9-24)、式(9-27)～式(9-29)可得：

(1) 点接触

$$Q_c=A_1\Phi D_w^{1.8} \tag{9-34}$$

$$\Phi=\left(\frac{T_1}{T}\right)^{3.1}\left(\frac{\xi}{\xi_1}\right)^{0.4}\frac{n_a^{2.8}n_b^{3.5}}{(D_w\sum\rho)^{2.1}}\left(\frac{D_w}{D}\right)^{0.3}u^{-1/3} \tag{9-35}$$

(2) 线接触

$$Q_c=B_1\Psi D_w^{29/27}l^{7/9} \tag{9-36}$$

$$B_1=3.517\ A_1^{20/27} \tag{9-37}$$

$$\Psi=(D_w\sum\rho)^{-35/27}\left(\frac{D_w}{D}\right)^{2/9}u^{-1/4} \tag{9-38}$$

3. 套圈额定滚动体负荷的计算

由第二章轴承几何学可得：

$$\left.\begin{aligned}&D=d_{\mathrm{m}}\mp D_{\mathrm{w}}\cos\alpha\\&[1+F(\rho)]\frac{D_{\mathrm{w}}}{2}\sum\rho=\frac{2}{1\mp\gamma}\\&[1-F(\rho)]\frac{D_{\mathrm{w}}}{2}\sum\rho=D_{\mathrm{w}}\left(\frac{1}{R}-\frac{1}{r}\right)\end{aligned}\right\}\tag{9-39}$$

式中：r——沟曲率半径；

R——滚动体母线的曲率半径；

$\gamma=\dfrac{D_{\mathrm{w}}\cos\alpha}{d_{\mathrm{m}}}$。

设各滚动体均匀受载，则应力循环次数等于接触循环次数，由式(3-17)和式(3-18)得：

$$u=\frac{1}{2}Z(1\pm\gamma)\tag{9-40}$$

将式(9-39)中的 D、$D_{\mathrm{w}}\sum\rho$ 及式(9-40)分别代入式(9-35)和式(9-38)可得：

(1) 对点接触

$$\Phi=0.068\ 552\omega\frac{(1\mp\gamma)^{1.8}}{(1\pm\gamma)^{1/3}}\left(\frac{D_{\mathrm{w}}}{d_{\mathrm{m}}}\right)^{0.3}Z^{-1/3}\tag{9-41}$$

式中：$\omega=[(1+F(\rho)]^{2.1}\left(\dfrac{T_1}{T}\right)^{3.1}\left(\dfrac{\xi}{\xi_1}\right)^{0.4}n_{\mathrm{a}}^{2.8}n_{\mathrm{b}}^{3.5}$

引入函数
$$\Omega=\frac{1-F(\rho)}{1+F(\rho)}=\frac{D_{\mathrm{w}}}{2R}\cdot\frac{r-R}{r}(1\mp\gamma)\tag{9-42}$$

则有：
$$\omega\approx1.3\Omega^{-0.41}\tag{9-43}$$

(2) 对线接触

因 $F(\rho)=1$，有：

$$\Psi=0.513\frac{(1\mp\gamma)^{29/27}}{(1\pm\gamma)^{1/4}}\left(\frac{D_{\mathrm{w}}}{d_{\mathrm{m}}}\right)^{2/9}Z^{-1/4}\tag{9-44}$$

将式(9-41)～式(9-44)分别代入式(9-34)和式(9-36)可得额定滚动体负荷计算公式为：

点接触：
$$Q_{\mathrm{c}}=A\left(\frac{2R}{D_{\mathrm{w}}}\cdot\frac{r}{r-R}\right)^{0.41}\frac{(1\mp\gamma)^{1.39}}{(1\pm\gamma)^{1/3}}\left(\frac{D_{\mathrm{w}}}{d_{\mathrm{m}}}\right)^{0.3}D_{\mathrm{w}}^{1.8}Z^{-1/3}\tag{9-45}$$

线接触：
$$Q_c=\lambda B\frac{(1\mp\gamma)^{29/27}}{(1\pm\gamma)^{1/4}}\left(\frac{D_w}{d_m}\right)^{2/9}D_w^{29/27}l^{7/9}Z^{-1/4} \tag{9-46}$$

式(9-39)～式(9-46)中，$\pm$或$\mp$的上面符号适用于内圈，$\pm$或$\mp$的下面符号适用于外圈，Q_c的单位为N，长度单位为mm。

对普通轴承钢，大量实验得出：

$A=98.1$，$B=551.3$。

λ是考虑边缘效应以及滚动体负荷中心不在滚子中间引起的降低系数，在表9-2中给出。

表9-2　降低系数λ

接触状态	内　圈	外　圈
线接触	0.41～0.56	0.38～0.6
修正线接触	0.6～0.8	0.6～0.8

4. 套圈当量滚动体负荷的计算

前面推导中曾假设滚动体负荷均匀分布。但是，一般情况下轴承中滚动体负荷分布是不均匀的，为计算套圈寿命，需要引入当量滚动体负荷的概念。如果在一假定的均匀分布滚动体负荷下，套圈寿命与实际负荷分布情况下的套圈寿命相同，这个假定的均匀分布的滚动体负荷叫当量滚动体负荷，记为Q_e。

1）轴承受中心轴向载荷时，负荷均匀分布，当量滚动体负荷为：

$$Q_e=\frac{F_a}{Z\sin\alpha} \tag{9-47}$$

2）相对于负荷方向旋转的套圈（内或外），经验表明，当量滚动体负荷为：

$$Q_{e\mu}=\left(\frac{1}{Z}\sum_{j=1}^{Z}Q_j^s\right)^{1/s}=\left(\frac{1}{2\pi}\int_0^{2\pi}Q^s(\Psi)\mathrm{d}\Psi\right)^{1/s} \tag{9-48}$$

式中：点接触$s=3$，线接触$s=4$。下标μ表示套圈相对负荷方向旋转。

由负荷分布知：

$$Q(\Psi)=Q_{\max}\left(1-\frac{1}{2\varepsilon}(1-\cos\Psi)\right)^n$$

式中：点接触$n=3/2$，线接触$n=10/9$。

将$Q(\Psi)$值代入式(9-48)可得：

$$Q_{e\mu}=Q_{\max}J_1(\varepsilon) \tag{9-49}$$

式中：$J_1(\varepsilon)$——相对负荷方向旋转套圈的当量滚动体负荷积分，可查表9-3。

$$J_1(\varepsilon)=\left\{\frac{1}{2\pi}\int_0^{2\pi}\left[1-\frac{1}{2\varepsilon}(1-\cos\Psi)\right]^{sn}\mathrm{d}\Psi\right\}^{1/s} \tag{9-50}$$

点接触：$sn=3\times3/2=9/2$；

线接触：$sn=4\times10/9=40/9$。

表 9-3　$J_1(\varepsilon)$、$J_2(\varepsilon)$值

单列轴承					双列轴承					
ε	J_1		J_2		ε_1	ε_2	J_1		J_2	
	点接触	线接触	点接触	线接触			点接触	线接触	点接触	线接触
0	0	0	0	0	0.5	0.5	0.692 5	0.757 7	0.723 3	0.786 7
0.1	0.427 5	0.528 7	0.460 3	0.563 3	0.6	0.4	0.598 3	0.680 7	0.623 1	0.704 4
0.2	0.480 6	0.577 2	0.510 0	0.607 3	0.7	0.3	0.598 6	0.680 6	0.621 5	0.703 2
0.3	0.515 0	0.607 9	0.542 7	0.635 9	0.8	0.2	0.610 5	0.690 7	0.633 1	0.712 7
0.4	0.541 1	0.630 9	0.567 3	0.657 1	0.9	0.1	0.624 8	0.702 8	0.645 3	0.722 9
0.5	0.562 5	0.649 5	0.587 5	0.674 4						
0.6	0.580 8	0.665 3	0.604 5	0.688 8						
0.7	0.597 0	0.679 2	0.619 6	0.701 5						
0.8	0.610 4	0.690 6	0.633 0	0.712 7						
0.9	0.624 8	0.702 8	0.645 3	0.722 9						
1.0	0.637 2	0.713 2	0.656 6	0.732 3						
1.25	0.665 2	0.736 6	0.682 1	0.753 2						
1.67	0.706 4	0.770 5	0.719 0	0.783 2						
2.5	0.770 7	0.821 6	0.777 7	0.830 1						
5	0.867 5	0.898 9	0.869 3	0.904 1						
∞	1	1	1	1						

3）相对负荷方向静止的套圈（内或外）的当量滚动体负荷为：

$$Q_{\mathrm{ev}}=\left(\frac{1}{Z}\sum_{j=1}^{Z}Q_j^w\right)^{1/w} \tag{9-51}$$

式中：点接触 $w=10/3$，线接触 $w=9/2$。下标 v 表示套圈相对负荷方向静止。

式(9-51)也可以写成如下的形式：

$$Q_{\mathrm{ev}}=Q_{\max}J_2(\varepsilon) \tag{9-52}$$

式中：$J_2(\varepsilon)$——相对负荷方向静止套圈的当量滚动体负荷积分，可查表 9-3。

$$J_2(\varepsilon)=\left\{\frac{1}{2\pi}\int_0^{2\pi}\left[1-\frac{1}{2\varepsilon}(1-\cos\Psi)\right]^{wn}\mathrm{d}\Psi\right\}^{1/w} \tag{9-53}$$

点接触：$wn=\frac{10}{3}\times\frac{3}{2}=5$

线接触：$wn=\frac{9}{2}\times\frac{10}{9}=5$

用当量滚动体负荷 Q_e 代替式(9-31)中的滚动体负荷 Q，各类轴承各种受载条件下单个套圈额定寿命计算公式表示为：

$$L_{10}=\left(\frac{Q_c}{Q_e}\right)^{\varepsilon} \tag{9-54}$$

式中：点接触 $\varepsilon=3$，线接触 $\varepsilon=4$。

二、整套轴承及一组轴承的额定寿命

根据式(9-13)，内、外圈及整套轴承分别有如下关系：

$$\ln\frac{1}{S_i}=0.1053\left(\frac{L_{si}}{L_{10i}}\right)^{e}$$

$$\ln\frac{1}{S_e}=0.1053\left(\frac{L_{se}}{L_{10e}}\right)^{e}$$

$$\ln\frac{1}{S}=0.1053\left(\frac{L_s}{L_{10}}\right)^{e}$$

式中：S_i，S_e，S——内圈、外圈和整套轴承的使用概率；

L_{si}，L_{se}，L_s——内圈、外圈和整套轴承与其使用概率相应的寿命；

L_{10i}，L_{10e}，L_{10}——内圈、外圈和整套轴承的额定寿命。

整套轴承不破坏是内圈不破坏和外圈不破坏这两个事件之积，且内圈不破坏和外圈不破坏是两个互相独立的事件，根据概率乘法定律，整套轴承的使用概率为：

$$S=S_iS_e$$

$$\ln\frac{1}{S}=\ln\frac{1}{S_i}+\ln\frac{1}{S_e}=0.1053\left(\frac{L_{si}}{L_{10i}}\right)^{e}+0.1053\left(\frac{L_{se}}{L_{10e}}\right)^{e}=0.1053\left(\frac{L_s}{L_{10}}\right)^{e}$$

当有一个套圈破坏时整套轴承破坏，所以内圈、外圈和整套轴承的实际使用时间是相同的，即：

$$L_{si}=L_{se}=L_s$$

于是得到下面的关系：

$$\left(\frac{1}{L_{10i}}\right)^{e}+\left(\frac{1}{L_{10e}}\right)^{e}=\left(\frac{1}{L_{10}}\right)^{e} \tag{9-55}$$

所以，整套轴承的额定寿命为：

$$L_{10}=(L_{10i}^{-e}+L_{10e}^{-e})^{-1/e} \tag{9-56}$$

式中：点接触 $e=10/9$，线接触 $e=9/8$。

以上的推导过程没有考虑滚动体的破坏是为了简化计算。但是，因为许多系数和指数是根据试验确定的，试验数据实际上反映了滚动体疲劳破坏的因素，所以，建立起来的计算方法是有效的。

由上述推导可知，利用式(9-54)计算整套轴承额定寿命的步骤是：

1）计算轴承中负荷分布；

2）计算套圈当量滚动体负荷；

3）计算套圈额定滚动体负荷；

4）计算内圈、外圈的额定寿命；

5）计算整套轴承的额定寿命。

这种方法虽然复杂，但比较精确，适用性广，可以解决柔性支承轴承和高速轴承等负荷分布特殊的寿命计算问题。

当在一个支承位置安装多套轴承时，如果已知每套轴承的额定寿命，用类似的方法可以得出整个轴承组的额定寿命计算公式：

$$L_{10}=(L_{10,1}^{-e}+L_{10,2}^{-e}+\cdots+L_{10,k}^{-e})^{-1/e} \tag{9-57}$$

式中：$L_{10,1}$、$L_{10,2}$、…、$L_{10,k}$——一组轴承中各套轴承的额定寿命；

k——一组的套数。

三、轴承额定寿命的简化计算方法

对于具有刚性支承和在适当转速下工作的轴承，Lundberg 和 Palmgren 提出了一种近似简化的轴承疲劳寿命计算方法，以代替上述那种较精确、但很复杂的计算方法。

1. 简化计算的寿命方程

滚动轴承额定寿命简化计算的基本公式称为寿命方程，表示为：

$$L_{10}=\left(\frac{C}{P}\right)^{\varepsilon} \tag{9-58}$$

式(9-58)中：对球轴承 $\varepsilon=3$，对滚子轴承 $\varepsilon=10/3$。额定寿命 L_{10} 的单位为 10^6 转，下标“10”可以省略不写。

式(9-58)中 C 为轴承的额定动载荷，表示轴承在运转条件下的承载能力。额定动载荷定义为轴承在内圈旋转、外圈静止的条件下，额定寿命为 10^6 转时轴承所能承受的单一方向的恒定载荷。对向心轴承是指使滚道半圈受载时的径向载荷；对推力轴承是指中心轴向载荷。

式(9-58)中 P 为轴承的当量动载荷，表示轴承在运转条件下承受载荷的大小。当量动载荷是一个假定的单一方向的恒定载荷，在此载荷作用下轴承的疲劳寿命与实际载荷作用下相同。对向心轴承为假定半圈受载时的径向载荷；对推力轴承为假定的中心轴向载荷。

额定动载荷和当量动载荷的计算公式将在后面给出。

简化计算方法适用于大多数轴承应用的场合，可以很方便地估计轴承寿命。但这种方法有一定的适用范围，只有在下面的使用条件下简化计算才是有效的：① 轴承具有刚性支承，座的刚性很高，轴是实心的；② 轴承不受力矩作用；③ 转速不很高，惯性力可以忽略；④ 润滑适当，油膜润滑参数 λ 在 1.5 左右。

在实际计算中，习惯用工作小时数表示轴承寿命，此时，式(9-58)改写为：

$$L_{\mathrm{h}}=\frac{10^{6}}{60\,n}\left(\frac{C}{P}\right)^{\varepsilon} \tag{9-59}$$

式中：L_{h}——以工作小时数计算的轴承额定寿命；

n——轴承转速，r/min。

为计算方便，引入转速系数 f_{n} 和寿命系数 f_{h} 如下：

$$f_{\mathrm{n}}=\left(\frac{100}{3n}\right)^{1/\varepsilon} \tag{9-60}$$

$$f_{\mathrm{h}}=\left(\frac{L_{\mathrm{h}}}{500}\right)^{1/\varepsilon} \tag{9-61}$$

轴承转速系数和寿命系数分别在表 9-4 和表 9-5 中给出。

表 9-4　转速系数 f_{n}

转速 n/(r/min)	f_{n}		转速 n/(r/min)	f_{n}		转速 n/(r/min)	f_{n}	
	球轴承	滚子轴承		球轴承	滚子轴承		球轴承	滚子轴承
10	1.494	1.435	16	1.277	1.246	22	1.148	1.133
11	1.447	1.395	17	1.252	1.224	23	1.132	1.118
12	1.405	1.356	18	1.228	1.203	24	1.116	1.104
13	1.369	1.326	19	1.206	1.184	25	1.100	1.090
14	1.335	1.297	20	1.186	1.164	26	1.086	1.077
15	1.305	1.271	21	1.166	1.149	27	1.073	1.065

续表 9-4

转速 n/(r/min)	f_n		转速 n/(r/min)	f_n		转速 n/(r/min)	f_n	
	球轴承	滚子轴承		球轴承	滚子轴承		球轴承	滚子轴承
28	1.060	1.054	70	0.781	0.800	185	0.565	0.598
29	1.048	1.043	72	0.774	0.794	190	0.560	0.593
30	1.036	1.032	74	0.767	0.787	195	0.555	0.589
31	1.025	1.022	76	0.760	0.781	200	0.550	0.584
32	1.014	1.012	78	0.753	0.775	210	0.541	0.576
33	1.003	1.003	80	0.747	0.769	220	0.533	0.568
34	0.994	0.994	82	0.741	0.763	230	0.525	0.560
35	0.984	0.986	84	0.735	0.758	240	0.518	0.553
36	0.975	0.977	86	0.729	0.753	250	0.511	0.546
37	0.966	0.969	88	0.724	0.747	260	0.504	0.540
38	0.958	0.962	90	0.718	0.742	270	0.498	0.534
39	0.949	0.954	92	0.713	0.737	280	0.492	0.528
40	0.941	0.947	94	0.708	0.733	290	0.487	0.523
41	0.933	0.940	96	0.703	0.728	300	0.481	0.517
42	0.926	0.933	98	0.698	0.724	310	0.476	0.512
43	0.919	0.927	100	0.693	0.719	320	0.471	0.507
44	0.912	0.920	105	0.682	0.709	330	0.466	0.503
45	0.905	0.914	110	0.672	0.699	340	0.461	0.498
46	0.898	0.908	115	0.662	0.690	350	0.457	0.494
47	0.892	0.902	120	0.652	0.681	360	0.453	0.490
48	0.885	0.896	125	0.644	0.673	370	0.448	0.486
49	0.880	0.891	130	0.635	0.665	380	0.444	0.482
50	0.874	0.886	135	0.627	0.657	390	0.441	0.478
52	0.863	0.875	140	0.620	0.650	400	0.437	0.475
54	0.851	0.865	145	0.613	0.643	410	0.433	0.471
56	0.841	0.856	150	0.606	0.637	420	0.430	0.467
58	0.831	0.847	155	0.599	0.631	430	0.426	0.464
60	0.822	0.838	160	0.593	0.625	440	0.423	0.461
62	0.813	0.830	165	0.586	0.619	450	0.420	0.458
64	0.805	0.822	170	0.581	0.613	460	0.417	0.455
66	0.797	0.815	175	0.575	0.608	470	0.414	0.452
68	0.788	0.807	180	0.570	0.603	480	0.411	0.449

续表 9-4

转速 n/(r/min)	f_n		转速 n/(r/min)	f_n		转速 n/(r/min)	f_n	
	球轴承	滚子轴承		球轴承	滚子轴承		球轴承	滚子轴承
490	0.408	0.447	1 300	0.295	0.333	3 800	0.206	0.242
500	0.406	0.444	1 350	0.291	0.329	3 900	0.205	0.240
520	0.400	0.439	1 400	0.288	0.326	4 000	0.203	0.238
540	0.395	0.434	1 450	0.284	0.322	4 100	0.201	0.236
560	0.390	0.429	1 500	0.281	0.319	4 200	0.199	0.234
580	0.386	0.425	1 550	0.278	0.316	4 300	0.198	0.233
600	0.382	0.420	1 600	0.275	0.313	4 400	0.196	0.231
620	0.378	0.416	1 650	0.272	0.310	4 500	0.195	0.230
640	0.374	0.412	1 700	0.270	0.307	4 600	0.193	0.228
660	0.370	0.408	1 750	0.267	0.305	4 700	0.192	0.227
680	0.366	0.405	1 800	0.265	0.302	4 800	0.191	0.225
700	0.363	0.401	1 850	0.262	0.300	4 900	0.190	0.224
720	0.359	0.398	1 900	0.260	0.297	5 000	0.188	0.222
740	0.356	0.395	1 950	0.258	0.295	5 200	0.186	0.220
760	0.353	0.391	2 000	0.255	0.293	5 400	0.183	0.217
780	0.350	0.388	2 100	0.251	0.289	5 600	0.181	0.215
800	0.347	0.385	2 200	0.247	0.285	5 800	0.179	0.213
820	0.344	0.383	2 300	0.244	0.281	6 000	0.177	0.211
840	0.341	0.380	2 400	0.240	0.277	6 200	0.175	0.209
860	0.339	0.377	2 500	0.237	0.274	6 400	0.173	0.207
880	0.336	0.375	2 600	0.234	0.271	6 600	0.172	0.205
900	0.333	0.372	2 700	0.231	0.268	6 800	0.170	0.203
920	0.331	0.370	2 800	0.228	0.265	7 000	0.168	0.201
940	0.329	0.367	2 900	0.226	0.262	7 200	0.167	0.199
960	0.326	0.365	3 000	0.223	0.259	7 400	0.165	0.198
980	0.324	0.363	3 100	0.221	0.257	7 600	0.164	0.196
1 000	0.322	0.361	3 200	0.218	0.254	7 800	0.162	0.195
1 050	0.317	0.355	3 300	0.216	0.252	8 000	0.161	0.193
1 100	0.312	0.350	3 400	0.214	0.250	8 200	0.160	0.192
1 150	0.307	0.346	3 500	0.212	0.248	8 400	0.158	0.190
1 200	0.303	0.341	3 600	0.210	0.246	8 600	0.157	0.189
1 250	0.299	0.337	3 700	0.208	0.243	8 800	0.156	0.188

续表 9-4

转速 n/(r/min)	f_n		转速 n/(r/min)	f_n		转速 n/(r/min)	f_n	
	球轴承	滚子轴承		球轴承	滚子轴承		球轴承	滚子轴承
9 000	0.155	0.187	13 500	0.135	0.165	19 500	0.120	0.148
9 200	0.154	0.185	14 000	0.134	0.163	20 000	0.119	0.147
9 400	0.153	0.184	14 500	0.132	0.162	21 000	0.117	0.145
9 600	0.152	0.183	15 000	0.131	0.160	22 000	0.115	0.143
9 800	0.150	0.182	15 500	0.129	0.158	23 000	0.113	0.141
10 000	0.149	0.181	16 000	0.128	0.157	24 000	0.112	0.139
10 500	0.147	0.178	16 500	0.126	0.156	25 000	0.110	0.137
11 000	0.145	0.176	17 000	0.125	0.154	26 000	0.109	0.136
11 500	0.143	0.173	17 500	0.124	0.153	27 000	0.107	0.134
12 000	0.141	0.171	18 000	0.123	0.152	28 000	0.106	0.133
12 500	0.139	0.169	18 500	0.122	0.150	29 000	0.105	0.131
13 000	0.137	0.167	19 000	0.121	0.149	30 000	0.104	0.130

表 9-5　寿命系数 f_h

寿命 L_h/h	f_h		寿命 L_h/h	f_h		寿命 L_h/h	f_h	
	球轴承	滚子轴承		球轴承	滚子轴承		球轴承	滚子轴承
10	0.272	0.309	90	0.565	0.598	170	0.698	0.723
15	0.311	0.349	95	0.575	0.603	175	0.705	0.730
20	0.342	0.381	100	0.585	0.617	180	0.712	0.736
25	0.368	0.407	105	0.595	0.626	185	0.718	0.742
30	0.392	0.430	110	0.604	0.635	190	0.724	0.748
35	0.412	0.450	115	0.613	0.643	195	0.731	0.754
40	0.431	0.469	120	0.622	0.652	200	0.737	0.760
45	0.448	0.486	125	0.631	0.660	210	0.749	0.771
50	0.464	0.501	130	0.639	0.668	220	0.761	0.782
55	0.479	0.516	135	0.647	0.675	230	0.772	0.792
60	0.493	0.529	140	0.654	0.688	240	0.783	0.802
65	0.507	0.542	145	0.662	0.690	250	0.794	0.812
70	0.519	0.554	150	0.670	0.697	260	0.804	0.822
75	0.531	0.566	155	0.677	0.704	270	0.814	0.831
80	0.543	0.577	160	0.684	0.710	280	0.824	0.840
85	0.554	0.588	165	0.691	0.717	290	0.834	0.849

续表 9-5

寿命 L_h/h	f_h		寿命 L_h/h	f_h		寿命 L_h/h	f_h	
	球轴承	滚子轴承		球轴承	滚子轴承		球轴承	滚子轴承
300	0.843	0.858	740	1.140	1.125	1 950	1.575	1.505
310	0.852	0.866	760	1.150	1.135	2 000	1.590	1.515
320	0.861	0.875	780	1.160	1.145	2 100	1.615	1.540
330	0.870	0.883	800	1.170	1.150	2 200	1.640	1.560
340	0.879	0.891	820	1.180	1.160	2 300	1.665	1.580
350	0.888	0.893	840	1.190	1.170	2 400	1.690	1.600
360	0.896	0.906	860	1.200	1.180	2 500	1.710	1.620
370	0.905	0.914	880	1.205	1.185	2 600	1.730	1.640
380	0.913	0.921	900	1.215	1.190	2 700	1.755	1.660
390	0.921	0.928	920	1.225	1.200	2 800	1.775	1.675
400	0.928	0.935	940	1.235	1.210	2 900	1.795	1.695
410	0.936	0.942	960	1.245	1.215	3 000	1.815	1.710
420	0.944	0.949	980	1.250	1.225	3 100	1.835	1.730
430	0.951	0.956	1 000	1.260	1.230	3 200	1.855	1.745
440	0.959	0.962	1 050	1.280	1.250	3 300	1.875	1.760
450	0.966	0.969	1 110	1.300	1.270	3 400	1.895	1.775
460	0.973	0.975	1 150	1.320	1.285	3 500	1.910	1.795
470	0.980	0.982	1 200	1.340	1.300	3 600	1.930	1.810
480	0.987	0.988	1 250	1.360	1.315	3 700	1.950	1.825
490	0.994	0.994	1 300	1.375	1.330	3 800	1.965	1.840
500	1.000	1.000	1 350	1.395	1.345	3 900	1.985	1.850
520	1.015	1.010	1 400	1.410	1.360	4 000	2.00	1.865
540	1.025	1.025	1 450	1.425	1.375	4 100	2.02	1.880
560	1.040	1.035	1 500	1.445	1.390	4 200	2.03	1.895
580	1.050	1.045	1 550	1.460	1.405	4 300	2.05	1.905
600	1.065	1.055	1 600	1.475	1.420	4 400	2.07	1.920
620	1.075	1.065	1 650	1.490	1.430	4 500	2.08	1.935
640	1.085	1.075	1 700	1.505	1.445	4 600	2.10	1.959
660	1.100	1.085	1 750	1.520	1.455	4 700	2.11	1.960
680	1.110	1.095	1 800	1.535	1.470	4 800	2.13	1.970
700	1.120	1.105	1 850	1.545	1.480	4 900	2.14	1.985
720	1.130	1.115	1 900	1.560	1.490	5 000	2.15	2.00

续表 9-5

寿命 L_h/h	f_h		寿命 L_h/h	f_h		寿命 L_h/h	f_h	
	球轴承	滚子轴承		球轴承	滚子轴承		球轴承	滚子轴承
5 200	2.18	2.02	12 000	2.89	2.59	32 000	4.00	3.48
5 400	2.21	2.04	12 500	2.93	2.63	33 000	4.04	3.51
5 600	2.24	2.06	13 000	2.96	2.66	34 000	4.08	3.55
5 800	2.27	2.09	13 500	3.00	2.69	35 000	4.12	3.58
6 000	2.39	2.11	14 000	3.04	2.72	36 000	4.16	3.61
6 200	2.32	2.13	14 500	3.07	2.75	37 000	4.20	3.64
6 400	2.34	2.15	15 000	3.11	2.77	38 000	4.24	3.67
6 600	2.37	2.17	15 500	3.14	2.80	39 000	4.27	3.70
6 800	2.39	2.19	16 000	3.18	2.83	40 000	4.31	3.72
7 000	2.41	2.21	16 500	3.21	2.85	41 000	4.35	3.75
7 200	2.43	2.23	17 000	3.24	2.88	42 000	4.38	3.78
7 400	2.46	2.24	17 500	3.27	2.91	43 000	4.42	3.80
7 600	2.48	2.26	18 000	3.30	2.93	44 000	4.45	3.83
7 800	2.50	2.28	18 500	3.33	2.95	45 000	4.48	3.86
8 000	2.52	2.30	19 000	3.36	2.98	46 000	4.51	3.88
8 200	2.54	2.31	19 500	3.39	3.00	47 000	4.55	3.91
8 400	2.56	2.33	20 000	3.42	3.02	48 000	4.58	3.93
8 600	2.58	2.35	21 000	3.48	3.07	49 000	4.61	3.96
8 800	2.60	2.36	22 000	3.53	3.11	50 000	4.64	3.98
9 000	2.62	2.38	23 000	3.58	3.15	55 000	4.80	4.10
9 200	2.64	2.40	24 000	3.63	3.19	60 000	4.94	4.20
9 400	2.66	2.41	25 000	3.68	3.23	65 000	5.07	4.30
9 600	2.68	2.43	26 000	3.73	3.27	70 000	5.19	4.40
9 800	2.70	2.44	27 000	3.78	3.31	75 000	5.30	4.50
10 000	2.71	2.46	28 000	3.82	3.35	80 000	5.43	4.58
10 500	2.78	2.49	29 000	3.87	3.38	85 000	5.55	4.66
11 000	2.80	2.53	30 000	3.91	3.42	90 000	5.65	4.75
11 500	2.85	2.56	31 000	3.99	3.45	100 000	5.85	4.90

普通轴承的工作温度不能超过 120 ℃，在 120 ℃以上使用的轴承要经过特殊热处理或选用特殊材料。在高温条件下轴承表面硬度降低，轴承寿命降低，为此引入温度系数 f_T，并有：

$$C_T = f_T C$$

这里：C_T——考虑温度影响的额定动载荷；

f_T——温度系数，列于表 9-6 中；

C——普通轴承的额定动载荷。

表 9-6　温度系数 f_T

轴承工作温度 T/℃	125	150	175	200	225	250	300
f_T	0.95	0.90	0.85	0.80	0.75	0.70	0.60

考虑到有冲击载荷的情况下实际受力比计算值要大，引入载荷系数 f_P，将计算的当量动载荷乘以系数 f_P 作为实际的当量动载荷。载荷系数在表 9-7 中给出。

表 9-7　载荷系数 f_P

载荷性质	f_P	举　　例
无冲击力或轻微冲击力	1.0～1.2	电机、汽轮机、通风机、水泵
中等振动和冲击	1.2～1.8	车辆、机床、传动装置、起重机、冶金设备、内燃机、减速箱
强大振动和冲击	1.8～3.0	破碎机、轧钢机、石油钻机、振动筛

引入上面四个系数之后，式(9-59)改写为

$$C=\frac{f_h f_p}{f_n f_T}P \tag{9-62}$$

对于给定的轴承和使用工况条件，先查表 9-4、表 9-6 和表 9-7，得到相应的轴承转速系数 f_n、温度系数 f_T 和载荷系数 f_p，用式(9-62)可求出轴承寿命系数 f_h，查表 9-5，可求出与之对应的额定寿命。对给定的使用工况条件和寿命使用要求；用式(9-62)可以计算需要的轴承额定动载荷，作为选择轴承的依据。

2. 简化计算方法的推导过程

从实用的角度看，这一小节的内容似乎是不必要的。但为了加深理解寿命计算的方法，还是应该把这种方法的来龙去脉作一叙述。

(1) 内、外圈的额定动载荷

内、外圈额定动载荷的定义与整套轴承额定动载荷的定义类似，是指在内圈旋转、外圈静止的情况下，套圈额定寿命为 10^6 转时所能承受的单一方向的恒定载荷。对向心轴承为半圈受载时的径向载荷，对推力轴承为中心轴向载荷。

1）对单列向心轴承，根据负荷分布关系有：

$$Q_{\max}=\frac{F_{r}}{ZJ_{r}(\varepsilon)\cos\alpha} \tag{9-63}$$

设内圈旋转，将 $Q_{\max}$ 值分别代入式(9-49)、式(9-52)可得：

$$Q_{eu}=Q_{ei}=\frac{F_{r}}{ZJ_{r}(\varepsilon)\cos\alpha}J_{1}(\varepsilon) \tag{9-64}$$

$$Q_{ev}=Q_{ee}=\frac{F_{r}}{ZJ_{r}(\varepsilon)\cos\alpha}J_{2}(\varepsilon) \tag{9-65}$$

根据额定滚动体负荷和套圈额定动载荷的定义，对于式(9-64)，当 $\varepsilon=0.5$、$Q_{ei}=Q_{ci}$ 时，$F_{r}=C_{i}$，由此得到内圈的额定动载荷为：

$$C_{i}=Q_{ci}Z\frac{J_{r}(0.5)}{J_{1}(0.5)}\cos\alpha \tag{9-66}$$

同样，由式(9-65)可得外圈的额定动载荷为：

$$C_{e}=Q_{ce}Z\frac{J_{r}(0.5)}{J_{2}(0.5)}\cos\alpha \tag{9-67}$$

查表5-1可得 $J_{r}(0.5)$，查表9-3可得 $J_{1}(0.5)$ 和 $J_{2}(0.5)$，将 $J_{r}(0.5)$、$J_{1}(0.5)$ 和 $J_{2}(0.5)$ 的值分别代入式(9-66)、式(9-67)可得：

对点接触：

$$C_{i}=0.407\,Q_{ci}Z\cos\alpha \tag{9-68}$$

$$C_{e}=0.389\,Q_{ce}Z\cos\alpha \tag{9-69}$$

对线接触：

$$C_{i}=0.3767\,Q_{ci}Z\cos\alpha \tag{9-70}$$

$$C_{e}=0.3634\,Q_{ce}Z\cos\alpha \tag{9-71}$$

式(9-68)～式(9-71)中：Q_{ci}、Q_{ce}——内圈、外圈的额定滚动体负荷，由式(9-45)或式(9-46)计算。

2）对单列的推力轴承和角接触向心轴承，受中心轴向载荷时，各滚动体载荷由式(5-29)可知：

$$Q=\frac{F_{a}}{Z\sin\alpha}$$

设内圈旋转，将 Q 值代入式(9-49)和式(9-52)得：

$$Q_{eu}=Q_{ei}=\frac{F_{a}}{Z\sin\alpha}J_{1}(\varepsilon) \tag{9-72}$$

$$Q_{ev}=Q_{ee}=\frac{F_a}{Z\sin\alpha}J_2(\varepsilon) \tag{9-73}$$

根据额定滚动体负荷和套圈额定动载荷的定义，受中心轴向负荷（$\varepsilon=\infty$），且式(9-72)中 $Q_{ei}=Q_{ci}$ 时，$F_a=C_i$，由此得内圈额定动载荷为：

$$C_i=Q_{ci}ZJ_1(\infty)\sin\alpha \tag{9-74}$$

同样可得：

$$C_e=Q_{ce}ZJ_2(\infty)\sin\alpha \tag{9-75}$$

对点接触和线接触，$J_1(\infty)$ 和 $J_2(\infty)$ 均为 1，因此，无论点接触或线接触推力轴承，套圈额定动载荷均为：

$$C_i=Q_{ci}Z\sin\alpha \tag{9-76}$$

$$C_e=Q_{ce}Z\sin\alpha \tag{9-77}$$

式(9-76)和式(9-77)中：Q_{ci}、Q_{ei} 由式(9-45)或式(9-46)计算。

(2) 整套轴承的额定动载荷

对给定的单列向心轴承，当 $\varepsilon=0.5$ 时，滚动体负荷与径向载荷成正比，式(9-16)和式(9-19)可以改写为：

$$\ln\frac{1}{S}=KF_r^wL_s^e \tag{9-78}$$

点接触：$w=\frac{c-h+2}{3}=\frac{10}{3}$

线接触：$w=\frac{c-h+1}{2}=\frac{9}{2}$

对内圈有：$\ln\frac{1}{S_i}=K_iF_r^wL_{si}^e$

如取 $S_i=0.9$，$L_{10i}=1$

则：$F_r=C_i$

$$K_i=\frac{\ln\frac{1}{0.9}}{C_i^w} \tag{9-79}$$

对外圈同样有：$\ln\frac{1}{S_e}=K_eF_r^wL_{se}^e$

$$K_e=\frac{\ln\frac{1}{0.9}}{C_e^w} \tag{9-80}$$

对整套轴承有：$S=S_iS_e$，$L_{si}=L_{se}=L_s$

$$\ln\frac{1}{S}=\ln\frac{1}{S_iS_e}=(K_i+K_e)F_r^wL_s^e \tag{9-81}$$

根据轴承额定动载荷的定义，$\varepsilon=0.5$，$S=0.9$，$L_{10}=1$ 时，则整套轴承额定动载荷为：

$$C=F_r \tag{9-82}$$

将式(9-79)、式(9-80)和式(9-82)代入式(9-81)可得：

$$\ln\frac{1}{0.9}=\ln\frac{1}{0.9}\left(\frac{1}{C_i^w}+\frac{1}{C_e^w}\right)C^w\times 1$$

从而有：

$$\frac{1}{C^w}=\frac{1}{C_i^w}+\frac{1}{C_e^w} \tag{9-83}$$

令

$$g_c=\left[1+\left(\frac{C_i}{C_e}\right)^w\right]^{-1/w} \tag{9-84}$$

则整套轴承的额定动载荷为：

$$C=g_cC_i \tag{9-85}$$

式(9-84)和式(9-85)也适用于单列推力轴承，推导过程只需要把式(9-78)中的 F_r 换成 F_a 即可。

(3) 多列轴承的额定动载荷

有 i 列滚动体的向心轴承中，设各列的额定动载荷相同，$C_1=C_2=\cdots=C_i$，整套轴承的额定动载荷为 C，轴承径向载荷 F_r，每一列承受径向载荷为$\left(\frac{F_r}{i}\right)$。并注意到，同一轴承中，每一列和整套轴承的实际运转时间即寿命相同，记为 L。

根据式(9-78)，对每一列有如下关系。

$$\ln\frac{1}{S_1}=K_1\left(\frac{F_r}{i}\right)^wL^e$$

$$\ln\frac{1}{S_2}=K_2\left(\frac{F_r}{i}\right)^wL^e$$

$$\vdots$$

$$\ln\frac{1}{S_i}=K_i\left(\frac{F_r}{i}\right)^wL^e$$

如取 $S_1=S_2=\cdots=S_i=0.9$、$L=1$ 时得到：

$$K_1=\frac{\ln\frac{1}{0.9}}{C_1^w}$$

$$K_2=\frac{\ln\frac{1}{0.9}}{C_2^w}$$

$$\vdots$$

$$K_i=\frac{\ln\frac{1}{0.9}}{C_i^w}$$

整套轴承不破坏必须是每一列都不破坏，根据概率乘法定律得下面关系：

$$S=S_1S_2\cdots S_i$$

$$\ln\frac{1}{S}=(K_1+K_2+\cdots+K_i)\left(\frac{F_r}{i}\right)^w L^e$$

如取 $S=0.9$、$L=1$ 时，有 $F_r=C$，代入上式可得：

$$\ln\frac{1}{0.9}=\ln\frac{1}{0.9}\left(\frac{1}{C_1^w}+\frac{1}{C_2^w}+\cdots+\frac{1}{C_i^w}\right)\left(\frac{C}{i}\right)^w\times 1$$

因 $C_1=C_2=\cdots=C_i$，于是得到：

$$1=\frac{i}{C_1^w}\left(\frac{C}{i}\right)^w$$

多列轴承的额定动载荷为：

$$C=i^{1-\frac{1}{w}}C_1 \tag{9-86}$$

对点接触 $w=10/3$，对线接触 $w=9/2$。

式(9-86)也适用于各列额定动载荷相同的推力轴承。

对于各列钢球数及额定动载荷不同的多列推力球轴承，用下式计算额定动载荷：

$$C=(Z_1+Z_2+\cdots+Z_i)\left[\left(\frac{Z_1}{C_1}\right)^{10/3}+\left(\frac{Z_2}{C_2}\right)^{10/3}+\cdots+\left(\frac{Z_i}{C_i}\right)^{10/3}\right]^{-3/10} \tag{9-87}$$

对于各列滚子数及长度不同的多列推力滚子轴承用下式计算额定动载荷：

$$C=(Z_1l_1+Z_2l_2+\cdots+Z_il_i)\left[\left(\frac{Z_1l_1}{C_1}\right)^{9/2}+\left(\frac{Z_2l_2}{C_2}\right)^{9/2}+\cdots+\left(\frac{Z_il_i}{C_i}\right)^{9/2}\right]^{-2/9} \tag{9-88}$$

式中：$Z_1,Z_2,\cdots,Z_i$——各列的滚动体数目；

$l_1,l_2,\cdots,l_i$——各列的滚子有效长度；

$C_1,C_2,\cdots,C_i$——各列的额定动载荷；

i——列数。

（4）轴承当量动载荷及寿命方程

如前所述，额定动载荷是在假定的条件下确定的。如果轴承实际载荷条件与假定条件不同，为了进行比较和计算寿命，必须在等寿命的原则下把实际载荷转换为假定条件下的当量动载荷。前面曾定义，当量动载荷是一个假定的单一方向的恒定载荷，在此载荷作用下轴承的疲劳寿命与实际载荷作用下相同。对向心轴承为假定半圈受载时的径向载荷，对推力轴承为假定的中心轴向载荷。

由式(9-54)可得到下面的关系：

$$L_{10i}=\left(\frac{Q_{ci}}{Q_{ei}}\right)^{\varepsilon} \tag{9-89}$$

$$L_{10e}=\left(\frac{Q_{ce}}{Q_{ee}}\right)^{\varepsilon} \tag{9-90}$$

由式(9-66)和式(9-67)得：

$$Q_{ci}=\frac{C_i J_1(0.5)}{ZJ_r(0.5)\cos\alpha} \tag{9-91}$$

$$Q_{ce}=\frac{C_e J_2(0.5)}{ZJ_r(0.5)\cos\alpha} \tag{9-92}$$

将式(9-64)和式(9-91)代入式(9-89)可得：

$$L_{10i}=\left[\frac{C_i J_1(0.5)J_r(\varepsilon)}{F_r J_r(0.5)J_1(\varepsilon)}\right]^{\varepsilon}=\left(\frac{C_i}{P_i}\right)^{\varepsilon} \tag{9-93}$$

式中：P_i——轴承内圈当量动载荷。

将式(9-65)和式(9-92)代入式(9-90)可得：

$$L_{10e}=\left[\frac{C_e J_2(0.5)J_r(\varepsilon)}{F_r J_r(0.5)J_2(\varepsilon)}\right]^{\varepsilon}=\left(\frac{C_e}{P_e}\right)^{\varepsilon} \tag{9-94}$$

式中：P_e——轴承外圈当量动载荷。

由式(9-93)和式(9-94)可得：

$$P_i=F_r\frac{J_r(0.5)J_1(\varepsilon)}{J_1(0.5)J_r(\varepsilon)} \tag{9-95}$$

$$P_e=F_r\frac{J_r(0.5)J_2(\varepsilon)}{J_2(0.5)J_r(\varepsilon)} \tag{9-96}$$

在式(9-78)中，当 F_r 为当量动载荷时，可以得到下面的关系式：

$$\ln\frac{1}{S_i}=\frac{\ln\frac{1}{0.9}}{C_i^w}P_i^w L_i^e=\left(\frac{P_i}{C_i}\right)^w L_i^e\ln\frac{1}{0.9} \tag{9-97}$$

$$\ln\frac{1}{S_e}=\frac{\ln\frac{1}{0.9}}{C_e^w}P_e^wL_e^e=\left(\frac{P_e}{C_e}\right)^wL_e^e\ln\frac{1}{0.9} \tag{9-98}$$

$$\ln\frac{1}{S}=\frac{\ln\frac{1}{0.9}}{C^w}P^wL_s^e=\left(\frac{P}{C}\right)^wL_s^e\ln\frac{1}{0.9} \tag{9-99}$$

对整套轴承有：$S=S_iS_e$，$L_i=L_e=L_s$。

于是得到：$\ln\frac{1}{S}=\ln\frac{1}{S_iS_e}=\left[\left(\frac{P_i}{C_i}\right)^wL_s^e+\left(\frac{P_e}{C_e}\right)^wL_s^e\right]\ln\frac{1}{0.9}=\left(\frac{P}{C}\right)^wL_s^e\ln\frac{1}{0.9}$

$$\left(\frac{P_i}{C_i}\right)^w+\left(\frac{P_e}{C_e}\right)^w=\left(\frac{P}{C}\right)^w \tag{9-100}$$

将式(9-95)和式(9-96)代入式(9-100)，可得整套轴承当量动载荷计算公式为：

$$P=F_r\frac{J_r(0.5)}{J_r(\varepsilon)}\left\{\left[\frac{C}{C_i}\times\frac{J_1(\varepsilon)}{J_1(0.5)}\right]^w+\left[\frac{C}{C_e}\times\frac{J_2(\varepsilon)}{J_2(0.5)}\right]^w\right\}^{1/w} \tag{9-101}$$

将第五章关系式$\frac{F_r}{F_a}\tan\alpha=\frac{J_r(\varepsilon)}{J_a(\varepsilon)}$代入式(9-101)中，整套轴承当量动载荷又可以表示为：

$$P=F_a\cot\alpha\frac{J_r(0.5)}{J_a(\varepsilon)}\left\{\left[\frac{C}{C_i}\times\frac{J_1(\varepsilon)}{J_1(0.5)}\right]^w+\left[\frac{C}{C_e}\times\frac{J_2(\varepsilon)}{J_2(0.5)}\right]^w\right\}^{1/w} \tag{9-102}$$

方程式(9-101)和式(9-102)是计算轴承当量动载荷的基本公式。根据径向载荷和轴向载荷以及负荷分布范围参数 ε 可以计算出当量动载荷。

在式(9-99)中取 $S=0.9$，则得到滚动轴承额定寿命的简化计算公式为：

$$L_{10}=\left(\frac{C}{P}\right)^{w/e}=\left(\frac{C}{P}\right)^{\varepsilon} \tag{9-103}$$

这就是前面提出的寿命方程式(9-58)，寿命简化计算推导完毕，对于式(9-103)，球轴承 $\varepsilon=3$，对滚子轴承 $\varepsilon=10/3$。

应该说明，对点接触 $\varepsilon=3$，对线接触 $\varepsilon=4$，因为滚子轴承中有线接触，也有点接触，为统一计算方法，对滚子轴承取 $\varepsilon=10/3$，由此而产生的影响在额定动载荷的计算中引入系数予以补偿。

四、轴承额定动载荷的计算公式

根据方程式(9-45)、式(9-46)、式(9-68)～式(9-71)、式(9-76)、式(9-77)、式(9-84)～式(9-86)可以得到各类轴承额定动载荷的计算公式，列于表 9-8 中。对于多列推力轴承，当各列的额定动载荷不同时，用式(9-87)或式(9-88)计算额定动载荷。

表 9-8 滚动轴承额定动载荷计算公式表

轴承类型		C	f_c	γ
向心球轴承		$b_m f_c (i\cos\alpha)^{0.7} \times Z^{2/3} F(D_w)$	$39.93\lambda\gamma^{0.3}\dfrac{(1-\gamma)^{1.39}}{(1+\gamma)^{1/3}}\left(\dfrac{2f_i}{2f_i-1}\right)^{0.41} \times \left\{1+\left[1.04\left(\dfrac{1-\gamma}{1+\gamma}\right)^{1.72} \times \dfrac{f_i^{0.41}(2f_e-1)^{0.41}}{f_e^{0.41}(2f_i-1)^{0.41}}\right]^{10/3}\right\}^{-0.3}$	$\dfrac{D_w\cos\alpha}{d_m}$
推力球轴承	$\alpha=90°$	$b_m f_c Z^{2/3} F(D_w)$	$98.1\lambda\eta\gamma^{0.3}\left(\dfrac{2f_i}{2f_i-1}\right)^{0.41} \times \left\{1+\left[\dfrac{f_i(2f_e-1)}{f_e(2f_i-1)}\right]^{4.1/3}\right\}^{-0.3}$	$\dfrac{D_w}{d_m}$
	$\alpha\neq90°$	$b_m f_c (\cos\alpha)^{0.7} \times Z^{2/3} F(D_w) \times \tan\alpha$	$98.1\lambda\eta\gamma^{0.3}\dfrac{(1-\gamma)^{1.39}}{(1+\gamma)^{1/3}}\left(\dfrac{2f_i}{2f_i-1}\right)^{0.41} \times \left\{1+\left[\left(\dfrac{1-\gamma}{1+\gamma}\right)^{1.72}\dfrac{f_i^{0.41}(2f_e-1)^{0.41}}{f_e^{0.41}(2f_i-1)^{0.41}}\right]^{10/3}\right\}^{-0.3}$	$\dfrac{D_w\cos\alpha}{d_m}$
向心滚子轴承		$b_m f_c (il\cos\alpha)^{7/9} \times Z^{3/4} D_w^{29/27}$	$208\lambda\nu\gamma^{2/9}\dfrac{(1-\gamma)^{29/27}}{(1+\gamma)^{1/4}} \times \left\{1+\left[1.04\left(\dfrac{1-\gamma}{1+\gamma}\right)^{143/108}\right]^{9/2}\right\}^{-2/9}$	$\dfrac{D_w\cos\alpha}{d_m}$
推力滚子轴承	$\alpha=90°$	$b_m f_c l^{7/9} Z^{3/4} D_w^{29/27}$	$551.3\times2^{-2/9}\lambda\eta\nu\gamma^{2/9}$	$\dfrac{D_w}{d_m}$
	$\alpha\neq90°$	$b_m f_c (l\cos\alpha)^{7/9} \times Z^{3/4} D_w^{29/27}\tan\alpha$	$551.3\lambda\eta\nu\gamma^{2/9}\dfrac{(1-\gamma)^{29/27}}{(1+\gamma)^{1/4}} \times \left[1+\left(\dfrac{1-\gamma}{1+\gamma}\right)^{143/24}\right]^{-2/9}$	$\dfrac{D_w\cos\alpha}{d_m}$

注：力的单位为 N，长度单位为 mm。

b_m 取值：

——对于径向接触和角接触球轴承（有装填槽的轴承除外）以及调心球轴承和外球面轴承，其值取 1.3；

——对于有装填槽的径向接触和角接触球轴承，其值取 1.1；

——对于推力球轴承，其值取 1.3；

——对于圆柱滚子轴承、圆锥滚子轴承和机制套套圈滚针轴承，其值取 1.1；

——对于冲压外圈滚针轴承，其值取 1；

——对于调心滚子轴承，其值取 1.15；

——对于推力圆柱滚子轴承和推力滚针轴承，其值取 1；

——对于推力圆锥滚子轴承，其值取 1.1；

——对于推力调心滚子轴承，其值取 1.15。

根据试验结果，对额定动载荷的计算进行了下面一些修正：

1）钢球直径对额定动载荷的影响，引入函数 $F(D_w)$

当 $D_w \leqslant 25.4$ mm 时，$F(D_w)=D_w^{1.8}$　　(9-104)

当 $D_w > 25.4$ mm 时，$F(D_w)=3.647\ D_w^{1.4}$　　(9-105)

2）制造误差和安装误差等因素使球轴承额定动载荷比理论值略低，引入修正系数 λ 和 η，列于表 9-9 中。

3）滚子轴承的实际额定动载荷比理论值低，对于结构类型、接触状态、引导方式等因素的影响引入修正系数 λ，列于表 9-10 中。

根据结构设计和载荷条件不同，滚子轴承中可能产生线接触和点接触两种情况，在寿命方程中指数统一取为 10/3，由此产生的影响用修正系数 ν 予以补偿，列于表 9-10 中。

正确选择 $\lambda\nu$ 值对滚子轴承的额定动载荷计算值影响很大。通常受载最大的滚子与滚道之间接触应力沿滚子长度均匀分布时，取较大的 $\lambda\nu$ 值，如 0.73 或 0.83。如果滚子长度方向有明显应力集中，或滚子引导不好时，或滚子长径比大于 2.5 时，应取较小的 $\lambda\nu$ 值。推力圆柱滚子轴承中存在显著的滑动，不宜选取较大的 $\lambda\nu$ 值。

4）由于制造误差和安装误差的影响，滚子轴承额定动载荷降低系数 η 与接触角有关，表示为：

$$\eta=1-0.15\sin\alpha \tag{9-106}$$

表 9-9　球轴承的 λ 和 η 值

轴　承　类　型	λ	η
单列深沟球轴承、单列角接触球轴承和双列角接触球轴承	0.95	—
双列深沟球轴承	0.90	—
调心球轴承	1.00	—
分离的单列角接触球轴承	0.95	—
推力球轴承	0.90	$1-\frac{\sin\alpha}{3}$

表 9-10　滚子轴承的 λ 和 ν 值

接　触　状　态	λ	ν	$\lambda\nu$
内、外套圈接触处均为线接触	0.45	1.36	0.61
内、外套圈同时存在点接触和线接触	0.54	1.26	0.68
修正线接触的滚子、滚子长度 $l \leqslant 2.5D_w$	0.61	1.36	0.83
修正线接触的圆锥滚子轴承及球面滚子轴承	0.65	1.2	0.78

各类轴承的 f_c 取值，见表 9-11～表 9-14，用户可以根据轴承主要的结构参数查取。表 9-11～表 9-14 中，长度单位为 mm。试用这几个表时应注意适用范围，如果不适用，则需要按表 9-8 中的公式计算。

表 9-11　向心球轴承的 f_c

$\gamma=\dfrac{D_w\cos\alpha}{d_m}$	单列深沟球轴承、单列角接触球轴承和双列角接触球轴承	双列深沟球轴承	调心球轴承	分离的单列角接触球轴承
0.01	29.1	27.5	9.9	9.4
0.02	35.8	33.9	12.4	11.7
0.03	40.3	38.2	14.3	13.4
0.04	43.8	41.5	15.9	14.9
0.05	46.7	44.2	17.3	16.2
0.06	49.1	46.5	18.6	17.4
0.07	51.1	48.4	19.9	18.5
0.08	52.8	50.0	21.1	19.5
0.09	54.3	51.4	22.3	20.6
0.10	55.5	52.6	23.4	21.5
0.12	57.5	54.5	25.6	23.4
0.14	58.8	55.7	27.7	25.3
0.16	59.6	56.5	29.7	27.1
0.18	59.9	56.8	31.7	28.8
0.20	59.9	56.8	33.5	30.5
0.22	59.6	56.5	35.2	32.1
0.24	59.0	55.9	36.8	33.7
0.26	58.2	55.1	38.2	35.2
0.28	57.1	54.1	39.4	36.6
0.30	56.0	53.0	40.3	37.8
0.32	54.6	51.8	40.9	38.9
0.34	53.2	50.4	41.2	39.3
0.36	51.7	48.9	41.3	40.4
0.38	50.0	47.4	41.0	40.8
0.40	48.4	45.8	40.4	40.9

注：本表适用的沟曲率半径系数为：对深沟球轴承和角接触球轴承 $f_i \leqslant 0.52$，$f_e \leqslant 0.53$；对调心球轴承 $f_i \leqslant 0.53$。

表 9-12　推力球轴承的 f_c 值[1)]

$\frac{D_w}{d_m}$	f_c	$\frac{D_w \cos\alpha}{d_m}$	f_c		
	$\alpha=90°$		$\alpha=45°$[2)]	$\alpha=60°$	$\alpha=75°$
0.01	36.7	0.01	42.1	39.2	37.3
0.02	45.2	0.02	51.7	48.1	45.9
0.03	51.1	0.03	58.2	54.2	51.7
0.04	55.7	0.04	63.3	58.9	56.1
0.05	59.5	0.05	67.3	62.6	59.7
0.06	62.9	0.06	70.7	65.8	62.7
0.07	65.8	0.07	73.5	68.4	65.2
0.08	68.5	0.08	75.9	70.7	67.3
0.09	71.0	0.09	78.0	72.6	69.2
0.10	73.3	0.10	79.7	74.2	70.7
0.12	77.4	0.12	82.3	76.6	
0.14	81.1	0.14	84.1	78.3	
0.16	84.4	0.16	85.1	79.2	
0.18	87.4	0.18	85.5	79.6	
0.20	90.2	0.20	85.4	79.5	
0.22	92.8	0.22	84.9		
0.24	95.3	0.24	84.0		
0.26	97.6	0.26	82.8		
0.28	99.8	0.28	81.3		
0.30	101.9	0.30	79.6		
0.32	103.9				
0.34	105.8				
0.35	106.7				

1）本表适用的沟曲率半径系数为 $f_i=f_e\leqslant 0.54$。

2）对于 $\alpha>45°$的推力轴承，$\alpha=45°$的值可用于 α 在 45°和 60°之间的内插计算。

表 9-13 向心滚子轴承的 f_c 值

$\gamma=\dfrac{D_w\cos\alpha}{d_m}$	$\lambda\nu=0.61$	$\lambda\nu=0.68$	$\lambda\nu=0.73$	$\lambda\nu=0.83$
0.01	38.3	24.7	45.8	52.1
0.02	44.6	49.7	53.5	60.8
0.03	48.9	54.5	58.5	66.5
0.04	52.0	57.9	62.2	70.7
0.05	54.5	60.7	65.1	74.1
0.06	56.5	63.0	67.6	76.9
0.07	58.2	64.9	69.7	79.2
0.08	59.6	66.5	71.4	81.2
0.09	60.9	67.9	72.9	82.8
0.10	61.9	69.1	74.1	84.2
0.12	63.5	70.7	75.9	86.4
0.14	64.5	71.9	77.2	87.7
0.16	65.0	72.5	77.9	88.5
0.18	65.2	72.8	78.1	88.8
0.20	65.1	72.7	78.0	88.7
0.22	64.8	72.3	77.6	88.2
0.24	64.3	71.6	76.9	87.5
0.26	63.5	70.8	76.0	86.4
0.28	62.6	69.8	75.0	85.2
0.30	61.5	68.6	73.7	83.8

注：本表适用于 $\alpha\leqslant45°$ 的滚子轴承。

表 9-14 推力滚子轴承的 f_c 值

$\dfrac{D_w}{d_m}$	f_c	$\dfrac{D_w\cos\alpha}{d_m}$	f_c		
	$\alpha=90°$		$\alpha=50°$ 1)	$\alpha=65°$ 2)	$\alpha=80°$ 3)
0.01	105.4	0.01	109.7	107.1	105.6
0.02	122.9	0.02	127.8	124.7	123
0.03	134.5	0.03	139.5	136.2	134.3
0.04	143.4	0.04	148.3	144.7	142.8
0.05	150.7	0.05	155.2	151.5	149.4

续表 9-14

$\frac{D_w}{d_m}$	f_c	$\frac{D_w \cos\alpha}{d_m}$	f_c		
	$\alpha=90°$		$\alpha=50°$[1]	$\alpha=65°$[2]	$\alpha=80°$[3]
0.06	156.9	0.06	160.9	157	154.9
0.07	162.4	0.07	165.6	161.6	159.4
0.08	167.2	0.08	169.5	165.5	163.2
0.09	171.2	0.09	172.8	168.7	166.4
0.10	175.7	0.10	175.5	171.4	169.0
0.12	183.0	0.12	179.7	175.4	173.0
0.13	186.3	0.13	181.1	176.8	174.4
0.14	189.4	0.14	182.3	177.9	175.5
0.15	192.3	0.15	183.1	178.8	176.3
0.16	195.1	0.16	183.7	179.3	
0.17	197.7	0.17	184.0	179.6	
0.18	200.3	0.18	184.1	179.7	
0.19	202.7	0.19	184	179.6	
0.2	205.0	0.20	183.7	179.8	
0.21	207.2	0.21	183.2		
0.22	209.4	0.22	182.6		
0.23	211.5	0.23	181.8		
0.24	213.5	0.24	180.9		
0.25	215.4	0.25	179.8		
0.26	217.3	0.26	178.7		
0.27	219.1				
0.28	220.9				
0.29	222.7				
0.3	224.3				

1）适用于 $45° < \alpha < 60°$；

2）适用于 $60° \leqslant \alpha < 75°$；

3）适用于 $75° \leqslant \alpha < 90°$。

五、轴承当量动载荷的计算公式

1. 恒定载荷的当量动载荷

方程式(9-101)和式(9-102)是计算轴承当量动载荷的基本方程。对给定的轴承，C_i 和 C_e 已知，根据受到的径向载荷和轴向载荷，载荷分布范围参数也已知，代入这两个方程可求得当量动载荷。但是，这种计算方法太复杂。从方程中可以看到当量动载荷是径向载荷 F_r 和轴向载荷 F_a 的函数，在实际计算中常用下面的简化方程计算轴承当量动载荷：

$$P = XF_r + YF_a \tag{9-107}$$

式中：X、Y——径向系数、轴向系数，与轴承结构及径向载荷和轴向载荷的比值有关。

各类轴承的 X、Y 值列于表 9-15～表 9-18 中。表中 i 为滚动体列数，Z 为每一列滚动体数，C_0 为轴承的额定静载荷，表中力的单位为 N，长度单位为 mm。

对深沟球轴承和角接触球轴承，先计算 $\frac{iF_a}{C_0}$ 或 $\frac{F_a}{iZD_w^2}$，根据其对应的 e 值及 $\frac{F_a}{F_r}$ 与 e 的比较选取相应的 X、Y 值。

表 9-15　向心球轴承的 X、Y 系数值

轴承类型	相对轴向载荷		单列轴承				双列轴承				e
			$\frac{F_a}{F_r} \leqslant e$		$\frac{F_a}{F_r} > e$		$\frac{F_a}{F_r} \leqslant e$		$\frac{F_a}{F_r} > e$		
			X	Y	X	Y	X	Y	X	Y	
	$\frac{iF_a}{C_0}$	$\frac{F_a}{iZD_w^2}$									
深沟球轴承	0.014	0.172				2.30				0.30	0.19
	0.028	0.345				1.99				1.99	0.22
	0.056	0.689				1.71				1.71	0.26
	0.084	1.03	1	0	0.56	1.55	1	0	0.56	1.55	0.28
	0.11	1.38				1.45				1.45	0.30
	0.17	2.07				1.31				1.31	0.34
	0.28	3.45				1.15				1.15	0.38
	0.42	5.17				1.04				1.04	0.42
	0.56	6.89				1.00				1.00	0.44

续表 9-15

轴承类型		相对轴向负荷		单列轴承				双列轴承				e
				$\frac{F_a}{F_r}\leqslant e$		$\frac{F_a}{F_r}>e$		$\frac{F_a}{F_r}\leqslant e$		$\frac{F_a}{F_r}>e$		
				X	Y	X	Y	X	Y	X	Y	
角接触球轴承	α	$\frac{iF_a}{C_0}$	$\frac{F_a}{iZD_w^2}$									
	5°	0.014	0.172				2.30		2.78		3.74	0.23
		0.028	0.345				1.99		2.40		3.23	0.26
		0.056	0.689				1.71		2.07		2.78	0.30
		0.085	1.03				1.55		1.87		2.52	0.34
		0.11	1.38	1	0	0.56	1.45	1	1.75	0.78	2.36	0.36
		0.17	2.07				1.31		1.58		2.13	0.40
		0.28	3.45				1.15		1.39		1.87	0.45
		0.42	5.17				1.04		1.26		1.68	0.50
		0.56	6.89				1.00		1.21		1.63	0.52
	10°	0.014	0.172				1.88		2.18		3.06	0.29
		0.029	0.345				1.71		1.98		2.78	0.32
		0.057	0.689				1.52		1.76		2.47	0.36
		0.086	1.03				1.41		1.63		2.29	0.38
		0.11	1.38	1	0	0.46	1.34	1	1.55	0.75	2.18	0.40
		0.17	2.07				1.23		1.42		2.00	0.44
		0.29	3.45				1.10		1.27		1.79	0.49
		0.43	5.17				1.01		1.17		1.64	0.54
		0.57	6.89				1.00		1.16		1.63	0.54
	15°	0.015	0.172				1.47		1.65		2.39	0.38
		0.029	0.345				1.40		1.57		2.23	0.40
		0.058	0.689				1.30		1.46		2.11	0.43
		0.087	1.03				1.23		1.38		2.00	0.46
		0.12	1.38	1	0	0.44	1.19	1	1.34	0.72	1.93	0.47
		0.17	2.07				1.12		1.26		1.82	0.50
		0.29	3.45				1.02		1.14		1.66	0.55
		0.44	5.17				1.00		1.12		1.63	0.56
		0.58	6.89				1.00		1.12		1.63	0.56

续表 9-15

轴承类型		相对轴向负荷		单列轴承				双列轴承				e
				$\frac{F_a}{F_r}\leqslant e$		$\frac{F_a}{F_r}>e$		$\frac{F_a}{F_r}\leqslant e$		$\frac{F_a}{F_r}>e$		
				X	Y	X	Y	X	Y	X	Y	
角接触球轴承	α	$\frac{iF_a}{C_0}$	$\frac{F_a}{iZD_w^2}$									
	20°	—	—	1	0	0.43	1.00	1	1.09	0.70	1.63	0.57
	25°	—	—			0.41	0.87		0.92	0.67	1.41	0.68
	30°	—	—			0.39	0.76		0.78	0.63	1.24	0.80
	35°	—	—			0.37	0.66		0.66	0.60	1.07	0.95
	40°	—	—			0.35	0.57		0.55	0.57	0.93	1.14
	45°	—	—			0.33	0.50		0.47	0.54	0.81	1.34
调心球轴承				1	0	0.40	0.4×cotα	1	0.42×cotα	0.65	0.65×cotα	1.5×tanα
分离的单列角接触球轴承				1	0	0.5	2.5	—	—	—	—	0.2

表 9-16　向心滚子轴承的 X、Y 系数值

轴承类型	$\frac{F_a}{F_r}\leqslant e$		$\frac{F_a}{F_r}>e$		e
	X	Y	X	Y	
单列轴承($\alpha\neq 0$)	1	0	0.4	0.4cotα	1.5tanα
双列轴承($\alpha\neq 0$)	1	0.45cotα	0.67	0.67cotα	1.5tanα

表 9-17　推力球轴承的 X、Y 系数值

α	单列轴承[1]		双列轴承				e
	$\frac{F_a}{F_r}>e$		$\frac{F_a}{F_r}\leqslant e$		$\frac{F_a}{F_r}>e$		
	X	Y	X	Y	X	Y	
45°	0.66	1	1.18	0.59	0.66	1	1.25
50°	0.73		1.37	0.57	0.73		1.49
55°	0.81		1.60	0.56	0.81		1.79

续表 9-17

α	单列轴承[1) $\frac{F_a}{F_r}>e$		双列轴承 $\frac{F_a}{F_r}\leqslant e$		双列轴承 $\frac{F_a}{F_r}>e$		e
	X	Y	X	Y	X	Y	
60°	0.92	1	1.90	0.55	0.92	1	2.17
65°	1.06		2.30	0.54	1.06		2.68
70°	1.28		2.90	0.53	1.28		3.43
75°	1.66		3.89	0.52	1.66		4.67
80°	2.43		5.86	0.52	2.43		7.09
85°	4.80		11.75	0.51	4.80		14.29
$\alpha\neq 90°$	$1.25\tan\alpha\times(1-\frac{2}{3}\sin\alpha)$	1	$\frac{20}{13}\tan\alpha\times(1-\frac{1}{3}\sin\alpha)$	$\frac{10}{13}\times(1-\frac{1}{3}\sin\alpha)$	$1.25\tan\alpha\times(1-\frac{2}{3}\sin\alpha)$	1	$1.25\tan\alpha$

1）单向推力球轴承不适用于$\frac{F_a}{F_r}\leqslant e$ 的情况。

表 9-18　推力滚子轴承的 X、Y 系数值

轴承类型	$\frac{F_a}{F_r}\leqslant e$		$\frac{F_a}{F_r}>e$		e
	X	Y	X	Y	
单向轴承 $\alpha\neq 90°$	—[1)	—[1)	$\tan\alpha$	1	$1.5\tan\alpha$
双向轴承 $\alpha\neq 90°$	$1.5\tan\alpha$	0.67	$\tan\alpha$	1	$1.5\tan\alpha$

1）单向推力滚子轴承不适用于$\frac{F_a}{F_r}\leqslant e$ 的情况。

2. 变载荷的当量动载荷

如果轴承的载荷和转速是随时间变化的，需要引入平均当量动载荷 P_m 的概念。在平均当量动载荷下，轴承的寿命与实际变载荷和转速条件下轴承的寿命相同。

假定轴承在当量动载荷 P_1 作用下运转了 N_1 百万转，将消耗轴承载荷能力的$\frac{N_1}{L_1}$，在当量动载荷 P_2 作用下运转了 N_2 百万转，将消耗轴承载荷能力的$\frac{N_1}{L_1}$，……。轴承在 P_2、P_3…相继作用下运转了 N_2、N_3…百万转后疲劳破坏时可得：

$$\frac{N_1}{L_1}+\frac{N_2}{L_2}+\frac{N_3}{L_3}+\cdots=1 \qquad (9\text{-}108)$$

式中：L_1、L_2、L_3…——轴承在 P_1、P_2、P_3…作用下相应的额定寿命。

由式(9-58)得：

$$L_1=\left(\frac{C}{P_1}\right)^{\varepsilon},L_2=\left(\frac{C}{P_2}\right)^{\varepsilon},L_3=\left(\frac{C}{P_3}\right)^{\varepsilon},\cdots$$

如果用 L 表示轴承在变载荷作用下的额定寿命，则有：

$$L=\left(\frac{C}{P_m}\right)^{\varepsilon} \tag{9-109}$$

将 L_1、L_2、L_3…和 L、P_m 代入式(9-108)得平均当量动载荷为：

$$P_m=\left(\frac{N_1P_1^{\varepsilon}+N_2P_2^{\varepsilon}+N_3P_3^{\varepsilon}+\cdots}{L}\right)^{1/\varepsilon} \tag{9-110}$$

式(9-110)中 L 属于未知，无法直接计算 P_m。但在大多数情况下变载荷是周期变化的，如图 9-1 所示，式(9-110)可以改写为：

$$P_m=\left(\frac{N_1P_1^{\varepsilon}+N_2P_2^{\varepsilon}+N_3P_3^{\varepsilon}+\cdots}{T}\right)^{1/\varepsilon} \tag{9-111}$$

式中，T 为载荷变化一个周期中轴承运转的百万转数；

$T=N_1+N_2+N_3+\cdots$

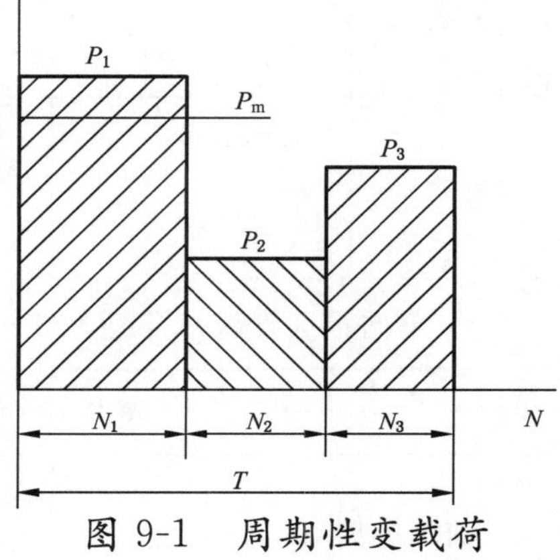

图 9-1 周期性变载荷

式中：N_1、N_2、N_3…——一个周期中不同当量动载荷 P_1、P_2、P_3…作用下运转的百万转数。

如果轴承依次在 P_1、P_2、P_3…作用下，相应转速为 n_1、n_2、n_3…，运转时间相应为 t_1、t_2、t_3…，则平均当量动载荷表示为：

$$P_m=\left(\frac{n_1t_1P_1^{\varepsilon}+n_2t_2P_2^{\varepsilon}+n_3t_3P_3^{\varepsilon}+\cdots}{n_1t_1+n_2t_2+n_3t_3+\cdots}\right)^{1/\varepsilon} \tag{9-112}$$

式(9-109)～式(9-112)中，对球轴承 $\varepsilon=3$，对滚子轴承 $\varepsilon=10/3$。

如果当量动载荷在 P_{min} 和 P_{max} 之间近似线性地变化，如图 9-2 所示，其平均当量动载荷可按下式近似计算：

$$P_m=\frac{P_{min}+2P_{max}}{3} \tag{9-113}$$

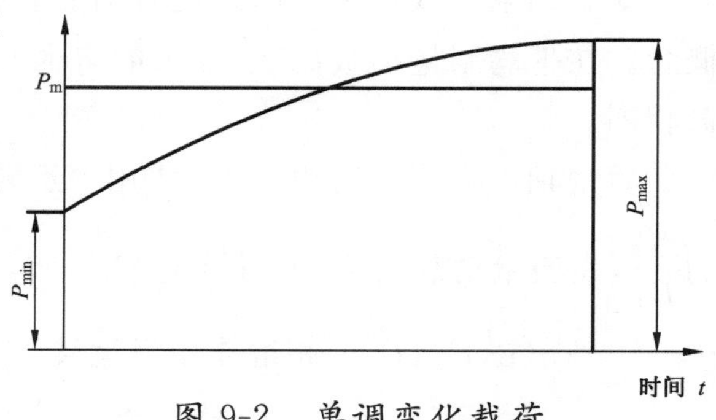

图 9-2 单调变化载荷

六、轴承疲劳寿命的影响因素

影响轴承疲劳寿命的因素很多，除了结构设计之外，主要还有材料、制造、使用三方面的影响。

1. 材料的影响

如第一章第五节中所述，半个多世纪以来各国一般都用高碳铬轴承钢制造滚动轴承，化学成分也几乎不变。但是，不同的冶炼方法材料纯净度不同，对轴承寿命影响很大。真空冶炼的轴承钢纯净度高，非金属夹杂氧化物、硅酸盐等含量减少，疲劳寿命比大气冶炼轴承钢提高 2 倍左右。

2. 制造工艺的影响

1）试验表明，滚动接触面在毛坯成形过程中纤维流线与表面平行最好，轴承寿命最长。如流线分布与表面垂直，容易在纤维露头的地方发生疲劳破坏。图 9-3 表示钢球在纤维流线的两极破坏率最高。从流线分布情况考虑，采用管料辗压沟道和棒料冷轧等工艺有利于疲劳寿命。而棒料或钢管车削，切断了流线，对疲劳寿命不利。

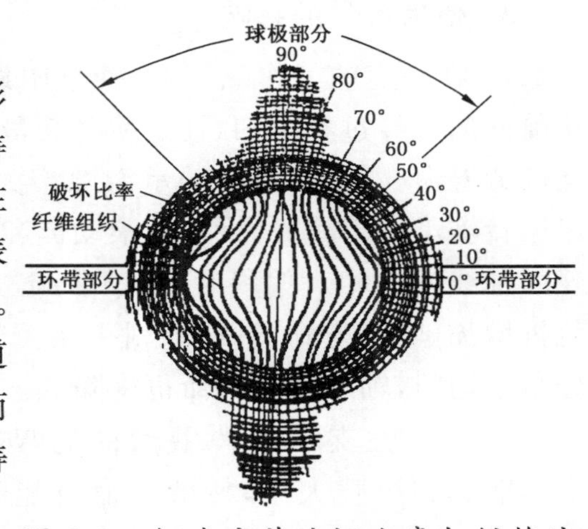

图 9-3　钢球疲劳破坏比率与纤维流

2）热处理对疲劳寿命影响很大。试验表明，铬轴承钢淬火和回火后的组织中马氏体含量为 83.5%、马氏体中含碳量最高为 0.45%，残留碳化物为 6.5%，残余奥氏体为 10%，表面硬度为 62.6HRC 时，疲劳寿命最长。碳化物的颗粒细化、分布均匀有利于提高轴承疲劳寿命。

上述轴承额定动载荷是在 58HRC～64HRC 范围内确定的，当硬度低于 58HRC 时，额定动载荷降低为：

$$C'=C\left(\frac{\mathrm{HRC}}{58}\right)^{3.6} \tag{9-114}$$

式中：C'——实际硬度下的额定动载荷；

C——标准硬度下的额定动载荷；

HRC——实际洛氏硬度值。

3）磨削和超精研等加工方法影响表面粗糙度和残余应力。表面层为残余压应力时可抑制疲劳裂纹的产生和扩展速度，延长疲劳寿命。相反，残余拉应力降低疲劳寿命。可用下式表示残余应力对表面下最大动态剪应力的影响：

$$(\tau_0)_r = -\tau_0 - S_r/2 \tag{9-115}$$

式中：$(\tau_0)_r$——考虑残余应力时的最大动态剪应力；

S_r——残余应力，压应力取负值。

超精加工可以去除表面的加工变质层，减小表面粗糙度，有利于提高疲劳寿命。

3. 使用条件的影响

1）在一定的工作载荷下，轴承中载荷分布的情况对疲劳寿命的影响很大。从前面的推导过程可知，凡是使受载最大的滚动体负荷 Q_{max} 增加的因素都将降低疲劳寿命。例如，向心轴承游隙增大时受载区减少，Q_{max} 增大，寿命降低；高速运转轴承由于离心力作用，滚动体和外圈的接触负荷增加，寿命降低；轴承内、外圈轴线发生相对偏斜时，对于非调心轴承，因受到力矩负荷的作用，滚动体负荷将增加，轴承寿命将降低；对于滚子轴承，轴线偏斜还使接触应力沿滚子长度分布不均匀，轴承疲劳寿命也将降低。

对于柔性支承轴承，视套圈的弯曲变形情况和游隙大小，疲劳寿命可能降低，也可能提高。如果轴承及其支承结构设计合理，负荷分布比较均匀，最大滚动体负荷减小，疲劳寿命将比刚性支承轴承还要高。

2）轴承润滑状态对疲劳寿命有重要影响。图 9-4 表示油膜润滑参数 λ 与疲劳寿命的关系。图中可以看出，λ 小于 1 时疲劳寿命急剧下降，而 λ 等于或大于 4 时疲劳寿命提高一倍以上。λ 在 1.5 左右时疲劳寿命与计算值一致。

另外，润滑剂不清洁时疲劳寿命降低。

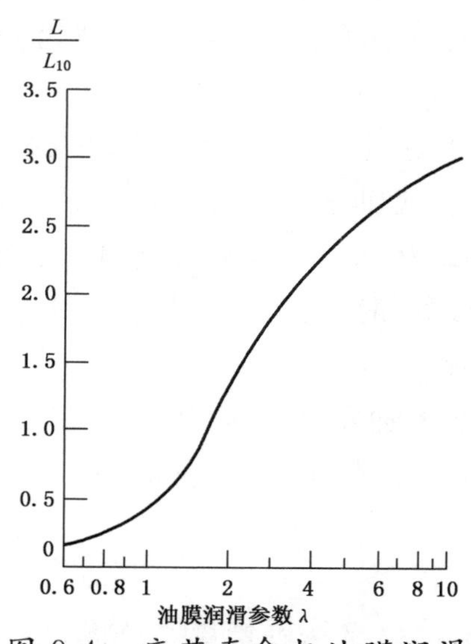

图 9-4　疲劳寿命与油膜润滑参数的关系

3）前面曾述及，普通轴承的工作温度不能超过 120 ℃，当轴承工作温度超过 120 ℃时，表面硬度降低，从而使额定动载荷和疲劳寿命降低。

4）轴承中滚动体与滚道之间的打滑现象使轴承滚道接触表面摩擦增大，疲劳寿命下降。

5）水分和尘埃等异物进入轴承内引起轴承疲劳寿命下降。

第四节 滚动轴承额定寿命修正计算方法

Lundberg 和 Palmgren 的寿命计算方法沿用至今没有大的改变。但是，随着轴承材料的改善，以及使用要求和使用条件的不同，需要对滚动轴承基本额定寿命加以修正。

一、寿命方程的修正

L-P 的寿命计算方法是根据普通轴承钢和一般工作条件确定的，寿命可靠性为 90%。考虑到材料和使用条件的影响以及高可靠性的要求，国际标准化组织对寿命方程式(9-58)进行了如下的修正：

$$L_{nm}=a_1 a_{\mathrm{ISO}}\left(\frac{C}{P}\right)^{\varepsilon} \tag{9-116}$$

式中：L_{nm}——与使用概率 S(即可靠性)对应的疲劳寿命；

n——失效概率的下标，%；

a_1——可靠度寿命修正性系数，见表 9-19；

a_{ISO}——轴承寿命修正系数。

表 9-19 可靠度寿命修正系数 a_1

可靠度/%	L_{nm}	a_1	可靠度/%	L_{nm}	a_1
90	$L_{10\,\mathrm{m}}$	1	99.4	$L_{0.6\,\mathrm{m}}$	0.19
95	$L_{5\,\mathrm{m}}$	0.64	99.6	$L_{0.4\,\mathrm{m}}$	0.16
96	$L_{4\,\mathrm{m}}$	0.55	99.8	$L_{0.2\,\mathrm{m}}$	0.12
97	$L_{3\,\mathrm{m}}$	0.47	99.9	$L_{0.1\,\mathrm{m}}$	0.093
98	$L_{2\,\mathrm{m}}$	0.37	99.92	$L_{0.08\,\mathrm{m}}$	0.087
99	$L_{1\,\mathrm{m}}$	0.25	99.94	$L_{0.06\,\mathrm{m}}$	0.080
99.2	$L_{0.8\,\mathrm{m}}$	0.22	99.95	$L_{0.05\,\mathrm{m}}$	0.077

可靠度寿命修正系数 a_1 用于计算可靠度大于 90%时的寿命。a_1 的计算公式是由韦布尔分布方程(9-13)推导而来的，方程中的 e 值取为 1.5。

$$a_1=\frac{L_{nm}}{L_{10}}=\left(\frac{\ln S}{\ln 0.9}\right)^{2/3} \tag{9-117}$$

用户要求可靠性为 100%时，从式(9-117)看 a_1 为零，但由于高可靠性时实际寿命大于韦布尔分布的估计值，时间上存在所谓“无破坏”寿命，可以用式(9-14)和式(9-15)计算。

轴承寿命修正系数 $a_{\rm ISO}$ 可用轴承疲劳接触应力极限与实际接触应力之比(σ_u/σ)的函数表示，它包含了所能考虑的润滑、环境、污染物颗粒以及安装等诸多影响因素，$a_{\rm ISO}$ 可表示为：

$$a_{\rm ISO}=f\left(\frac{e_{\rm C}C_{\rm u}}{P},\kappa\right) \tag{9-118}$$

式中：$C_{\rm u}$——疲劳载荷极限；

$e_{\rm C}$——污染系数；

κ——润滑剂的黏度比。

疲劳载荷极限 $C_{\rm u}$、污染系数 $e_{\rm C}$ 和润滑剂的黏度比 k 计算如下。

1. 疲劳载荷极限 C_u

(1) 精确计算法

① 对于单列球轴承

单个内圈(轴圈)滚道接触处和单个外圈(座圈)滚道接触处的疲劳载荷极限为：

$$Q_{\rm ui,e}=\sigma_{\rm Hu}^3\times\frac{32\pi\chi_{\rm i,e}}{3}\left[\frac{1-\nu_{\rm E}^2}{E}\times\frac{E(\chi_{\rm i,e})}{\sum\rho_{\rm i,e}}\right]^2 \tag{9-119}$$

式中：下标 i 指内圈(轴圈)，下标 e 指外圈(座圈)；

$\sigma_{\rm Hu}$——达到滚道材料疲劳载荷极限时的 Hertz 接触应力，N/mm^2，对于常用优质材料和良好加工质量轴承，滚动体与滚道间的接触应力一般为 1 500 N/mm^2；

E——套圈弹性模量，N/mm^2；

$\sum\rho_{\rm i,e}$——主曲率和，mm^{-1}；

$\nu_{\rm E}$——泊松比；

$E(\chi_{\rm i,e})$——第二类完全椭圆积分，其值为：

$$E(\chi_{i,e})=\int_{0}^{\pi/2}[1-(1-1/\chi_{i,e}^{2})\sin^{2}\varphi]^{1/2}\mathrm{d}\varphi \tag{9-120}$$

$\chi_{i,e}$——滚道接触处接触椭圆长半轴与短半轴之比，其值可由式(9-121)求得：

$$1-\frac{2}{\chi_{i,e}^{2}-1}\times\left(\frac{k(\chi_{i,e})}{E(\chi_{i,e})}-1\right)-F(\rho_{i,e})=0 \tag{9-121}$$

式中：$F(\rho_{i,e})$——主曲率差；

$k(\chi_{i,e})$——第一类完全椭圆积分，其值为：

$$k(\chi_{i,e})=\int_{0}^{\pi/2}[1-(1-1/\chi_{i,e}^{2})(\sin\varphi)^{2}]^{-1/2}\mathrm{d}\varphi \tag{9-122}$$

计算内圈(轴圈)滚道最大承载接触处的疲劳载荷极限 Q_{ui} 和外圈(座圈)滚道最大承载接触处的疲劳载荷极限 Q_{ue} 时，应考虑实际的接触几何形状，即球和滚道实际的曲率半径。

计算单列轴承疲劳载荷极限 C_u 时，使用计算值 Q_{ui} 和 Q_{ue} 两者的最小值，即：

$$Q_u=\min(Q_{ui},Q_{ue}) \tag{9-123}$$

② 对于单列滚子轴承

计算内圈(轴圈)滚道最大承载接触处的疲劳载荷极限 C_{ui} 和外圈(座圈)滚道最大承载接触处的疲劳载荷极限 C_{ue} 时，应考虑实际的接触几何形状，即滚子和滚道实际的曲率半径。

计算修形线接触处的接触应力，需要进行复杂的数值分析。适用的计算方法在参考文献[2]中有所描述。

③ 对于成套向心球轴承

当 $D_{pw}\leqslant100$ mm 时，$C_u=0.2288ZQ_u i\cos\alpha$ (9-124)

当 $D_{pw}>100$ mm 时，$C_u=0.2288ZQ_u i(100/D_{pw})^{0.5}\cos\alpha$ (9-125)

④ 对于成套推力球轴承

当 $D_{pw}\leqslant100$ mm 时，$C_u=ZQ_u\sin\alpha$ (9-126)

当 $D_{pw}>100$ mm 时，$C_u=ZQ_u(100/D_{pw})^{0.5}\sin\alpha$ (9-127)

⑤ 对于成套向心滚子轴承

当 $D_{pw}\leqslant100$ mm 时，$C_u=0.2453ZQ_u i\cos\alpha$ (9-128)

当 $D_{pw}>100$ mm 时，$C_u=0.2453ZQ_u i(100/D_{pw})^{0.3}\cos\alpha$ (9-129)

⑥ 对于成套推力滚子轴承

当 $D_{pw}\leqslant100$ mm 时，$C_u=ZQ_u\sin\alpha$ (9-130)

当 $D_{pw}>100$ mm 时，$C_u=ZQ_u(100/D_{pw})^{0.3}\sin\alpha$ (9-131)

（2）简化计算法

采用轴承疲劳载荷极限精确计算法比较复杂，可以用轴承疲劳载荷极限的简化计算方法进行简单估算轴承的疲劳载荷极限，但当用简化计算法计算的结果与精确计算法计算的结果有显著差异时，应优先采用精确法给出的结果。

① 球轴承

当 $D_{pw} \leqslant 100$ mm 时，$C_u = C_0/22$ (9-132)

当 $D_{pw} > 100$ mm 时，$C_u = (C_0/22) \times (100/D_{pw})^{0.5}$ (9-133)

② 滚子轴承

当 $D_{pw} \leqslant 100$ mm 时，$C_u = C_0/8.2$ (9-134)

当 $D_{pw} > 100$ mm 时，$C_u = (C_0/8.2) \times (100/D_{pw})^{0.3}$ (9-135)

2. 污染系数 e_C

如果润滑剂被固体颗粒污染，当这些颗粒被滚碾时，滚道上将产生永久性压痕，在这些压痕处，局部应力升高，这将导致轴承寿命降低，由润滑油膜中的固体颗粒引起的寿命降低取决于：

1）颗粒的类型、尺寸、硬度和数量；

2）润滑油膜厚度；

3）轴承尺寸。

这种由润滑油膜中的污染物造成的寿命降低，可通过污染系数 e_C 来予以考虑。污染系数的参考值见表 9-20，表 9-20 仅列出了润滑良好的轴承常见的污染级别，更精确、更详细的值可参考 GB/T 6391—2010《滚动轴承　额定动载荷和额定寿命》有关计算方法。

表 9-20　污染系数 e_C

污染级别	e_C	
	$D_{pw} < 100$ mm	$D_{pw} \geqslant 100$ mm
极度清洁： 颗粒尺寸约为润滑油膜厚度； 实验室条件	1	1
高度清洁： 油经过极精细的过滤器过滤； 密封型脂润滑（终身润滑）轴承的一般情况	0.8～0.6	0.9～0.8

续表 9-20

污染级别	e_C	
	$D_{pw} \leqslant 100$ mm	$D_{pw} > 100$ mm
一般清洁： 油经过精细的过滤器过滤； 防尘型脂润滑(终身润滑)轴承的一般情况	0.6～0.5	0.8～0.6
轻度污染： 润滑剂轻度污染	0.5～0.3	0.6～0.4
常见污染： 非整体密封轴承的一般情况；一般过滤； 有磨损颗粒并从周围侵入	0.3～0.1	0.4～0.2
严重污染： 轴承环境被严重污染且轴承配置密封不合适	0.1～0	0.1～0
极严重污染	0	0

3. 润滑剂的黏度比 κ

润滑剂的有效性主要取决于滚动接触表面的分离程度。若要形成充分润滑分离油膜，润滑剂在达到其工作温度时应具有一定的最小黏度。润滑剂将表面分离所需的条件可用黏度比 κ（实际运动黏度 ν 与参考运动黏度 ν_1 之比）来表示。实际运动黏度 ν 指润滑剂在工作温度下的运动黏度；参考运动黏度 ν_1 取决于轴承转速和节圆直径 D_{pw}，其值可表示为：

当 $n < 1\,000$ r/min 时，$\nu_1 = 45\,000\, n^{-0.83} D_{pw}^{-0.5}$ (9-136)

当 $n \geqslant 1\,000$ r/min 时，$\nu_1 = 4\,500\, n^{-0.5} D_{pw}^{-0.5}$ (9-137)

如果需要更精确地估算黏度比 κ，如：尤其是对机加工滚道表面的粗糙度、特殊的黏压系数和特殊的密度等，可通过油膜参数 λ 来精确估算。油膜参数 λ 计算后，黏度比 κ 可近似地估算为：

$$\kappa \approx \lambda^{1.3} \tag{9-138}$$

轴承寿命修正系数 a_{ISO} 可用以下公式计算求得：

1）对于向心球轴承

当 $0.1 \leqslant \kappa < 0.4$ 时，$a_{ISO} = 0.1\left[1 - \left(2.567\,1 - \dfrac{2.264\,9}{\kappa^{0.054\,381}}\right)^{0.83} \times \left(\dfrac{e_C C_u}{P}\right)^{1/3}\right]^{-9.3}$

(9-139)

当 $0.4\leqslant\kappa<1$ 时，$a_{\mathrm{ISO}}=0.1\left[1-\left(2.5671-\frac{1.9987}{\kappa^{0.19087}}\right)^{0.83}\times\left(\frac{e_{\mathrm{C}}C_{\mathrm{u}}}{P}\right)^{1/3}\right]^{-9.3}$ (9-140)

当 $1\leqslant\kappa<4$ 时，$a_{\mathrm{ISO}}=0.1\left[1-\left(2.5671-\frac{1.9987}{\kappa^{0.071739}}\right)^{0.83}\times\left(\frac{e_{\mathrm{C}}C_{\mathrm{u}}}{P}\right)^{1/3}\right]^{-9.3}$ (9-141)

2）对于向心滚子轴承

当 $0.1\leqslant\kappa<0.4$ 时，$a_{\mathrm{ISO}}=0.1\left[1-\left(1.5859-\frac{1.3993}{\kappa^{0.054381}}\right)\times\left(\frac{e_{\mathrm{C}}C_{\mathrm{u}}}{P}\right)^{0.4}\right]^{-9.185}$ (9-142)

当 $0.4\leqslant\kappa<1$ 时，$a_{\mathrm{ISO}}=0.1\left[1-\left(1.5859-\frac{1.2348}{\kappa^{0.19087}}\right)\times\left(\frac{e_{\mathrm{C}}C_{\mathrm{u}}}{P}\right)^{0.4}\right]^{-9.185}$ (9-143)

当 $1\leqslant\kappa<4$ 时，$a_{\mathrm{ISO}}=0.1\left[1-\left(1.5859-\frac{1.2348}{\kappa^{0.071739}}\right)\times\left(\frac{e_{\mathrm{C}}C_{\mathrm{u}}}{P}\right)^{0.4}\right]^{-9.185}$ (9-144)

3）对于推力球轴承

当 $0.1\leqslant\kappa<0.4$ 时，$a_{\mathrm{ISO}}=0.1\left[1-\left(2.5671-\frac{2.2649}{\kappa^{0.054381}}\right)^{0.83}\times\left(\frac{e_{\mathrm{C}}C_{\mathrm{u}}}{3P}\right)^{1/3}\right]^{-9.3}$

(9-145)

当 $0.4\leqslant\kappa<1$ 时，$a_{\mathrm{ISO}}=0.1\left[1-\left(2.5671-\frac{1.9987}{\kappa^{0.19087}}\right)^{0.83}\times\left(\frac{e_{\mathrm{C}}C_{\mathrm{u}}}{3P}\right)^{1/3}\right]^{-9.3}$ (9-146)

当 $1\leqslant\kappa<4$ 时，$a_{\mathrm{ISO}}=0.1\left[1-\left(2.5671-\frac{1.9987}{\kappa^{0.071739}}\right)^{0.83}\times\left(\frac{e_{\mathrm{C}}C_{\mathrm{u}}}{3P}\right)^{1/3}\right]^{-9.3}$ (9-147)

4）对于推力滚子轴承

当 $0.1\leqslant\kappa<0.4$ 时，$a_{\mathrm{ISO}}=0.1\left[1-\left(1.5859-\frac{1.3993}{\kappa^{0.054381}}\right)\times\left(\frac{e_{\mathrm{C}}C_{\mathrm{u}}}{2.5P}\right)^{0.4}\right]^{-9.185}$

(9-148)

当 $0.4\leqslant\kappa<1$ 时，$a_{\mathrm{ISO}}=0.1\left[1-\left(1.5859-\frac{1.2348}{\kappa^{0.19087}}\right)\times\left(\frac{e_{\mathrm{C}}C_{\mathrm{u}}}{2.5P}\right)^{0.4}\right]^{-9.185}$ (9-149)

当 $1\leqslant\kappa<4$ 时，$a_{\mathrm{ISO}}=0.1\left[1-\left(1.5859-\frac{1.2348}{\kappa^{0.071739}}\right)\times\left(\frac{e_{\mathrm{C}}C_{\mathrm{u}}}{2.5P}\right)^{0.4}\right]^{-9.185}$ (9-150)

第五节　滚动轴承疲劳寿命试验数据处理

由于滚动轴承疲劳寿命的影响因素很多，要确定一批轴承的额定寿命，仅仅进行理论计算还不够，更重要的还需要进行寿命试验。如第九章第二节中所述，轴承的疲劳寿命服从韦布尔分布，寿命试验数据处理的目的就是根据试验数据确定一批轴承韦布尔分布的两个参数，从而确定该批轴承的额定寿命和寿命离散程度。寿命数据处理的方法有十多种，本节介绍我国轴承行业目前常用的方法。

一、Weibull 分布函数

由式(9-11)可得：

$$\ln\frac{1}{S}=AL_s^e$$

取 $S=0.368$，则：

$L=L_{63.2}, A=\dfrac{1}{L_{63.2}^e}$

$$\ln\frac{1}{S}=\left(\frac{L_s}{L_{63.2}}\right)^e \tag{9-151}$$

如令 $V=L_{63.2}$，则得：

$$S=\mathrm{e}^{-\left(\frac{L_s}{V}\right)^e} \tag{9-152}$$

于是，破坏概率，即 Weibull 分布函数表示为：

$$F(L)=1-S=1-\mathrm{e}^{-\left(\frac{L}{V}\right)^e} \tag{9-153}$$

式中：V 称为特征寿命，又叫尺度参数。

分布密度函数表示为：

$$f(L)=\frac{\mathrm{d}F(L)}{\mathrm{d}L}=\frac{e}{V}\left(\frac{L}{V}\right)^{e-1}\mathrm{e}^{-\left(\frac{L}{V}\right)^e} \tag{9-154}$$

式(9-153)可改写为：

$$\frac{1}{1-F(L)}=\mathrm{e}^{-\left(\frac{L}{V}\right)^e}$$

$$\lg\lg\frac{1}{1-F(L)}=e\lg L-e\lg V-0.362\ 22 \tag{9-155}$$

如令 $y=\lg\lg\dfrac{1}{1-F(L)}$，$x=\lg L$，$b=-(e\lg V+0.362\ 22)$，则方程式

(9-155)变为直线方程：

$$y=ex+b \tag{9-156}$$

因此，在这样的双对数坐标中韦布尔分布是一条直线，称为韦布尔分布直线，如图 9-5 所示。直线的斜率 e 称为韦布尔分布斜率。

对给定的一批轴承，通过试验确定参数 e、V 之后，这批轴承的寿命分布就知道了。数据处理就是根据试验数据估计参数 e 和 V 的值。

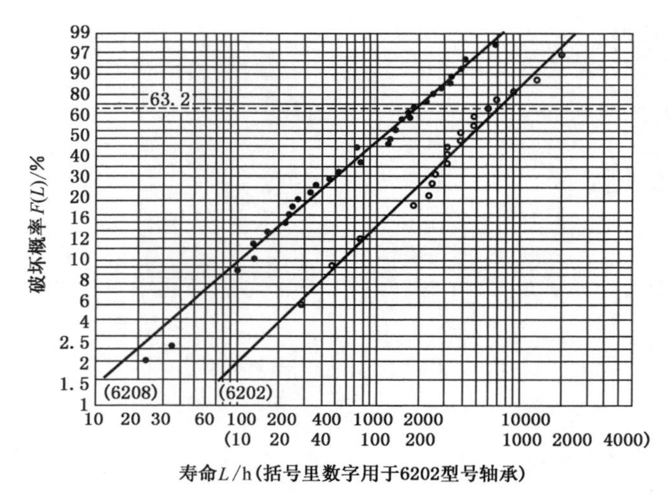

图 9-5　球轴承寿命的韦布尔分布

二、参数估计的图解法

1. 完全试验的图解法

容量为 n 套轴承的子样得到 n 个疲劳破坏数据的试验称为完全试验。

将 n 个数据按大小顺序排列得到一组次序统计量：

$$L_1 \leqslant L_2 \leqslant \cdots \leqslant L_i \leqslant L_n$$

由式(9-4)可计算每个疲劳寿命值对应的破坏概率：

$$F(L_i)=\frac{i}{n+1}$$

根据 L_i 和对应的 $F(L_i)$ 在韦布尔分布概率纸上做出 n 个试验点，凭目测绘制出经验直线，使 n 个试验点尽量靠近此直线，如图 9-5 所示。

直线做出之后，可以很容易得到试验轴承的额定寿命 L_{10} 和两个参数的估计值。

$$\begin{cases}\widehat{V}=L_{63.2} \\ \hat{e}=\tan\theta\end{cases} \tag{9-157}$$

式中：θ——经验直线与横坐标之间的夹角。

2. 不完全试验的图解法

疲劳破坏的寿命数据个数少于子样容量 n 的试验称为不完全试验。不完全试验包括截尾试验、分组淘汰试验、非疲劳破坏、中间停试等情况。

为缩短试验周期，除适当的强化试验条件（轴承强化试验）之外，常采用一些缩短周期的试验方法。容量为 n 套轴承的子样均装机试验，试至预先规定的 r 套轴承疲劳破坏时停试，且使其余 $(n-r)$ 套轴承的试验时间等于或大于 r 套轴承中最长的寿命值，这种方法称为定数截尾试验。r 称为截尾数。一般取 $n=20$，$12\leqslant r\leqslant 17$。

如果预先规定试验时间，每套轴承均装机试验，有的在规定时间之前破坏，有的达到规定时间虽然没破坏也停试，这种方法叫定时截尾试验。停试时疲劳破坏的轴承数也称为截尾数 r。

容量为 n 套轴承的子样平均分为 m 组，每组 K 套，每组轴承同时装机试验，试验中每组内有一套疲劳破坏时该组全部停试，最后得 m 组数据，这种方法叫分组淘汰试验。一般取 $n=40$，$m=10$，$K=4$。

因为非疲劳破坏以及其他原因中间停试而不能得到 n 个疲劳寿命数据的情况也属于不完全试验。

不完全试验的参数估计图解法有多种，这里介绍适用范围最广的一种方法。为了反映非疲劳数据对分布的影响，这种方法对每个疲劳寿命数据在疲劳寿命次序统计量中的序号进行了修正。

容量为 n 的子样共有 n 个数据，按大小顺序排列，用 j 表示总数据的序号，如表 9-21 所示。其中疲劳破坏的数据称为疲劳项，不是疲劳破坏或和中间停试的数据称为未决项。某一疲劳项在疲劳寿命次序统计量中的修正序号用下式计算：

$$i=i_{前}+\Delta \tag{9-158}$$

式中：$i_{前}$——前一个疲劳项的修正序号；

Δ——序号修正量，其值为：

$$\Delta=\frac{n+1-i_{末前}}{n+1-j_{前}} \tag{9-159}$$

式中：n——子样容量；

$j_{前}$——该疲劳项之前最靠近的未决项的序号；

$i_{未前}$——未决项 $j_{前}$ 之前一个疲劳项的修正序号。

由式(9-4)可计算出轴承的疲劳寿命破坏概率：

$$F(L_i)=\frac{i}{n+1}$$

根据 L_i 和对应的 $F(L_i)$ 可以在韦布尔分布概率纸上作出经验直线，求出参数估计值和额定寿命，方法同前。

表 9-21 是容量为 10 套轴承的不完全试验的数据表，用以说明计算的结果。

表 9-21　不完全试验数据表($n=10$)

j	数据		Δ	i	$\frac{i}{n+1}$
	小时数	性质			
1	114	疲	1.000 0	1.000 0	0.091
2	207	未			
3	252	疲	1.111 1	2.111 1	0.192
4	425	疲	1.111 1	3.222 2	0.293
5	570	未			
6	631	疲	1.296 3	4.518 5	0.410
7	1 210	未			
8	1 300	未			
9	1 423	疲	2.160 5	6.679 0	0.607
10	2 640	疲	2.160 5	8.839 5	0.804

下面以表 9-21 中第 10 个数据(疲劳项)为例说明计算过程：

$$i_{前}=6.679\ 0,j_{前}=8,i_{未前}=4.518\ 5$$

$$\Delta=\frac{n+1-i_{未前}}{n+1-j_{前}}=\frac{10+1-4.518\ 5}{10+1-8}=2.160\ 5$$

$$i=i_{前}+\Delta=6.679\ 0+2.160\ 5=8.839\ 5$$

$$\frac{i}{n+1}=\frac{8.839\ 5}{10+1}=0.804$$

三、参数估计的分析法

图解法简便直观，但精度稍低。下面介绍精度较高的分析法。

1. 最大似然估计法

容量为 n 套轴承的子样完全试验有 n 个试验值 $L_1,L_2,\cdots,L_n$，设母体的分布密度为 $f(L,e,V)$，估计方法不同，e、V 估计值不同，$f(L_i,e,V)$不同，把其中使似然函数取得极大值，即：

$$L(e,V)=\prod_{i=1}^{n}f(L_i,e,V)=\max \tag{9-160}$$

的参数估计方法叫最大似然估计。

将分布密度函数式(9-154)代入似然函数，再取似然函数的自然对数，当取得极大值时偏导数为零，即有：

$$\frac{\partial \ln L(e,V)}{\partial e}=0$$

$$\frac{\partial \ln L(e,V)}{\partial V}=0$$

由此得到求参数 e 和 V 估计值的方程组为：

$$\frac{1}{\hat{e}}+\frac{1}{n}\sum_{i=1}^{n}\ln L_i-\frac{\sum_{i=1}^{n}L_i^{\hat{e}}\ln L_i}{\sum_{i=1}^{n}L_i^{\hat{e}}}=0 \tag{9-161}$$

$$\hat{V}=\left(\frac{1}{n}\sum_{i=1}^{n}L_i^{\hat{e}}\right)^{1/\hat{e}} \tag{9-162}$$

用迭代法解式(9-161)和式(9-162)组成的方程组进行求解，可求出 $\hat{e}$ 和 $\hat{V}$。上面的方程用于完全试验的数据处理。

最大似然估计法也可以用于截尾试验的数据处理，求参数估计值的方程为：

$$\frac{1}{\hat{e}}+\frac{1}{r}\sum_{i=1}^{r}\ln L_i-\frac{\sum_{i=1}^{n}L_i^{\hat{e}}\ln L_i}{\sum_{i=1}^{n}L_i^{\hat{e}}}=0 \tag{9-163}$$

$$\hat{V}=\left(\frac{1}{n}\sum_{i=1}^{n}L_i^{\hat{e}}\right)^{1/\hat{e}} \tag{9-164}$$

式(9-163)和式(9-164)中：当 $i=r+1,\cdots,n$ 时，L_i 为已试验的时间。

对于分组淘汰试验，用下面的方程求参数：

$$\frac{1}{\hat{e}}+\frac{1}{m}\sum_{i=1}^{m}\ln L_i-\frac{\sum_{i=1}^{m}L_i^{\hat{e}}\ln L_i}{\sum_{i=1}^{m}L_i^{\hat{e}}}=0 \tag{9-165}$$

$$\hat{V}=\left(\frac{k}{m}\sum_{i=1}^{m}L_i^{\hat{e}}\right)^{1/\hat{e}} \tag{9-166}$$

式(9-165)和式(9-166)中：m——分组数；

K——每组轴承套数。

研究指出，当子样容量不是特别大时，参数 e 的最大似然估计是有偏离的，需要进行修正。参数 V 的最大似然估计与真值偏离很小，不需要修正。修正之后参数 e 的无偏估计为：

$$\hat{e}'=\hat{e}g \tag{9-167}$$

式中：g——修偏系数，列于表 9-22 中。

表 9-22　修偏系数

n	r	g	n	r	g	n	r	g
18	18	0.927	22	18	0.916	28	20	0.921
18	17	0.923	22	16	0.900	28	18	0.901
18	16	0.916	22	14	0.885	28	16	0.893
18	15	0.907	22	12	0.862	30	30	0.950
18	14	0.897	24	24	0.940	30	28	0.945
18	13	0.884	24	22	0.913	30	26	0.941
18	12	0.866	24	20	0.926	30	24	0.936
18	11	0.847	24	18	0.915	30	22	0.929
18	10	0.821	24	16	0.887	30	20	0.917
20	20	0.933	24	14	0.876	30	18	0.903
20	19	0.928	24	12	0.845	30	16	0.889
20	18	0.922	26	26	0.942	32	32	0.954
20	17	0.914	26	24	0.935	32	30	0.951
20	16	0.908	26	22	0.929	32	28	0.946
20	15	0.903	26	20	0.921	32	26	0.941
20	14	0.891	26	18	0.907	32	24	0.936
20	13	0.878	26	16	0.891	32	22	0.929
20	12	0.863	26	14	0.876	32	20	0.917
20	11	0.845	28	28	0.947	32	18	0.903
20	10	0.826	28	26	0.943	34	34	0.957
22	22	0.934	28	24	0.929	34	32	0.954
22	20	0.926	28	22	0.932	34	30	0.952

两个参数求出之后，由式(9-151)可得到额定寿命估计值的计算公式为：

$$\hat{L}_{10}=\hat{V}(0.105\ 36)^{1/\hat{e}'} \tag{9-168}$$

2. 最佳线性不变估计法

容量为 n 套轴承的子样，截尾数为 r，疲劳寿命数据从小到大排列为：

$$L_1 \leqslant L_2 \leqslant \cdots \leqslant L_i \leqslant \cdots \leqslant L_r$$

参数 e 和 V 的估计值用下面的方程计算：

$$\hat{e}=\frac{1}{2.302\ 6\sum_{i=1}^{r}C_{\mathrm{I}}\lg L_i} \tag{9-169}$$

$$\lg\hat{V}=\sum_{i=1}^{r}D_{\mathrm{I}}\lg L_i \tag{9-170}$$

式中：C_{I}、D_{I}——与容量 n、截尾数 r 和寿命的序号 i 有关的最佳线性不变系数，从《可靠性试验用表》(国防工业出版社，1979 年)一书中查得。

式(9-140)中当 $r=n$ 时就是完全试验，所以，上面的方程既适用于截尾试验，也适用于完全试验。

对于分组淘汰试验，首先根据 m 个数据用下面的方程求出参数 $\hat{e}$ 和 $\hat{V}^*$：

$$\hat{e}=\frac{1}{2.302\ 6\sum_{i=1}^{m}C_{\mathrm{I}}\lg L_i} \tag{9-171}$$

$$\lg\hat{V}^*=\sum_{i=1}^{m}D_{\mathrm{I}}\lg L_i \tag{9-172}$$

式(9-171)和式(9-172)中：最佳线性不变系数 C_{I}、D_{I} 的值按容量 $n=m$ 的完全试验查取。

然后，对 V^* 作如下修正：

$$\hat{V}=\hat{V}^*K^{1/\hat{e}} \tag{9-173}$$

式中：K——每组轴承套数。

方程式(9-171)求出的 $\hat{e}$ 不需要修正。

用最佳线性不变估计法求出两个参数之后，用下面的公式计算额定寿命的估计值：

$$\hat{L}_{10}=(0.105\ 36)^{1/\hat{e}}\hat{V} \tag{9-174}$$

第十章　滚动轴承的额定静载荷

第一节　概　　述

一、轴承中的塑性变形及其影响

轴承在载荷作用下，滚动体与滚道之间将产生接触负荷。滚动体在接触负荷作用下，滚动体和套圈滚道之间除发生弹性变形外，同时还伴随发生很小的塑性变形，即使是较轻的接触负荷，接触界面微小的塑性变形也是不可避免的。这是因为接触界面的凸峰会受到很大的超过弹性极限的压应力而发生塑性变形的缘故。图 10-1 表示点接触中接触负荷与变形的关系。虚线是按 Hertz 弹性接触理论的计算结果，实线是实验值，两者之差就是由于塑性变形引起的。图 10-1 中可见，塑性变形量随着接触负荷的增加而增大。

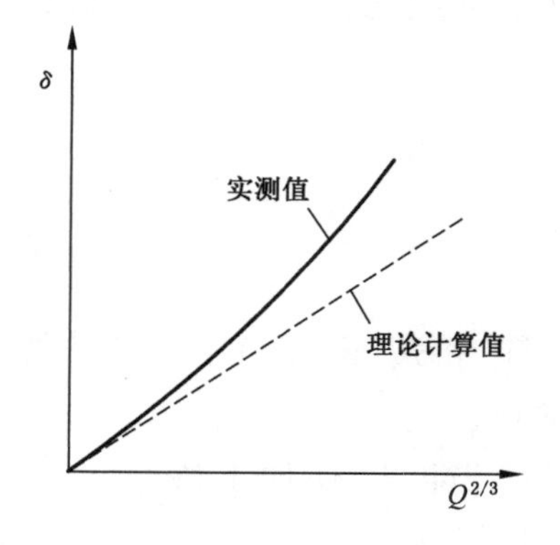

图 10-1　点接触变形与接触负荷关系

轴承中的塑性变形表现为接触滚道表面形成小凹坑，滚动体表面形成小平斑点。经验表明，轴承中受载最大的滚动体与任一个滚道之间总的塑性变形量小于滚动体直径的万分之一时，对轴承的正常运转影响很小。但是，如果塑性变形过大，会在滚道上形成凹坑，即使这种凹坑不明显，但在轴承转动时，将产生较大的轴承振动和噪声，影响轴承平稳运转，增大轴承摩擦力矩。对一般转速不是很低的轴承应用，只要轴承是在旋转之后才开始受载的，塑性变形就会均匀地分布在滚动表面，对运转影响小，因此，允许的塑性变形可以大一些，对这类轴承应用，通常只考虑疲劳寿命和磨损寿命，一般不需要考虑塑性变形。但是，对于静态下受载的轴承、摆动轴承、有冲击或极低速的重载轴承应用，必须考虑塑性变形，通常塑性变形量不允许超过滚动体直径的万分之一，当轴承摩擦力矩和平稳性要求很低时，塑性变形允许大一些，这类轴承应用对疲劳寿命一般不必考虑。

二、滚动轴承的静载荷和额定静载荷

在滚动轴承技术中，将轴承在静止状态或很慢旋转运动状态下承受的载荷称为静载荷。静载荷可以是恒定的，也可以是随时间变化的。此处的静态指轴承的工作状态，而不是指载荷性质。额定静载荷是滚动轴承承受静载荷的能力，额定静载荷定义为轴承中接触应力最大处滚动体和滚道接触总的塑性变形量为滚动体直径的万分之一时轴承所受的恒定静载荷。对径向接触轴承指径向载荷；对角接触轴承指使套圈滚道半圈受载的载荷的径向分量；对轴向接触轴承指中心轴向载荷。

近年来国际标准化组织在美国国家标准的基础上，提出以接触应力水平为基础的计算额定静载荷的方法。按照这种计算方法，额定静载荷定义为轴承中受载最大的滚动体与滚道接触处中心的最大接触应力达到下列值时轴承所受的恒定静载荷。

1）对于调心球轴承为 4 600 MPa；

2）对于其他球轴承为 4 200 MPa；

3）对于所有的滚子轴承为 4 000 MPa。

关于载荷的方向，与 GB/T 4662—2012《滚动轴承　额定静载荷》中的规定相同。以应力为基础与 GB/T 4662—2012 的准则是基本一致的，也是把受载最大滚动体与滚道接触总的塑性变形量控制在万分之一左右。以应力为基础可以更准确地计算额定静载荷，对于多数类型的轴承，额定静载荷有所提高，以短圆柱滚子轴承增加最显著。对于调心球轴承，额定静载荷则有所减小。以应力为基础计算的值更符合试验结果。额定静载荷的两种计算方法目前世界各国都有使用。

第二节　滚动轴承中塑性变形的计算

根据试验结果，提出了滚动体和一个滚道接触处总的塑性变形的计算公式。

对点接触：

$$\delta_s = 1.30 \times 10^{-7} \frac{Q^2}{D_w} (\rho_{1\mathrm{I}} + \rho_{2\mathrm{I}})(\rho_{1\mathrm{II}} + \rho_{2\mathrm{II}}) \tag{10-1}$$

对线接触：

$$\delta_s=\frac{2.12\times10^{-11}}{\sqrt{D_w}}\left(\frac{Q}{l_w}\sqrt{\rho_{1\mathrm{II}}+\rho_{2\mathrm{II}}}\right)^3 \tag{10-2}$$

式中：δ_s——滚动体和一个滚道接触的总塑性变形量，mm；

Q——接触负荷，N；

D_w——滚动体直径，mm；

$\rho_{1\mathrm{I}}$、$\rho_{1\mathrm{II}}$——接触物体 1 的第Ⅰ和第Ⅱ主曲率，mm^{-1}；

$\rho_{2\mathrm{I}}$、$\rho_{2\mathrm{II}}$——接触物体 2 的第Ⅰ和第Ⅱ主曲率，mm^{-1}；

l_w——滚子有效长度，mm。

线接触情况下，接触端部的塑性变形一般比中部大，式(10-2)指接触端部的塑性变形量。

总的塑性变形量大致有 1/3 发生在滚动体上，2/3 在套圈滚道上。

第三节　滚动轴承额定静载荷的计算

一、现行的额定静载荷计算方法

在式(10-1)和式(10-2)中，当 δ_s 为万分之一滚动体直径时，相应的接触负荷称为额定滚动体静负荷，用 Q_{cs} 表示。利用表 2-1 查得各主曲率代入式(10-1)中，可以得到点接触的额定滚动体静负荷为：

$$Q_{cs}=13.87D_w^2\left[\frac{2f_{i(e)}(1\mp\gamma)}{2f_{i(e)}-1}\right]^{1/2} \tag{10-3}$$

类似地，对于线接触可得到：

$$Q_{cs}=11.87L_wD_w(1\mp\gamma)^{1/2} \tag{10-4}$$

式(10-3)和式(10-4)中：

f_i——内沟曲率半径系数；

f_e——外沟曲率半径系数；

L_w——滚子有效接触长度；

$\gamma=\dfrac{D_w\cos\alpha}{d_m}$，这里 α 为轴承名义接触角。

式(10-3)和式(10-4)中："∓"的上面符号适用于滚动体和内滚道接触，"∓"的下面符号适用于滚动体和外滚道接触。

1. 向心球轴承

轴承套圈滚道半圈受载时，式(5-62)可以写为：

$$F_r = Q_{max} J_r(0.5) Z\cos\alpha \tag{10-5}$$

根据前面所述的额定静载荷的定义，在上面方程中最大滚动体负荷 Q_{max} 用式(10-3)中的额定滚动体静负荷 Q_{cs} 代入时，相应的径向载荷 F_r 就是向心球轴承的额定静载荷，记为 C_0，表示为：

$$C_0 = 13.87 J_r(0.5)\left[\frac{2f_{i(e)}(1\mp\gamma)}{2f_{i(e)}-1}\right]^{1/2} ZD_w^2\cos\alpha \tag{10-6}$$

令 $f_0 = 13.87 J_r(0.5)\left[\frac{2f_{i(e)}(1\mp\gamma)}{2f_{i(e)}-1}\right]^{1/2}$，那么式(10-6)可变为：

$$C_0 = f_0 ZD_w^2\cos\alpha \tag{10-7}$$

对轴承内圈：

$$f_0 = 13.87 J_r(0.5)\left[\frac{2f_i(1-\gamma)}{2f_i-1}\right]^{1/2} \tag{10-8}$$

对轴承外圈：

$$f_0 = 13.87 J_r(0.5)\left[\frac{2f_e(1+\gamma)}{2f_e-1}\right]^{1/2} \tag{10-9}$$

对于式(10-8)和式(10-9)的计算值，取其中小的 f_0 值代入式(10-7)中进行计算，求得轴承额定静载荷。

并考虑到 i 列轴承的情况，则有：

$$C_0 = f_0 iZD_w^2\cos\alpha \tag{10-10}$$

2. 推力球轴承

对于单向或双向推力球轴承，额定静载荷指中心轴向载荷，由式(5-29)和式(10-3)可得轴承额定静载荷为：

$$C_0 = f_0 ZD_w^2\sin\alpha \tag{10-11}$$

式中：$f_0 = 13.87\left[\frac{2f_{i(e)}(1\mp\gamma)}{2f_{i(e)}-1}\right]^{1/2}$，$f_0$ 值选取方式与向心球轴承类似。

3. 向心滚子轴承

类似地，对于向心滚子轴承，由式(10-4)和式(10-5)可得额定静载荷为：

$$C_0 = f_0 iZD_w L_w\cos\alpha \tag{10-12}$$

式中：$f_0=118.6J_r(0.5)(1\mp\gamma)^{1/2}$，$f_0$ 值选取方式与向心球轴承类似。

4. 推力滚子轴承

对于单向和双向推力滚子轴承，由式(5-29)和式(10-4)可得额定静载荷为：

$$C_0=f_0ZD_wL_w\sin\alpha \tag{10-13}$$

式中：$f_0=118.6(1\mp\gamma)^{1/2}$，$f_0$ 值选取方式与向心球轴承类似。

式(10-7)～式(10-13)中，额定静载荷的单位是牛顿；$J_r(0.5)$ 是负荷分布积分，从表 5-1 中查取。

由式(10-7)～式(10-13)可以看出，f_0 的值与轴承的类型及轴承内部几何参数有关。图 10-1 中实线表示向心球轴承[图 10-1a)]和向心滚子轴承[图 10-1b)]的 f_0 与几何参数 γ 的关系。

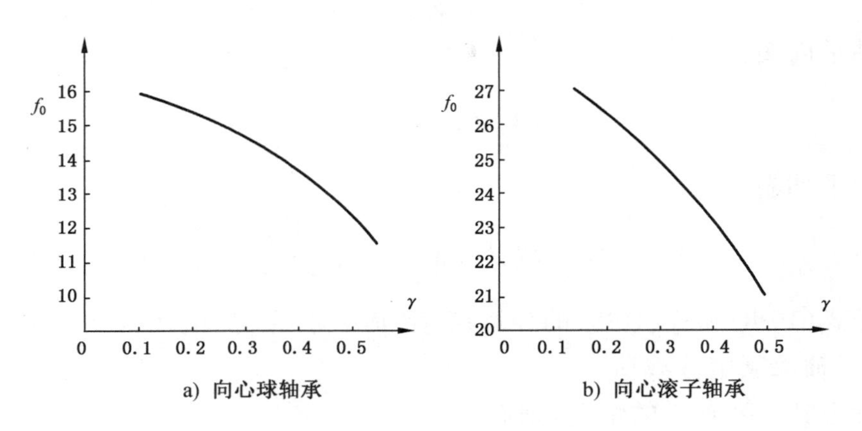

图 10-1　f_0 与 γ 的关系

二、以应力水平为基础的额定静载荷的计算方法

1. 球轴承

由式(6-1)、式(6-2)、式(6-4)可以推导出滚动体接触负荷与接触应力的关系式为：

$$Q=P_0^3\frac{8\pi}{3k}\left[\frac{\eta L(K)}{\sum\rho}\right]^2 \tag{10-14}$$

式中：P_0——接触中心的最大接触应力；

K——椭圆偏心率，$K=b/a$；

η——材料弹性常数，见式(6-6)；

$L(K)$——第二类完全椭圆积分,见式(3-45);

$\sum\rho$——主曲率之和,见式(2-7),各主曲率计算见表2-1和表2-2。

在式(10-14)中,当 P_0 用定义额定静载荷的接触应力值代入时,相应的接触负荷称为额定滚动体静负荷。

根据第五章的负荷分布计算,对于向心球轴承,当滚道半圈受载时近似有下面的关系:

$$F_r = \frac{1}{5} Q_{max} Z \cos\alpha \tag{10-15}$$

对于推力球轴承有:

$$F_a = Q_{max} Z \sin\alpha \tag{10-16}$$

将式(10-14)代入上面两个公式,并引入符号 f_0,可得到轴承额定静载荷计算公式。

(1) 向心球轴承

① i 列深沟球轴承和角接触球轴承

$$C_0 = f_0 i Z D_w^2 \cos\alpha \tag{10-17}$$

对内圈:

$$f_0 = 26.81 \times 10^9 \times \eta^2 \times \frac{1}{K}\left(\frac{P_0}{4\ 000}\right)^3 \left[L(K)/\left(2 + \frac{\gamma}{1-\gamma} - \frac{1}{2f_i}\right)\right]^2 \tag{10-18}$$

对外圈:

$$f_0 = 26.81 \times 10^9 \times \eta^2 \times \frac{1}{K}\left(\frac{P_0}{4\ 000}\right)^3 \left[L(K)/\left(2 - \frac{\gamma}{1+\gamma} - \frac{1}{2f_e}\right)\right]^2 \tag{10-19}$$

对于式(10-18)和式(10-19)的计算值,取其中小的 f_0 值代入式(10-17)中进行计算,求得轴承额定静载荷。

对于钢制的深沟球轴承和角接触球轴承,取 $P_0 = 4\ 200$ MPa, $E = 2.07 \times 10^5$ MPa, $\mu = 0.3$,这时 f_0 的计算式如下:

对内圈:

$$f_0 = 2.399 \frac{1}{K}\left[L(K)/\left(2 + \frac{\gamma}{1-\gamma} - \frac{1}{2f_i}\right)\right]^2 \tag{10-20}$$

对外圈：

$$f_0 = 2.399 \frac{1}{K}\left[L(K)/\left(2-\frac{\gamma}{1+\gamma}-\frac{1}{2f_e}\right)\right]^2 \tag{10-21}$$

② i 列调心球轴承

$$C_0 = f_0 iZD_w^2\cos\alpha \tag{10-22}$$

对内圈：

$$f_0 = 26.81\times10^9\times\eta^2\times\frac{1}{K}\left(\frac{P_0}{4\ 000}\right)^3\left[L(K)/\left(2+\frac{\gamma}{1-\gamma}-\frac{1}{2f_i}\right)\right]^2 \tag{10-23}$$

对外圈：

$$f_0 = 26.81\times10^9\times\eta^2\times\frac{1}{K}\left(\frac{P_0}{4\ 000}\right)^3\left[\frac{L(K)}{2}(1+\gamma)\right]^2 \tag{10-24}$$

一般情况下，对于调心球轴承，滚动体与外滚道之间接触为一个圆接触面，即 $K=b/a=1$，那么 $L(K)=\int_0^{\pi/2}\left[1-(1-K^2)\sin^2\phi\right]^{1/2}\mathrm{d}\phi=\pi/2$，这时式(10-24)可改为：

$$f_0 = 26.81\times10^9\times\eta^2\left(\frac{P_0}{4\ 000}\right)^3\left[\frac{\pi}{4}(1+\gamma)\right]^2 \tag{10-25}$$

对于式(10-23)和式(10-25)的计算值，取其中小的 f_0 值代入式(10-22)中进行计算，求得轴承额定静载荷。

对于钢制的调心球轴承，取 $P_0=4\ 600$ MPa，$E=2.07\times10^5$ MPa，$\mu=0.3$，这时 f_0 的计算式为：

对内圈：

$$f_0 = 3.152\frac{1}{K}\left[L(K)/\left(2+\frac{\gamma}{1-\gamma}-\frac{1}{2f_i}\right)\right]^2 \tag{10-26a}$$

对外圈：

$$f_0 = 3.152\left[\frac{\pi}{4}(1+\gamma)\right]^2 \tag{10-26b}$$

(2) 推力球轴承

$$C_0 = f_0 ZD_w^2\sin\alpha \tag{10-27}$$

对内圈：

$$f_0 = 134.041\times10^9\frac{\eta^2}{K}\left(\frac{P_0}{4\ 000}\right)^3\left[L(K)/\left(2+\frac{\gamma}{1-\gamma}-\frac{1}{2f_i}\right)\right]^2 \tag{10-28}$$

对外圈：

$$f_0=134.041\times10^9\frac{\eta^2}{K}\left(\frac{P_0}{4\ 000}\right)^3\left[L(K)/\left(2-\frac{\gamma}{1+\gamma}-\frac{1}{2f_e}\right)\right]^2 \tag{10-29}$$

对于式(10-28)和式(10-29)的计算值，取其中小的 f_0 值代入式(10-27)中进行计算，求得轴承额定静载荷。

对于钢制的推力球轴承，取 $P_0=4\ 200$ MPa，$E=2.07\times10^5$ MPa，$\mu=0.3$，这时 f_0 计算式为：

对内圈：

$$f_0=11.994\frac{1}{K}\left[L(K)/\left(2+\frac{\gamma}{1-\gamma}-\frac{1}{2f_i}\right)\right]^2 \tag{10-30}$$

对外圈：

$$f_0=11.994\frac{1}{K}\left[L(K)/\left(2-\frac{\gamma}{1+\gamma}-\frac{1}{2f_e}\right)\right]^2 \tag{10-31}$$

2. 滚子轴承

由式(6-12)可推导出滚动体接触负荷与最大接触应力的关系式为：

$$Q=P_0^2\frac{\pi\eta L_w}{\sum\rho} \tag{10-32}$$

式中：P_0——接触宽度中心最大接触应力；

η——材料弹性常数，见式(6-6)；

L_w——滚子有效接触长度；

$\sum\rho$——主曲率之和，见式(2-7)，各主曲率计算见表 2-1 和表 2-2。

(1) 向心轴承

① 圆柱滚子轴承和滚针轴承

$$C_0=f_0iZD_wL_w\cos\alpha \tag{10-33}$$

式中：

$$f_0=50.265\times10^5\eta(1-\gamma)\left(\frac{P_0}{4\ 000}\right)^2 \tag{10-34a}$$

对于钢制的圆柱滚子轴承和滚针轴承，取 $P_0=4\ 000$ MPa，$E=2.07\times10^5$ MPa，$\mu=0.3$，这时 f_0 计算式为：

$$f_0=44(1-\gamma) \tag{10-34b}$$

② 圆锥滚子轴承

$$C_0 = f_0 iZD_w L_w \cos\alpha \tag{10-35}$$

对于内圈：

$$f_0 = 50.265 \times 10^5 \eta \frac{1}{\cos\beta + \gamma_i/(1-\gamma_i)}\left(\frac{P_0}{4\ 000}\right)^2 \tag{10-36}$$

对于外圈：

$$f_0 = 50.265 \times 10^5 \eta \frac{1}{\cos\beta - \gamma_e/(1+\gamma_e)}\left(\frac{P_0}{4\ 000}\right)^2 \tag{10-37}$$

式(10-36)和式(10-37)中：β——圆锥滚子的半锥角；

$\gamma_j = \dfrac{D_w \cos\alpha_j}{d_m} \quad (j = \mathrm{i,e})$，$d_m$ 为轴承节圆直径。

对于式(10-36)和式(10-37)的计算值，取其中小的 f_0 计算值代入式(10-34)中进行计算，求得轴承额定静载荷。

对于钢制的圆锥滚子轴承，取 $P_0 = 4\ 000$ MPa，$E = 2.07 \times 10^5$ MPa，$\mu = 0.3$，这时 f_0 计算式为：

对于内圈：

$$f_0 = \frac{44}{\cos\beta + \gamma_i/(1-\gamma_i)} \tag{10-38}$$

对于外圈：

$$f_0 = \frac{44}{\cos\beta - \gamma_e/(1+\gamma_e)} \tag{10-39}$$

③ 调心滚子轴承

$$C_0 = f_0 iZD_w L_w \cos\alpha \tag{10-40}$$

对于内圈：

$$f_0 = 50.265 \times 10^5 \eta \frac{1}{D_w/(2r_b) - D_w/(2r_i) + 1/(1-\gamma)}\left(\frac{P_0}{4\ 000}\right)^2 \tag{10-41}$$

对于外圈：

$$f_0 = 50.265 \times 10^5 \eta \frac{1}{D_w/(2r_b) + (1-\gamma)/(1+\gamma)}\left(\frac{P_0}{4\ 000}\right)^2 \tag{10-42}$$

式(10-41)和式(10-42)中：r_i——内滚道母线的曲率半径；

r_b——球面滚子母线的曲率半径；

D_w——球面滚子直径；

$$\gamma=\frac{D_{\mathrm{w}}}{d_{\mathrm{m}}}\cos\alpha$$ 。

对于式(10-41)和式(10-42)的计算值,取其中小的 f_0 值代入式(10-40)进行计算,求得轴承额定静载荷。

对于钢制的调心滚子轴承,取 $P_0=4\ 000$ MPa,$E=2.07\times10^5$ MPa,$\mu=0.3$,这时 f_0 计算式为:

对于内圈:

$$f_0=\frac{44}{D_{\mathrm{w}}/(2r_{\mathrm{b}})-D_{\mathrm{w}}/(2r_{\mathrm{i}})+1/(1-\gamma)} \tag{10-43}$$

对于外圈:

$$f_0=\frac{44}{D_{\mathrm{w}}/(2r_{\mathrm{b}})+(1-\gamma)/(1+\gamma)} \tag{10-44}$$

(2) 推力滚子轴承

① 推力圆柱滚子轴承和推力滚针轴承

$$C_0=f_0ZD_{\mathrm{w}}L_{\mathrm{w}}\sin\alpha \tag{10-45}$$

式中:

$$f_0=251\times10^5\eta(1-\gamma)\left(\frac{P_0}{4\ 000}\right)^2 \tag{10-46}$$

对于钢制的推力圆柱滚子轴承和推力滚针轴承,取 $P_0=4\ 000$ MPa,$E=2.07\times10^5$ MPa,$\mu=0.3$,这时 f_0 计算式为:

$$f_0=220(1-\gamma) \tag{10-47}$$

i 列相同的单列推力圆柱滚子轴承或者推力滚针轴承串联配置使用的轴承组额定静载荷为:

$$C_0=f_0iZD_{\mathrm{w}}L_{\mathrm{w}}\sin\alpha \tag{10-48}$$

② 推力圆锥滚子轴承

$$C_0=f_0ZD_{\mathrm{w}}L_{\mathrm{w}}\sin\alpha \tag{10-49}$$

对于内圈:

$$f_0=251\times10^5\eta\frac{1}{\cos\beta+\gamma_{\mathrm{i}}/(1-\gamma_{\mathrm{i}})}\left(\frac{P_0}{4\ 000}\right)^2 \tag{10-50}$$

对于外圈:

$$f_0=251\times10^5\eta\frac{1}{\cos\beta-\gamma_{\mathrm{e}}/(1+\gamma_{\mathrm{e}})}\left(\frac{P_0}{4\ 000}\right)^2 \tag{10-51}$$

式中：β——圆锥滚子的半锥角；

$\gamma_j=\dfrac{D_w\cos\alpha_j}{d_m}$　$(j=\mathrm{i,e})$，d_m 为轴承节圆直径。

对于式(10-50)和式(10-51)的计算值，取其中小的 f_0 值代入式(10-49)中进行计算，求得轴承额定静载荷。

对于钢制的推力圆锥滚子轴承，取 $P_0=4\ 000$ MPa，$E=2.07\times10^5$ MPa，$\mu=0.3$，这时 f_0 计算式为：

对于内圈：

$$f_0=\frac{220}{\cos\beta+\gamma_i/(1-\gamma_i)} \tag{10-52}$$

对于外圈：

$$f_0=\frac{220}{\cos\beta-\gamma_e/(1+\gamma_e)} \tag{10-53}$$

i 列相同的单列推力圆锥滚子轴承串联配置使用的轴承组额定静载荷为：

$$C_0=f_0 iZD_wL_w\sin\alpha \tag{10-54}$$

③ 调心滚子轴承

$$C_0=f_0ZD_wL_w\sin\alpha \tag{10-55}$$

对于内圈：

$$f_0=251\times10^5\eta\frac{1}{D_w/(2r_b)-D_w/(2r_i)+1/(1-\gamma)}\left(\frac{P_0}{4\ 000}\right)^2 \tag{10-56}$$

对于外圈：

$$f_0=251\times10^5\eta\frac{1}{D_w/(2r_b)+(1-\gamma)/(1+\gamma)}\left(\frac{P_0}{4\ 000}\right)^2 \tag{10-57}$$

式中：r_i——内滚道母线的曲率半径；

r_b——球面滚子母线的曲率半径；

D_w——球面滚子直径；

$\gamma=\dfrac{D_w}{d_m}\cos\alpha$。

对于式(10-56)和式(10-57)的计算值，取其中小的 f_0 值代入式(10-55)中进行计算，求得轴承额定静载荷。

对于钢制的推力调心滚子轴承，取 $P_0=4\ 000$ MPa，$E=2.07\times10^5$ MPa，$\mu=0.3$，这时 f_0 计算式为：

对于内圈：

$$f_0 = \frac{220}{D_w/(2r_b) - D_w/(2r_i) + 1/(1-\gamma)} \tag{10-58}$$

对于外圈：

$$f_0 = \frac{220}{D_w/(2r_b) + (1-\gamma)/(1+\gamma)} \tag{10-59}$$

i 列相同的单列推力调心滚子轴承串联配置使用的轴承组额定静载荷为：

$$C_0 = f_0 i Z D_w L_w \sin\alpha \tag{10-60}$$

式(10-6)～式(10-60)中，C_0 的单位为 N，各长度单位为 mm。

第四节　滚动轴承的当量静载荷

如上所述，轴承额定静载荷是在一定的假定条件下确定的。如果轴承的实际载荷与决定额定静载荷的假定条件不同，则应将实际载荷折算为当量静载荷，以便与额定静载荷进行比较。当量静载荷是一个假想的载荷，其作用方向与额定静载荷作用方向相同。在当量静载荷作用下，受载最大的滚动体与套圈滚道接触处总塑性变形量与实际载荷作用下的塑性变形量相同。对径向接触轴承，当量静载荷是径向载荷；对角接触向心轴承，当量静载荷是使套圈滚道半圈受载的载荷的径向分量；对轴向接触轴承和角接触推力轴承，当量静载荷是中心轴向载荷。

一、向心球轴承的径向当量静载荷

向心球轴承的径向当量静载荷是由下列两个公式计算，并取其中较大的值：

$$P_0 = X_0 F_r + Y_0 F_a \tag{10-61}$$

$$P_0 = F_r \tag{10-62}$$

式中：F_r ——轴承径向载荷；

F_a ——轴承轴向载荷；

X_0、Y_0 ——系数值，列在表 10-1 中。

表 10-1　系数 X_0、Y_0 的值

轴承类型		单列轴承		双列轴承	
		X_0	Y_0	X_0	Y_0
深沟球轴承[1]		0.6	0.5	0.6	0.5
角接触向心球轴承	$\alpha=5°$	0.5	0.52	1	1.04
	$\alpha=10°$	0.5	0.5	1	1
	$\alpha=15°$	0.5	0.46	1	0.92
	$\alpha=20°$	0.5	0.42	1	0.84
	$\alpha=25°$	0.5	0.38	1	0.76
	$\alpha=30°$	0.5	0.33	1	0.66
	$\alpha=35°$	0.5	0.29	1	0.58
	$\alpha=40°$	0.5	0.26	1	0.52
	$\alpha=45°$	0.5	0.22	1	0.44
调心球轴承 $\alpha\neq0°$		0.5	$0.22\cot\alpha$	1	$0.44\cot\alpha$

1) 允许的 F_a/C_0 的最大值取决于轴承设计（内部游隙和沟道深度）。

对于两套相同的单列角接触球轴承以“背靠背”或“面对面”配置，并排安装在同一轴上，作为一个整体（成对安装）运转，计算其径向当量静载荷时，X_0 和 Y_0 应按一套双列角接触轴承来考虑，F_r 和 F_a 值按作用在该轴承组上的总载荷计算。

两套或多套相同的单列深沟球轴承、两套或多套相同的单列角接触球轴承以“串联”配置，并排安装在同一轴上，作为一个整体（成对安装或成组安装）运转，计算其径向当量静载荷时，采用单列轴承的 X_0 和 Y_0 值，F_r 和 F_a 值按作用在该轴承组上的总载荷计算。

二、推力球轴承的轴向当量静载荷

1）$\alpha\neq90°$ 的推力球轴承，其轴向当量静载荷为：

$$P_0=2.3F_r\tan\alpha+F_a \tag{10-63}$$

对于双向轴承，式(10-63)适用于所有的 F_r/F_a 值。

对于单向轴承，当 $F_r/F_a\leqslant0.44\cot\alpha$ 时，式(10-63)能给出满意的结果；当

F_r/F_a 增大至 0.67cotα 时，式(10-63)仍可给出满意的 P_0 值，但可靠性低。

2) $\alpha=90°$ 的推力球轴承，只能承受轴向载荷，其轴向当量静载荷为：

$$P_0=F_a \tag{10-64}$$

三、向心滚子轴承的径向当量静载荷

1) 对于接触角 $\alpha=0°$ 且仅承受径向载荷的向心滚子轴承，其径向当量静载荷为：

$$P_0=F_r \tag{10-65}$$

2) 对于接触角 $\alpha>0$ 的向心滚子轴承，其径向当量静载荷取下列两公式计算值的较大者：

$$P_0=X_0F_r+Y_0F_a \tag{10-66}$$

$$P_0=F_r \tag{10-67}$$

式(10-66)中的 X_0 和 Y_0 值由表 10-2 给出。

表 10-2 $\alpha>0°$的向心滚子轴承的 X_0 和 Y_0 值

轴承类型	X_0	Y_0
单列	0.5	0.22cotα
双列	1	0.44cotα

对于两套相同的单列角接触滚子轴承以“背靠背”或“面对面”配置，并排安装在同一轴上，作为一个整体(成对安装)运转，计算其径向当量静载荷时，X_0 和 Y_0 应按双列轴承的值，F_r 和 F_a 按作用在该轴承组上的总载荷来考虑。

两套或多套相同的单列角接触滚子轴承以“串联”配置，并排安装在同一轴上，作为一个整体(成对安装或成组安装)运转，计算其径向当量静载荷时，采用单列轴承的 X_0 和 Y_0 值，F_r 和 F_a 按作用在该轴承组上的总载荷来考虑。

四、推力滚子轴承的轴向当量静载荷

1) $\alpha=90°$ 推力滚子轴承，只能承受轴向载荷，其轴向当量静载荷为：

$$P_0=F_a \tag{10-68}$$

$\alpha=90°$ 的推力轴承承受偏心轴向载荷时，也需要计算轴向当量静载荷。此时，轴向当量静载荷与实际偏心载荷之比，等于在偏心轴向载荷作用下滚动体的最大负荷与中心轴向载荷下滚动体的最大负荷之比。轴向当量静载荷计算式为：

$$P_0 = \frac{F_a}{J_a(\varepsilon)} \tag{10-69}$$

式中：$J_a(\varepsilon)$ ——轴向负荷分布积分，根据 $2e/d_m$ 由表 5-1 查得。

2）$\alpha \neq 90°$ 的推力滚子轴承，其轴向当量静载荷为：

$$P_0 = 2.3F_r\tan\alpha + F_a \tag{10-70}$$

对于双向轴承，式(10-70)适用于所有的 F_r/F_r 值。

对于单向轴承，当的 $F_r/F_a \leqslant 0.44\cot\alpha$ 时，式(10-70)能给出满意的结果；当 F_r/F_a 增大至 $0.67\cot\alpha$ 时，式(10-70)仍可给出满意的 P_0 值，但可靠性低。

第五节　滚动轴承的许用静载荷

如本章概述中所说，不同的轴承应用允许的塑性变形量不同。因此，允许承受的最大载荷也不同。例如，转速不是很低又不受冲击的旋转轴承，工作载荷可以超过额定静载荷，只要轴承是在旋转之后才开始受载的，受冲击载荷或对平稳运转要求高的轴承，工作载荷必须小于额定静载荷。有些应用中对运转平稳性和摩擦力矩要求不严格，工作载荷也允许超过额定静载荷。例如，支承大炮的轴承可以承受 $2C_0$ 的载荷而不会影响发射精度，飞机控制滑轮用轴承可以承受 $4C_0$ 的载荷而不影响使用。

按额定静载荷选择轴承时，对于不同的轴承应用类型，引入一个安全系数 S_0，须使：

$$C_0 = S_0 P_0 \tag{10-71}$$

表 10-3 中给出了各种应用的球轴承静载荷安全系数值；表 10-4 中给出了各种应用的滚子轴承静载荷安全系数值。

表 10-3　球轴承的静载荷的安全系数 S_0

工作条件	S_0（最小值）
运转条件平稳：运转平稳、无振动、旋转精度高	2
运转条件正常：运转平稳、无振动、正常旋转精度	1
承受冲击载荷条件：显著的冲击载荷1)	1.5

1）当载荷大小未知时，S_0 值至少取 1.5；当冲击载荷的大小可精确得到时，可采用较小的 S_0 值。

表 10-4 滚子轴承的静载荷的安全系数 S_0

工作条件	S_0（最小值）
运转条件平稳：运转平稳、无振动、旋转精度高	3
运转条件正常：运转平稳、无振动、正常旋转精度	1.5
承受冲击载荷条件：显著的冲击载荷[1)]	3

1）当载荷大小未知时，S_0 值至少取 3；当冲击载荷的大小可精确得到时，可采用较小的 S_0 值。

最后须指出，使滚动体或滚道发生破裂的载荷远远大于额定静载荷，一般大于 $8C_0$。

第十一章　滚动轴承拟静力学分析方法

第一节　概　　述

在高速下运转的滚动轴承，内部的动力学因素及其影响是很重要的，往往会成为轴承失效的主要原因。例如，离心力和陀螺力矩的作用不仅影响接触负荷和疲劳寿命，还将改变滚动体的运动状态，有可能引起滚动体打滑和陀螺旋转，使轴承的摩擦磨损和温升急剧增加。因此，高速轴承的设计分析必须考虑滚动体的动态力及其影响。考虑滚动体惯性力及其影响的稳态运转条件下的轴承设计分析方法称为滚动轴承拟静力学设计分析方法。第五章中高速轴承负荷分布计算方法也属于拟静力学方法，但是，计算惯性力的速度参数是按滚道控制理论确定的，没有考虑滚动体打滑。在介绍了滚动轴承的弹性流体动力润滑计算方法之后，可以考虑滚动体的打滑，全面分析轴承稳定运转下的动态性能。

拟静力学的分析方法可以有效地预测滚动体的公转和自转的速度、轴承疲劳寿命、轴承变形和刚度。可以有效地确定防止滚动体打滑需要的最小负荷。这种方法虽不能分析轴承瞬态运动情况，比如变载荷、变转速的工作条件下轴承内部零件的碰撞和振动等瞬态现象，但对于中、低速滚动轴承动态性能的分析，采用轴承拟静力学分析方法还是非常有效的，而且轴承性能分析时间短，分析结果也比较接近实际情况。

第二节　高速角接触球轴承分析

高速角接触球轴承通常主要承受轴向负荷。为简化计算，下面分析中假设轴承只受轴向负荷作用。

一、钢球的一般运动

为描述钢球的运动，选取如图 11-1 所示的坐标系，说明如下：

x、y、z——固定坐标系，x 轴与轴承轴线重合；

x'、y'、z'——原点在球心，x'轴与 x 轴平行，坐标系以钢球的公转速度绕 x 轴旋转；

$o'u$——钢球的自转轴线；

β——钢球自转轴线 $o'u$ 与 $x'o'y'$平面的夹角；

β'——$o'u$ 轴在 $x'o'y'$平面内的投影与 x'轴的夹角；

ψ——z 轴与 z'轴的夹角，即钢球在节圆上的位置角。

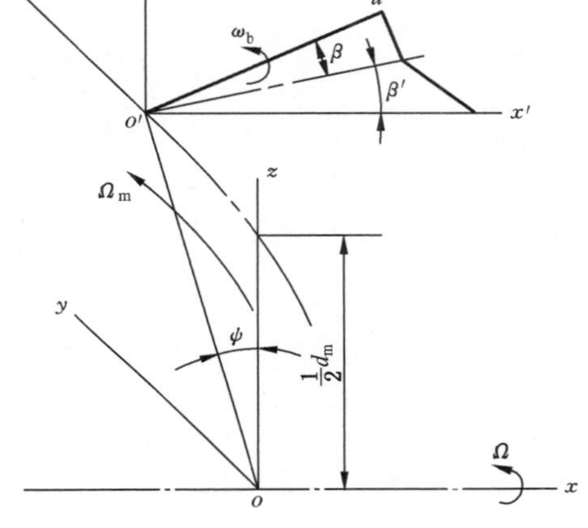

图 11-1 坐标系

设钢球匀速运动，公转和自转速度为常量。自转角速度在 $x'y'z'$坐标系各坐标轴上的分量表示为 $\omega_{x'}$、$\omega_{y'}$、$\omega_{z'}$，则有：

$$\omega_{x'}=\omega_b\cos\beta\cos\beta' \tag{11-1}$$

$$\omega_{y'}=\omega_b\cos\beta\sin\beta' \tag{11-2}$$

$$\omega_{z'}=\omega_b\sin\beta \tag{11-3}$$

$$\omega_b=(\omega_{x'}{}^2+\omega_{y'}{}^2+\omega_{z'}{}^2)^{1/2} \tag{11-4}$$

图 11-2 和图 11-3 说明了钢球和内、外圈的接触情况，利用这两个图可以求出钢球相对滚道的滑动速度。

由图 11-2 可知，在接触区内任一点(x_e,y_e)处外滚道沿滚动方向的速度为：

$$U_{1e}=-\frac{d_m\omega_{em}}{2}-\left\{(R_e^2-X_e^2)^{1/2}-(R_e^2-a_e^2)^{1/2}+\left[\left(\frac{D_w}{2}\right)^2-a_e^2\right]^{1/2}\right\}\omega_{em}\cos\alpha_e \tag{11-5}$$

钢球在(x_e,y_e)点沿滚动方向的速度为：

$$U_{2e}=-(\omega_{x'}\cos\alpha_e+\omega_{z'}\sin\alpha_e)\times\left\{(R_e^2-X_e^2)^{1/2}-(R_e^2-a_e^2)^{1/2}+\left[\left(\frac{D_w}{2}\right)^2-a_e^2\right]^{1/2}\right\} \tag{11-6}$$

考虑到式(11-1)和式(11-3)，由方程式(11-5)和式(11-6)可得到(x_e,y_e)点沿滚动方向的滑动速度为：

$$U_{y_e}=U_{1e}-U_{2e}=-\frac{d_m\omega_{em}}{2}+\left\{(R_e^2-X_e^2)^{1/2}-(R_e^2-a_e^2)^{1/2}+\left[\left(\frac{D_w}{2}\right)^2-a_e^2\right]^{1/2}\right\}\times\left(\frac{\omega_b}{\omega_{em}}\cos\beta\cos\beta'\cos\alpha_e+\frac{\omega_b}{\omega_{em}}\sin\beta\sin\alpha_e-\cos\alpha_e\right)\omega_{em} \tag{11-7}$$

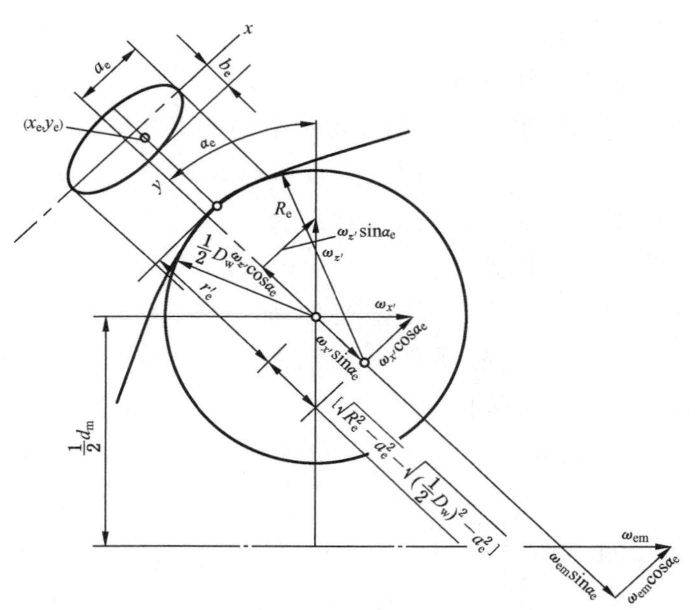

图 11-2　钢球与外圈滚道的接触

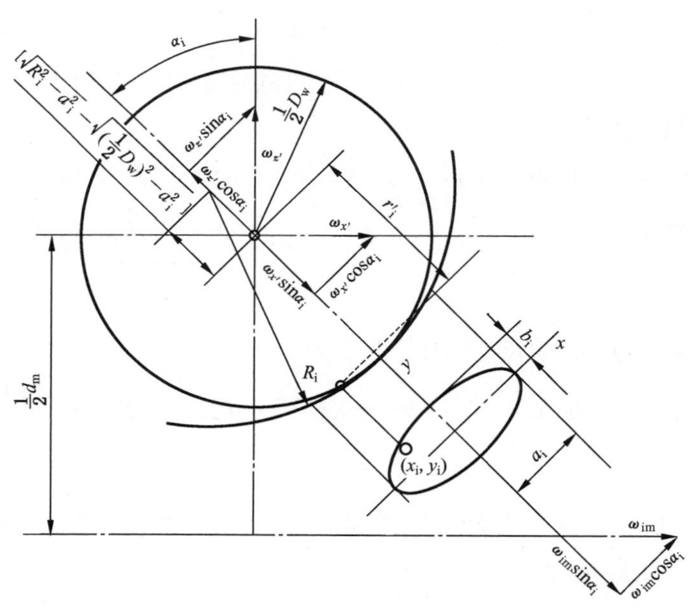

图 11-3　钢球与内圈滚道的接触

在(x_e, y_e)点，钢球自转角速度 $\omega_{y'}$ 分量引起的钢球相对滚道沿接触椭圆长轴方向的滑动速度为：

$$U_{x_e}=-\left\{(R_e^2-x_e^2)^{1/2}-(R_e^2-a_e^2)^{1/2}+\left[\left(\frac{D_w}{2}\right)^2-a_e^2\right]^{1/2}\right\}\omega_{em}\left(\frac{\omega_b}{\omega_{em}}\right)\cos\beta\sin\beta' \tag{11-8}$$

类似的，由图 11-3 可得到钢球相对内圈滚道在接触区任一点（x_i，y_i）的滑动速度为：

$$U_{y_i}=-\frac{d_m\omega_{im}}{2}-\left\{(R_i^2-X_i^2)^{1/2}-(R_i^2-a_i^2)^{1/2}+\left[\left(\frac{D_w}{2}\right)^2-a_i^2\right]^{1/2}\right\}\times$$

$$\left(\frac{\omega_b}{\omega_{im}}\cos\beta\cos\beta'\cos\alpha_i+\frac{\omega_b}{\omega_{im}}\sin\beta\sin\alpha_i-\cos\alpha_i\right)\omega_{im} \tag{11-9}$$

$$U_{x_i}=-\left\{(R_i^2-x_i^2)^{1/2}-(R_i^2-a_i^2)^{1/2}+\left[\left(\frac{D_w}{2}\right)^2-a_i^2\right]^{1/2}\right\}\omega_{im}\left(\frac{\omega_b}{\omega_{im}}\right)\cos\beta\sin\beta' \tag{11-10}$$

式中：ω_{im}、ω_{em}——内圈、外圈相对保持架（或相对 $x'y'z'$ 坐标系）的转速，可参看方程式（3-1）和式（3-2）；

R_i、R_e——内圈、外圈接触椭圆变形表面的曲率半径。

变形表面的曲率半径用下式计算：

$$R_n=\frac{2f_nD_w}{2f_n+1}\quad (n=i,e) \tag{11-11}$$

式中：f——滚道沟曲率半径系数。

二、油膜厚度的计算和表面平均速度

油膜厚度影响油膜摩擦力的大小。因为大部分接触区域内油膜厚度等于中心油膜厚度，所以，这里计算油膜厚度应采用式（8-10）。另外应注意，计算表面平均速度时方程式（8-10）已不适用，因为这个方程是在无打滑条件下导出的。应该根据套圈相对 $x'y'z'$ 坐标系的角速度及钢球自转角速度，分别求出滚道和钢球在接触点中心相对 $x'y'z'$ 坐标系的速度 u_1 和 u_2，然后求出 u_1 和 u_2 的均值即为所需要的表面平均速度。

由图 11-2 和图 11-3 可得到内、外圈滚道在接触中心沿滚动方向的速度为：

$$u_{1n}=\frac{1}{2}d_m\omega_{nm}(1\pm\gamma_n)\quad (n=i,e) \tag{11-12}$$

式中："±"上面的符号适用于外圈，"±"下面的符号适用于内圈。

钢球在内、外滚道接触中心处沿滚动方向的速度为：

$$u_{2n}=\frac{1}{2}D_{\mathrm{w}}(\omega_{x'}\cos\alpha_n+\omega_{z'}\sin\alpha_n)\quad(n=\mathrm{i},\mathrm{e})\tag{11-13}$$

计算油膜需要的表面平均速度为：

$$u_n=\frac{1}{2}(u_{1n}+u_{2n})\quad(n=\mathrm{i},\mathrm{e})\tag{11-14}$$

三、钢球受力分析

钢球受的力和力矩如图 11-4 所示。因为假设钢球匀速运动，忽略了钢球和保持架之间的作用力。

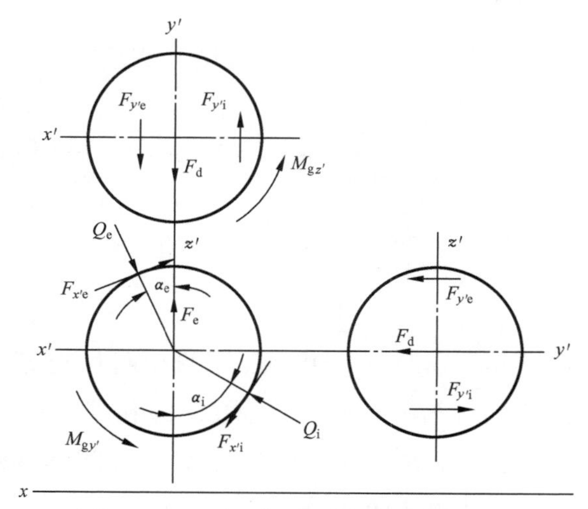

图 11-4　钢球受的力和力矩

1. 法向接触负荷

在纯轴向负荷作用下各钢球受力相同。根据方程式(5-1)法向接触负荷与接触变形的关系为：

$$Q_{\mathrm{i}}=K_{\mathrm{i}}\delta_{\mathrm{i}}^{1.5}\tag{11-15}$$

$$Q_{\mathrm{e}}=K_{\mathrm{e}}\delta_{\mathrm{e}}^{1.5}\tag{11-16}$$

根据方程式(5-89)和式(5-90)，接触变形为：

$$\delta_{\mathrm{i}}=(V_x^2+V_z^2)^{1/2}-(f_{\mathrm{i}}-0.5)D_{\mathrm{w}}\tag{11-17}$$

$$\delta_{\mathrm{e}}=[(BD_{\mathrm{w}}\sin\alpha^0+\delta_{\mathrm{a}}-V_x)^2+(BD_{\mathrm{w}}\cos\alpha^0-V_z)^2]^{1/2}-(f_{\mathrm{e}}-0.5)D_{\mathrm{w}}\tag{11-18}$$

式中：V_x，V_z——球心位置参数，参看图 5-12；

B——总曲率半径系数，$B=f_{\mathrm{i}}+f_{\mathrm{e}}-1$；

α^0——原始接触角；

δ_{a}——轴承轴向变形。

2. 摩擦力

当接触区滑动程度小时，按牛顿流体计算油膜摩擦力，用式(8-26)计算切应力，式中的滑动速度前面已经求出。接触区滑动程度大时，可按式(8-31)计算切应力。切应力确定之后，在接触区内积分可得到摩擦力，表示为：

$$F_{y'n}=a_nb_n\int_{-1}^{+1}\int_{-\sqrt{1-s^2}}^{+\sqrt{1-s^2}}\tau_{y'n}\,\mathrm{d}t\,\mathrm{d}s\tag{11-19}$$

$$F_{z'n}=a_nb_n\int_{-1}^{+1}\int_{-\sqrt{1-t^2}}^{+\sqrt{1-t^2}}\tau_{z'n}\,\mathrm{d}s\,\mathrm{d}t\tag{11-20}$$

切应力对 $X'Y'Z'$坐标系各坐标轴的力矩为：

$$M_{x'n}=a_n b_n\int_{-1}^{+1}\int_{-\sqrt{1-s^2}}^{+\sqrt{1-s^2}}\tau_{y'n} r_n \cos(\alpha_n+\theta_n)\,\mathrm{d}t\,\mathrm{d}s \tag{11-21}$$

$$M_{z'n}=a_n b_n\int_{-1}^{+1}\int_{-\sqrt{1-s^2}}^{+\sqrt{1-s^2}}\tau_{y'n} r_n \sin(\alpha_n+\theta_n)\,\mathrm{d}t\,\mathrm{d}s \tag{11-22}$$

$$M_{y'n}=a_n b_n\int_{-1}^{+1}\int_{-\sqrt{1-t^2}}^{+\sqrt{1-t^2}}\tau_{x'n} r_n\,\mathrm{d}s\,\mathrm{d}t \tag{11-23}$$

式中：s,t——无量纲坐标，表示为 $s=\dfrac{x}{a}$，$t=\dfrac{y}{b}$；

x——从接触椭圆中心沿长半轴方向的坐标；

y——从接触椭圆中心沿短半轴方向的坐标；

n——指与内圈或外圈有关的量，$n=\mathrm{i},\mathrm{e}$；

θ_n——钢球与滚道接触面上一点的角坐标，根据图 11-2 和图 11-3，θ_n 用下式计算：

$$\theta_n=\arcsin\left(\frac{x_n}{r_n}\right) \tag{11-24}$$

r_n——钢球中心到接触面上一点的距离，用下式计算：

$$r_n=\left\{\left[(R_n^2-x_n^2)^{1/2}-(R_n^2-a_n^2)^{1/2}+\left(\frac{D_\mathrm{w}^2}{4}-a_n^2\right)^{1/2}\right]^2+x_n^2\right\}^{1/2} \tag{11-25}$$

3. 惯性力

惯性力包括钢球受的离心力和陀螺力矩，用下面的方程计算：

$$F_\mathrm{c}=\frac{1}{2}md_\mathrm{m}\Omega_\mathrm{m}^2 \tag{11-26}$$

$$M_{\mathrm{g}y'}=J\omega_\mathrm{b}\Omega_\mathrm{m}\sin\beta \tag{11-27}$$

$$M_{\mathrm{g}z'}=J\omega_\mathrm{b}\Omega_\mathrm{m}\cos\beta\sin\beta' \tag{11-28}$$

式中：m——钢球质量；

J——钢球的转动惯量。

4. 流体阻力

流体阻力 F_d 用式(7-14)计算。

四、平衡方程

轴承只受轴向负荷，整个轴承的方程只有一个，由外圈的平衡得：

$$F_{a}-ZF_{a}-Z(Q_{e}\sin\alpha_{e}-F_{x'_{e}}\cos\alpha_{e})=0 \tag{11-29}$$

钢球的平衡方程有六个：

$$\sum_{n=i,e} C_{n}(Q_{n}\cos\alpha_{n}-F_{x'_{n}}\sin\alpha_{n})-F_{c}=0 \tag{11-30}$$

$$\sum_{n=i,e} C_{n}(Q_{n}\sin\alpha_{n}+F_{x'_{n}}\cos\alpha_{n})=0 \tag{11-31}$$

$$\sum_{n=i,e} C_{n}F_{y'_{n}}+F_{d}=0 \tag{11-32}$$

$$\sum_{n=i,e} M_{x'_{n}}=0 \tag{11-33}$$

$$\sum_{n=i,e} M_{y'_{n}}-M_{gy'}=0 \tag{11-34}$$

$$\sum_{n=i,e} M_{z'_{n}}-M_{gz'}=0 \tag{11-35}$$

式中：C_{n}——常数，$C_{e}=1$；$C_{i}=-1$；

Z——轴承的钢球数目。

五、方程组的解法

几何方程式(11-17)、式(11-18)和平衡方程式(11-29)～式(11-35)共9个非线性方程，根据以前的分析可以看出，其中包含的基本未知量也是9个，它们是δ_{n}、V_{x}、V_{z}、δ_{i}、δ_{e}、ω'_{x}、ω'_{y}、ω'_{z}、Ω_{m}。用牛顿-拉弗松迭代法求解非线性方程组可求出这些未知量。显然，解这9个基本方程时还必然要引入大量的辅助方程。例如，Hertz接触计算、负荷和变形的关系、接触角和变形的关系、负荷变形常数的计算、各种线速度的计算、油膜计算、各种力的计算等。所需要的辅助方程在前面的有关章节都介绍过，此处不一一列出。

图11-5给出了不同分析方法对公转速度的预测结果，并与试验数据进行了比较。所用的角接触球轴承内径35 mm，外径62 mm，内圈转速3 500 r/min。可以看到，应用弹流理论的分析结果与试验结果比较一致，而套圈控制理论在打滑严重时误差较大。还看到，随着轴向负荷的增加打滑减小。根据分析的结果可以确定防止打滑所需要的最小轴向负荷。

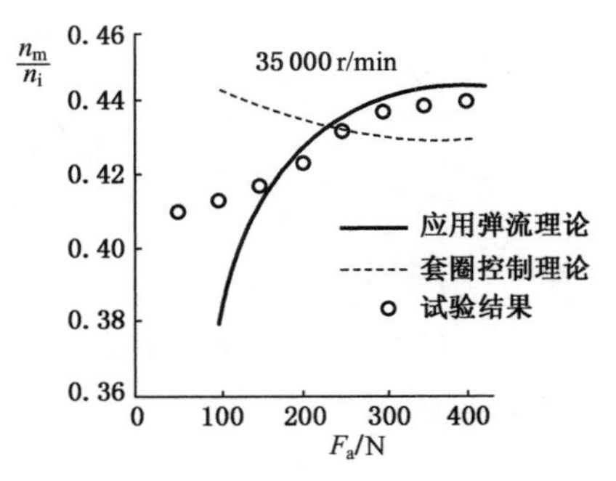

图 11-5　钢球公转速度的预测和试验结果比较

第三节　高速圆柱滚子轴承分析

典型的高速滚子轴承是航空喷气发动机涡轮前支承圆柱滚子轴承，dn 值常达 $1.5\times10^6\sim2\times10^6$[mm·(r/min)]以上，该轴承内圈旋转外圈静止，径向负荷一般不大，因此打滑是在设计和分析中必须考虑的一个重要问题。下面介绍高速向心圆柱滚子轴承的拟静力学分析方法。

一、滚子运动分析

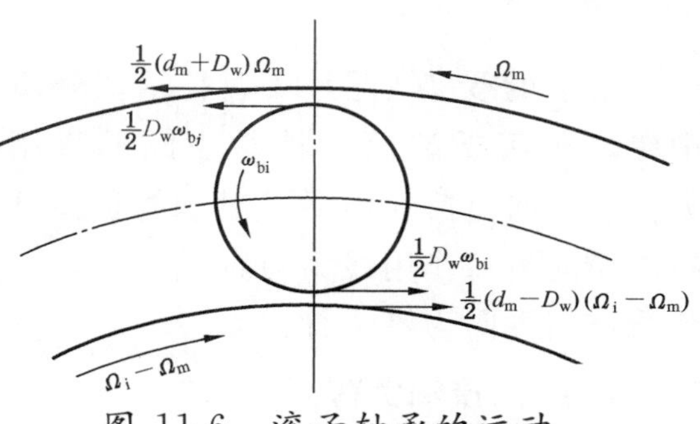

图 11-6　滚子轴承的运动

如图 11-6 所示，设内圈转速为 Ω_i，外圈静止，滚子和保持架以公转速度 Ω_m 匀速转动。因为在径向负荷作用下各滚子受力不同，所以各滚子的自转速度不相同，设角位置 Ψ_j 处第 j 个滚子的自转角速度为 ω_{bj}。为分析方便，设想滚子中心固定，外圈与内圈反向旋转，各零件的运动关系与实际运动是等效的。内圈相对保持架的转速为$(\Omega_i-\Omega_m)$，外圈相对保持架的转速为 Ω_m。

角位置 Ψ_j 处，内圈、外圈滚道与滚子接触处的相对滑动速度分别为：

$$V_{ij}=\frac{1}{2}(d_m-D_w)(\Omega_i-\Omega_m)-\frac{1}{2}D_w\omega_{bj}\tag{11-36}$$

$$V_{ej}=\frac{1}{2}(d_m+D_w)\Omega_m-\frac{1}{2}D_w\omega_{bj}\tag{11-37}$$

以 $\gamma=\dfrac{D_w}{d_m}$代入，可得：

$$V_{ij}=\frac{1}{2}d_m[(1-\gamma)(\Omega_i-\Omega_m)-\gamma\omega_{bj}]\tag{11-38}$$

$$V_{ej}=\frac{1}{2}d_m[(1+\gamma)\Omega_m-\gamma\omega_{bj}]\tag{11-39}$$

角位置 Ψ_j 处内、外滚道与滚子接触处的表面平均速度为：

$$U_{ij}=\frac{1}{4}d_m[(1-\gamma)(\Omega_i-\Omega_m)+\gamma\omega_{bj}]\tag{11-40}$$

$$U_{ej}=\frac{1}{4}d_m[(1+\gamma)\Omega_m+\gamma\omega_{bj}]\tag{11-41}$$

将各速度无量纲化，表示为：

$$\overline{V}_{ij}=\frac{\eta_0 V_{ij}}{E_0 R_i},\overline{V}_{ej}=\frac{\eta_0 V_{ej}}{E_0 R_e},\overline{U}_{ij}=\frac{\eta_0 U_{ij}}{E_0 R_i},\overline{U}_{ej}=\frac{\eta_0 U_{ej}}{E_0 R_e}$$

式中：R_i、R_e——内圈、外圈接触处的当量曲率半径，用式(8-4)计算；

E_0——当量弹性模数，用式(8-5)计算；

η_0——常压下的动力黏度。

二、滚子受力分析

滚子的受力如图 11-7 所示。分析中忽略了滚子端面和挡边之间的作用力。在径向负荷作用下各滚子的负荷分布以径向负荷作用线为对称轴。设径向负荷作用方向为零位置。

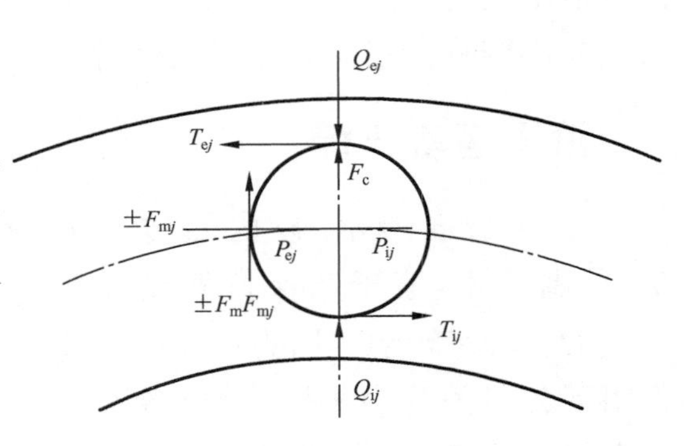

图 11-7　滚子受力分析

1. 法向接触负荷

根据方程式(5-1)，法向接触负荷与接触变形的关系为：

$$Q_{ij}=K\delta_{ij}^{10/9} \tag{11-42}$$

$$Q_{ej}=K\delta_{ej}^{10/9} \tag{11-43}$$

式中：K——负荷变形常数，按式(5-6)计算。

设位置角 Ψ_j 处滚子与内、外圈总的弹性接触变形为 δ_j，则有下面关系：

$$\delta_j=\delta_{ij}+\delta_{ej} \tag{11-44}$$

根据几何协调关系，每个滚子总的接触变形为：

$$\delta_{ij}+\delta_{ej}=\delta_r\cos\Psi_j-\frac{u_r}{2}+h_{ij}+h_{ej} \tag{11-45}$$

式中：δ_r——轴承径向变形；

μ_r——轴承径向游隙；

h_{ij}、h_{ej}——内、外圈接触处的油膜厚度，用式(8-2)计算。

2. 流体动压力

角位置 Ψ_j 处通过油膜作用于滚子的流体动压力表示为 p_{ij}、p_{ej}，其无量纲形式为：

$$\overline{p}_{ij}=\frac{p_{ij}}{lE_0R_i},\overline{p}_{ej}=\frac{p_{ej}}{lE_0R_e}$$

$$\overline{p}_{ij}=18.4(1-\gamma)G^{-0.3}\overline{U}_{ij}^{0.7} \tag{11-46}$$

$$\overline{p}_{ej}=18.4(1+\gamma)G^{-0.3}\overline{U}_{ej}^{0.7} \tag{11-47}$$

式中：G——材料参数，$G=\alpha E_0$；

α——黏度的压力指数；

l——滚子有效长度。

3. 摩擦力

角位置 Ψ_j 处通过油膜作用于滚子的摩擦力表示为 T_{ij}、T_{ej}，其无量纲形式为：

$$\overline{T}_{ij}=\frac{T_{ij}}{lE_0R_i},\overline{T}_{ej}=\frac{T_{ej}}{lE_0R_e}$$

$$\overline{T}_{ij}=-9.2G^{-0.3}\overline{U}_{ij}^{0.7}+\frac{\overline{V}_{ij}I_{ij}}{H_{ij}} \tag{11-48}$$

$$\overline{T}_{ej}=-9.2G^{-0.3}\overline{U}_{ej}^{0.7}+\frac{\overline{V}_{ej}I_{ej}}{H_{ej}} \tag{11-49}$$

式中：H_{ij}、H_{ej}——无量纲油膜厚度，表示为：

$$H_{ij}=\frac{h_{ij}}{R_i},H_{ej}=\frac{h_{ej}}{R_e}$$

I_{ij}、I_{ej}——无量纲积分，用下式计算：

$$I_{i,j}=2\int_0^{4\overline{q}_{ij}}e^{G\overline{q}_{ij}\left[1-\left(\frac{\overline{x}}{4\overline{q}_{ij}}\right)^2\right]^{1/2}}\mathrm{d}\overline{x} \tag{11-50}$$

$$I_{e,j}=2\int_0^{4\overline{q}_{ej}}e^{G\overline{q}_{ej}\left[1-\left(\frac{\overline{x}}{4\overline{q}_{ej}}\right)^2\right]^{1/2}}\mathrm{d}\overline{x} \tag{11-51}$$

$$\overline{q}_{ij}=\sqrt{\frac{\overline{Q}_{ij}}{2\pi}},\overline{q}_{ej}=\sqrt{\frac{\overline{Q}_{ej}}{2\pi}},\overline{x}=\frac{x}{R}$$

$\overline{Q}_{ij}$、$\overline{Q}_{ej}$——无量纲接触负荷，表示为：

$$\overline{Q}_{ij}=\frac{Q_{ij}}{lE_0R_i},\overline{Q}_{ej}=\frac{Q_{ej}}{lE_0R_i}$$

在方程式(11-48)和式(11-49)中，右边第一项是考虑圆柱滚子纯滚动时的摩擦力，是动压力 p 的函数，第二项是滚子滑动速度引起的摩擦力，式中是按牛顿流体计算的，第二项也可以用经验摩擦系数计算。

式(11-48)和式(11-49)中的无量纲油膜厚度用下式计算：

$$H=\frac{h}{R}=1.6\frac{G^{0.6}\overline{U}^{0.7}}{\overline{Q}^{0.13}} \tag{11-52}$$

4. 离心力

滚子离心力为：

$$F_{c}=\frac{1}{2}md_{m}\Omega_{m}^{2} \tag{11-53}$$

式中：m——滚子的质量。

5. 保持架的作用力

角位置 Ψ_j 处保持架和滚子之间的法向力和摩擦力分别用 F_{mj} 和 $f_m F_{mj}$ 表示，f_m 是滚子与保持架兜孔间的摩擦系数。应注意到在负荷区和无负荷区 F_m 的方向改变。

三、平衡方程

在匀速运转条件下每个滚子的力和力矩平衡方程有三个：

$$P_{ij}+T_{ij}-P_{ej}-T_{ej}\pm F_{mj}=0 \tag{11-54}$$

$$Q_{ij}+F_{c}-Q_{ej}\pm f_{m}F_{mj}=0 \tag{11-55}$$

$$T_{ij}+T_{ej}-f_{m}F_{mj}=0 \tag{11-56}$$

式中，“±”上面的符号适用于无载区的滚子，下面的符号适用于受载区的滚子。

匀速运转条件下保持架的平衡方程为：

$$\sum_{j=1}^{z}F_{mj}=0 \tag{11-57}$$

轴承内圈在径向负荷和滚动体负荷作用下平衡，由此得到：

$$F_{r}-\sum_{j=1}^{z}Q_{ij}\cos\Psi_{j}=0 \tag{11-58}$$

四、方程组的解法

平衡方程式(11-54)～式(11-58)和几何方程式(11-45)共$(4Z+2)$个方程，其中包含的基本未知量也是$(4Z+2)$个，它们是 δ_{ij}、δ_{ej}、δ_{r}、F_{mj}、Ω_{m}、ω_{bj}。考虑到滚子受力的对称关系时，方程和未知量的数目可以减少到$(2Z+6)$个。非线性方程组的解法和高速球轴承的解法一样，可以用牛顿-拉弗松迭代法求数值解。计算中还将用到许多辅助方程，这些辅助方程在前面有关章节中都介绍过，此处不一一列出。

五、简化计算方法

如果计算的目的主要是为了分析高速滚子轴承的打滑，可以采用一些简化假设，使需要求解的基本方程和未知量数目减少到4个。

1）在无载区里由于离心力作用滚子压在外滚道上，故可以假设滚子沿外滚道纯滚动，即 V_{ej} 等于零。根据式(11-39)得到在无载区里滚子的自转速度为：

$$\omega_{bu}=\left(\frac{1+\gamma}{\gamma}\right)\Omega_{m} \tag{11-59}$$

式中：下标 u 表示与无载区有关的量，下同。

2）在无载区里，假设内圈通过油膜对滚子的摩擦力 T_{ij} 和动压力 P_{ij} 为零。于是，在无载区方程式(11-54)简化为：

$$\overline{P}_{e}+\overline{T}_{e}-\overline{F}_{mu}=0 \tag{11-60}$$

将式(11-47)和式(11-49)代入式(11-60)得：

$$-9.2(1+2\gamma)G^{-0.3}\overline{U}_{eu}^{0.7}+\overline{F}_{mu}=0 \tag{11-61}$$

式中：$\overline{F}_{mu}$——保持架对滚子作用力的无量纲形式，表示为：

$$\overline{F}_{mu}=\frac{F_{mu}}{lE_{0}R_{e}}$$

无载区里各滚子状态相同，式(11-61)适合于无载区里每个滚子。

3）假设无载区里各滚子对保持架的作用力均为 F_{mu}，受载区里各滚子对保持架的作用力均为 F_{m}。保持架匀速运转时，受载区各滚子对保持架的推力之和应等于无载区里各滚子对保持架的阻力之和，由此得到：

$$\overline{F}_{m}=\frac{n_{u}\overline{F}_{mu}}{Z-n_{u}} \tag{11-62}$$

式中：n_{u}——无载区里滚子数目。

现在考虑受载区里受载最大的滚动体位置，即滚子位于径向负荷作用线上时，以下标“0”表示相应的量，则平衡方程式(11-54)可改写为：

$$\overline{P}_{i0}+\overline{T}_{i0}-\frac{R_{e}}{R_{i}}\left(\overline{P}_{e0}+\overline{T}_{e0}+\frac{n_{u}\overline{F}_{mu}}{Z-n_{u}}\right)=0 \tag{11-63}$$

将式(11-46)～式(11-49)和式(11-52)代入式(11-63)得：

$$18.4(1-\gamma)G^{-0.3}\overline{U}_{i0}^{0.7}-9.2G^{-0.3}\overline{U}_{i0}^{0.7}+\frac{\overline{V}_{i0}I_{i0}\overline{Q}_{i0}^{0.13}}{1.6G^{0.6}\overline{U}_{i0}^{0.7}}-$$

$$\frac{R_e}{R_i}\left[18.4(1+\gamma)G^{-0.3}\overline{U}_{e0}^{0.7}-9.2G^{-0.3}\overline{U}_{e0}^{0.7}+\frac{\overline{V}_{e0}I_{e0}\overline{Q}_{e0}^{0.13}}{1.6G^{0.6}\overline{U}_{e0}^{0.7}}+\frac{n_u\overline{F}_{mu}}{Z-n_u}\right]=0$$

(11-64)

4）设受载区各滚子自转角速度均与最大受载位置滚子的自转角速度 ω_{b0} 相同。如忽略兜孔的摩擦力，由滚子的力矩平衡方程式(11-56)可得到：

$$\overline{T}_{ij}+\frac{R_e}{R_i}\overline{T}_{ej}=0 \tag{11-65}$$

仍考虑受载最大的滚动体位置，将式(11-48)和式(11-49)代入上式，则有：

$$\frac{\overline{V}_{i0}I_{i0}\overline{Q}_{i0}^{0.13}}{1.6G^{0.6}\overline{U}_{i0}^{0.7}}-9.2G^{-0.3}\overline{U}_{i0}^{0.7}+\frac{R_e}{R_i}\left(\frac{\overline{V}_{e0}I_{e0}\overline{Q}_{e0}^{0.13}}{1.6G^{0.6}\overline{U}_{e0}^{0.7}}-9.2G^{-0.3}\overline{U}_{e0}^{0.7}\right)=0$$

(11-66)

方程式(11-59)、式(11-61)、式(11-64)、式(11-66)组成的非线性方程组，含有的四个基本未知量是 Ω_m、ω_{b0}、ω_{bu}、F_{mu}。解这个方程组也需要引入许多辅助方程，但计算量会减少很多。此外，注意到方程组中 Q_{i0}、Q_{e0}、n_u 也是未知量，这三个量利用第五章第八节中高速圆柱滚子轴承负荷分布的计算方法可以求出。

算例：计算用的单列圆柱滚子轴承，滚子直径 $D_w=14$ mm，滚子数目 $Z=36$，滚子有效长度 $l=20$ mm，节圆直径 $d_m=183$ mm，径向游隙 $u_r=0.064$ mm，润滑油 MIL-L-7808，用简化计算方法对该轴承进行动力学分析。

解：对保持架转速和轴承负荷的关系计算结果如图 11-8 所示。图中离散的点表示试验数据。

为便于比较打滑的程度，定义保持架滑动比如下：

$$S=1-\frac{\Omega_m}{\Omega_{mt}}$$

式中：Ω_{mt}——无打滑时保持架转速，按式(3-6)计算。

该轴承保持架的滑动比与轴承负荷的关系如图 11-9 所示。

图 11-9 中表明，轴承负荷越轻打滑越大，轴承转速越高打滑越大，所以高速轻载轴承打滑是个严重的问题。根据计算结果，可以确定在一定转速下防止打滑所需要的轴承负荷。图中还表明简化计算方法的预测值与试验结果基本符合。轴承负荷愈大，预测值愈准确。但是随着转速的增加，简化方法的预测与试

验结果的偏离增大。

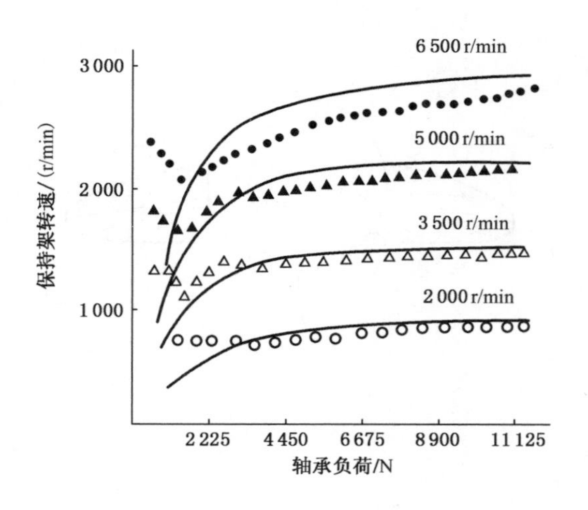

图 11-8 保持架转速

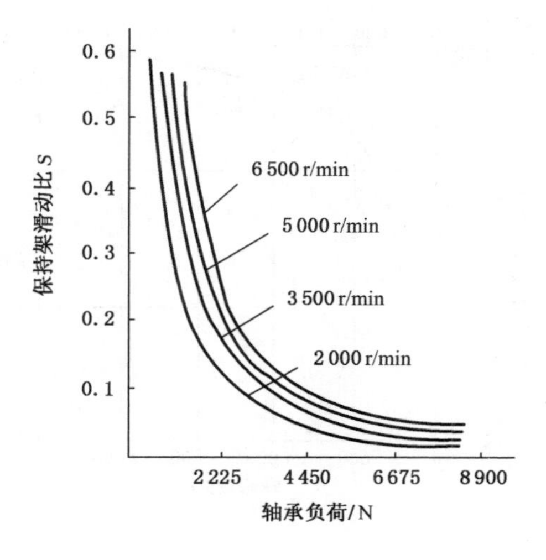

图 11-9 保持架滑动比

计算表明，在其他条件都不变的情况下减少轴承中滚子数目可以减小打滑，如图 11-10 所示。不同的润滑剂对打滑影响很小，如图 11-11 所示。采用椭圆形的外圈滚道，人为地增加受载滚子数目，改变负荷分布，可以有效地减小打滑，如图 11-12 和图 11-13 所示。在轴承中等间隔地装入几个空心滚子，在轴承装配时使空心滚子和内、外圈滚道之间有一定的预负荷，也可以有效地减小打滑，如图 11-14 和图 11-15 所示。图 11-15 中所用轴承滚子数为 28 个，其中 3 个空心滚子，滚子有效长度 14.22 mm，滚子直径 17 mm，节圆直径 142.3 mm，径向游隙 0.006 4 mm。

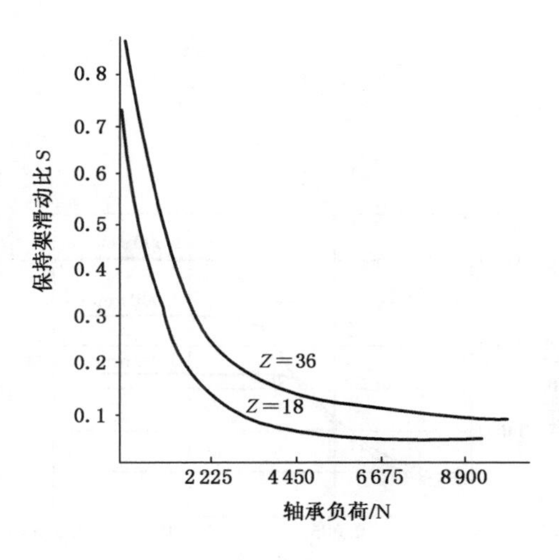

图 11-10 保持架滑动比与滚子数目的关系

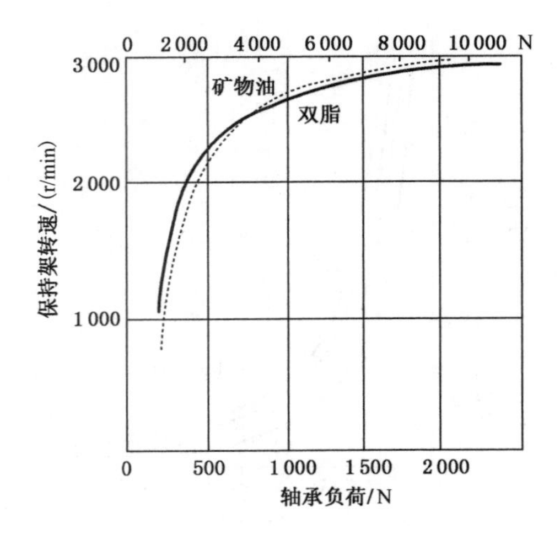

图 11-11　保持架转速与不同润滑剂的关系

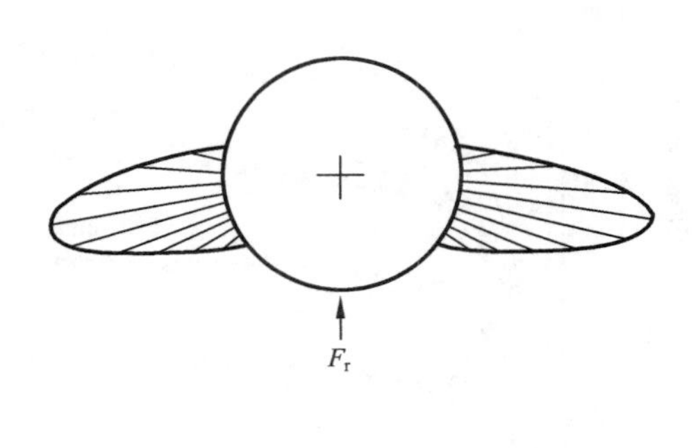

图 11-12　椭圆滚道轴承的负荷分布

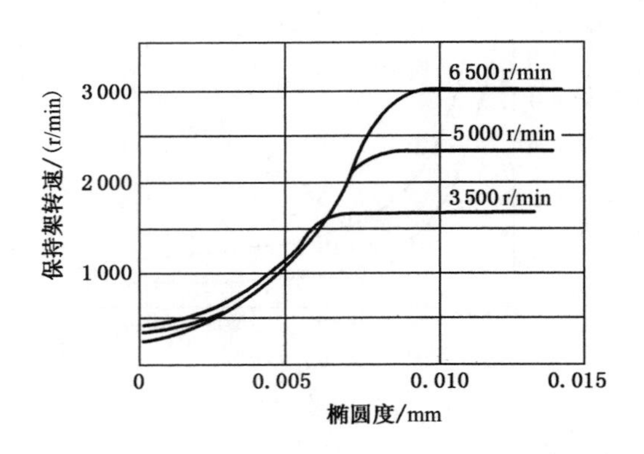

图 11-13　保持架转速与滚道椭圆度的关系

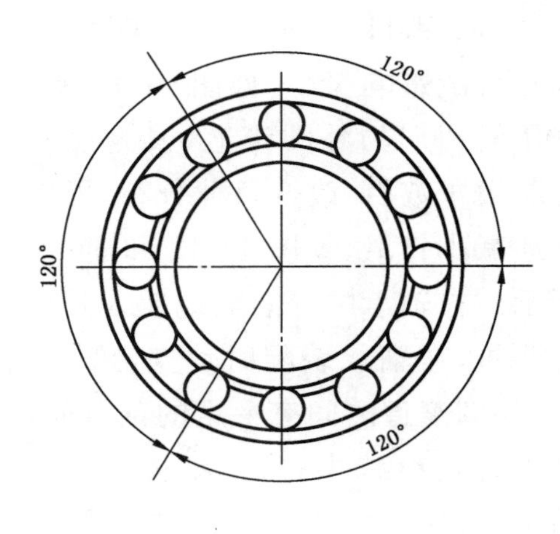

图 11-14　装有预负荷空心滚子的轴承

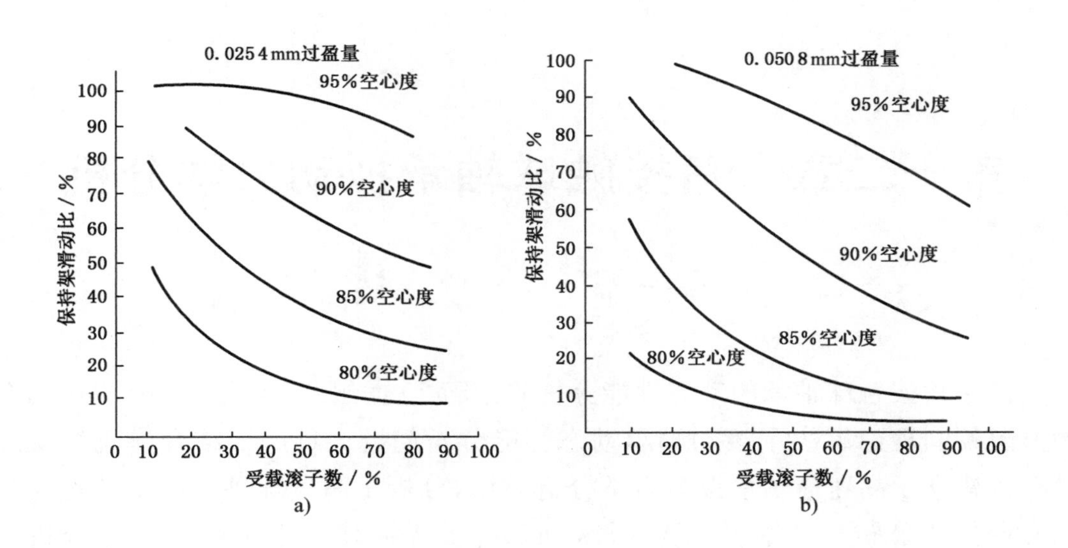

图 11-15 预负荷空心滚子对打滑的影响

第十二章　角接触球轴承拟动力学分析

第一节　概　　述

高速角接触球轴承的动态性能分析起始于20世纪60年代，Jones提出的套圈滚道控制理论解决了滚动轴承动态性能分析问题。Harris结合弹流润滑理论首次建立了高速球轴承拟静力学分析方法，分析了高速球轴承的钢球运动状态和保持架公转运动情况。Walters和Gupta先后建立了轴承动力学分析模型，通过引入运动微分方程来描述轴承任一时刻的运动状态，并运用数值方法求出了球轴承滚动体和保持架瞬态动态特性，但由于该动力学模型复杂，还有许多常数需要通过实验来确定，并且需要花费大量的求解时间，因此该模型很难得到实际应用。

轴承拟动力学分析方法是一种高速轴承有效设计方法，本章的角接触球轴承拟动力学分析方法是在钢球运动分析中完全放弃套圈控制假说，全面考虑了包括切向惯性力在内的所有惯性项、入口剪切发热与运动学缺油两次修正的集中接触面弹流油膜厚度、表面粗糙度影响的部分弹流润滑及润滑油流变特性引起的拖动力和保持架兜孔作用力等因素，并将含有钢球自转角速度和钢球质心角速度的各项一阶微商，近似地表达为钢球方位角的函数，通过建立角接触球轴承拟动力学微分方程组，利用数值计算方法进行轴承动力学微分方程组求解，得出角接触球轴承动力学性能参数。

第二节　研 究 对 象

这里主要考虑一般的角接触球轴承，轴承采用油润滑，已知油的种类及轴承空腔内油所占的百分比，轴承材料特性以及轴承安装配合参数等。

外圈位置相对固定，外圈以定常速度($\vec{\omega}_1=\text{const}$)旋转，内圈以定常角速度($\vec{\omega}_2=\text{const}$)高速旋转。

作用于内圈上的外加静负荷矢量$\vec{F}$表示为：

$$\vec{F}=\{F_x, F_y, F_z, M_y, M_z\}^{\mathrm{T}} \tag{12-1}$$

轴承以正确的配合方式安装在几何理想、刚性结构的轴颈上和座孔内，轴承零件的工作表面具有理想的几何形状，轴承的运转状态由上述各种工况参数完全确定。对于一组给定的工况参数值，轴承有相应的响应，并可以用运动零件的位移和速度矢量进行描述。

活动内圈相对位置固定的外圈的 5 维位移矢量，即轴承形变矢量 $\vec{\Delta}$ 表示为：

$$\vec{\Delta}=\{\Delta_x, \Delta_y, \Delta_z, \theta_y, \theta_z\}^{\mathrm{T}} \tag{12-2}$$

钢球中心相对位置固定的外圈的 3 维位移矢量 $\vec{\Delta}_{\mathrm{b}j}$ 表示为：

$$\vec{\Delta}_{\mathrm{b}j}=\{x_1, y_1, \phi\}_j^{\mathrm{T}} \tag{12-3}$$

式中：下标 j 为钢球的序号。

钢球的公转角速度矢量 $\vec{\omega}_{\mathrm{o}j}$ 和自转角速度矢量 $\vec{\omega}_{\mathrm{b}j}$ 分别表示为：

$$\vec{\omega}_{\mathrm{o}j}=\vec{\omega}_{\mathrm{o}j}(\phi_j) \tag{12-4}$$

$$\vec{\omega}_{\mathrm{b}j}=\{\omega_x, \omega_y, \omega_z\}_j^{\mathrm{T}} \tag{12-5}$$

保持架相对位置固定的外圈的 3 维位移矢量 $\vec{\Delta}_{\mathrm{c}}$ 表示为：

$$\vec{\Delta}_{\mathrm{c}}=\{\Delta_{x_{\mathrm{c}}}, \Delta_{y_{\mathrm{c}}}, \psi_{\mathrm{c}}\}^{\mathrm{T}} \tag{12-6}$$

保持架兜孔中心相对孔内钢球中心的位移矢量表示为：

$$\vec{Z}_{\mathrm{c}j}=\vec{Z}_{\mathrm{c}j}(\vec{\omega}_{\mathrm{o}i}), i=2,3,\cdots,j \tag{12-7}$$

保持架相对位置固定的外圈的角速度矢量 $\vec{\omega}_{\mathrm{c}}$ 表示为：

$$\vec{\omega}_{\mathrm{c}}=\vec{\omega}_{\mathrm{c}}(\vec{\omega}_{\mathrm{o}k}), k=1,2,\cdots,Z \tag{12-8}$$

式中：Z——钢球数目。

第三节　坐标系统的建立

为了准确表达轴承运动过程中零件动态情况以及在弹流接触面分析中准确表达接触面上的各种局部作用力和速度，需要建立以下三种坐标系统。

(1) 轴承坐标系(惯性标架)$S=\{O;X,Y,Z\}$

如图 12-1 所示，坐标系 S 的原点 O 设在外圈滚道沟曲率中心的平面轨迹圆圆心上，X 轴与轴承中心线(外圈对称轴线)重合。显然，轴承中的滚动体质心公转速度 $\vec{\omega}_{\mathrm{o}j}$ 和保持架公转速度 $\vec{\omega}_{\mathrm{c}}$，以及轴承活动套圈相对于静止套圈的位移 $\vec{\Delta}$、滚动体中心相对于静止套圈的位移 $\vec{\Delta}_{\mathrm{b}j}$ 和保持架相对静止套圈的位移 $\vec{\Delta}_{\mathrm{c}}$，均应在惯性标架 S 中量度。

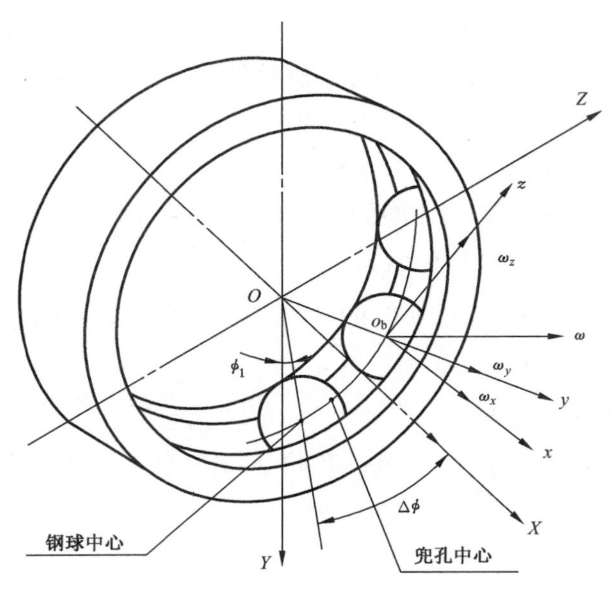

图 12-1　坐标系统

（2）钢球坐标系（球心标架）$S_{bj}=\{o_b;x,y,z\}$

如图 12-1 所示，滚动体动坐标系 S_{bj} 的原点 o_{bj} 设在被观察滚动体的球心上；x 轴始终与惯性轴 X 平行，y 轴由球心引出，始终与惯性轴 X 垂直并指向轴承的外部，按右手法则确定的 z 轴则与钢球滚动方向重合。可见，坐标系 S_{bj} 既不固定于惯性空间，也不固定于运动钢球，但原点 o_{bj} 是随滚动体中心同时运动。轴承滚动体的自转速度响应 $\vec{\omega}_{bj}$ 和保持架兜孔中心相对于兜孔内的滚动体球中心的位移响应 $\vec{Z}_{cj}$ 均在滚动体动坐标系 S_{bj} 中量度。

（3）接触面坐标系（局部标架）$S_{H1(2)j}=\{O_H,\xi,\eta\}_{1(2)j}$

如图 12-2 所示，当两物体接触时，在接触部位将发生接触变形，为了度量接触区变形形状，需要建立接触面的局部坐标系，接触面局部坐标系 $S_{H1(2)j}$ 的原点 $O_{H1(2)j}$ 设在被观察接触面的中心上，ξ 轴始终与接触椭圆的短轴（滚动方向）重合，其方向指向接触物体的滚动方向；η 轴始终与接触椭圆的长轴重合，其方向指向受压零件的内部。下标“1(2)”指钢球与外圈滚道(1)或内圈滚道(2)的接触面。

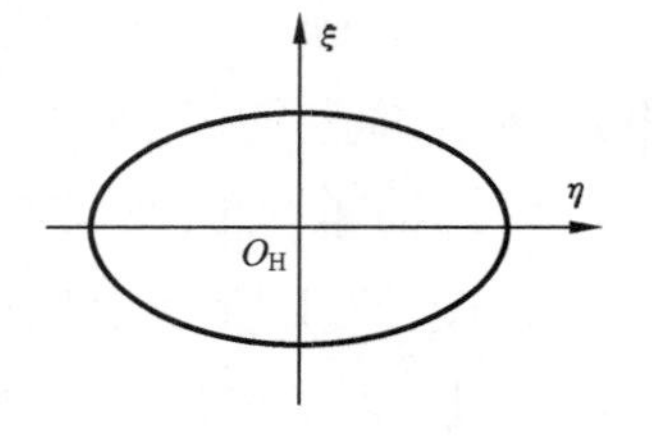

图 12-2　接触面局部坐标系

第四节 角接触球轴承零件间的相互作用

一、钢球与滚道间的相互作用

在油润滑的轴承中，虽然滚动体与滚道的表面被弹流油膜所分离(或部分分离)，但这并不明显影响轴承内部的负荷分布以及接触面上应力和变形的基本特征。因此，钢球与滚道之间的相互作用，仍可应用 Hertz 理论进行分析。

1. 法向接触力 $Q_{1(2)j}$

由 Hertz 理论可知，第 j 个钢球与滚道之间的相互作用法向接触力 $Q_{1(2)j}$ 可表示为两者弹性趋近量 $\delta_{1(2)j}$ 的函数：

$$Q_{1(2)j}=K_{1(2)j}\cdot\delta_{1(2)j}^{1.5}\quad(\mathrm{N})\tag{12-9}$$

式中，$K_{1(2)j}$ 为钢球和滚道接触处的负荷-变形常量，其值为：

$$K_{1(2)j}=\pi k_{1(2)j}E'\sqrt{R_{1(2)j}\varepsilon_{1(2)j}/(4.5\Gamma_{1(2)j}^{3})}\quad(\mathrm{N\cdot m^{-1.5}})\tag{12-10}$$

$$k_{1(2)j}=a_{1(2)j}/b_{1(2)j}=1.0339(R_{1(2)\eta j}/R_{1(2)\xi j})^{0.6360}\tag{12-11}$$

$$E'=[(1-\mu_1^2)/E_1+(1-\mu_2^2)/E_2]^{-1}\tag{12-12}$$

$$R_{1(2)j}=[R_{1(2)\xi j}R_{1(2)\eta j}/(R_{1(2)\xi j}+R_{1(2)\eta j})]\quad(\mathrm{m})\tag{12-13}$$

$$R_{1\xi j}=0.5D_{\mathrm{w}}(d_{\mathrm{m}}-D_{\mathrm{w}}\cos\alpha_{02})/d_{\mathrm{m}}\quad(\mathrm{m})\tag{12-14}$$

$$R_{2\xi j}=0.5D_{\mathrm{w}}(d_{\mathrm{m}}+D_{\mathrm{w}}\cos\alpha_{01})/d_{\mathrm{m}}\quad(\mathrm{m})\tag{12-15}$$

$$R_{1(2)\eta j}=f_{1(2)}D_{\mathrm{w}}/(2f_{1(2)}-1)\quad(\mathrm{m})\tag{12-16}$$

$$\varepsilon_{1(2)j}=1.0003+0.5968/(R_{1(2)\eta j}/R_{1(2)\xi j})\tag{12-17}$$

$$\Gamma_{1(2)j}=1.5277+0.6023\ln(R_{1(2)\eta j}/R_{1(2)\xi j})\tag{12-18}$$

式中：D_{w}——钢球名义直径，m；

d_{m}——轴承节圆直径，m；

α_{01}——钢球与内滚道原始接触角，rad；

α_{02}——钢球与外滚道原始接触角，rad；

$f_{1(2)}$——滚道沟曲率半径系数，下标 1 表示外滚道，下标 2 表示内滚道(下同)。

式(12-9)表明，只要求出弹性趋近量 $\delta_{1(2)j}$，接触力 $Q_{1(2)j}$ 也随之确定。

2. 弹性趋近量 $\boldsymbol{\delta}_{1(2)j}$

钢球与任一滚道的弹性趋近量 $\delta_{1(2)j}$，可由滚道沟曲率中心相对于钢球中心

的位置矢量 $\vec{g}_{1(2)j}$ 确定，如图 12-3 所示。为便于书写，图上坐标符号省去了相应下标。

由图 12-3 不难设想，若 $\delta_{1(2)j}=0$，则 $|\vec{g}_{1(2)j}|=(f_{1(2)}-0.5)D_w$；若 $\delta_{1(2)j}>0$，便有 $|\vec{g}_{1(2)j}|>(f_{1(2)}-0.5)D_w$，此时，出现的增量即为钢球与滚道之间弹性变形之和（弹性趋近量）$\delta_{1(2)j}$。因此，$\delta_{1(2)j}$ 可表示为位置矢量 $\vec{g}_{1(2)j}$ 的函数：

$$\delta_{1(2)j}=|\vec{g}_{1(2)j}|-(f_{1(2)}-0.5)D_w \quad (m) \tag{12-19}$$

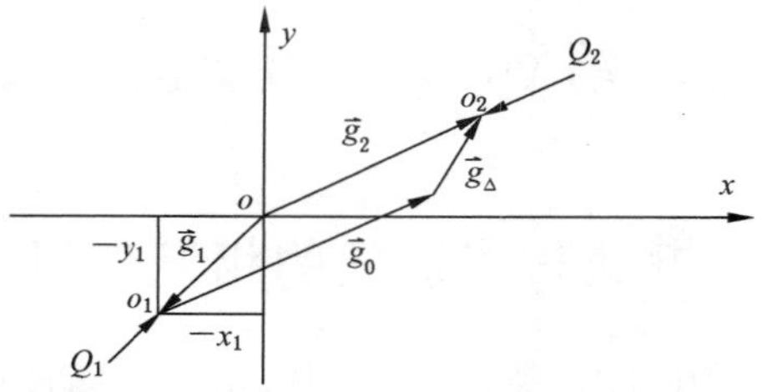

o——钢球中心（位移后）；

o_1——外滚道沟曲率中心（静止不动）；

o_{20}——位移前内滚道沟曲率中心；

o_2——位移后内滚道沟曲率中心

图 12-3 沟曲率中心的位置矢量

矢量 $|\vec{g}_{1(2)j}|$ 可利用准动力学平衡条件下的套圈相对位移 Δ 与弹性变形 $\delta_{1(2)j}$ 之间的相容关系确定。

3. 位移（$\boldsymbol{\Delta}$）-变形（$\boldsymbol{\delta_{1(2)j}}$）相容条件

对于图 12-3 所示的位置矢量 $\vec{g}_{1(2)j}$，可通过较为直观的坐标投影的方法得出表达（图 12-4）。

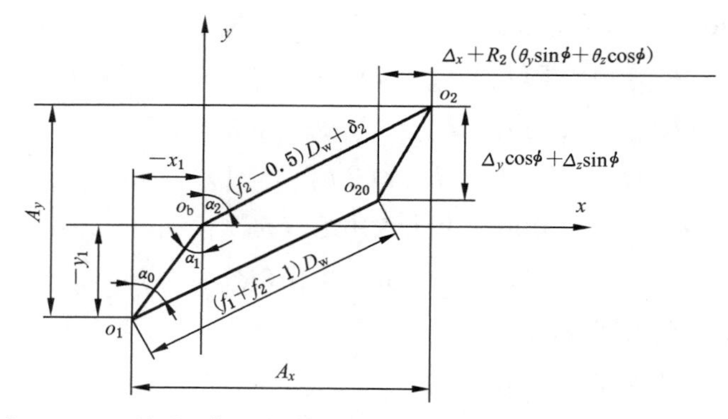

图 12-4 接触角、变形和位移几何图（$\alpha_{01}=\alpha_{02}=\alpha_0$）

由图 12-4 直接解出：

$$\begin{aligned}A_{xj}&=[(f_1+f_2-1)D_w]\sin\alpha_0+[\Delta_x+R_z(\theta_y\sin\phi_j+\theta_z\cos\phi_j)]\\&=[(f_1-0.5)D_w+\delta_{1j}]\sin\alpha_{1j}+[(f_2-0.5)D_w+\delta_{2j}]\sin\alpha_{2j}\end{aligned} \tag{12-20}$$

$$\begin{aligned}A_y&=[(f_1+f_2-1)D_w]\cos\alpha_0+[\Delta_y\cos\phi_j+\Delta_z\sin\phi_j]-P_d\\&=[(f_1-0.5)D_w+\delta_{1j}]\cos\alpha_{1j}+[(f_2-0.5)D_w+\delta_{2j}]\cos\alpha_{2j}\end{aligned} \tag{12-21}$$

式中：α_0——轴承原始接触角，rad；

α_1——钢球与外滚道之间的工作接触角，rad；

α_2——钢球与内滚道之间的工作接触角，rad；

P_d——轴承装配、温度变化、轴承转速引起的轴承径向方向的间隙变化量。

由式(12-19)和式(12-20)相容方程可得：

$$\delta_{1j}=\sqrt{x_{1j}{}^2+y_{1j}{}^2}-(f_1-0.5)D_w \quad (\mathrm{m}) \tag{12-22}$$

$$\delta_{2j}=\sqrt{(A_{xj}-x_{1j})^2+(A_{yj}-y_{1j})^2}-(f_2-0.5)D_w \quad (\mathrm{m}) \tag{12-23}$$

$$\alpha_{1j}=\arctan(x_1/y_1)_j \quad (\mathrm{rad}) \tag{12-24}$$

$$\alpha_{2j}=\arctan[(A_x-x_1)/(A_y-y_1)]_j \quad (\mathrm{rad}) \tag{12-25}$$

4. 钢球与滚道接触面的尺寸 $a_{1(2)j}$ 和 $b_{1(2)j}$

椭圆接触面的长半轴 $a_{1(2)j}$：

$$a_{1(2)j}=\left(\frac{6k_{1(2)j}^2\varepsilon_{1(2)j}R_{1(2)j}}{\pi E'}\right)^{1/3}\times Q_{1(2)j}^{1/3} \quad (\mathrm{m}) \tag{12-26}$$

椭圆接触面的短半轴 $b_{1(2)j}$：

$$b_{1(2)j}=\frac{a_{1(2)j}}{k_{1(2)}}=\left(\frac{6\varepsilon_{1(2)j}R_{1(2)j}}{\pi k_{1(2)j}E'}\right)^{1/3}\times Q_{1(2)j}^{1/3} \quad (\mathrm{m}) \tag{12-27}$$

5. 接触面上最大 Hertz 压力 $P_{H1(2)j}$

$$P_{H1(2)j}=1.5Q_{1(2)j}/(\pi a_{1(2)j}b_{1(2)j}) \quad (\mathrm{N/m^2}) \tag{12-28}$$

二、钢球与保持架兜孔间的相互作用

1. 钢球与保持架的运动分析

钢球在内、外套圈滚道的一般运动可以分解为以下两部分：① 钢球质心在固定坐标系 S 中的平动；② 钢球在滚动体动坐标系 S_{bj} 中绕质心转动。

这样，第 j 钢球在滚道空间中的一阶运动学可用以下 6 个速度参数完全描述：$V_{xj}=\dot{x}_{1j}$，$V_{yj}=\dot{y}_{1j}$，$\omega_{oj}=\dot{\phi}_j$，ω_{xj}，ω_{yj}，w_{zj}。

严格地说，这 6 个速度参数都是相应的位置坐标对时间的一阶微商，但在角接触球轴承拟动力学意义下，做了如下的近似：

$V_x=\frac{\mathrm{d}x_1}{\mathrm{d}t}=V_x(\phi)$，$V_y=\frac{\mathrm{d}y_1}{\mathrm{d}t}=V_y(\phi)$，$\omega_o=\frac{\mathrm{d}\phi}{\mathrm{d}t}=\omega_o(\phi)$，$\omega_x=\omega_x(\phi)$，$\omega_y=\omega_y(\phi)$，$\omega_z=\omega_z(\phi)$。

因为 ϕ 定义了钢球质心在轴承固定坐标系 S 中的方位角，所以，$\omega_o(\phi)$ 即为被观察钢球绕固定坐标系 X 坐标轴的公转角速度。

钢球绕质心转动的速度参数 ω_x、ω_y、ω_z，即为钢球在滚动体动坐标系 S_b 中的自转角速度 $\vec{\omega}_b$ 的三个分量(见图 12-5)：

$$\vec{\omega}_b=\omega_x\vec{i}+\omega_y\vec{j}+\omega_z\vec{k} \qquad (12\text{-}29)$$

矢量 $\vec{\omega}_b$ 的空间姿态由俯仰角 β 和偏转角 ψ 定义，当轴承有适当预紧时，通常有 $\beta\gg\psi$。

对于编号为 j 的钢球，由图 12-5 可得：

$$\omega_{bj}=\sqrt{\omega_{xj}^{\ 2}+\omega_{yj}^{\ 2}+\omega_{zj}^{\ 2}} \qquad (12\text{-}30)$$

$$\beta_j=\arctan(\omega_{yj}/\omega_{xj}) \qquad (12\text{-}31)$$

$$\psi_j=\arctan(\omega_{zj}/\omega_{xj}) \qquad (12\text{-}32)$$

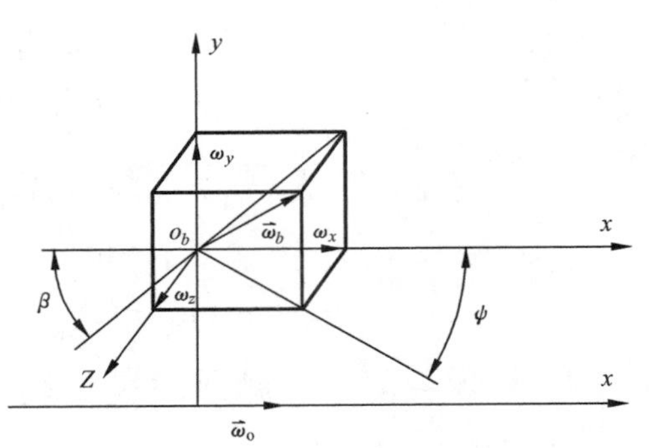

图 12-5 钢球的公转 $\vec{\omega}_o$ 和自转 $\vec{\omega}_b$ 角速度矢量

保持架绕惯性 X 坐标轴的公转角速度 $\vec{\omega}_c$ 与每个钢球的公转角速度 $\vec{\omega}_o$ 有关，本书定义 ω_c 为各钢球 ω_o 的平均值：

$$\omega_c=\left[\sum_{j=1}^{n}(\omega_o)_j\right]/n \qquad (12\text{-}33)$$

2. 兜孔中心相对钢球中心位移 z_c

一般地，在轴承运转时，钢球中心 o_b 与兜孔中心 o_p 并不重合。在图 12-6 中，分别表示了兜孔中心 o_p 超前于钢球中心 o_b(如 o_{p1} 超前 o_{b1})和兜孔中心 o_p 滞后于钢球中心 o_b(如 o_{p2} 滞后 o_{b2})的情况。本书约定：当 o_p 超前时，z_c 为正；反之，o_p 滞后时，z_c 为负。这样，第 j 个兜孔中心 o_{pj} 相对于孔内钢球中心 o_{bj} 的位移 z_{cj}，由运动关系可得：

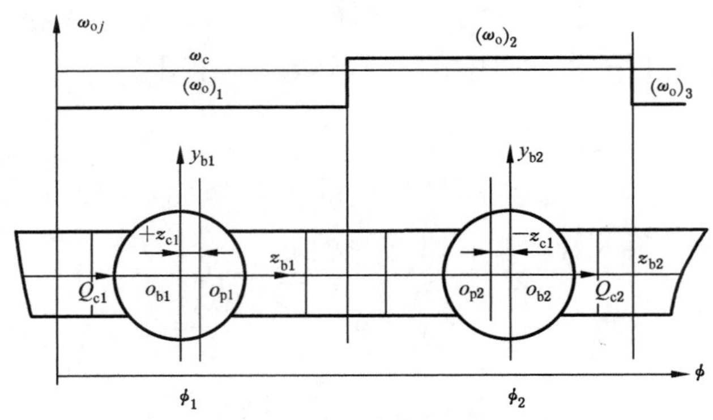

图 12-6 钢球中心和保持架兜孔中心的关系

$$Z_{cj}=(\pi d_m/n)\sum_{k=2}^{j}[0.5(\omega_{o(k-1)}+\omega_{ok})/\omega_c-1]+(-Z_{c1})+(-\Delta_{Y_c}\sin\phi_j+\Delta_{Z_c}\cos\phi_j) \tag{12-34}$$

式中：Z_{c1}——第一个兜孔的中心位移，单位为 m；

ΔY_c 和 ΔZ_c——保持架质心在轴承坐标系 YZ 平面内的坐标值，单位为 m。

当 z_{cj} 为正值时，表明保持架兜孔表面作用于钢球；反之，表明钢球作用于保持架兜孔表面。

3. 保持架兜孔与钢球法向作用力 Q_{cj}

在 SHABERTH 的第五代角接触球轴承实验模型的基础上引入钢球与保持架之间发生弹性变形量，本书给出保持架兜孔与钢球法向作用力 Q_{cj} 的计算式：

$$Q_{cj}=\begin{cases}K_c\cdot z_{cj} & (z_{cj}\leqslant C_p)\\ K_c\cdot C_p+K_n\cdot(z_{cj}-C_p)^{1.5} & (z_{cj}>C_p)\end{cases}\quad(\mathrm{N}) \tag{12-35}$$

式中：K_c——试验数据确定的线形逼近常量，对于球轴承可按参考文献[3]取：

$$K_c=11/C_p\quad(\mathrm{N/m}) \tag{12-36}$$

C_p——保持架兜孔间隙：

$$C_p=0.5(D_p-D_w)\quad(\mathrm{m}) \tag{12-37}$$

D_p——兜孔名义直径；

K_n——钢球和保持架兜孔接触处的负荷-变形常量，其值可取为：

$$K_n=\pi k\widehat{E}'\sqrt{R\varepsilon/(4.5\Gamma^3)}\quad(\mathrm{N/m^{1.5}}) \tag{12-38}$$

$$k=1.0339(R_\eta/R_\xi)^{0.6360} \tag{12-39}$$

$$R=R_\xi R_\eta/(R_\xi+R_\eta)\quad(\mathrm{m}) \tag{12-40}$$

$$R_\xi=\begin{cases}0.5D_w\cdot D_p/(D_p-D_w) & (\text{保持架兜孔为圆形})\\ 0.5D_w & (\text{保持架兜孔为方形})\end{cases}\quad(\mathrm{m}) \tag{12-41}$$

$$R_\eta=0.5D_w\quad(\mathrm{m}) \tag{12-42}$$

$$\varepsilon=1.0003+0.5968R_\xi/R_\eta \tag{12-43}$$

$$\Gamma=1.5277+0.6023\ln(R_\eta/R_\xi) \tag{12-44}$$

4. 保持架兜孔与钢球接触面入口区的流体动压摩擦力 $P_{R\xi(\eta)j}$ 和 $P_{S\xi(\eta)j}$

处于接触面入口区的流体，在因泵吸作用而进入接触面的同时，将对运动钢球的表面产生一定的滚动摩擦阻力 $P_{R\xi(\eta)j}$ 和滑动摩擦阻力 $P_{S\xi(\eta)j}$，此处下标 ξ

和 η 分别为接触面的短轴和长轴方向（见图 12-7），分析中假设接触面中心是在保持架平均直径与兜孔表面的交点上。

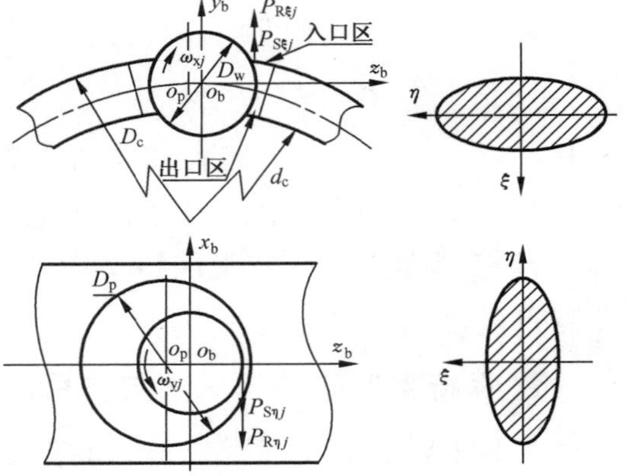

图 12-7　钢球-兜孔接触面的几何构形

作用于钢球表面的滚动摩擦力：

$$P_{R\xi j}=0.5C_{opj}\overline{P}_{Rj}\cos\theta_{pj} \tag{12-45}$$

$$P_{R\eta j}=0.5C_{opj}\overline{P}_{Rj}\sqrt{R_{p\xi}/R_{p\eta}}\sin\theta_{pj} \tag{12-46}$$

作用于钢球表面的滑动摩擦力：

$$P_{S\xi j}=\overline{P}_{sj}\eta_0 u_{sp\xi j}\sqrt{R_{p\xi}R_{p\eta}} \tag{12-47}$$

$$P_{S\eta j}=\overline{P}_{sj}\eta_0 u_{sp\eta j}\sqrt{R_{p\xi}R_{p\eta}} \tag{12-48}$$

式(12-45)～式(12-48)中：

$$C_{opj}=\eta_0 u_{p\xi j}\sqrt{R_{p\xi}R_{p\eta}[(3+2k_p)^{-2}+u_{p\eta}^2(3+2k_p^{-1})^{-2}k_p^{-1}/u_{p\xi}^2]} \tag{12-49}$$

式中：η_0——大气压和环境温度下润滑油的动力黏度，单位为 N·s/m^2；

$u_{p\xi j}$——ξ 方向第 j 个钢球与兜孔表面速度的平均值（润滑油拖动速度）；

$$u_{p\xi j}=0.5(V_{b\xi j}+V_{p\xi j})=0.25D_w\omega_{xj}\quad (\text{m/s}) \tag{12-50}$$

$R_{p\xi}$——ξ 方向钢球与兜孔表面的有效曲率半径；

$$R_{p\xi}=0.5D_w \tag{12-51}$$

$R_{p\eta}$——η 方向钢球与兜孔表面的有效曲率半径；

$$R_{p\eta}=[2/D_w-1/(0.5D_w+C_p)]^{-1} \tag{12-52}$$

$$k_p=R_{p\xi}/R_{p\eta} \tag{12-53}$$

$u_{p\eta j}$——η 方向第 j 个钢球与兜孔表面速度的平均值（润滑油拖动速度）；

$$u_{p\eta j}=0.5(V_{b\eta j}+V_{p\eta j})=0.25D_w\omega_{yj} \tag{12-54}$$

$$\overline{P}_{Rj}=34.74\ln\rho_{1pj}-27.6 \tag{12-55}$$

$$\rho_{1pj}=0.25(D_c-d_c)/\sqrt{2R_{p\xi}h_{opj}(\cos^2\theta_{pj}+k_p^{-1}\sin^2\theta_{pj}} \tag{12-56}$$

h_{opj}——保持架兜孔接触面的最小油膜厚度：

$$h_{opj}=|C_p-Z_{cj}| \tag{12-57}$$

$$\theta_{pj}=\arctan\{u_{p\eta j}(3+2k_p)/[k_p^{0.5}u_{p\xi j}(3+2k_p^{-1})]\}\quad (\text{rad}) \tag{12-58}$$

$$\overline{P}_{sj}=0.26\overline{P}_{Rj}+10.90 \tag{12-59}$$

$u_{sp\xi j}$——ξ 方向第 j 个钢球与兜孔表面的滑动速度（润滑油相对速度）；

$$u_{sp\xi j}=V_{b\xi j}-V_{p\xi j}=0.5D_w\omega_{xj}\quad (\text{m/s}) \tag{12-60}$$

$u_{sp\eta j}$——η 方向第 j 个钢球与兜孔表面的滑动速度(润滑油相对速度);

$$u_{sp\eta j}=V_{b\eta j}-V_{p\eta j}=0.5\,D_{w}\omega_{yj}\quad(\mathrm{m/s})\tag{12-61}$$

三、保持架与引导套圈的相互作用

保持架与引导套圈之间的相互作用由润滑剂的流体动压效应所产生,根据保持架和引导套圈的几何特点,套圈引导表面与保持架定心表面可以看成是有限短厚膜作用轴颈轴承的一个特例,由流体动压油膜的分布压力产生的作用于保持架的合力 F_{c} 可用两个正交分量 F'_{cy} 和 F'_{cz} 来描述(见图 12-8)。

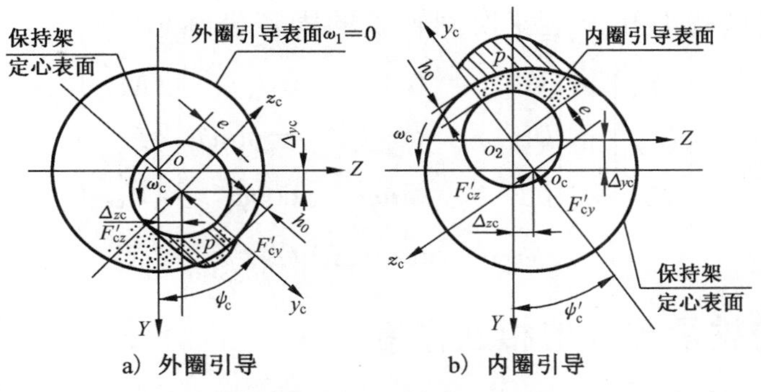

图 12-8 引导套圈与保持架的接触几何关系

在图 12-8 中,平面坐标系 $S_{c}=\{o_{c},y_{c},z_{c}\}$ 固定在保持架上。y_{c} 轴正好通过最小油膜 h_{0} 所在的点。相对于惯性坐标轴 Y,y_{c} 轴转动了 ψ_{c} 角,在内圈引导时 $\psi_{c}=\psi'_{c}+\pi$;外圈引导时,$\psi_{c}=\psi'_{c}$。F'_{cy} 和 F'_{cz} 值为:

$$F'_{cy}=\pm\eta_{0}u_{1}L^{3}\varepsilon^{2}/[C_{1}^{2}(1-\varepsilon^{2})^{2}]\quad(\text{内圈引导为}+,\text{外圈引导为}-)\tag{12-62}$$

$$F'_{cz}=\mp\pi\eta_{0}u_{1}L^{3}\varepsilon/[4C_{1}^{2}(1-\varepsilon^{2})^{3/2}]\quad(\text{内圈引导为}-,\text{外圈引导为}+)\tag{12-63}$$

式中:η_{0}——大气压力和环境温度下润滑油的动力黏度,N·s/m^{2};

u_{1}——润滑油拖动速度:

$$u_{1}=R_{1}(\omega_{1(2)}+\omega_{c})\quad(\mathrm{m/s})\tag{12-64}$$

R_{1}——保持架定心表面半径,m;

L——保持架定心表面宽度,m;

C_{1}——保持架引导间隙,m;

ε——保持架中心的相对偏心量:

$$\varepsilon=e/C_{1}\tag{12-65}$$

利用上述公式进行计算时，分量 F'_{cy} 应等于保持架重量，从而求出偏心率 ε，再由 ε 确定分量 F'_{cz}。

流体动压油膜的分布压力还对运动的保持架表面产生如下的摩擦力矩 M'_{cx}：

$$M'_{cx}=2\pi\eta_0 V_1 R_1 L/(C_1\sqrt{1-\varepsilon^2}) \tag{12-66}$$

式中：V_1——引导表面与定心表面相对滑动速度：

$$V_1=R_1(\omega_{1(2)}-\omega_c) \quad (\text{m/s}) \tag{12-67}$$

力 F'_{cy}、F'_{cz} 和力矩 M'_{cx} 是在保持架固定坐标系中量度的。在建立保持架平衡方程时，需将这些力和力矩变换到轴承的固定坐标系中：

$$\begin{Bmatrix} M_{cx} \\ F_{cy} \\ F_{cz} \end{Bmatrix}=\begin{bmatrix} 1 & 0 & 0 \\ 0 & \cos\psi_c & -\sin\psi_c \\ 0 & \sin\psi_c & \cos\psi_c \end{bmatrix}\begin{Bmatrix} M'_{cx} \\ F'_{cy} \\ F'_{cz} \end{Bmatrix} \tag{12-68}$$

式中：

$$\psi_c=\arctan(\Delta_{zc}/\Delta_{yc}) \tag{12-69}$$

四、润滑油与轴承零件的相互作用

1. 润滑剂的流变性质

（1）温度对密度的影响

工作温度（t℃）下的润滑剂密度 ρ_t 可取：

$$\rho_t=\rho_{ref}-G(t-t_{ref}) \quad (\text{kg/m}^3) \tag{12-70}$$

式中：t_{ref}——已知的基准温度，℃；

ρ_{ref}——温度 t_{ref} 时的已知密度，kg/m^3；

G——润滑油热膨胀系数。

（2）温度对运动黏度的影响

大气压力和工作温度下的运动黏度 γ_t 可由 Walther 方程得出：

$$\lg\lg(\gamma_t+0.6)=A^*-B^*\lg(1.8t+492) \tag{12-71}$$

式中：γ_t 单位为 mm^2/s；系数 A^*、B^* 可由所选的润滑油在两个已知温度时的相应黏度值代入上式后联立求解两个方程解出。

（3）动力黏度

工作温度和工作压力下的动力黏度 η 可取：

$$\eta=\eta_0 e^{\alpha^* p} \tag{12-72}$$

式中：$\alpha^*=\dfrac{9.67+\ln\eta_0}{p}\left[(1+5.1\times10^{-9}p)^Z\left(\dfrac{t+135}{t_{\text{ref}}+135}\right)^{-S_0}-1\right]$ (12-73)

2. 钢球-滚道接触面上弹流油膜的有效值

接触面中心(平坦区)油膜厚度的有效值 $h_{1(2)j}$ 采用 Hamrock-Dowson 中心油膜厚度公式，该公式在弹流较宽的范围内被证明可产生相当精确的结果。

$$h_{1(2)j}=h_{c1(2)j}\cdot\phi_{Tj}\cdot\phi_{sj}\quad(\text{m})\tag{12-74}$$

式中：$h_{c1(2)j}$——等温、裕油状态的中心油膜厚度，其值可取：

$$h_{c1(2)j}=2.69\,R_{\xi1(2)}U_{1(2)j}^{0.67}G^{0.53}W_{1(2)j}^{-0.067}(1-0.61\,e^{-0.73\,k_{1(2)}})\tag{12-75}$$

$U_{1(2)j}$——无量纲速度参数，其值为：

$$U_{1(2)j}=\eta_0u_{\xi1(2)j}/(E'R_{\xi1(2)})\tag{12-76}$$

$u_{\xi1(2)j}$——ξ 方向第 j 个钢球与滚道表面速度的平均值(润滑剂拖动速度)：

$$\begin{aligned}u_{\xi1(2)j}&=0.5(V_{1(2)\xi}+V_{b\xi j})\\&=0.25\,D_w[(1/\gamma_{1(2)j}\pm1)(\omega_{1(2)}-\omega_{oj})\cos\alpha_{1(2)j}+\omega_{xj}\cos\alpha_{1(2)j}+\omega_{yj}\sin\alpha_{1(2)j}]\end{aligned}\tag{12-77}$$

$\gamma_{1(2)j}$——无量纲几何参数，其值可取：

$$\gamma_{1(2)j}=D_w\cos\alpha_{1(2)j}/d_m\tag{12-78}$$

G——无量纲材料参数，其值可取：

$$G=\alpha^*\cdot E'\tag{12-79}$$

α^*——润滑油的压黏系数，可取式(12-73)；

E'——钢球与滚道的材料综合弹性模量，其值为：

$$E'=[(1-\mu_1^2)/E_1+(1-\mu_2^2)/E_2]^{-1}\tag{12-80}$$

$W_{1(2)j}$——无量纲载荷参数，其值可取：

$$W_{1(2)j}=Q_{1(2)j}/(E'R_{\xi1(2)}^2)\tag{12-81}$$

ϕ_{Tj}——第 j 个接触面油膜厚度的热修正系数，其值可取：

$$\phi_{Tj}=2.564/(2.564+Q_T^{0.548})\quad(\phi_{Tj}\leqslant1)\tag{12-82}$$

Q_{Tj}——第 j 个接触面油膜的热载荷系数，其值可取：

$$Q_{Tj}=\eta_0u_{\xi1(2)j}\cdot\beta/k_f\tag{12-83}$$

β 由式(12-84)和式(12-85)定义的润滑油温黏系数；

$$\eta=\eta_0e^{\alpha^*p-\beta(t-t_s)}\tag{12-84}$$

$$\beta\approx0.00909\ln(\eta_{50}/\eta_{100})\tag{12-85}$$

t_s——表面温度(℃)；

k_f——润滑油的导热系数，对矿物油可取：

$$k_f = 0.12 \sim 0.15 \quad (\mathrm{N/s \cdot K}) \tag{12-86}$$

ϕ_{sj}——第 j 个接触面油膜厚度的运动学缺油修正系数，其值可取：

$$\phi_{sj} = h_{sj}/h_{fj} \tag{12-87}$$

h_{sj}——按刚性-等黏度理论预测的缺油油膜厚度，m；

h_{fj}——按刚性-等黏度理论预测的全油膜厚度，m；

h_{sj} 可由下列方程组对设定的 $h_{1,1(2)j}$ 值联立求解得出(同时得出入口边界新月线的距离 $r_{s1(2)j}$)；

$$\begin{cases} \dfrac{5.5\, u_{\xi 1(2)j}\eta_0 R_{\xi 1(2)}^{0.5}}{h_{s1(2)j}^{3/2}(3+2\,k_{s1(2)})} - \dfrac{12\, u_{\xi 1(2)j}\eta_0 \alpha^* r_{s1(2)j}}{(3+2\,k_{s1(2)})(h_{s1(2)j}+0.5\, r_{s1(2)j}^2/R_{\xi 1(2)})^2} = 1.0 \\ h_{1,1}+h_{1,2} = \dfrac{2(2+k_{s1(2)})}{3+2\,k_{s1(2)}}(h_{s1(2)j}) + \dfrac{k_{s1(2)} r_{s1(2)j}^2}{(3+2\,k_{s1(2)})R_{\xi 1(2)}} \end{cases} \tag{12-88}$$

式中：

$$k_{s1(2)} = (R_\xi/R_\eta)_{1(2)} \tag{12-89}$$

对于第一个方程，当 $r_s \to \infty$ 时，$h_{s1(2)j} = h_{f1(2)j}$，这时得出：

$$h_{f1(2)j} = \left[\frac{5.5\, u_{\xi 1(2)j}\eta_0 \alpha^* R_{\xi 1(2)}^{0.5}}{3+2\,k_{s1(2)}}\right]^{2/3} \tag{12-90}$$

3. 钢球-滚道接触面上的拖动力 $T_{\xi 1(2)j}$ 和 $T_{\eta 1(2)j}$

(1) 当钢球与滚道处于完全弹流润滑状态时，钢球与滚道接触面之间的拖动力为润滑油的拖动力，对于高速角接触球轴承，计算润滑油拖动力时必须考虑润滑中的热效应和温度场的影响，高压下弹流压力分布近似于 Hertz 分布；接触区的油膜厚度，可用 Hamrock-Downson 经验公式来计算。对于角接触球轴承，工作时一般都通过预加外负荷以克服钢球的陀螺旋转，因此钢球在接触面的 η 方向上没有运动，在此方向上钢球与滚道之间不存在油膜拖动力，即 $T_{\eta 1(2)j}=0$。另外为了计算方便，这里忽略润滑油的密度在油膜厚度方向随温度的变化。

1) 压力分布为 Hertz 压力分布：

$$p(\eta,\xi) = p_0\sqrt{1-(\eta/a_{1(2)j})^2-(\xi/b_{1(2)j})^2} \tag{12-91}$$

$$p_0 = 3\,Q_{1(2)j}/(2\,\pi a_{1(2)j} b_{1(2)j}) \tag{12-92}$$

因为油膜厚度很薄，所以沿油膜厚度方向的压力变化忽视不计，而认为沿厚度方向各点的压力相等。

压力的边界条件如下：

$$p=0 \quad （在求解域的全部边界上） \tag{12-93a}$$

$$p=\frac{\partial p}{\partial \xi}=\frac{\partial p}{\partial \eta}=0 \quad （在出口处的边界上） \tag{12-93b}$$

2）假设钢球与滚道接触区内的油膜厚度是均匀的，接触区油膜厚度式可采用式(12-74)的 Hamrock-Dowson 中心油膜厚度公式计算。

3）黏压温方程采用式(12-72)。

4）润滑膜厚度远小于润滑表面的长、宽尺寸，可忽略油膜内长度(η)方向和宽度(ξ)方向的热传导；除了 u_ξ 和 u_η 在油膜厚度 z 方向有速度梯度外，忽略其他速度梯度，润滑剂的热传导率是常数。

5）接触区温升的能量方程：

$$\rho c u_{\xi 1(2)} \partial T/\partial \xi - K\partial^2 T/\partial Z^2 = \tau_\xi \dot{\gamma}_\xi \tag{12-94}$$

6）热界面方程：

$$T(\xi,0)=\frac{K}{\sqrt{\pi K_1 \rho_1 c_1 u_1}}\int_{\xi_1}^{\xi}\frac{\partial T}{\partial z}\bigg|_{z=0}\frac{\mathrm{d}s}{\sqrt{\xi-s}}+T_0 \tag{12-95a}$$

$$T(\xi,h)=\frac{K}{\sqrt{\pi K_2 \rho_2 c_2 u_2}}\int_{\xi 1}^{\xi}\frac{\partial T}{\partial z}\bigg|_{z=h}\frac{\mathrm{d}s}{\sqrt{\xi-s}}+T_0 \tag{12-95b}$$

式中：T_0——入口油温；

K_1、K_2——两接触固体的热传导系数；

ρ_1、ρ_2——两接触固体的密度；

c_1、c_2——两接触固体的比热容。

温度边界条件如下：

在 $Z=0$ 处， $$T=T(\xi,\eta,0) \tag{12-96a}$$

在 $Z=h$ 处， $$T=T(\xi,\eta,h) \tag{12-96b}$$

在入口区， $$T=T_0 \tag{12-96c}$$

7）润滑剂的本构方程，由具体润滑剂的流变特性确定，一般是由试验得出。

8）钢球-滚道接触面上的拖动力 $T_{\xi 1(2)j}$：

对于角接触球轴承，接触区为一个椭圆形，在接触椭圆内对剪应力积分即可给出拖动力的大小。

$$T_{\xi 1(2)j}=\int_{-a_{1(2)j}}^{a_{1(2)j}}\int_{-b_{1(2)j}\sqrt{1-(\eta/a_{1(2)j})^2}}^{b_{1(2)j}\sqrt{1-(\eta/a_{1(2)j})^2}}\tau_\xi \mathrm{d}\xi \mathrm{d}\eta \tag{12-97}$$

$$T_{\eta 1(2)j}=\int_{-b_{1(2)j}}^{b_{1(2)j}}\int_{-a_{1(2)j}\sqrt{1-(\xi/b_{1(2)j})^2}}^{a_{1(2)j}\sqrt{1-(\xi/b_{1(2)j})^2}}\tau_\eta \mathrm{d}\eta \mathrm{d}\xi \tag{12-98}$$

将润滑剂的本构方程和方程式(12-91)～式(12-98)联立求解，便可计算出钢球-滚道之间的拖动力。

(2) 当钢球与滚道处于不完全弹流润滑状态时，钢球与滚道之间的作用负荷将由微凸体承受的负荷 $Q_{a1(2)j}$ 和流体承受的负荷 $Q_{f1(2)j}$ 两部分组成，粗糙表面微凸体产生的边界摩擦拖动力和弹流油膜牵引力两部分共同作用形成了钢球与滚道之间的拖动力。

$$T_{\xi1(2)j}=T_{\xi1(2)j}(Q_{a1(2)j})+T_{\xi1(2)j}(Q_{f1(2)j}) \tag{12-99}$$

$$T_{\eta1(2)j}=T_{\eta1(2)j}(Q_{aj})+T_{\eta1(2)j}(Q_{fj}) \tag{12-100}$$

式中：

$$T_{\xi1(2)j}(Q_{a1(2)j})=\mu_{f\xi}Q_{a1(2)j} \tag{12-101}$$

$$T_{\xi1(2)j}(Q_{f1(2)j})=\int_{-a_{1(2)j}}^{a_{1(2)j}}\int_{-b_{1(2)j}\sqrt{1-(\eta/a_{1(2)j})^2}}^{b_{1(2)j}\sqrt{1-(\eta/a_{1(2)j})^2}}\tau_{\xi}\mathrm{d}\xi\mathrm{d}\eta \tag{12-102}$$

$$T_{\eta1(2)j}(Q_{a1(2)j})=\mu_{f\eta}Q_{a1(2)j} \tag{12-103}$$

$$T_{\eta1(2)j}(Q_{f1(2)j})=\int_{-b_{1(2)j}}^{b_{1(2)j}}\int_{-a_{1(2)j}\sqrt{1-(\xi/b_{1(2)j})^2}}^{a_{1(2)j}\sqrt{1-(\xi/b_{1(2)j})^2}}\tau_{\eta}\mathrm{d}\eta\mathrm{d}\xi \tag{12-104}$$

这里 $\mu_{f\xi}$、$\mu_{f\eta}$ 分别为钢球与滚道接触区在 ξ、η 方向上的摩擦系数。

微凸体承受的负荷 $Q_{a1(2)j}$ 可取为：

$$\begin{cases}Q_{a1(2)j}=0.25\,E'A_{1(2)j}\sigma_{\theta1(2)j}I(\lambda_{1(2)j})/\pi^2 & (\lambda_{1(2)j}<3)\\ Q_{a1(2)j}=0 & (\lambda_{1(2)j}\geqslant3)\end{cases} \tag{12-105}$$

$$Q_{f1(2)j}=Q_{1(2)j}-Q_{a1(2)j} \tag{12-106}$$

$$E'=[(1-\mu_1^2)/E_1+(1-\mu_2^2)/E_2]^{-1} \tag{12-107}$$

这里 E_1、E_2 为两接触物体弹性模量，μ_1、μ_2 为两接触物体泊松比。

$$\lambda_{1(2)j}=h_{1(2)j}/\sqrt{\sigma_{1(2)}^2+\sigma_{bj}^2} \tag{12-108}$$

$I(\lambda_{1(2)j})$是一个与油膜厚度和两接触物体表面粗糙度有关的函数，其值可取：

$$I(\lambda_{1(2)j})=\begin{cases}2.31e^{-1.84\lambda_{1(2)j}}+0.1175(\lambda_{1(2)j}-0.4)^{0.6}(2-\lambda_{1(2)j})^2 & (0.4\leqslant\lambda_{1(2)j}\leqslant2)\\ 17e^{-2.84\lambda_{1(2)j}}+1.44\times10^{-4}(\lambda_{1(2)j}-2)^{1.1}(4-\lambda_{1(2)j})^{7.8} & (2\leqslant\lambda_{1(2)j}<3)\end{cases} \tag{12-109}$$

(3) 当钢球与滚道处于干涸润滑或者干摩擦状态时，钢球与滚道接触面之间的拖动力为钢球与滚道接触间的摩擦力。

$$T_{\xi1(2)j}=\mu_{f\xi}Q_{1(2)j} \tag{12-110}$$

$$T_{\eta1(2)j}=\mu_{f\eta}Q_{1(2)j} \tag{12-111}$$

4. 钢球-滚道接触入口区的流体动压摩擦力 $F_{R\xi(\eta)j}$ 和 $F_{S\xi(\eta)j}$

弹流接触面入口区的运动流体，对钢球表面也产生滚动摩擦阻力 $F_{R\xi(\eta)j}$ 和滑动摩擦阻力 $F_{S\xi(\eta)j}$，但对于钢球-滚道的弹流接触，力 $F_{S\xi(\eta)j}$ 的量级极小，可以不予考虑，滚动摩擦阻力 $F_{R\xi(\eta)j}$ 和滑动摩擦阻力 $F_{S\xi(\eta)j}$ 值为：

$$F_{R1(2)\xi j}=0.5\,C_{01(2)j}\bar{F}_{R1(2)j}\cos\theta_{1(2)j}\quad(\mathrm{N})\tag{12-112}$$

$$F_{R1(2)\eta j}=0.5C_{01(2)j}\bar{F}_{R1(2)j}\sin\theta_{1(2)j}(R_\xi/R_\eta)_{1(2)}^{0.5}\quad(\mathrm{N})\tag{12-113}$$

式中：

$$C_{01(2)j}=\eta_0 u_{1(2)\xi j}(R_\xi R_\eta)_{1(2)}^{0.5}\left[(3+2k_{s1(2)})^{-2}+\left(\frac{u_\eta}{u_\xi}\right)_{1(2)j}^2(3+2k_{s1(2)}^{-1})^{-2}k_{s1(2)}^{-1}\right]^{0.5}\tag{12-114}$$

$$\theta_{1(2)j}=\arctan\left[\frac{3+2k_{s1(2)}}{k_{s1(2)}^{0.5}(3+2k_{s1(2)}^{-1})}\left(\frac{u_\eta}{u_\xi}\right)_{1(2)j}\right]\quad(\mathrm{rad})\tag{12-115}$$

$$k_{s1(2)}=(R_\xi/R_\eta)_{1(2)}\tag{12-116}$$

$$\bar{F}_{R1(2)j}=\begin{cases}28.59\ln t_{1(2)j}-10.10 & (t_{1(2)j}\leqslant 5)\\ 36.57\ln t_{1(2)j}-22.85 & (t_{1(2)j}>5)\end{cases}\tag{12-117}$$

$$t_{1(2)j}=r_{s1(2)j}\sqrt{\cos^2\theta_{1(2)j}+\sin^2\theta_{1(2)j}/k_{s1(2)}}\Big/\sqrt{2h_{1(2)j}R_{\eta 1(2)}}\tag{12-118}$$

$$F_{s1(2)\xi j}=F_{s1(2)\eta j}\approx 0\tag{12-119}$$

5. 作用于钢球中心的流体动压合力的水平分量 $F_{H1(2)\xi(\eta)j}$

$$F_{H1(2)\xi j}=2C_{01(2)j}\bar{F}_{R1(2)j}R_{\eta 1(2)j}\cos\theta_{1(2)j}/D_w\quad(\mathrm{N})\tag{12-120}$$

$$F_{H1(2)\eta j}=2C_{01(2)j}\bar{F}_{R1(2)j}R_{\xi 1(2)j}(R_\xi/R_\eta)_{1(2)j}^{0.5}\sin\theta_{1(2)j}/D_w\quad(\mathrm{N})\tag{12-121}$$

式中：$C_{01(2)j}$、$\theta_{1(2)j}$、$\bar{F}_{R1(2)j}$ 分别为式(12-114)、式(12-115)和式(12-117)三式值。

图 12-9 综合表示了上述讨论的润滑剂对运动钢球在 ξ 方向的各种作用力。

6. 油-气混合物对钢球的空气动力阻力 F_{Dj}

油-气混合物对高速公转钢球的空气动力阻力 F_{Dj} 按下式确定：

$$F_{Dj}=\rho_{ef}\pi C_v D_w^2(d_m\omega_{oj})^{1.95}/(32g)\quad(\mathrm{N})\tag{12-122}$$

式中：$\rho_{ef}=(0.01\sim0.02)\rho_t\quad(\mathrm{kg/m^3})$ (12-123)

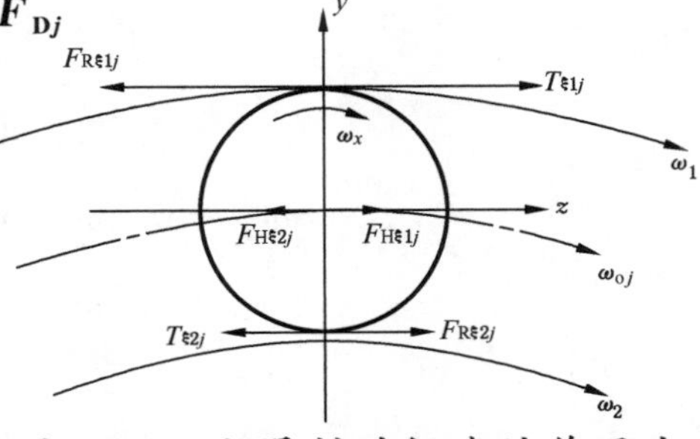

图 12-9 润滑剂对钢球的作用力

C_v 可按参考文献[15]中表 5-1 选取；

力 F_{Dj} 的方向恒与 $\vec{\omega}_{oj}$ 相反。

五、钢球的惯性力和惯性力矩

记钢球质量为 m：

$$m=\pi\rho_{st}\cdot D_w^3/6 \tag{12-124}$$

作用于钢球的惯性力 $\vec{F}_j^{in}$ 由下式确定：

$$\vec{F}_j^{in}=\begin{Bmatrix}F_x^{in}\\F_y^{in}\\F_z^{in}\end{Bmatrix}=-m\begin{Bmatrix}\ddot{x}_{1j}\\ \ddot{y}_{1j}-\omega_{oj}^2(R_1+y_{1j})\\ \dot{\omega}_{oj}(-R_1+y_{1j})+2\omega_{oj}\dot{y}_{1j}\end{Bmatrix}=\begin{Bmatrix}F_b\\F_\eta\\F_\tau\end{Bmatrix} \tag{12-125}$$

式中：下标 b、η、τ 分别为球心自然坐标系的副法线、主法线和切线。

对于平稳运转的轴承，可认为 $\ddot{x}_{1j}=0$，$\ddot{y}_{1j}=0$，$2\omega_{oj}\dot{y}_{1j}=0$，而 $\dot{\omega}_{oj}$ 可近似为：

$$\begin{aligned}\dot{\omega}_{oj}&=\mathrm{d}\omega_{oj}/\mathrm{d}t=(\mathrm{d}\omega_{oj}/\mathrm{d}\phi_j)\cdot(\mathrm{d}\phi_j/\mathrm{d}t)=\omega_o\cdot\mathrm{d}\omega_{oj}/\mathrm{d}\phi_j\\&\approx 0.5(\omega_{oj+1}-\omega_{oj-1})\cdot\omega_o/\Delta\phi\end{aligned} \tag{12-126}$$

由式(12-125)和式(12-126)可得：

$$F_b=0 \tag{12-127}$$

$$F_{\eta j}=m\omega_{oj}^2(R_1+y_{1j}) \tag{12-128}$$

$$F_{\tau j}=-0.5m\omega_{oj}(R_1+y_{1j})(\omega_{oj+1}-\omega_{oj-1})/\Delta\phi \tag{12-129}$$

式中：

$$\Delta\phi=2\pi/Z \tag{12-130}$$

作用于钢球的惯性力矩 $\vec{M}_j^{in}$ 由下式确定：

$$M_j^{in}=\begin{Bmatrix}M_{xj}^{in}\\M_{yj}^{in}\\M_{zj}^{in}\end{Bmatrix}=-\begin{Bmatrix}J_x\\J_y\\J_z\end{Bmatrix}\begin{Bmatrix}\dot{\omega}_{xj}\\ \dot{\omega}_{yj}-\omega_{oj}\omega_{zj}\\ \dot{\omega}_{zj}+\omega_{oj}\omega_{yj}\end{Bmatrix} \tag{12-131}$$

式中：

$$J_x=J_y=J_z=mD_w^2/10 \tag{12-132}$$

$$\dot{\omega}_{xj}\approx 0.5\omega_{oj}[(\omega_x)_{j+1}-(\omega_x)_{j-1}]/\Delta\phi \tag{12-133}$$

$$\dot{\omega}_{yj}\approx 0.5\omega_{oj}[(\omega_y)_{j+1}-(\omega_y)_{j-1}]/\Delta\phi \tag{12-134}$$

$$\dot{\omega}_{zj}\approx 0.5\omega_{oj}[(\omega_z)_{j+1}-(\omega_z)_{j-1}]/\Delta\phi \tag{12-135}$$

又因：

$$J_y\omega_{oj}\omega_{zj}=G_{yj} \tag{12-136}$$

$$J_z\omega_{oj}\omega_{yj}=G_{zj} \tag{12-137}$$

因此，$\vec{M}_j^{in}$ 的三个分量可写成如下形式：

$$M_{xj}^{\mathrm{in}}=-J_x\dot{\omega}_{xj} \tag{12-138}$$

$$M_{yj}^{\mathrm{in}}=G_{yj}-J_y\dot{\omega}_{yj} \tag{12-139}$$

$$M_{zj}^{\mathrm{in}}=-J_z\dot{\omega}_{zj}-G_{zj} \tag{12-140}$$

六、保持架重量

1. 对于圆柱形直兜孔保持架（如图 12-10）

保持架体积：$V_{\mathrm{cage}}=0.25\pi B_{\mathrm{c}}(D_{\mathrm{c}}^2-D_{\mathrm{c1}}^2)-Z\pi(D_{\Delta\mathrm{c}}/2)^2(D_{\mathrm{c}}/2-D_{\mathrm{c1}}/2)$ (12-141)

保持架重量：$G_{\mathrm{cage}}=\rho_{\mathrm{cage}}\cdot V_{\mathrm{cage}}$ (12-142)

2. 对于方柱形直兜孔保持架（如图 12-11）

保持架体积：$V_{\mathrm{cage}}=\dfrac{\pi B_{\mathrm{c}}}{4}(D_{\mathrm{c}}^2-D_{\mathrm{c1}}^2)-ZD_{\Delta\mathrm{c}}^2\left(\dfrac{D_{\mathrm{c}}}{2}-\dfrac{D_{\mathrm{c1}}}{2}\right)$ (12-143)

保持架重量：$G_{\mathrm{cage}}=\rho_{\mathrm{cage}}\cdot V_{\mathrm{cage}}$ (12-144)

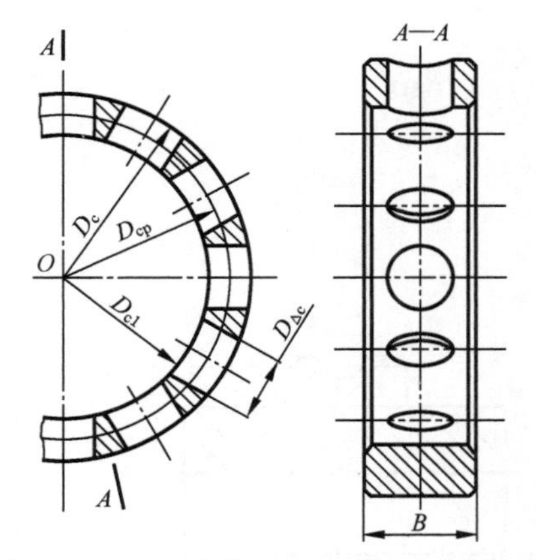

图 12-10 圆柱形直兜孔保持架

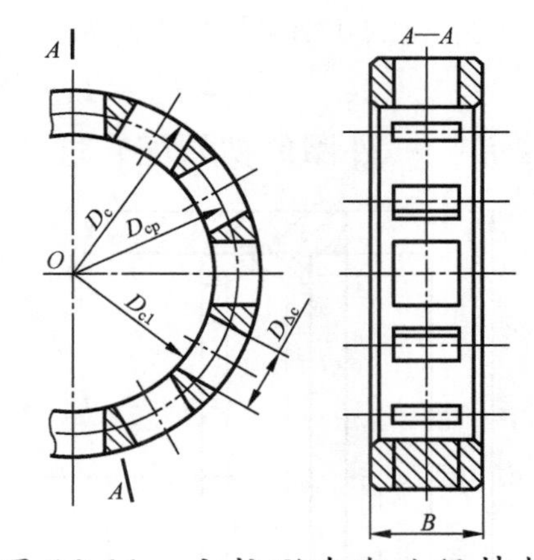

图 12-11 方柱形直兜孔保持架

七、轴承径向间隙变化量

轴承的装配、工作温度和转速对轴承的径向间隙影响很大，将直接影响到轴承的工作性能，因此必须对径向间隙的变化进行分析。

1. 外圈配合过盈的变化

外圈与轴承座的配合如图 12-12 所示，D_1 为外圈的平均内径，即挡边直径与沟底直径的平均值。

1）因转速引起的配合直径的增量为：

$$\Delta D_{h1}=2\rho_h R_h^3 \Omega_1^2 \times 10^{-9}/E_h \quad (mm) \tag{12-145}$$

$$\Delta D_{h2}=2\rho_1 R_1^3 \Omega_1^2 \times 10^{-9}/E_1 \quad (mm) \tag{12-146}$$

式中：

$$R_h=0.25(D'_h+D_h) \quad (mm) \tag{12-147}$$

$$R_1=0.25(D_h+D_1) \quad (mm) \tag{12-148}$$

ρ_h、ρ_1——轴承座和外圈的密度，g/cm^2；

E_h、E_2——轴承座和外圈的弹性模量，MPa；

Ω_1——外圈转速，rad/s。

因此，离心力引起的外圈配合过盈减小量为：

$$\Delta I_{\omega 1}=\Delta D_{h1}-\Delta D_{h2} \quad (mm) \tag{12-149}$$

2）温升引起的外圈配合过盈的减小量为：

$$\Delta I_{t1}=\delta_h \Delta T_h D_h-\delta_1 \Delta T_1 D_h \quad (mm) \tag{12-150}$$

式中：δ_h、δ_1——轴承座和外圈的热膨胀系数，℃$^{-1}$；

ΔT_h、ΔT_1——轴承座和外圈的温升，℃。

3）外圈的工作配合过盈为：

$$I'_1=I_1-\Delta T_{\omega 1}-\Delta T_{t1} \quad (mm) \tag{12-151}$$

式中：I_1——外圈的初始配合过盈，mm。

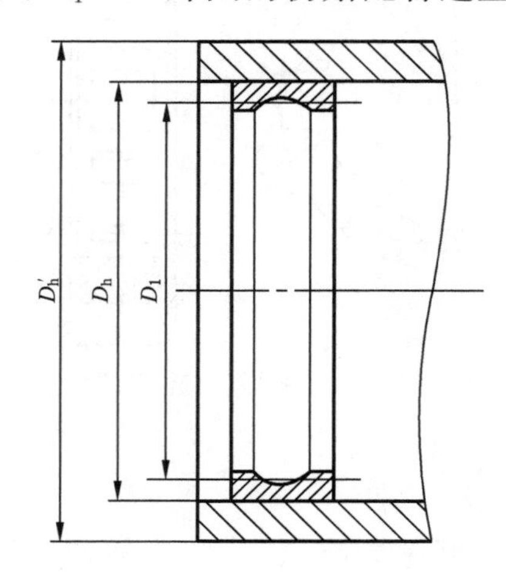

图 12-12　外圈与轴承座的配合图

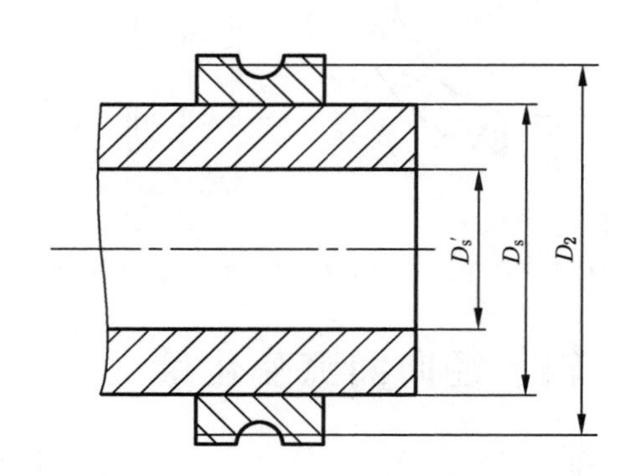

图 12-13　安装在轴上的轴承内圈示意图

2. 内圈配合过盈的变化

内圈与轴颈的配合如图 12-13 所示，D_2 为内圈的平均外径，即挡边与沟底的平均直径。

1）因转速引起内径及轴颈的配合直径的增量分别为：

$$\Delta D_{s1}=2\rho_2 R_2^3 \Omega_2^2 \times 10^{-9}/E_2 \quad (\mathrm{mm}) \tag{12-152}$$

$$\Delta D_{s2}=2\rho_s R_s^3 \Omega_2^2 \times 10^{-9}/E_s \quad (\mathrm{mm}) \tag{12-153}$$

式中：ρ_2、ρ_s——内圈和轴的密度，g/cm^3；

$$R_2=0.25(D_s+D_2) \quad (\mathrm{mm}) \tag{12-154}$$

$$R_s=0.25(D_s+D'_s) \quad (\mathrm{mm}) \tag{12-155}$$

Ω_2——内圈转速，rad/s；

E_2、E_s——内圈和轴的弹性模量，MPa。

因此，离心力引起的内圈配合过盈减少量为：

$$\Delta I_{\omega 2}=\Delta D_{s1}-\Delta D_{s2} \quad (\mathrm{mm}) \tag{12-156}$$

2）温升引起的内圈配合过盈减少量为：

$$\Delta I_{t2}=\delta_2 \Delta T_2 D_s-\delta_s \Delta T_s D_s \quad (\mathrm{mm}) \tag{12-157}$$

式中：δ_2、δ_s——内圈和轴的热膨胀系数，℃$^{-1}$；

ΔT_2、ΔT_s——内圈和轴的温升，℃。

3）内圈的工作配合过盈为：

$$I'_2=I_2-\Delta T_{\omega 2}-\Delta T_{t2} \quad (\mathrm{mm}) \tag{12-158}$$

式中：I_2——内圈的初始配合过盈，mm。

3. 配合过盈对径向间隙的影响

1）由于内圈与轴颈的过盈配合引起的径向间隙的减小量为：

$$\Delta_s=\frac{2I'_2(D_2/D_s)}{[(D_2/D_s)^2-1]\left\{\left[\frac{(D_2/D_s)^2+1}{(D_2/D_s)^2-1}+\mu_2\right]+\frac{E_2}{E_s}\left[\frac{D_s^2+D'^2_s}{D_s^2-D'^2_s}-\mu_s\right]\right\}} \quad (\mathrm{mm}) \tag{12-159}$$

式中：μ_2、μ_s——内圈和轴的泊松比。

2）由于外圈的配合过盈引起的径向间隙减小量为：

$$\Delta_h=\frac{2I'_1(D_h/D_1)}{[(D_h/D_1)^2-1]\left\{\left[\frac{(D_h/D_1)^2+1}{(D_h/D_1)^2-1}-\mu_1\right]+\frac{E_1}{E_h}\left[\frac{(D'_h/D_h)^2+1}{(D'_h/D_h)^2-1}+\mu_h\right]\right\}} \quad (\mathrm{mm}) \tag{12-160}$$

式中：μ_1、μ_h——外圈和轴承座的泊松比。

4. 温升对径向间隙的直接影响

由于内、外圈温升和热膨胀系数不同，轴承径向间隙的增量为：

$$\Delta_{T}=\delta_{1}D_{1}\Delta T_{1}-\delta_{2}D_{2}\Delta T_{2}\quad(\mathrm{mm})\tag{12-161}$$

5. 径向间隙变化量

综合以上分析，最终轴承的径向间隙增量为：

$$\Delta P_{d}=\Delta_{T}-\Delta_{s}-\Delta_{h}\quad(\mathrm{mm})\tag{12-162}$$

第五节　角接触球轴承动力学方程

一、钢球平衡方程

第 j 个钢球受力情况如图 12-14 所示。由图 12-14 可以给出钢球平衡方程：

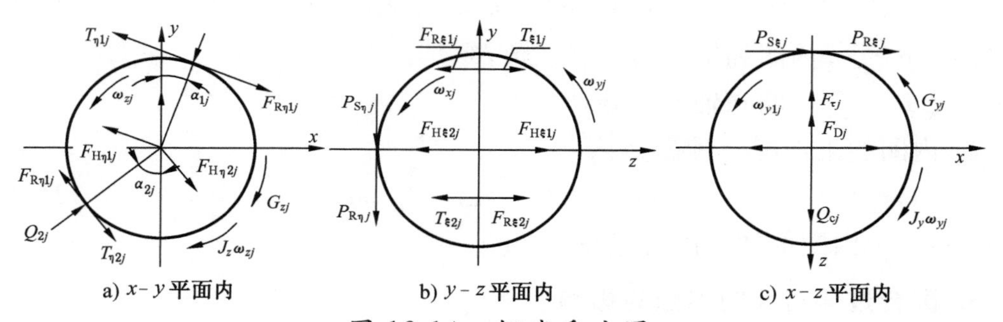

图 12-14　钢球受力图

$$\sum F_{x}=0$$

$$Q_{2j}\sin\alpha_{2j}-Q_{1j}\sin\alpha_{1j}+T_{\eta 2j}\cos\alpha_{2j}-T_{\eta 1j}\cos\alpha_{1j}-F_{R\eta 2j}\cos\alpha_{2j}+F_{R\eta 1j}\cos\alpha_{1j}+F_{H\eta 2j}\cos\alpha_{2j}-F_{H\eta 1j}\cos\alpha_{1j}+P_{S\xi j}+P_{R\xi j}=0\tag{12-163}$$

$$\sum F_{y}=0$$

$$Q_{2j}\cos\alpha_{2j}-Q_{1j}\cos\alpha_{1j}-T_{\eta 2j}\sin\alpha_{2j}+T_{\eta 1j}\sin\alpha_{1j}+F_{R\eta 2j}\sin\alpha_{2j}-F_{R\eta 1j}\sin\alpha_{1j}-F_{H\eta 2j}\sin\alpha_{2j}+F_{H\eta 1j}\sin\alpha_{1j}+F_{Nj}-P_{S\eta j}-P_{R\eta j}=0\tag{12-164}$$

$$\sum F_{z}=0$$

$$T_{\xi 1j}-T_{\xi 2j}-F_{R\xi 1j}+F_{R\xi 2j}+F_{H\xi 1j}-F_{H\xi 2j}+Q_{cj}-F_{Dj}-F_{\tau j}=0\tag{12-165}$$

$$\sum M_{x}=0$$

$$(T_{\xi 1j}-F_{R\xi 1j})\frac{D_{w}}{2}\cos\alpha_{1j}+(T_{\xi 2j}-F_{R\xi 2j})\frac{D_{w}}{2}\cos\alpha_{2j}-(P_{S\eta j}+P_{R\eta j})\frac{D_{w}}{2}-J_{x}\dot{\omega}_{xj}=0\tag{12-166}$$

$$\sum M_y = 0$$

$$(F_{R\xi 1j} - T_{\xi 1j})\frac{D_w}{2}\sin\alpha_{1j} + (F_{R\xi 2j} - T_{\xi 2j})\frac{D_w}{2}\sin\alpha_{2j} + G_{yj} - (P_{S\xi j} + P_{R\xi j})\frac{D_w}{2} - J_y\dot{\omega}_{yj} = 0 \tag{12-167}$$

$$\sum M_z = 0$$

$$(T_{\eta 1j} - F_{R\eta 1j})\frac{D_w}{2} + (T_{\eta 2j} - F_{R\eta 2j})\frac{D_w}{2} - G_{zj} - J_z\dot{\omega}_{zj} = 0 \tag{12-168}$$

联立迭代求解上述方程，直至所有 n 个钢球都达到平衡为止。

二、保持架平衡方程

保持架受力情况如图 12-15 所示，由图 12-15 可以给出保持架平衡方程：

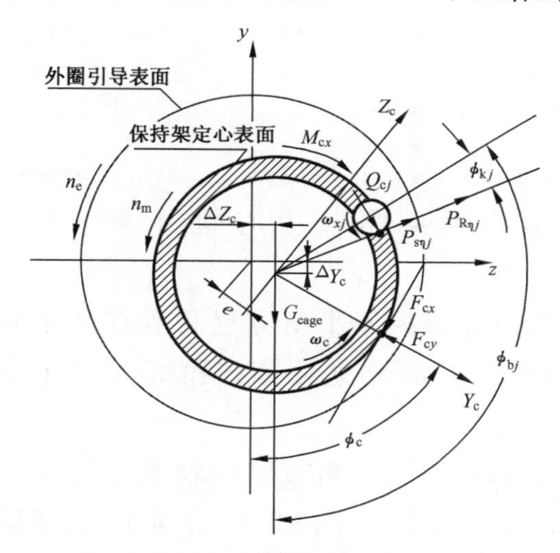

图 12-15 保持架的平衡状态

$$F_{cy}\cos\phi_c - F_{cx}\sin\phi_c + \sum_{j=1}^{n}[Q_{cj}\sin(\varphi_{bj} - \varphi_{kj}) - P_{R\eta j}\cos(\varphi_{bj} - \varphi_{kj})] - G_{cage} = 0 \tag{12-169}$$

$$-F_{cy}\sin\phi_c - F_{cx}\cos\phi_c + \sum_{j=1}^{n}[-Q_{cj}\cos(\varphi_{bj} - \varphi_{kj}) + P_{R\eta j}\sin(\varphi_{bj} - \varphi_{kj})] = 0 \tag{12-170}$$

$$F_{cx}\left(\frac{D_c}{2}\right) + \sum_{j=1}^{n}\left[Q_{cj}\left(\frac{D_{cp}}{2}\right) - P_{R\eta j}\left(\frac{D_w}{2}\right)\right] + M_{cx} = 0 \tag{12-171}$$

式中：$\varphi_{kj} = -sign(Z_{c1})\arcsin\left(\frac{D_w}{D_{cp}}\right)$

保持架平衡方程应与所有钢球平衡方程联立求解。

三、内圈平衡方程

$$F_x-\sum_{j=1}^{n}(Q_{2j}\sin\alpha_{2j}+T_{\eta 2j}\cos\alpha_{2j}-F_{\mathrm{R}\eta 2j}\cos\alpha_{2j})=0 \tag{12-172}$$

$$F_y-\sum_{j=1}^{n}(Q_{2j}\cos\alpha_{2j}-T_{\eta 2j}\sin\alpha_{2j}+F_{\mathrm{R}\eta 2j}\sin\alpha_{2j})\cos\phi_j=0 \tag{12-173}$$

$$F_z-\sum_{j=1}^{n}(Q_{2j}\cos\alpha_{2j}-T_{\eta 2j}\sin\alpha_{2j}+F_{\mathrm{R}\eta 2j}\sin\alpha_{2j})\sin\phi_j=0 \tag{12-174}$$

$$\begin{aligned}M_y-\sum_{j=1}^{n}[\bar{r}(Q_{2j}\sin\alpha_{2j}+T_{\eta 2j}\cos\alpha_{2j}-F_{\mathrm{R}\eta 2j}\cos\alpha_{2j})-\\ f_2D_{\mathrm{w}}T_{\eta 2j}\cos\alpha_{2j}+f_2D_{\mathrm{w}}F_{\mathrm{R}\eta 2j}\cos\alpha_{2j}]\sin\phi_j=0\end{aligned} \tag{12-175}$$

$$\begin{aligned}M_z-\sum_{j=1}^{n}[\bar{r}(Q_{2j}\sin\alpha_{2j}+T_{\eta 2j}\cos\alpha_{2j}-F_{\mathrm{R}\eta 2j}\cos\alpha_{2j})-\\ f_2D_{\mathrm{w}}T_{\eta 2j}\cos\alpha_{2j}+f_2D_{\mathrm{w}}F_{\mathrm{R}\eta 2j}\cos\alpha_{2j}]\cos\phi_j=0\end{aligned} \tag{12-176}$$

式中：$\bar{r}$——内圈滚道沟曲率半径中心轨迹圆半径，$\bar{r}=0.5d_{\mathrm{m}}+(f_2-0.5)\times D_{\mathrm{w}}\cos\alpha_{02}$。

轴承套圈平衡方程应与保持架平衡方程和所有钢球平衡方程联立求解，通过求解式(12-163)～式(12-176)联立微分方程组，就可以求出角接触球轴承所有动力学性能参数。

算例：以 B7004CTN3/HV/P4 角接触球轴承为例进行轴承动力学分析，轴承有关结构参数省略。图 12-16～图 12-19 是角接触球轴承动力学部分分析结果。

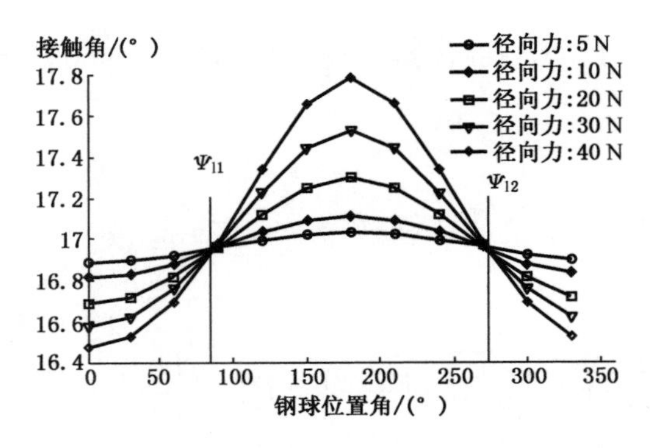

工况：轴向力为 60 N；外圈转速为 5 000 r/min；内圈静止

图 12-16 钢球内接触角与径向力的关系

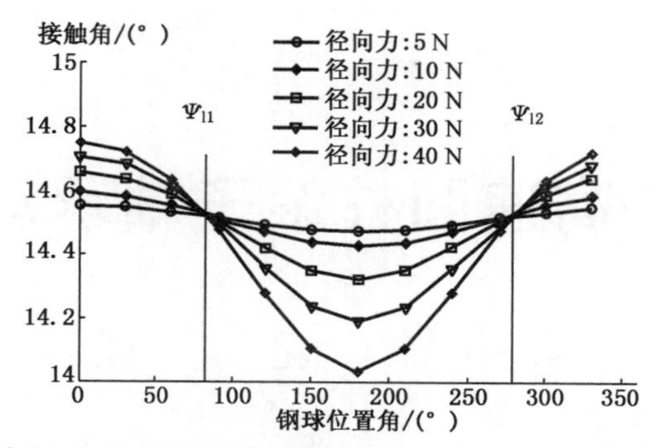

工况:轴向力为 60 N;外圈转速为 5 000 r/min;内圈静止

图 12-17 钢球外接触角与径向力的关系

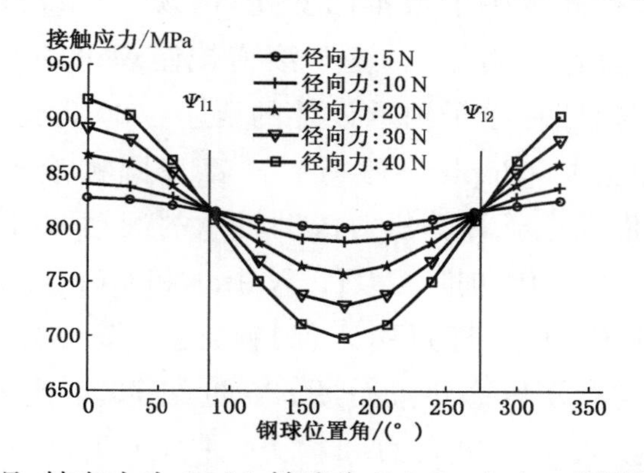

工况:轴向力为 60 N;转速为 5 000 r/min;内圈静止

图 12-18 钢球与内滚道之间的接触应力与径向力关系

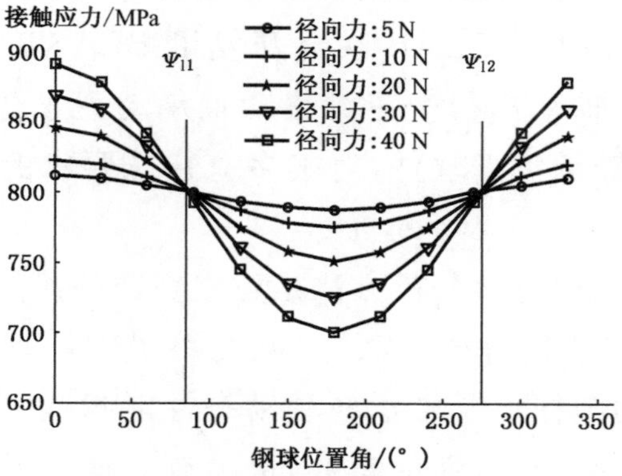

工况:轴向力为 60 N;转速为 5 000 r/min;内圈静止

图 12-19 钢球与外滚道之间的接触应力与径向力关系

第十三章 高速圆柱滚子轴承动力学分析

第一节 概　　述

随着转子系统向高速发展，作为转子系统支承的圆柱滚子轴承高速运行时，轴承动态性能和失效模式发生了根本的变化，出现了传统滚道控制理论已无法解释的现象(如滚子打滑、歪斜等)。基于滚道控制理论的滚动轴承拟静力学分析模型已不能满足高速圆柱滚子轴承设计的要求。20 世纪 60 年代末期，G. R. Higginson、Harris 和 J. V. Poplawski 等针对高速圆柱滚子轴承分别提出了修正的拟静力学模型，借助电子计算机对滚动轴承的滚动体打滑、滚子歪斜等情况进行了研究；20 世纪 70 年代初期，C. T. Walter 和 Gupta. P. K. 先后建立了圆柱滚子轴承动力学分析模型，通过引入保持架运动微分方程，利用数值计算方法，对圆柱滚子轴承进行了瞬态运动分析；20 世纪 70 年代末期，美国 NASA 中心和 SKF 公司联合投入了大量人力和物力，进行了大量的理论分析和实验研究，开发出了“SHARBERTH”及“CYBEAN”大型滚动轴承性能分析软件，该软件建立的圆柱滚子轴承动态性能分析模型不断经过实验修正已趋于相当完善和合理；近年来，SKF 公司和 PELAB 联合开发了 BEAST 动力学分析与仿真软件，可对高速圆柱滚子轴承进行全三维滚动轴承动力学仿真分析，SKF 公司利用这套最先进的滚动轴承仿真软件，对很多有特殊要求的圆柱滚子轴承进行了优化设计。

高速圆柱滚子轴承动力学分析方法是建立在圆柱滚子轴承各零件的动力学微分方程基础上，利用数值分析方法，对圆柱滚子轴承动力学微分方程进行求解，可得出任一瞬时的圆柱滚子轴承各种动态性能参数。这种方法不仅可以提供轴承稳态运转时的轴承动态性能参数，也可有效地分析负荷和转速随时间变化时的工作条件，以及进行圆柱滚子轴承保持架和滚动体的运行稳定性特性分析。

对于高速圆柱滚子轴承，一般承受的工作载荷都不大，轴承工作情况处于高速轻载状态，这种状态下，轴承疲劳破坏已不再是轴承失效的主要因素，而圆柱滚子轴承高速动态性能（如保持架运行不稳定性、保持架打滑等）已成为引起轴承失效的主要因素。这种特性在圆柱滚子轴承拟静力学和拟动力学分析中难以准确描述和预测，需要对高速圆柱滚子轴承进行动力学分析。

第二节　研究对象

这里主要考虑轴承为外圈双挡边、内圈无挡边的高速圆柱滚子轴承，轴承采用油润滑，已知油的种类及轴承空腔内油所占的百分比，轴承材料特性以及轴承安装配合参数等。

外圈位置相对固定，外圈可以以定常速度（$\vec{\omega}_e$ = 常数）旋转，内圈以定常角速度（$\vec{\omega}_i$ = 常数）高速旋转；对于高速圆柱滚子轴承，作用于内圈上的外加静负荷矢量 $\vec{F}$ 表示为：$\vec{F}=\{F_X, F_Y, M_Y, M_Z\}^T$；轴承以正确的配合安装在几何理想与刚性结构的轴颈上和座孔内，轴承零件的工作表面具有理想的几何形状，轴承的运转状态由上述各种工况参数完全确定。对于一组给定的工况参数值，轴承有相应的响应，并可以用运动零件的位移和速度矢量进行描述。

为便于简化计算，对高速滚子轴承的动力学模型做了以下假设：

1）设轴承各零件为刚体，忽略柔性变形。若零件接触时，产生局部变形，变形为弹性变形。

2）滚子具有五个自由度：滚子质心的公转，径向运动、滚子绕定体系 x^b 轴的自转，以及滚子的倾斜和歪斜。

3）保持架具有三个自由度：保持架质心在 YZ 平面内的移动和绕 x^c 轴的转动。

4）内圈具有五个自由度：内圈质心在径向 YZ 平面内沿 Y 轴和 Z 轴方向的平动、绕 Y 轴和 Z 轴的转动以及绕 X 轴的转动。外圈中心固定，外圈可绕中心轴线转动。

5）保持架兜孔的形状为矩形，轴承各零件的形心与质心重合。

6）轴承内部温度已知。

第三节　轴承动力学分析坐标系的建立

为了能方便地描述轴承及其零件的运动，需将轴承放在设定的坐标系中进行分析，根据滚子轴承的特点，通常选取一个整体坐标系和若干个局部坐标系，如图 13-1 所示。

1. 固定坐标系

固定坐标系坐标原点与轴承几何中心相重合，Z 轴与轴承转轴重合，XY 面与轴承滚道中间的径向平面相重合，滚子的位置角从 Y 轴开始算起。此坐标系在空间中固定不变，其他坐标系均是参照此坐标系来确定的。

2. 局部坐标系

由于轴承零件受力后要发生位移，同时各零件的相对位置也不同，因此，定义局部坐标系来描述其运动比较方便。

保持架局部坐标系$(x,y,z)^{c}$，开始时也是与固定坐标系重合，以后随保持架一起移动和旋转，其原点与保持架几何中心重合。

滚子局部坐标系$(x,y,z)^{b}$，此坐标系的原点与滚子的几何中心相重合，z 轴与轴承径向重合，y 轴与轴承周向重合，此坐标系随着滚子中心一起移动，但不随滚子自转，每个滚子都有属于自己的滚子局部坐标系。

以上各坐标系之间可以通过坐标变换来相互联系，坐标变换的一般形式为：

$$\{R\}^{1}=[T](\{r\}^{2}+\{d\}^{2})$$

式中：$\{R\}^{1}$——在第一种坐标系中描述的向量；

$\{r\}^{2}$——在第二种坐标系中描述的向量；

$\{d\}^{2}$——两坐标系间的平移量；

$[T]$——两坐标系间的转动变换。

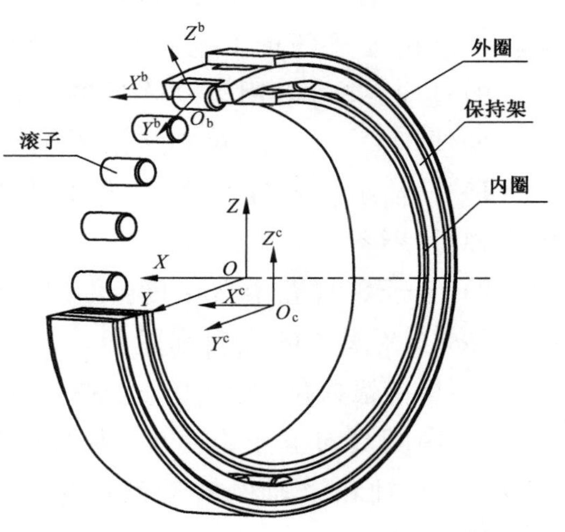

图 13-1 圆柱滚子轴承坐标系统

第四节 圆柱滚子轴承零件间的相互作用

一、滚子与滚道的相互作用

1. 滚动体与滚道之间的法向作用力

安装在转轴上的轴承在受到外载荷作用时，常常会发生倾斜，内、外圈倾斜不一致时，会使滚子的受力不均匀。内圈倾斜后，假定其径向位移量为 δ_r，如图 13-2 所示。由于受套圈径向位移 δ_r 的影响，径向平面内滚子在位置角 φ_j 处的径向位移可表示为：

$$\delta_{\varphi_j}=\delta_r\cos\varphi_j-\frac{P_d}{2} \tag{13-1}$$

式中：P_d——轴承的径向间隙。

如果内圈倾斜角度为 θ，从图 13-2 可知，B_i 是倾斜前后轴承内圈上与固定轴距离不变的唯一点，点 B_i 的 X 坐标：

$$x_{B_i}=-r_{in}\tan\frac{\theta}{2} \tag{13-2}$$

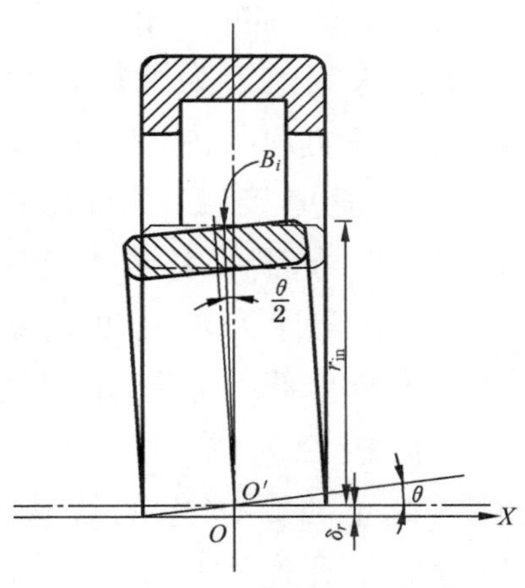

图 13-2　套圈歪斜图

假定在位置角 φ_j 处的滚子的倾斜角为 β_j，滚子相对固定外圈的倾斜角为 $\pm\beta_j$，那么滚子相对内圈的倾斜角为 $\theta\cos\varphi_j\mp\beta_j$。由于套圈的倾斜角 θ 很小，式(13-2)中的 θ 可以用 $\theta\cos\varphi_j$ 来代替。

根据经典 Hertz 线接触理论，滚子与滚道间的接触负荷和接触变形存在以下关系：

$$Q=K_n\delta^{10/9} \tag{13-3}$$

式中：Q——滚动体与内圈或外圈之间的接触负荷；

K_n——滚动体与内圈或外圈之间的负荷-变形常数，与几何特征及材料有关；

δ——滚动体与内圈或外圈之间的接触弹性变形量。

由 Palmgren 研究结果可知，圆柱滚子长度 L 和施加负荷 Q 的变形 g 有如下关系式：

$$g=A\frac{Q^{0.9}}{L^{0.8}} \tag{13-4}$$

式中：A——常数，$A=1.36\eta^{0.9}$；

η——二物体综合弹性常数，N/mm^2。

式(13-4)可转化为：

$$Q=\frac{g^{1.11}L^{8/9}}{A^{1.11}} \tag{13-5}$$

引入负荷强度 $\bar{q}$ 为单位滚子长度上的压力，于是有：

$$\bar{q}=\frac{Q}{L} \tag{13-6}$$

这时式(13-6)可变为：

$$\bar{q}=\frac{g^{1.11}}{A^{1.11}L^{0.11}} \tag{13-7}$$

由以上的分析可知，滚子滚道的法向接触力的大小是由接触区域的变形量的大小来决定的。为了精确计算滚子各切片与滚道接触的法向作用力，必须先确定滚子各切片与内、外滚道接触的接触变形量。

为了避免接触区域应力集中，滚子在设计时大都采用了一定的修缘方法，即滚子设计为带凸度的滚子。对于求解滚子修缘且滚子歪斜情况下滚子滚道的接触问题，由于滚子滚道的接触区域不再是理想的线接触形式，可以考虑在高速圆柱滚子轴承滚子离心力作用下，首先采用“切片法”将滚子沿轴线方向切成很多小薄片，然后利用经典 Hertz 接触理论求出各切片上的接触负荷与接触变形的关系，所有切片上的接触负荷的代数和就是这个滚子与滚道接触的法向作用力。

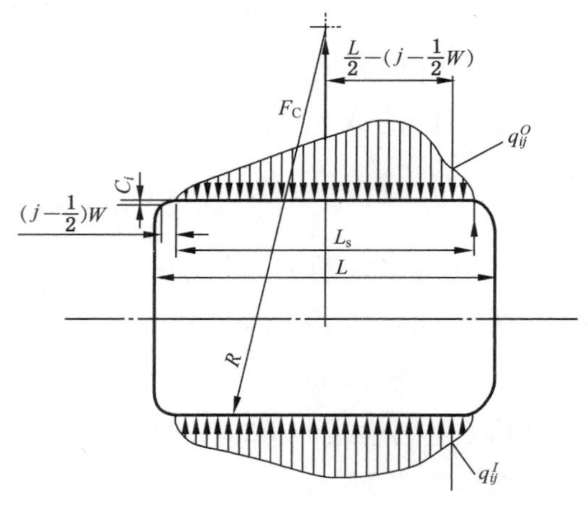

图 13-3　切片位置与应力

按图 13-3 所示，把滚子的有效长度分割成 NP 段，每段宽度为 W，由图 13-3 可知，第 i 个滚子的第 j 个切片的凸度的减少量 C_{ij} 为：

当 $0\leqslant(j-1/2)W\leqslant(L-L_s)/2$ 时：

$$C_{ij}=(R^2-L_s^2/4)^{1/2}-\{R^2-[L/2-(j-1/2)W]^2\}^{1/2}\quad(j=1,2\cdots,\mathrm{NP}) \tag{13-8}$$

当 $(L-L_s)/2<(j-1/2)W\leqslant(L+L_s)/2$ 时：

$$C_{ij}=0 \tag{13-9}$$

当 $(L+L_s)/2<(j-1/2)W\leqslant L$ 时：

$$C_{ij}=(R^2-L_s^2/4)^{1/2}-\{R^2-[(j-1/2)W-L/2]^2\}^{1/2}\quad(j=1,2\cdots,\mathrm{NP}) \tag{13-10}$$

式中：R——凸度半径；

L_s——滚子有效长度。

如果第 i 个滚子的第 j 个切片的横坐标为 x_{ij}，那么 j 切片由于滚子倾斜引起的与内圈滚道变形量可表示为：

$$C_{1x_{ij}}=[x_{ij}+r_{\mathrm{in}}\tan(\theta\cos\varphi_j/2)]\tan(\theta\cos\varphi_j\mp\beta_j)-C_{ij}(j=1,2,\cdots,\mathrm{NP})] \tag{13-11}$$

与外圈滚道的接触变形量为：

$$C_{2x_{ij}} = [x_{ij} + r_{in}\tan(\theta\cos\varphi_j/2)]\tan(\pm\beta_j) - C_{ij}\ (j = 1,2,\cdots,NP) \tag{13-12}$$

式(13-11)和式(13-12)中：$x_{ij} = -L/2 + (i-1/2)W$　(13-13)

那么由式(13-1)、式(13-2)、式(13-11)、式(13-12)可以得到在位置角 φ_j 处的第 i 个滚子第 j 个切片与内滚道之间的接触总变形量为：

$$g_{1ij}^{i} = \delta_r\cos\varphi_j - P_d/2 - \delta_{\varphi_j}^0 + [x_{ij} + r_{in}\tan(\theta\cos\varphi_j/2)]\tan(\theta\cos\varphi_j \mp \beta_j) - C_{ij}\quad (j=1,2,\cdots,NP) \tag{13-14}$$

第 i 个滚子的第 j 个切片与外滚道接触总变形量为：

$$g_{2ij}^{e} = \delta_{\varphi_j}^0 + [x_{ij} + r_{in}\tan(\theta\cos\varphi_j/2)]\tan(\theta\cos\varphi_j \mp \beta_j) - C_{ij}\quad (j=1,2,\cdots,NP) \tag{13-15}$$

滚动轴承中滚子上的负荷分布由加在每个滚子上的力和力矩的平衡条件来确定。径向游隙、滚子表面凸度分布、轴承径向位移 δ_y、δ_z 及套圈的转角偏差 θ_y、θ_z 作为输入量给出，滚子在内、外圈接触总法向力和与滚动体离心力三力平衡及滚动体沿轴线接触力矩平衡，就可以得出每个滚子的中心变形 $\delta_{\varphi_j}^0$ 和滚子的角位移 β_j，然后用 $\delta_{\varphi_j}^0$ 和 β_j 计算出每个滚子切片中心与内、外滚道的接触变形 g_{1ij} 和 g_{2ij}。

由此可得到内、外滚道作用在第 i 个滚子上的总法向力分别为：

$$N_{in}^{i} = \sum_{j=1}^{NP}\frac{W}{A^{1.11}L^{0.11}}g_{1ij}^{1.11}\quad (i=1,2,\cdots,Z) \tag{13-16}$$

$$N_{out}^{i} = \sum_{j=1}^{NP}\frac{W}{A^{1.11}L^{0.11}}g_{2ij}^{1.11}\quad (i=1,2,\cdots,Z) \tag{13-17}$$

式中：Z——滚子数量；

NP——滚子沿其轴线切片的数量；

W——一个切片的宽度，$W=1/NP$。

2. 滚子与滚道之间的拖动力

考虑到润滑油的流变特性，第 i 个滚子与滚道间的拖动力可表示为：

$$F_{in}^{i} = \mu N_{in}^{i}\quad (i=1,2,\cdots,Z) \tag{13-18}$$

$$F_{out}^{i} = \mu N_{out}^{i}\quad (i=1,2,\cdots,Z) \tag{13-19}$$

μ 为滚子与滚道间的润滑油摩擦系数，其大小与摩擦状态可由油膜参数 λ 确定：

$$\mu = \begin{cases} \mu_{bd} & \lambda < 1 \\ \dfrac{\mu_{bd} - \mu_{hd}}{(\lambda_{bd} - \lambda_{hd})^6}(\lambda - \lambda_{hd})^6 + \mu_{hd} & 1 \leqslant \lambda < 3 \\ \mu_{hd} & \lambda \geqslant 3 \end{cases} \tag{13-20}$$

式中：λ—— 油膜参数，

$$\lambda=\frac{h_c}{\sqrt{\sigma_r^2+\sigma_b^2}},$$

式中：h_c——接触区中心油膜厚度；

σ_r、σ_b——滚道和滚子的表面粗糙度。

μ_{bd}——边界润滑时的摩擦系数，其值为：

$$\mu_{bd}=(-0.1+22.28s)e^{-181.46s}+0.1 \tag{13-21}$$

μ_{hd}——油润滑时弹流润滑摩擦系数，可采用实验回归经验公式计算：

$$\mu_{hd}=(A+Bs)e^{-Cs}+D \tag{13-22}$$

式中： s——滑滚比，$s=u_s/u_R$；

u_R——滚子与滚动接触处的滚动速度，$u_R=(u_{race}+u_{roller})/2$；

u_s——接触处滚子和滚道的相对速度，$u_s=u_{race}-u_{roller}$。

A、B、C、D——试验回归得到的系数，与温度、压力等有关：

$$\begin{cases}A=A_0\overline{p}^{A_1|\overline{p}_c/\overline{p}-1|}\overline{v}^{A_2}\overline{T}^{A_3}\\B=B_0\overline{p}^{B_1|\overline{p}_c/\overline{p}-1|}\overline{v}^{B_2}\overline{T}^{B_3}\\C=C_0\overline{p}^{C_1|\overline{p}_c/\overline{p}-1|}\overline{v}^{C_2}\overline{T}^{C_3}\\D=D_0\overline{p}^{D_1|\overline{p}_c/\overline{p}-1|}\overline{v}^{D_2}\overline{T}^{D_3}\end{cases} \tag{13-23}$$

式中：$A_{0\sim3}$、$B_{0\sim3}$、$C_{0\sim3}$、$D_{0\sim3}$——相关系数，由试验数据回归可得到；

$\overline{p}$——无量纲载荷参数；

$\overline{v}$——无量纲速度参数；

$\overline{T}$——无量纲温度参数。

3. 滚子与保持架的相互作用

圆柱滚子轴承高速运行时，滚子相对保持架能自由地运动，在负荷区内滚子可能被加速，接近兜孔前部，并在保持架上产生驱动力。在负荷区外，滚子开始打滑、减速，一般接近兜孔后部，在保持架上产生阻力。滚子与保持架之间不仅存在相对滑动，更兼有法向运动，在润滑油的作用下，滚子与保持架之间形成一个带挤压的弹性流体润滑运动，使得滚子与保持架之间的作用力计算变得非常复杂。为了计算方便，本文采用 Dowson 等人[17]所建立的带挤压运动的线接触流体动压润滑模型，如图 13-4 所示，所建立的雷诺方程忽略了侧面泄漏的影响，模型所使用的边界条件为：

入口处，压力为零；出口处，压力和压力梯度为零。

Dowson 等人利用这个模型分析了滚子与保持架间的法向作用力和油膜拖动力，并给出了瞬时承载能力和油膜拖动力的回归方程。

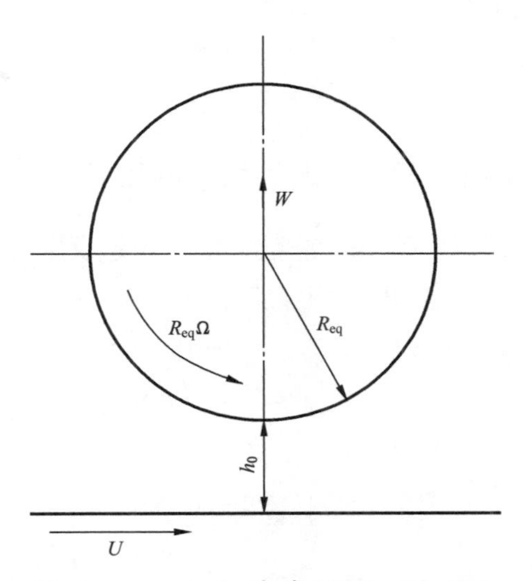

图 13-4 冲击兼有滚动、滑动和法向运行表面的刚性圆柱滚子模型

引入一个无量纲速度参数：

$$q=\frac{w}{u}\left(\frac{R_{eq}}{2h_0}\right)^{1/2} \tag{13-24}$$

式中：h_0——中心最小油膜厚度；

u——夹带速度，$u=\frac{U+R_{eq}\Omega}{2}$；

w——滚子的法向速度；

R_{eq}——平面附近的几何当量半径；

Ω——圆柱滚子的角速度。

滚子与保持架间法向作用力为：

如果 $q\geqslant 0$，那么：

$$F_{B(F)}=\frac{4.896}{H_0}[1.0-1.893\,51q+1.541\,92q^2-0.335\,29q^3-0.176\,78q^4-2.850\,50qH_0+1.733\,61q^2H_0] \tag{13-25}$$

如果 $q<0$，那么：

$$F_{B(F)}=\frac{4.896}{H_0}[1.0-1.874\,39q+1.707\,16q^2+0.620\,39q^3+0.042\,71q^4-3.312\,98qH_0+1.358\,49q^2H_0] \tag{13-26}$$

式中：H_0——无量纲最小油膜厚度，$H_0=h_0/R_{eq}$；

F_F——沿滚子公转方向上滚子前部与保持架兜孔间接触法向作用力；

F_B——沿滚子公转方向上滚子后部与保持架兜孔间接触法向作用力。

作用于滚子上的表面拖动力为：

$$F_{TBR(TFR)}=\frac{1}{H_0^{1/2}}[B-C\overline{V}] \tag{13-27}$$

式中：F_{TFR}——沿滚子公转方向上滚子前部与保持架兜孔间的切向拖动力；

F_{TBR}——沿滚子公转方向上滚子后部与保持架兜孔间的切向拖动力；

$\overline{V}$——无量纲滑动比，$\overline{V}=2\left(\frac{U-R_{eq}\Omega}{U+R_{eq}\Omega}\right)$。

作用于保持架兜孔表面上的表面拖动力为：

$$F_{cage}=\frac{1}{H_0^{1/2}}[B+C\overline{V}] \tag{13-28}$$

式中：$\overline{V}$——无量纲滑动比，$\overline{V}=2\left(\frac{U-R_{eq}\Omega}{U+R_{eq}\Omega}\right)$；

B、C——常数，由下式定义：

如果 $q\geqslant0$，那么：

$$B=(B)_{q=0}[1-0.761\,28q-0.035\,8q^2+0.420\,00q^3-0.219\,24q^4-60.531\,44qH_0+19.567\,41q^2H_0] \tag{13-29}$$

如果 $q<0$，那么：

$$B=(B)_{q=0}[1-0.764\,43q-0.023\,28q^2-0.373\,87q^3+0.177\,58q^4-60.929\,18qH_0-21.202\,63q^2H_0] \tag{13-30}$$

式(13-29)和式(13-30)中：

$$(B)_{q=0}=4.568\,5-681.56H_0+341\,759H_0^2 \tag{13-31}$$

如果 $q\geqslant0$，有：

$$C=(C)_{q=0}[1-0.193\,00q+0.084\,79q^2+0.332\,45q^3-0.113\,47q^4-4.031\,20qH_0+5.556\,90q^2H_0] \tag{13-32}$$

如果 $q<0$，有：

$$C=(C)_{q=0}[1-0.196\,48q+0.712q^2-0.196\,31q^3+0.055\,7q^4-3.715\,62qH_0-1.154\,32q^2H_0] \tag{13-33}$$

式(13-32)和式(13-33)中：

$$(C)_{q=0}=3.484\,3-113.66H_0+5.690\,3H_0^2 \tag{13-34}$$

当 H_0 小于 10^{-6} 时，模型转变到两个圆柱 Hertz 接触模型，这时保持架对滚子单位长度上的法向作用力为：

$$P'=\frac{\pi E}{2(1-\nu^2)}\times\left(\frac{1}{12.5}W_H\right) \tag{13-35}$$

式中：P'——由压痕 W_H 引起的每单位滚子长度上的法向力；

E——滚子和保持架的弹性模量；

ν——泊松比；

W_H——圆柱滚子引起的保持架压痕。

对于保持架来说，保持架兜孔中滚子最小油膜厚度或压痕(如果有的话)定义为：

(1) 如果$\frac{h_0}{R_{eq}}\geqslant10^{-6}$，那么有：

$$h_0=C_g/2-d \tag{13-36}$$

（2）如果$\frac{h_0}{R_{eq}}<10^{-6}$，那么有：

$$W_H=|h_0-1.0\times10^{-6}R_{eq}| \tag{13-37}$$

式(13-36)和式(13-37)中：C_g——保持架兜孔中心圆的周向间隙；

R_{eq}——滚子和保持架兜孔表面的当量半径；

d——滚子中心距相应保持架兜孔中心的位移。

当$\frac{h_0}{R_{eq}}<10^{-6}$时，作用于保持架兜孔和滚子表面的拖动力可按总正压力乘以库仑摩擦常数。

4. 保持架与引导面的相互作用

轴承保持架通常有三种引导方式：外圈引导、内圈引导和滚动体引导。当高速圆柱滚子轴承保持架采用外圈引导方式时，套圈引导面与保持架柱面间就形成一种流体动压润滑，从而产生流体动压力，如图 13-5 所示。由于引导挡边与保持架柱面作用面较小且相互滑动，因此保持架与引导面的作用力常采用短颈滑动轴承理论进行计算，滑动面上的作用力的合力及力矩为：

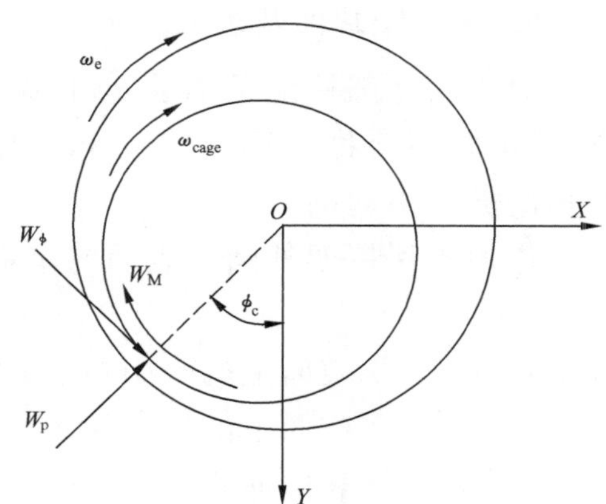

图 13-5　保持架与引导面作用力

$$W_p=\frac{\eta_0RB^3\varepsilon}{C_g^{\ 2}(1-\varepsilon)^2}(\omega_i+\omega_c) \tag{13-38}$$

$$W_\phi=\frac{\pi\eta_0RB^3}{4C_g^{\ 2}}\cdot\frac{\varepsilon}{(1-\varepsilon^2)^{(3/2)}}(\omega_i+\omega_c) \tag{13-39}$$

$$W_M=\frac{2\pi\eta_0R^3B}{C_g}\cdot\frac{1}{\sqrt{(1-\varepsilon^2)}}(\omega_i-\omega_c) \tag{13-40}$$

式中：$\varepsilon=r_c/C_g$，这里 $r_c=\sqrt{(\Delta x)^2+(\Delta y)^2}$；

R——引导面半径；

B——引导面宽度；

C_g——引导面间隙；

r_c——保持架质心偏移量；

Δx、Δy——保持架在坐标中 X、Y 方向的偏移量；

ω_i——引导套圈的转速；

ω_c——保持架转速；

η_0——油膜动力黏度。

图 13-5 中，引导面法向作用合力与保持架整体坐标系之间有一个偏角 ϕ_c，因此，在保持架整体坐标系中，引导面法向作用力可以表示为：

$$\begin{pmatrix} W_x \\ W_y \\ W_M \end{pmatrix} = \begin{bmatrix} -\sin\phi_c & -\cos\phi_c & 0 \\ -\cos\phi_c & -\sin\phi_c & 0 \\ 0 & 0 & 1 \end{bmatrix} \begin{Bmatrix} W_p \\ W_\phi \\ W_M \end{Bmatrix} \tag{13-41}$$

5. 保持架端面及表面阻力

对于高速圆柱滚子轴承，保持架旋转时，保持架的外部和侧面都会受到周围空气/油雾混合物的阻力作用，这些阻力是由保持架运动造成周围空气/油雾混合物的剪切引起的。

作用于保持架外圆柱表面的牵引扭矩为：

$$T_{CDO} = \tau_w A r_{cage} \tag{13-42}$$

式中：T_{CDO}——表面上的牵引扭矩；

τ_w——柱面上的剪切应力；

A——表面面积；

r_{cage}——保持架非引导面半径。

在黏滞液体中旋转的保持架圆柱表面剪应力为：

$$\tau_w = \frac{f\rho u^2}{2} \tag{13-43}$$

式中：f——摩擦系数；

ρ——液体密度；

u——液体的平均质量速度，且 $u = \frac{r_{cage}\dot{\nu}}{2}$；

$\dot{\nu}$——保持架的角速度。

轴承空腔内实际流体是油气混合物，将油的黏度作为计算黏性阻力时的这种混合物的有效黏度，有效密度由润滑油的比值确定，液体密度可由油/空气混合物的有效密度替代，其值为：

$$\rho = \frac{\rho_{oil} D_{foil}^2}{0.4 + 0.6 D_{foil}} \tag{13-44}$$

式中：D_{foil}——轴承中油的体积和轴承中总空间体积之比；

ρ_{oil}——油的密度。

设外表面为 Couette 紊流区域，因此有：

$$\frac{f}{f_L}=3.0(N_{RE}/2\ 500)^{0.855\ 96} \tag{13-45}$$

式中：N_{RE}——雷诺数，其值为：

$$N_{RE}=r_c\omega c/\nu; \tag{13-46}$$

f_L——薄片的摩擦系数，其值为：

$$f_L=16/N_{RE} \tag{13-47}$$

泰勒数：

$$N_{TA}=(r_c\omega c/\nu)\sqrt{c/r_c} \tag{13-48}$$

式中：r_c——特征半径，$r_c=r_{cage}$；

ω——角速度，$\omega=\dot{\nu}$；

c——径向游隙；

ν——油的运动黏度。

对保持架侧壁来说，使用的特征半径用关系式(13-49)进行修正：

$$r_c^5=r_e^3(r_e^2-r_i^2) \tag{13-49}$$

式中：r_e——保持架外半径；

r_i——保持架内半径。

如果雷诺数 N_{RE} 小于 2 500 或泰勒数 N_{TA} 小于 41，摩擦系数可取作薄片摩擦系数 f_L，这时雷诺数为：

$$N_{RE}={r_c}^2\omega/\nu \tag{13-50}$$

侧面上的牵引扭矩为：

$$T_{CDS}=\frac{1}{2}\rho\omega^2r_c^5C_N \tag{13-51}$$

式中：对层流来说，当 $N_{RE}<3\times10^5$ 时

$$C_N=3.87/(N_{RE})^{1/2} \tag{13-52}$$

对紊流来说，$N_{RE}\geqslant3\times10^5$ 时

$$C_N=0.146/(N_{RE})^{1/5} \tag{13-53}$$

6. 滚子表面阻力

当滚子绕自身的轴旋转时，由于在轴承滚动体周围的间隙中出现油/空气混

合物的剪切，表面上产生一种剪切应力。滚子半径乘以圆柱滚子表面总剪力就可以得到滚子表面的总阻滞扭矩，此总阻滞扭矩模型是由 Rumbarger 等人在涡旋紊流相关理论基础上建立起来的。

在计算滚动体端面及表面阻力之前，必须先计算出滚子和保持架之间、滚子和套圈挡边之间的平均间隙（图 13-6 中Ⅰ～Ⅴ五部分）。滚子与保持架之间的间隙（图 13-6 中Ⅲ部分）引起的阻力即在前面讨论过的有关保持架与滚动体的拖动作用力，所以这部分在这个平均间隙中不用再考虑了，只需计算图 13-6 中Ⅰ、Ⅱ、Ⅳ、Ⅴ四个部位上的平均间隙（也就是图 13-6 中不靠近保持架周向的平均间隙）。

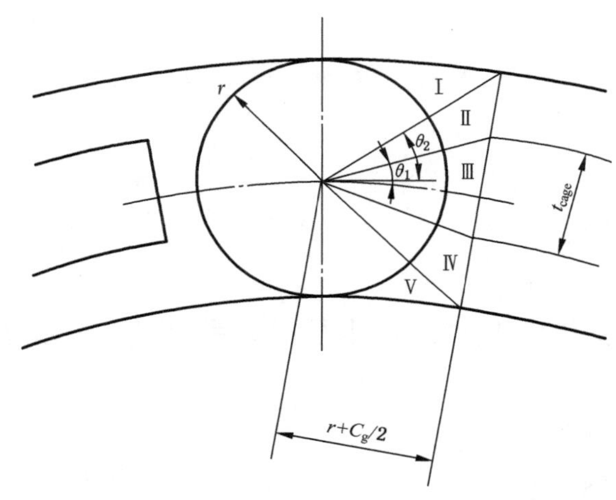

图 13-6 滚子与保持架兜孔平均间隙的计算模型

平均间隙由下式定义：

$$C_{\mathrm{H}}=\frac{1}{2\pi-4\theta_2}\int C(\theta)\mathrm{d}\theta \tag{13-54}$$

因此，平均间隙计算为：

$$C_{\mathrm{H}}=2\left[r\left(\ln\sqrt{\frac{1+\sin\theta_1}{1-\sin\theta_1}}-\theta_1\right)+\left(\frac{r+0.5C_{\mathrm{g}}}{2}\right)\left(\ln\frac{1+\cos\theta_1}{1-\cos\theta_1}-\ln\frac{1+\sin\theta_2}{1-\sin\theta_2}\right)-r\left(\frac{\pi}{2}+\theta_1-\theta_2\right)\right]/(\pi-2\theta_2) \tag{13-55}$$

式中：r——滚子半径；

θ_1 和 θ_2 由图 13-6 中定义；

C_{g}——图 13-6 中所示的滚子和保持架兜孔之间总的圆周间隙。

利用涡旋紊流相关将适应的间隙值、黏度、速度和滚子几何尺寸代入方程式

(13-46)～式(13-48)，可分别求出雷诺数、薄片摩擦系数和泰勒数。由紊流的相关理论知识可得摩擦系数：

$$\frac{f}{f_{\mathrm{L}}}=1.3\left(\frac{N_{\mathrm{TA}}}{41}\right)^{0.539\,437} \tag{13-56}$$

如果雷诺数 N_{RE} 小于 2 500 或泰勒数 N_{TA} 小于 41 时，选取式(13-47)中的薄片摩擦系数作为摩擦系数。

滚子表面的剪切应力为：

$$\tau_{\mathrm{w}}=\frac{1}{2}f\rho_{\mathrm{eff}}\left(\frac{r\dot{\zeta}}{2}\right)^{2} \tag{13-57}$$

式中：ρ_{eff}——滚子周围油/空气混合物的有效密度，其值为：

$$\rho_{\mathrm{eff}}=\rho^{D_{\mathrm{foil}}} \tag{13-58}$$

$\dot{\zeta}$——滚子绕自身轴旋转的角速度。

滚子表面的平均阻滞力矩由在滚子不同区域上求不同的力矩积分计算得到，此平均阻滞力矩也包括滚子和保持架之间区域引起的阻滞力矩。滚子表面的平均阻滞力矩为：

$$T_{\mathrm{rcyl}}=\tau_{\mathrm{w}}r^{2}l(2\pi-4\theta_{2}) \tag{13-59}$$

7. 滚子与套圈挡边的相互作用

当轴承在高速运转时，由于受到偏载或者倾覆力矩的作用，滚子在保持架兜孔内部会发生倾斜、歪斜现象，最终会导致滚子的端部与套圈挡边之间发生接触，从而使两者之间产生摩擦，并可能使轴承产生大量的热，最终会导致轴承早期失效。滚子与套圈挡边的作用力采用 Kleckner 等人的研究结果，滚子端部与套圈挡边产生的接触压力与两接触表面、材料系数等密切相关，滚子端部与套圈挡边的接触力可表示为：

$$F_{\mathrm{ez}}=\frac{\pi E'k}{3}\left[2\varepsilon R_{\mathrm{eff}}\left(\frac{\delta}{F}\right)^{3}\right]^{1/2} \tag{13-60}$$

式中：E'——滚子和挡边的综合弹性模量；

R_{eff}——接触点处的当量曲率半径，其值为：

$$\frac{1}{R_{\mathrm{eff}}}=\frac{1}{R_{x}}+\frac{1}{R_{y}} \tag{13-61}$$

式中：R_{x}、R_{y}——滚子端部与挡边接触点的等效曲率半径，且$\frac{R_{y}}{R_{x}}\geqslant 1$。

$$\frac{1}{R_x}=\frac{1}{R_{x_1}}+\frac{1}{R_{x_2}} \tag{13-62}$$

$$\frac{1}{R_y}=\frac{1}{R_{y1}}+\frac{1}{R_{y2}} \tag{13-63}$$

式中：下标 1 代表滚子，下标 2 代表套圈挡边。

$$F=0.602\ 3\ln\frac{R_y}{R_x}+1.527\ 7 \tag{13-64}$$

$$k=1.033\ 9\left(\frac{R_y}{R_x}\right)^{0.636} \tag{13-65}$$

$$\varepsilon=\frac{0.596\ 8}{R_y/R_x}+1.000\ 3 \tag{13-66}$$

引导挡边对滚子端面的拖动力为：

$$F_{\mathrm{Hland}}=F_{\mathrm{G}}+\mu F_{\mathrm{ez}} \tag{13-67}$$

引导挡边对滚子自转产生的阻滞力矩为：

$$T_{\mathrm{rland}}=M_{\mathrm{G}}+F_{\mathrm{Hland}}(D_{\mathrm{w}}/2-e) \tag{13-68}$$

引起滚子倾斜的力矩：

$$T_{\mathrm{rlande}}=LF_{\mathrm{ez}}\sin\alpha_{\mathrm{e}} \tag{13-69}$$

引起滚子歪斜的力矩：

$$T_{\mathrm{rlandr}}=LF_{\mathrm{ez}}\sin\alpha_{\mathrm{r}} \tag{13-70}$$

式(13-67)～式(13-70)中：

μ——滚子端部与套圈挡边之间接触点处的摩擦系数；

e——滚子端部与套圈挡边之间接触点的高度；

L——滚子总长度；

α_{e}——滚子倾斜角；

α_{r}——滚子歪斜角。

润滑剂产生的滚子端面的摩擦力为：

$$F_{\mathrm{G}}=(\omega_{\mathrm{i(e)}}-\omega_{0j})\nu\rho_{\mathrm{e}}\int\frac{R}{C_{\mathrm{a}}}\mathrm{d}A \tag{13-71}$$

而：$\displaystyle\int\frac{R}{C_{\mathrm{a}}}\mathrm{d}A=\frac{4hR_0\sqrt{\left(\frac{D_{\mathrm{w}}}{2}\right)^2-\left(\frac{D_{\mathrm{w}}}{2}-h\right)^2}}{3C_{\mathrm{a}}}$

因此有：

$$F_G = \frac{4hR_0 \nu \rho_e (\omega_{i(e)} - \omega_{0j}) \sqrt{\left(\frac{D_w}{2}\right)^2 - \left(\frac{D_w}{2} - h\right)^2}}{3C_a} \tag{13-72}$$

润滑油对滚子端部产生的阻滞力矩为：

$$M_G = (D_w/2 - h/2) F_G \tag{13-73}$$

式中：C_a——滚子端部与套圈挡边之间的轴向间隙；

R_0——滚子端部与套圈挡边之间接触点半径；

ν——润滑油的运动黏度；

h——轴承套圈挡边高度；

ρ_e——油气的密度；

ω_{0j}——第 j 个滚子公转角速度；

ω_i——轴承内圈角速度；

ω_e——轴承外圈角速度。

在计算滚子端部与套圈挡边之间的摩擦力时，如果滚子没有歪斜的话，那么只计算流体产生的摩擦力，不计算由于 Hertz 接触而产生的摩擦力；如果滚子产生了歪斜并且滚子与套圈挡边之间已经产生了接触变形的话，此时只需要计算由于接触变形而产生的摩擦力即可，不需要计算流体作用产生的摩擦力。滚子与套圈挡边之间是否产生接触变形可以由以下的方法判断。

(1) 滚子端部为球型，套圈挡边为斜挡边

$$\delta = (1 - \cos\alpha_r)(2R_p - L_p)/2 - C_a/2 > 0 \tag{13-74}$$

式中：$R_p = \sqrt{R_s^2 - (T_x - X_p)^2}$；

$X_p = (1 - D\sin\theta_f / \sqrt{T_y^2 + T_x^2}) T_X$,

$D = (-S \pm \sqrt{S^2 - 4HJ})/(2H)$,

$T_X = (D_1 - D_w)/2$,

$T_y = 0$,

$L_p = L - 2(Y_p - D_1/2)\tan\theta_f$,

$Y_p = (1 - D\sin\theta_f / \sqrt{T_y^2 + T_x^2}) T_y$,

$S = 2\sqrt{J}\sin^2\theta_f / \cos\theta_f$,

$J = [\sqrt{T_y^2 + T_x^2}\tan\theta_f - (T_z - C)]^2$,

$T_z = (R_S - L_p)/2$,

$H = \tan^2\theta_f - 1$,

$C=(L_p-D_1\tan\theta_f)/2$,

θ_f——轴承套圈挡边的倾角；

R_s——滚子端部的球端面半径；

D_1——轴承套圈的滚道直径；

C_a——滚子与挡边的轴向间隙。

（2）滚子为平端面，套圈挡边为直挡边

$$\delta=\{H[\cos(\pi/4-|\alpha_r|)-\cos(\pi/4)]-C_a\}/2>0 \tag{13-75}$$

式中：$H=\sqrt{d_s^2+L^2}$；

$d_s=2D_B\sqrt{(r_B-e)/D_B-(e-r_B)^2/D_B^2}$；

e——滚子端部与挡边接触点高；

r_B——滚子的倒角；

D_B——滚子端面直径。

8. 滚动体端部上的阻滞扭矩

滚子的运动是轴承内部运动最复杂的零件，不仅公转而且还自转，当滚子在油气混合物中做高速圆周运动时，滚动体端部由于受到油气混合物的剪切力作用而在滚子的端部上产生一种阻碍滚子转动的阻滞力矩。此阻滞力矩的模型与保持架端面及侧面的阻滞力矩相似，滚子端部的阻滞力矩 T_{rend} 可由方程式(13-51)计算得出，但中间的一些变量要做相应调整，中间需要的参数分别由式(13-49)、式(13-52)、式(13-53)得到，油气混合物的有效密度用式(13-58)来计算，但其中的角速度 ω 要用滚子自转角速度来代替。

第五节　圆柱滚子轴承动力学方程

一、滚子动力学方程

第 i 个滚子的受力情况如图 13-7 所示。滚子主要承受内、外滚道的接触力 N_{out}^i、N_{in}^i，离心力 F_c^i，拖动力 F_{out}^i、F_{in}^i，保持架法向作用力 F_B^i、F_F^i，切向拖动力 F_{TBR}^i、F_{TFR}^i，滚动体表面和端部阻力 T_{rcyl}^i、T_{rend}^i，引导挡边对滚动体端面的拖动力 F_{Hland}^i，挡边对滚动体的阻滞力矩 T_{rland}^i。滚子受力大小可采用本章第四节的滚子轴承零件间相互作用公式计算求得。

第 $i(i=1,2,\cdots,Z)$ 个滚子的动力学方程为：

$$\sum_{j=1}^{NP}\left(\frac{W}{A^{1.11}L^{0.11}}g_{1ij}{}^{1.11}-\frac{W}{A^{1.11}L^{0.11}}g_{2ij}{}^{1.11}\right)+F^{i}_{TBF}+F^{i}_{C}+F^{i}_{TFR}=0 \quad (13\text{-}76)$$

$$\frac{1}{2}mr^{2}\ddot{\zeta}_{i}=r[F^{i}_{in}+F^{i}_{out}-F^{i}_{TBR}-F^{i}_{TFR}]+T^{i}_{rland}-T^{i}_{rend}-T^{i}_{rcyl} \quad (13\text{-}77)$$

$$m(r+r_{in})^{2}\ddot{\phi}_{i}=(r+r_{in})[F^{i}_{in}-F^{i}_{out}+F^{i}_{B}-F^{i}_{F}+F^{i}_{Hland}] \quad (13\text{-}78)$$

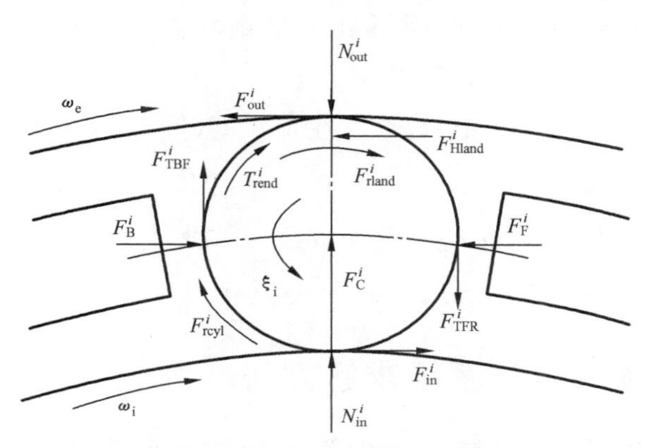

图 13-7 滚子受力图

二、保持架动力学方程

保持架受到的外力主要有滚动体兜孔力，保持架重力，以及引导挡边的拖动扭矩，保持架非引导面及侧面受到的油/空气牵引扭矩，如图 13-8 所示。图 13-8 中 T_{land} 与图 13-5 中的 W_M 相等。

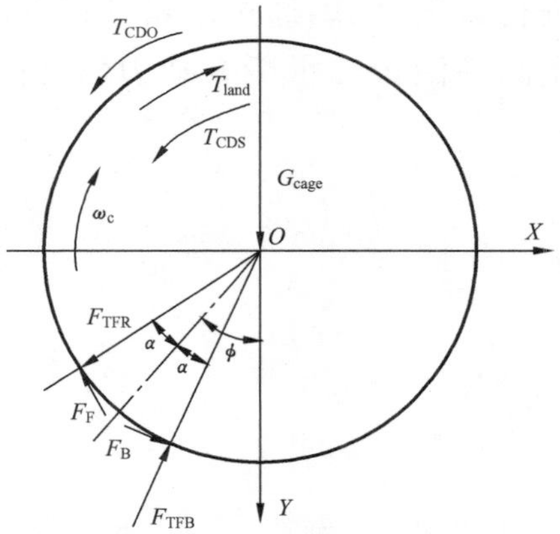

根据二维运动基本假设，保持架运动为在轴承径向平面内的平面运动，在整体坐标系中，基本运动微分方程为：

注：图中兜孔作用力仅画了某个位置的一个滚子。

图 13-8 保持架受力图

$$m_{cage}\ddot{x}=W_{x}+\sum_{j=1}^{Z}F^{j}_{B}\sin(\phi_{j}-\alpha)+$$

$$\sum_{j=1}^{Z}F^{j}_{TBR}\cos(\phi_{j}-\alpha)-\sum_{j=1}^{Z}F^{j}_{TBR}\cos(\phi_{j}+\alpha)-\sum_{j=1}^{Z}F^{j}_{F}\sin(\phi_{j}+\alpha) \quad (13\text{-}79)$$

$$m_{cage}\ddot{y}=W_{y}+m_{cage}g+\sum_{j=1}^{Z}F^{j}_{B}\cos(\phi_{j}-\alpha)+\sum_{j=1}^{Z}F^{j}_{TBR}\sin(\phi_{j}-\alpha)+$$

$$\sum_{j=1}^{Z}F^{j}_{TFR}\sin(\phi_{j}+\alpha)-\sum_{j=1}^{Z}F^{j}_{F}\cos(\phi_{j}+\alpha) \quad (13\text{-}80)$$

$$I_{cage}\ddot{\theta}=T_{land}+(r+r_{in})\sum_{j=1}^{Z}(F_{F}^{j}-F_{B}^{j})-T_{CDS}-T_{CDO} \tag{13-81}$$

三、轴承套圈动力学方程

轴承内圈主要受到滚动体对内圈的接触力、摩擦力、通过轴作用于轴承内圈的外力。轴承内圈在这些力的作用下处于平衡状态。将滚子接触力和摩擦力转换到套圈坐标系中，它们满足下列平衡方程：

$$\sum_{k=1}^{Z}\begin{Bmatrix}\cos\varphi_k & -\sin\varphi_k & 0 & 0\\ \sin\varphi_k & \cos\varphi_k & 0 & 0\\ 0 & 0 & \cos\varphi_k & \sin\varphi_k\\ 0 & 0 & \sin\varphi_k & -\cos\varphi_k\end{Bmatrix}\begin{Bmatrix}N_{in}^{k}\\ N_{in}^{k}\\ T_{rlande}^{k}\\ T_{rlandr}^{k}\end{Bmatrix}=\begin{Bmatrix}F_y\\ F_z\\ M_y\\ M_z\end{Bmatrix} \tag{13-82}$$

四、滚动轴承拟动力学方程组求解方法

轴承套圈平衡方程式、保持架动力学方程式和所有滚子动力学方程式联立进行数值计算，通过求解式(13-76)～式(13-82)联立动力学微分方程组，就可求出圆柱滚子轴承所有动力学性能参数。

第十四章　高速圆柱滚子轴承保持架动态性能分析

第一节　概　　述

对于高速圆柱滚子轴承，由于滚子惯性力的影响，轴承失效不仅是疲劳破坏，更多情况下是由于滚动轴承的保持架运动不稳定性引起保持架的早期破坏以及滚子打滑引起的轴承套圈滚道磨损。保持架设计对高速圆柱滚子轴承性能的影响变得更为重要，圆柱滚子轴承的转速的不断提高对保持架的设计与应用问题提出了挑战，保持架动力学特性已成为高速圆柱滚子轴承动力学特性研究的重点。

对于高速圆柱滚子轴承，一般都是工作在高速轻载工况下，轴承失效多为保持架打滑或者保持架失稳引起的失效，降低保持架打滑率和克服保持架运行失稳是高速圆柱滚子轴承设计的主要目标。保持架打滑和稳定性除了与轴承转速、载荷、温度以及润滑等工况因素有关外，还与保持架结构设计参数、引导方式有关，对于给定的工况条件，保持架结构设计对解决保持架打滑和失稳问题有着决定性的影响，本章在第十三章高速圆柱滚子轴承动力学分析基础上，着重讨论保持架结构设计参数对保持架动态特性的影响。

第二节　保持架动态特性分析

一、定义

内圈的旋转角速度为 ω_i，外圈的旋转角速度为 ω_e，那么由滚动轴承的运动学原理可知，保持架的理论旋转角速度为：

$$\omega_c=\frac{\omega_e(1+\gamma)+\omega_i(1-\gamma)}{2} \tag{14-1}$$

式中：γ——轴承无量纲参数，$\gamma=\frac{D_w\cos\alpha}{d_m}$；

d_m——轴承节圆直径；

α——滚子与滚道的接触角；

D_w——滚子直径。

当滚动轴承保持架的实际旋转角速度为 $\overline{\omega}_c$ 时，则保持架打滑率为：

$$S=\frac{\omega_c-\overline{\omega}_c}{\omega_c}\times 100\% \tag{14-2}$$

对于高速圆柱滚子轴承，保持架打滑值越小，越有利于提高轴承使用寿命。轴承打滑、过热烧伤是高速圆柱滚子轴承的主要失效形式之一。

保持架间隙比 c 定义为保持架兜孔间隙与保持架引导间隙之比。

二、实例分析

以某高速圆柱滚子轴承为例，对轴承保持架结构设计参数与轴承保持架动态特性进行分析。高速圆柱滚子轴承主要参数见表 14-1。

表 14-1　轴承主要参数

参数	参数值
轴承外径/mm	122
轴承内径/mm	82
轴承宽度/mm	19
滚子个数	22
滚子直径/mm	10
滚子全长/mm	10
润滑油型号	MIL-L-7808

1. 轴承内圈旋转、外圈固定

图 14-1 为轴承外圈固定，内圈高速旋转（转速 10 000 r/min）下，保持架引导方式和保持架的间隙比与保持架打滑率的关系图，从图 14-1 中发现，对于确定的保持架引导方式，保持架的间隙比对保持架打滑率影响不大；保持架外引导的打滑率明显大于保持架内引导的打滑率，因此对于内圈旋转、外圈固定的高速圆柱滚子轴承，选择保持架内引导方式，有利于降低保持架的打滑率。

图 14-2、图 14-3 为对应的保持架内、外引导方式下的保持架质心轨迹图，由图 14-2 和图 14-3 可知，对于外圈固定，内圈旋转的情况，外引导方式下的保持

架运动质心轨迹相对内引导保持架的运动质心轨迹更为稳定，保持架选择外引导方式对保持架运行稳定性较为有利；对于保持架两种引导方式，间隙比与保持架运动质心的平稳性有着很大的关系，当间隙比 $c<1$ 时的保持架运动质心轨迹基本为圆形，比较规则，说明保持架运动稳定性较好；当间隙比 $c\geqslant1$ 时的保持架运动质心轨迹变得较为混乱，说明保持架运动稳定性较差。也就是说过大的保持架间隙比不利于保持架的运动稳定性，轴承设计时应严格控制保持架间隙比的取值。

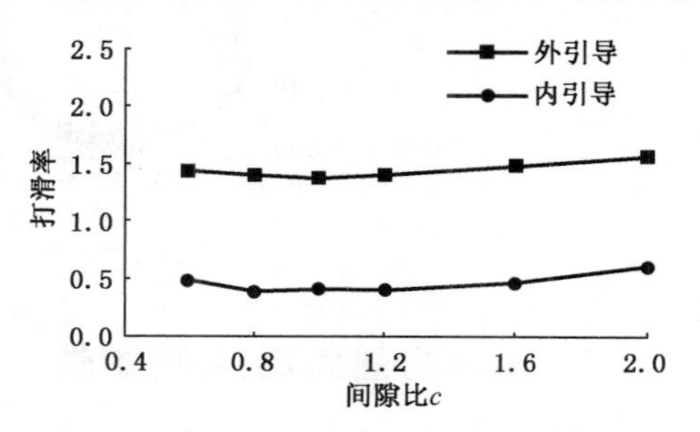

图 14-1　保持架打滑率

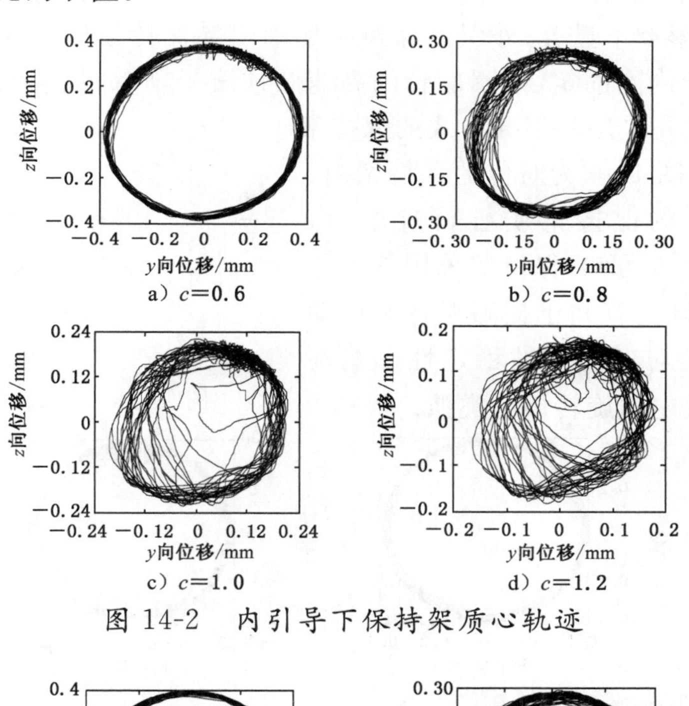

图 14-2　内引导下保持架质心轨迹

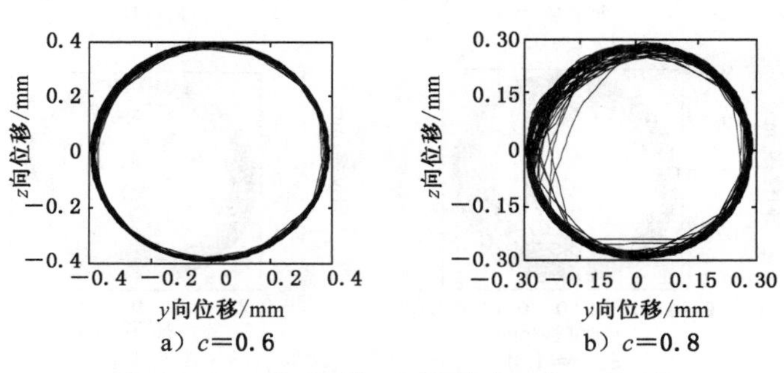

图 14-3　外引导下保持架质心轨迹

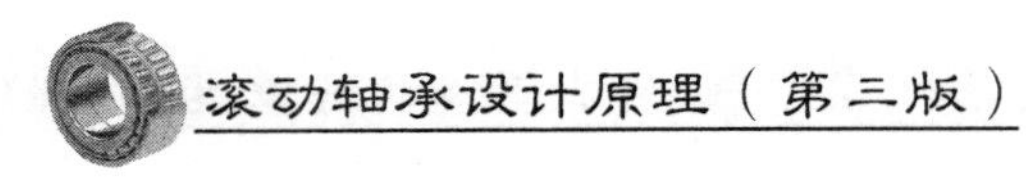

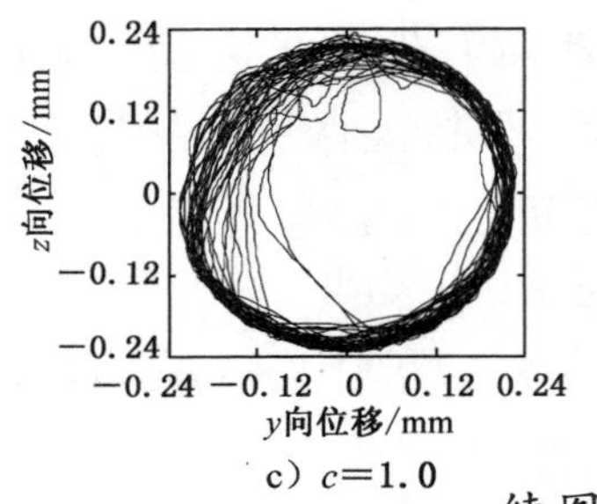

c）c=1.0

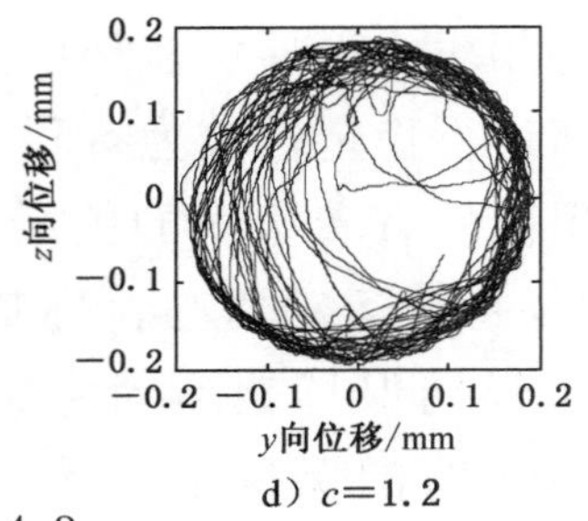

d）c=1.2

续图 14-3

2. 轴承内圈固定、外圈旋转

图 14-4 为轴承内圈固定、外圈高速旋转（转速 10 000 r/min）下，保持架引导方式和保持架的间隙比与保持架打滑率的关系图，由图 14-4 可知，间隙比对保持架打滑率影响不显著；外引导保持架比内引导保持架更有利于降低保持架的打滑率，对于内圈固定、外圈旋转的高速圆柱滚子轴承，从减低保持架打滑率角度考虑，应优先采用外引导方式的保持架。

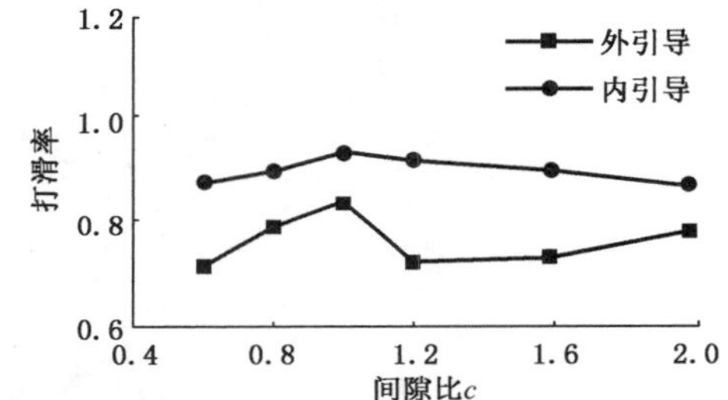

图 14-4　保持架打滑率

图 14-5 和图 14-6 为对应的保持架内、外引导方式下的保持架质心轨迹图，由图 14-5 和图 14-6 可知，保持架采用外引导相比采用内引导更有利于提高保持架运动稳定性；间隙比对保持架的稳定性影响与轴承外圈固定、内圈旋转情况类似。

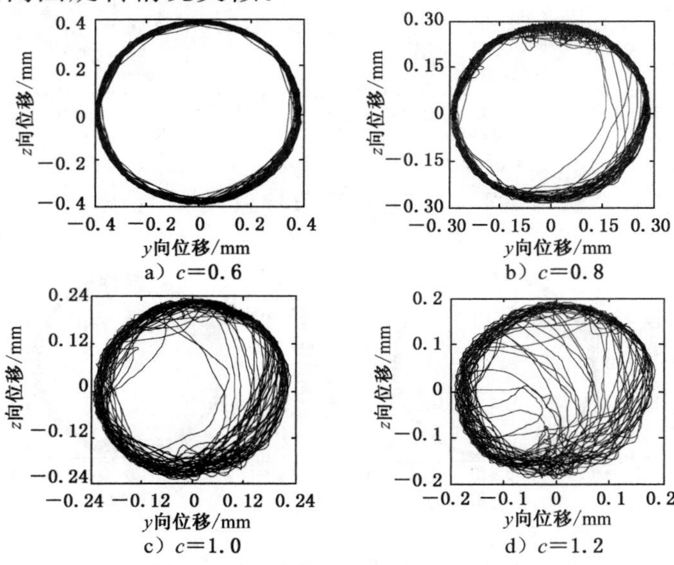

a）c=0.6　b）c=0.8

c）c=1.0　d）c=1.2

图 14-5　内引导下保持架质心轨迹

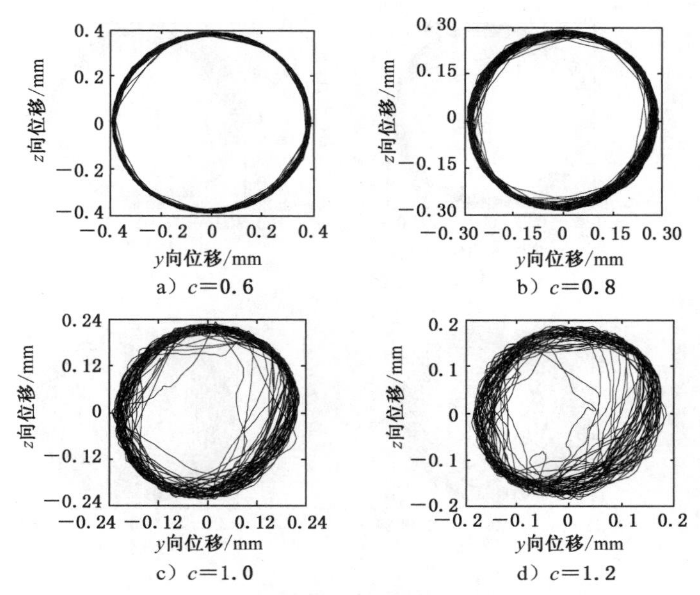

图 14-6　外引导下保持架质心轨迹

3. 轴承内、外圈同向旋转

图 14-7 为轴承内、外圈同向旋转，内圈转速低于外圈转速（内圈转速 10 000 r/min，外圈转速 12 000 r/min）下，保持架引导方式和保持架的间隙比与保持架打滑率的关系图，由图 14-7 可知，间隙比对保持架打滑率影响较为显著，保持架打滑率随着间隙比增大呈现先升高后降低的趋势，在 $c=1$ 时，保持架打滑率最大；对于内、外圈同向旋转，且外圈转速大于内圈转速的情况下，外引导下的打滑率低于内引导的打滑率；因此在这种工况条件下的轴承，保持架设计时，应优先选用外引导保持架结构方式，保持架间隙比不要选择 $c=1$ 及其附近的值。

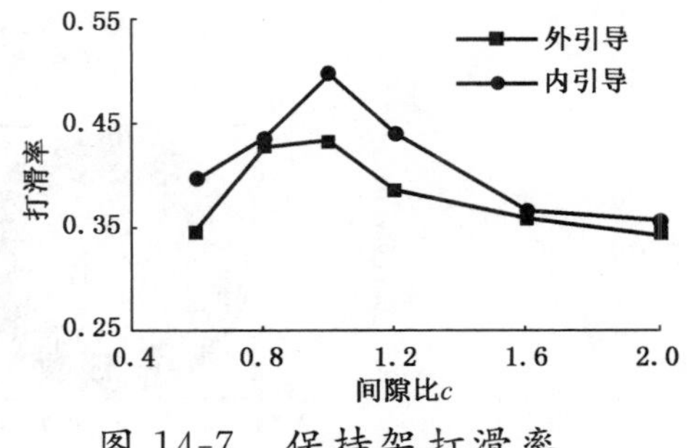

图 14-7　保持架打滑率

图 14-8 和图 14-9 为两种引导方式下保持架间隙比与保持架质心轨迹的关系图，间隙比对保持架的稳定性影响与轴承外套圈固定、内套圈旋转情况类似；引导方式对保持架质心轨迹影响不是很显著。

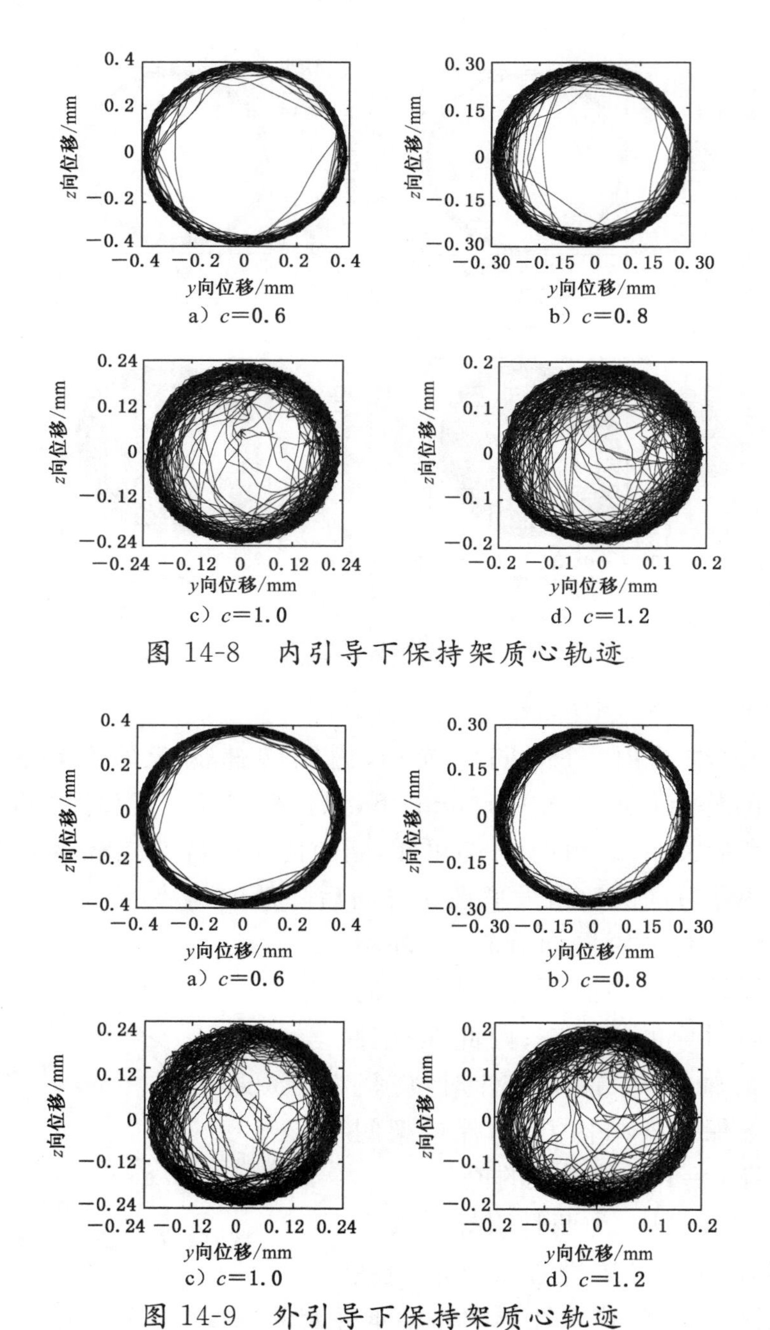

图 14-8　内引导下保持架质心轨迹

图 14-9　外引导下保持架质心轨迹

4. 轴承内、外套圈反向旋转

图 14-10 为轴承内、外套圈反向旋转，内圈转速低于外圈转速（内圈转速 10 000 r/min，外圈转速 12 000 r/min），保持架间隙比 $c=0.8$ 下，保持架引导方

式与保持架打滑率的关系图。由图 14-10 可知，以外套圈旋转方向为正方向，在轴承内、外套圈反向旋转，且内圈转速低于外圈转速的工作状态下，外引导时出现保持架负打滑的现象，主要是因为引导套圈对保持架的摩擦力矩为牵引力矩，与保持架旋转方向相同，对保持架起提速作用，从而使外引导方式下的保持架打滑率为负值。

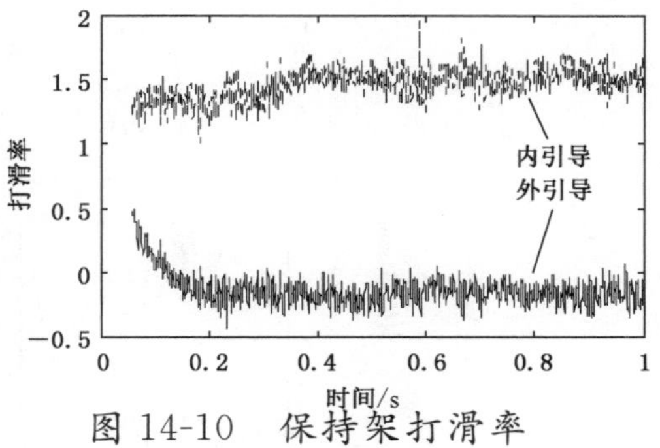

图 14-10　保持架打滑率

图 14-11 和图 14-12 分别为采用内、外引导保持架方式下的保持架间隙比与保持架质心轨迹的关系图。从图 14-11 和图 14-12 中可看出，当轴承内、外圈反向旋转，两种引导方式下的保持架质心轨迹都比较混乱，偏向一侧。

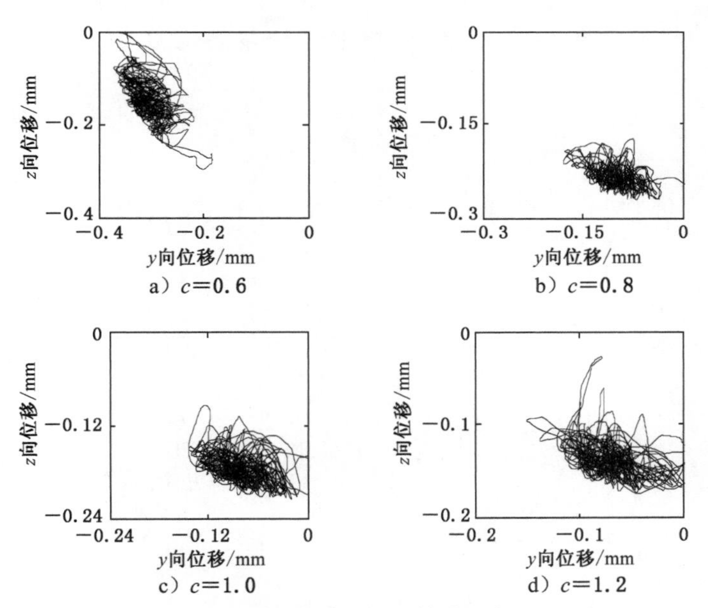

图 14-11　内引导下保持架质心轨迹

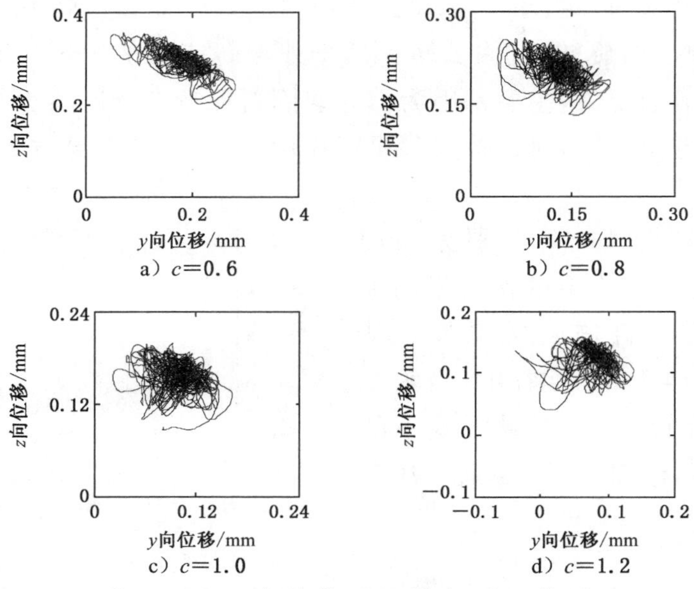

图 14-12　外引导下保持架质心轨迹

第十五章　转盘轴承性能分析

第一节　概　　述

转盘轴承(也称“回转支承”)是一种能够同时承受较大的轴向载荷、径向载荷和倾覆力矩等综合载荷的特殊结构的大型轴承,它集支承、旋转、传动、固定和密封、防腐等多种功能于一体,广泛应用于起重机械、工程机械、运输机械、矿山机械、冶金机械、医疗器械以及舰船、雷达、风力发电机等设备。转盘轴承与普通轴承一样,都有套圈和滚动体,但与普通轴承又有很大的差别。转盘轴承的尺寸一般都很大,其直径通常在 0.4 m～10 m,最大可达 40 m。一般情况下,转盘轴承均在低速、重载条件下工作。转盘轴承自身均带有安装孔、润滑油孔和密封装置,具有结构紧凑、引导旋转方便、安装简便和维护容易等特点。

因转盘轴承的主要结构型式、技术要求和设计等方面与一般滚动轴承不同,转盘轴承结构形式多样,受载复杂,给此类轴承的分析计算带来很大的困难。本章根据转盘轴承的结构和受载特点,重点介绍几种典型结构转盘轴承性能分析方法,以及其动、静承载能力曲线的绘制方法,指导该类型轴承设计分析和寿命评估。

第二节　转盘轴承的结构形式

转盘轴承的结构形式很多,其中主要有:四点接触球转盘轴承[见图 15-1a)]、双排异径球转盘轴承[见图 15-1b)]、交叉圆柱滚子转盘轴承[见图 15-1c)]、交叉圆锥滚子转盘轴承[见图 15-1d)]、球柱组合转盘轴承[见图 15-1e)]、三排圆柱滚子组合转盘轴承[见图 15-1f)]。也可以按其是否带齿及轮齿的分布部位分为无齿式、外齿式和内齿式。

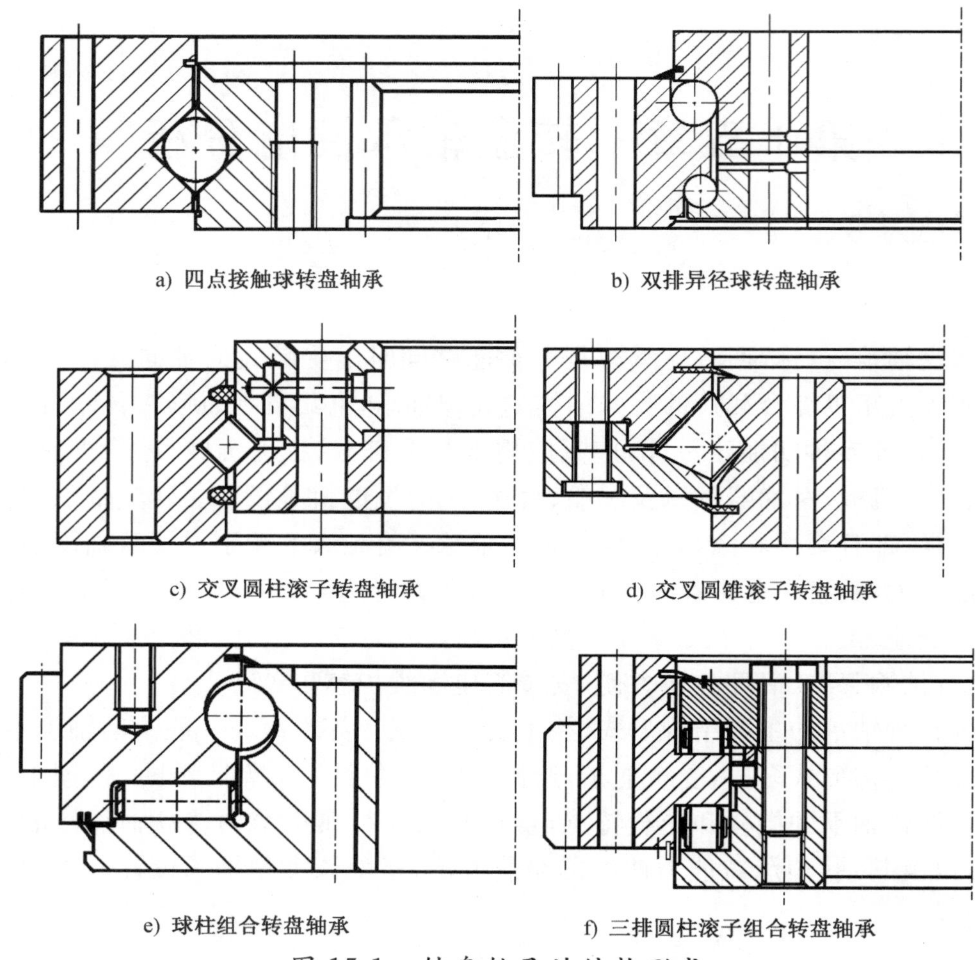

图 15-1　转盘轴承的结构形式

转盘轴承根据不同的结构特点可分别满足各种不同载荷条件下工作主机的需求。其中，四点接触球转盘轴承具有较高的动载荷能力，交叉圆柱滚子转盘轴承具有较高的静载荷能力，交叉圆锥滚子转盘轴承的预过盈能使轴承具有较大的支撑刚性和较高的回转精度，三排圆柱滚子组合转盘轴承由于把承载能力的提高引向轴承的高度方向，各种载荷又分别由不同滚道和滚子组承受，所以在同等受力条件下，其轴承的直径可大大缩小，因此可使主机更为紧凑，是一种高承载能力的转盘轴承。球柱组合转盘轴承主要适用于承受较大轴向载荷，同时倾覆力矩很小且回转半径较大的场合。与同尺寸的三排圆柱滚子转盘轴承相比，其轴向承载能力基本相同，但轴向的尺寸更小，结构更为紧凑，具有更好的综合经济性。

第三节 转盘轴承的材料选择及热处理要求

转盘轴承套圈材料一般选用符合 GB/T 699—2015《优质碳素结构钢》规定的 50Mn 钢或符合 GB/T 3077—2015《合金结构钢》规定的高级优质 42CrMoA 钢，也可以选用满足性能要求的其他材料，如 45 钢、5CrMnMo 钢、42SiMn 钢、45Mn 钢等。锻件要求正火或调质处理，正火状态的套圈硬度要求为 187HBW～241HBW，调质状态的套圈硬度要求为 229HBW～269HBW。套圈滚道需表面淬火，硬度要求为 55HRC～62HRC，其有效硬化层深度 D_s 值（有效硬化层深度为滚道表面到硬度值 48HRC 处的垂直距离）应符合式(15-1)的要求。

$$\left.\begin{aligned} D_s \geqslant 2.5\ \text{mm} \quad 10\ \text{mm} < D_w \leqslant 18\ \text{mm} \\ D_s \geqslant 3.5\ \text{mm} \quad 18\ \text{mm} < D_w \leqslant 25\ \text{mm} \end{aligned}\right\} \tag{15-1}$$

滚动体采用 GCr15 钢或 GCr15SiMn 钢制造，材料应符合 GB/T 18254—2016《高碳铬轴承钢》的规定，其热处理质量应符合 GB/T 34891—2017《滚动轴承 高碳铬轴承零件 热处理技术条件》的规定。其中钢球应符合 GB/T 308.1—2013《滚动轴承 球 第 1 部分：钢球》的规定，圆柱滚子应符合 GB/T 4661—2015《滚动轴承 圆柱滚子》的规定。

密封圈一般采用耐油的丁腈橡胶制造，材料应符合 HG/T 2811—1996《旋转轴唇形密封圈橡胶材料》的规定，也可采用毛毡密封圈或氟橡胶密封圈。

保持架根据轴承的结构类型可选择不同的结构和材料，一般采用聚酰胺制造，材料应符合 HG/T 2349—1992《聚酰胺 1010 树脂》的规定，也有采用黄铜、钢或铸铝制造的。

第四节 四点接触球转盘轴承分析方法

四点接触球转盘轴承具有结构紧凑、引导旋转灵活、安装简便和容易维护等特点，所以变桨轴承一般采用此类转盘轴承。目前单排四点接触球转盘轴承、双排四点接触球转盘轴承和双排异径球转盘轴承应用比较多，下面以典型双排四点接触球转盘轴承为研究对象，对其力学模型建立和求解方法进行分析，最后以一个典型实例进行力学性能计算，其他类型结构可参照此方法进行类似推导。

一、坐标系统设置

在进行四点接触球转盘轴承分析时，先建立如图 15-2 的坐标系。

二、位置角设置

双排四点接触球转盘轴承球位置如图 15-3 所示。图 15-3 中，$0.5d_m$ 为轴承的球组节圆直径，j 为球的序号（$j=1,2,3\cdots,Z$），Z 为单排球数，ψ_j 为第 j 个球的位置角，$\psi_j=2\pi(j-1)/Z$。

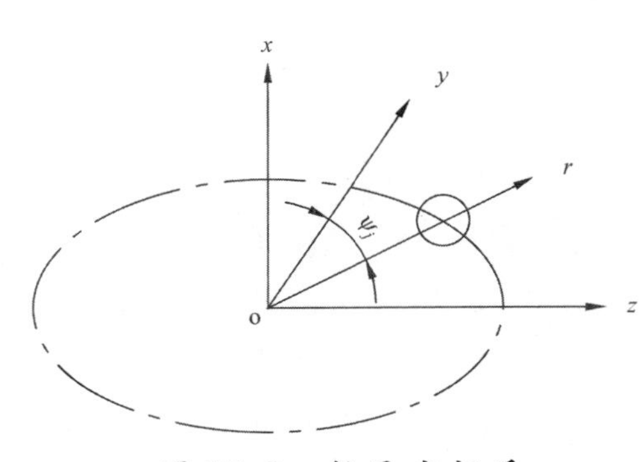

图 15-2　轴承坐标系

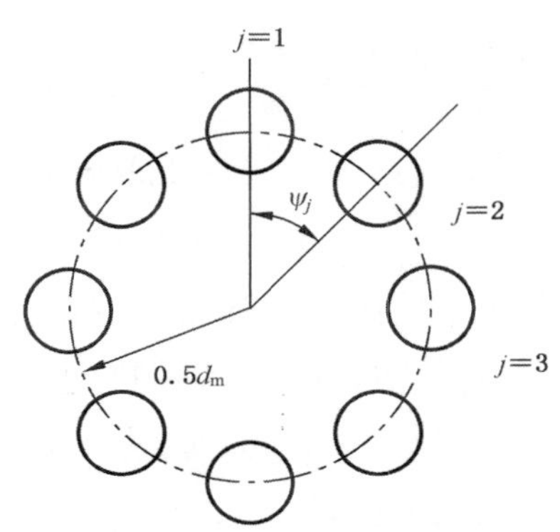

图 15-3　轴承滚动体位置角

三、接触弹性变形量和接触力计算

四点接触球转盘轴承滚道是典型的桃形沟，钢球与内、外滚道之间分别有两个接触对。对于所分析四点接触球转盘轴承，假设外圈固定，内圈旋转，在联合载荷（轴向力 F_a、径向力 F_r 及倾覆力矩 M 作用下，内圈产生轴向位移 δ_a、径向位移 δ_r 和角位移 θ。接触对 1、接触对 2、接触对 3 和接触对 4 如图 15-4 所示。图 15-4 中，d_m 表示轴承节圆直径，d_c 表示两排球间的中心距。

由于四点接触球转盘轴承在联合载荷的作用下内圈产生位移，所以轴承内、外沟曲率中心距发生变化，受载前后轴承内、外沟曲率中心距变化情况如图 15-5 所示。

图 15-5a）为上排滚道曲率中心的最初和最终位置。其中，受载前球中心为 O_1，内滚道曲率中心分别为 C_{1il}、C_{1ir}，外滚道曲率中心分别为 C_{1el}、C_{1er}，球与滚道之间接触角为 α_0。受载后球和内滚道的中心位置都将发生位移变化，O'_1 是 O_1 位移后的位置，C'_{1il}、C'_{1ir} 分别为左、右内滚道曲率中心点 C_{1il}、C_{1ir} 位移后的位置。受载后任意位置 ψ_j 处第 j 个球与滚道之间接触对 1 的接触角为 $\alpha_{1\psi_j}$、接触对 2 的接触角为 $\alpha_{2\psi_j}$。

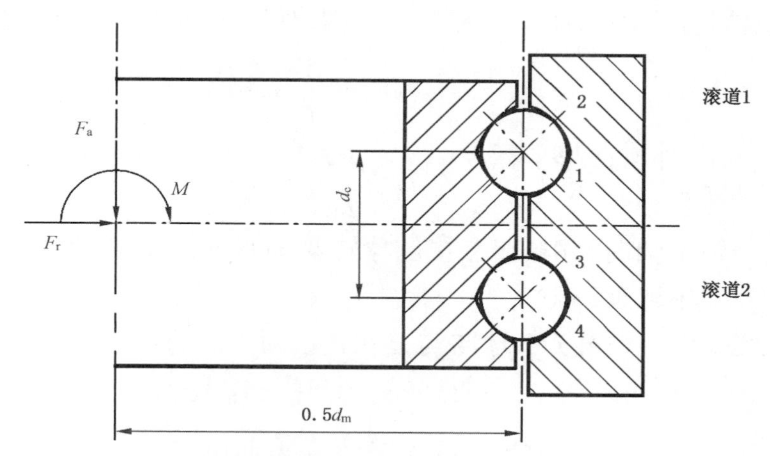

图 15-4 双排四点接触球转盘轴承加载和受力关系

图 15-5b)为下排滚道曲率中心的最初和最终位置示意图。其中，受载前球的中心为 O_2，内滚道曲率中心为 C_{2il}、C_{2ir}，外滚道曲率中心为 C_{2el}、C_{2er}。受载后球和内滚道的中心位置都将发生位移变化，O'_2 是 O_2 位移后的位置，C'_{2il}、C'_{2ir} 分别为左、右内滚道曲率中心点 C_{2il}、C_{2ir} 位移后的位置。受载后任意位置 ψ_j 处球与滚道之间接触对 3 的接触角为 $\alpha_{3\psi_j}$、接触对 4 的接触角为 $\alpha_{4\psi_j}$。

内圈相对外圈在外部载荷(F_a，F_r，M)作用下产生轴向位移量 δ_a、径向位移量 δ_r 和倾斜角位移量 θ。这时轴承任意角位置 ψ_j 处由轴向位移引起的轴向变形为 δ_a，由径向位移引起的径向变形分量为 $\delta_r\cos\psi_j$，由倾斜角位移量引起的轴向变形为 $R_i\theta\cos\psi_j$(R_i 为内圈沟曲率中心轨迹)，由倾斜角位移量引起的径向变形分量为 $0.5d_c\theta\cos\psi_j$。设轴承内圈相对外圈位移减小的力的方向为正，位移增加的力的方向为负。

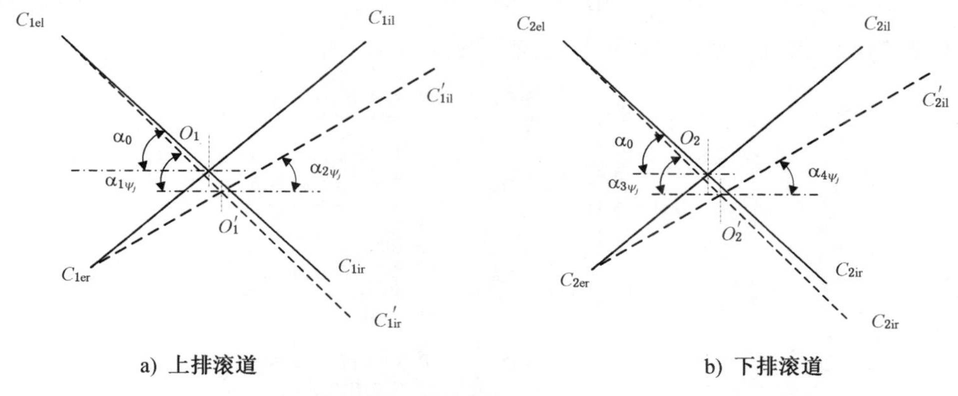

图 15-5 轴承曲率中心及接触角变化前后的位置关系

轴承受载前，任意滚动体位置接触对的内、外圈沟曲率中心之间的距离为：

$$A_0 = r_i + r_e - D_w - \frac{1}{2}G_a \sin\alpha_0 \tag{15-2}$$

式中：r_i、r_e——内、外沟曲率半径；

D_w——球直径；

G_a——轴承轴向游隙（四点接触球转盘轴承一般取零游隙或负游隙，下文中取负游隙）。

受载后位置角 ψ_j 处第 j 个球与沟道在接触对 i 处的沟心距 $A_{i\psi_j}$ 为：

$$A_{1\psi_j} = [(A_0\sin\alpha_0 + \delta_a + R_i\theta\cos\psi_j)^2 + (A_0\cos\alpha_0 + \delta_r\cos\psi_j + 0.5d_c\theta\cos\psi_j)^2]^{1/2} \tag{15-3}$$

$$A_{2\psi_j} = [(A_0\sin\alpha_0 - \delta_a - R_i\theta\cos\psi_j)^2 + (A_0\cos\alpha_0 + \delta_r\cos\psi_j + 0.5d_c\theta\cos\psi_j)^2]^{1/2} \tag{15-4}$$

$$A_{3\psi_j} = [(A_0\sin\alpha_0 + \delta_a + R_i\theta\cos\psi_j)^2 + (A_0\cos\alpha_0 + \delta_r\cos\psi_j - 0.5d_c\theta\cos\psi_j)^2]^{1/2} \tag{15-5}$$

$$A_{4\psi_j} = [(A_0\sin\alpha_0 - \delta_a - R_i\theta\cos\psi_j)^2 + (A_0\cos\alpha_0 + \delta_r\cos\psi_j - 0.5d_c\theta\cos\psi_j)^2]^{1/2} \tag{15-6}$$

式中：δ_a——受载后内圈的轴向位移；

δ_r——受载后内圈的径向位移；

θ——受载后内圈的倾斜角；

R_i——内圈沟曲率中心轨迹半径，其值为 $R_i = 0.5d_m + (r_i - 0.5D_w)\cos\alpha_0 - 0.25G_a\sin\alpha_0$。

由于内圈相对于外圈产生相对位移，位置角 ψ_j 处第 j 个球与滚道间的接触对 i 的接触角也发生了改变，变化后的接触角 $\alpha_{i\psi_j}$ 为：

$$\alpha_{1\psi_j} = \arcsin\left(\frac{A_0\sin\alpha_0 + \delta_a + R_i\theta\cos\psi_j}{A_{1\psi_j}}\right) \tag{15-7}$$

$$\alpha_{2\psi_j} = \arcsin\left(\frac{A_0\sin\alpha_0 - \delta_a - R_i\theta\cos\psi_j}{A_{2\psi_j}}\right) \tag{15-8}$$

$$\alpha_{3\psi_j} = \arcsin\left(\frac{A_0\sin\alpha_0 + \delta_a + R_i\theta\cos\psi_j}{A_{3\psi_j}}\right) \tag{15-9}$$

$$\alpha_{4\psi_j} = \arcsin\left(\frac{A_0\sin\alpha_0 - \delta_a - R_i\theta\cos\psi_j}{A_{4\psi_j}}\right) \tag{15-10}$$

轴承受载后任意位置角 ψ_j 处球与内、外圈总的接触变形等于受载后沟心距

$A_{i\psi_j}$ 与受载前中心距 A_0 之差，即

$$\delta_{i\psi_j} = A_{i\psi_j} - A_0 \quad i=1,2,3,4 \tag{15-11}$$

根据 Hertz 点接触理论，接触对 i 在位置角 ψ_j 处的法向接触载荷 $Q_{i\psi_j}$ 与接触变形 $\delta_{i\psi_j}$ 的关系为：

$$Q_{i\psi_j} = \begin{cases} K_n \delta_{i\psi_j}^{1.5} & (\delta_{i\psi_j} \geqslant 0) \\ 0 & (\delta_{i\psi_j} < 0) \end{cases} \tag{15-12}$$

式中：K_n——球与内、外滚道之间总的载荷-变形常数。

对于轴承钢制造的轴承：

$$K_n = 2.15 \times 10^5 \left[\left(\sum \rho_i\right)^{1/3} n_{\delta i} + \left(\sum \rho_e\right)^{1/3} n_{\delta e} \right]^{-3/2} \tag{15-13}$$

式中：$\sum \rho_i$——钢球与内沟道接触点的主曲率和；

$\sum \rho_e$——钢球与外沟道接触点的主曲率和；

$n_{\delta i}$——钢球与内沟道接触点的主曲率函数 $F(\rho_i)$ 相关的系数；

$n_{\delta e}$——球与外沟道接触点的主曲率函数 $F(\rho_e)$ 相关的系数。

四、轴承力平衡方程及求解

由于转盘轴承转速较低，可以按静力学法来建立轴承整体力学模型，如图 15-6 所示。$Q_{1\psi_j}$，$Q_{2\psi_j}$，$Q_{3\psi_j}$、$Q_{4\psi_j}$ 分别表示第 j 个球与滚道在接触对 1、接触对 2、接触对 3、接触对 4 处的法向接触负荷，F_a、F_r、M 分别表示轴承承受的轴向载荷、径向载力和倾覆力矩载荷。

轴承内圈在受到轴向载荷、径向载荷、倾覆力矩载荷作用下，内圈力平衡方程为：

$$\sum_{j=1}^{Z} \left(Q_{1\psi_j} \sin\alpha_{1\psi_j} - Q_{2\psi_j} \sin\alpha_{2\psi_j} + Q_{3\psi_j} \sin\alpha_{3\psi_j} - Q_{4\psi_j} \sin\alpha_{4\psi_j} \right) - F_a = 0 \tag{15-14}$$

$$\sum_{j=1}^{Z} \left(Q_{1\psi_j} \cos\alpha_{1\psi_j} + Q_{2\psi_j} \cos\alpha_{2\psi_j} + Q_{3\psi_j} \cos\alpha_{3\psi_j} + Q_{4\psi_j} \cos\alpha_{4\psi_j} \right) \cos\psi_j - F_r = 0 \tag{15-15}$$

$$\frac{1}{2}d_{\mathrm{m}}\sum_{j=1}^{Z}(Q_{1\psi_j}\sin\alpha_{1\psi_j}-Q_{2\psi_j}\sin\alpha_{2\psi_j}+Q_{3\psi_j}\sin\alpha_{3\psi_j}-Q_{4\psi_j}\sin\alpha_{4\psi_j})\cos\psi_j+$$
$$\frac{1}{2}d_{\mathrm{c}}\sum_{j=1}^{Z}(Q_{1\psi_j}\cos\alpha_{1\psi_j}+Q_{2\psi_j}\cos\alpha_{2\psi_j}-Q_{3\psi_j}\cos\alpha_{3\psi_j}-Q_{4\psi_j}\cos\alpha_{4\psi_j})\cos\psi_j-M=0$$
(15-16)

式(15-14)～式(15-16)是三元非线性方程组，未知量为 δ_{a}、δ_{r}、θ。对于给定轴承轴向载荷、径向载荷和倾覆力矩载荷，可以采用 Newton-Raphson 迭代方法求解非线性方程组，根据求得的 δ_{a}、δ_{r}、θ 值，可进一步求得球与滚道之间的接触负荷、轴承刚度以及轴承寿命等参数。

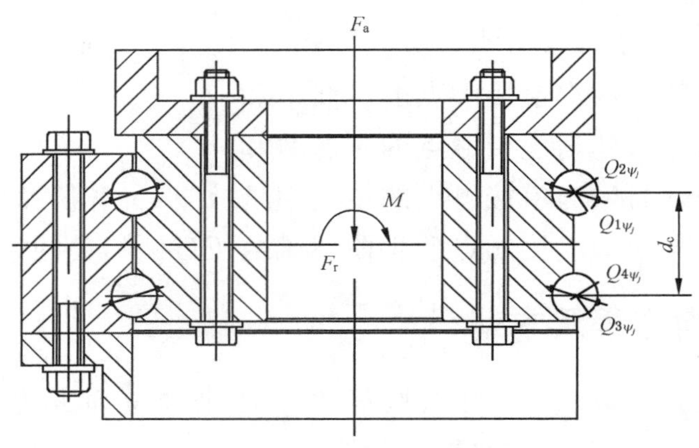

图 15-6　轴承内圈力平衡关系

第五节　三排圆柱滚子组合转盘轴承计算分析方法

对三排圆柱滚子组合转盘轴承接触载荷的计算是对其进行承载能力、润滑状态和寿命评估等的基础，准确地得到轴承中各排滚子的载荷分布情况是分析其力学性能的关键。三排圆柱滚子组合转盘轴承在应用中受载复杂，能够同时承受倾覆力矩、轴向载荷及径向载荷。因此需建立其在联合载荷下的力学分析模型，对其进行受力分析及载荷分布的计算。

一、计算模型简化

由于三排圆柱滚子组合转盘轴承结构非常复杂，因此在对其进行力学分析的过程中需对其进行一些合理的简化，这样既可以简化其力学分析过程，又可以确保分析结果的准确性。

对三排圆柱滚子组合转盘轴承进行力学分析的过程中，在基于 Hertz 接触理论的基础上，对三排滚子轴承进行以下几点简化：

1）忽略三排圆柱滚子组合转盘轴承内、外圈装配螺钉对其受力变形的影响。

2）假设内圈为一整体，忽略第 1 内圈和第 2 内圈间装配所造成的影响。

3）由于三排圆柱滚子组合转盘轴承在工作的过程中转速很低，故在力学分析的过程中忽略保持架对其的影响。

4）忽略轴承套圈上倒角、油孔等微小几何特征对其受力变形的影响。

二、滚子与滚道接触受力分析

在三排圆柱滚子组合转盘轴承的工作过程中，由于滚子与滚道之间的实际接触不是理想的线接触，采用“切片法”计算滚子与滚道间的压力可以得到更精确的数值解。

如图 15-7 所示，为三排圆柱滚子组合转盘轴承在轴向力、径向力和倾覆力矩的联合作用下的几何干涉模型。假设轴承内圈在轴向力 F_a 的作用下产生轴相位移 δ_a、在径向力 F_r 的作用下产生径向位移 δ_r、在倾覆力矩的作用下产生转角位移 θ。

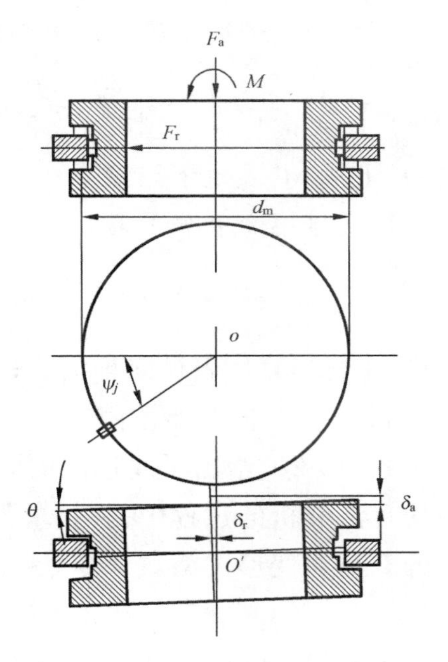

图 15-7　三排圆柱滚子组合转盘轴承受载几何关系模型

在对三排圆柱滚子组合转盘轴承进行力学分析时，将轴承各排滚子中的每一个滚子等分为 n 片，每个切片的厚度为 $w=l/n$。由于在联合载荷的作用下，滚子与滚道间的接触变形非常小，因此在分析的过程中忽略切片之间的切应力，仅仅考虑接触变形的作用。

在联合载荷下，滚子与滚道间的接触变形主要由以下部分组成：

1）在轴向载荷 F_a、径向载荷 F_r 的作用下，内圈轴向位移 δ_a、径向位移 δ_r 引起的变形量。

2）在倾覆力矩 M 的作用下，内圈歪斜引起的形变。

3）轴承初始游隙引起的变形量。

4）滚子修形凸度引起的变形量。

由图 15-7，利用变形协调条件可知，在联合载荷的作用下，上排第 i 个滚子第 j 片中心处两滚道面间的法向趋近量为：

$$\delta_{ij}^{u}=\delta_{a}+\left[\frac{d_{m}^{u}}{2}-\frac{l^{u}}{2}+w^{u}\left(j-\frac{1}{2}\right)\right]\cos\psi_{i}^{u}\tan\theta-\frac{u_{a0}}{2}-C_{ij}^{u} \tag{15-17}$$

式中：上标“u”表示轴承中的上排滚子；

d_{m}——轴承各排节圆直径；

ψ_{i}——各排第 i 个滚子处的位置角，规定在最大变形处 $\psi_{i}=0$，其计算公式为 $\psi_{i}=\frac{2\pi}{Z}i$；

Z——滚子个数；

u_{a0}——轴承的初始轴向游隙；

C_{ij}——第 i 个滚子第 j 片处的凸度变化量。

下排第 i 个滚子第 j 片中心处两滚道面间的法向趋近量为：

$$\delta_{ij}^{d}=-\delta_{a}-\left[\frac{d_{m}^{d}}{2}-\frac{l^{d}}{2}+w^{d}\left(j-\frac{1}{2}\right)\right]\cos\psi_{i}^{d}\tan\theta-\frac{u_{a0}}{2}-C_{ij}^{d} \tag{15-18}$$

式中：上标“d”表示下排滚子。

径向排第 i 个滚子第 j 片中心处两滚道面间的法向趋近量为：

$$\delta_{ij}^{m}=\delta_{r}\cos\psi_{i}^{m}+0.5w^{m}(j-\frac{1}{2})\theta\cos\psi_{i}^{m}-\frac{u_{r0}}{2}-C_{ij}^{m} \tag{15-19}$$

式中：上标“m”代表径向排滚子；

u_{r0}——径向初始游隙。

式(15-20)给出了线接触时，滚子与滚道间的载荷与变形的关系式，而在使用切片法分析的过程中，为了求得各排滚子每一切片上的载荷 q，需建立每个切片的载荷与变形关系式。令 $q=Q/l$，则

$$\delta=3.84\times10^{-5}q^{0.9}(nw)^{0.1} \tag{15-20}$$

由式(15-17)、式(15-20)可得，上排滚子每一片切片处的载荷为：

$$q_{ij}^{u}=\frac{\left\{\delta_{a}+\left[\frac{d_{m}^{u}}{2}-\frac{l^{u}}{2}+w^{u}\left(j-\frac{1}{2}\right)\right]\cos\psi_{i}^{u}\tan\theta-\frac{u_{a0}}{2}-C_{ij}^{u}\right\}^{0.11}}{1.24\times10^{-5}(nw^{u})^{0.11}} \tag{15-21}$$

由式(15-18)、式(15-20)可得，下排滚子每一片切片处的载荷为：

$$q_{ij}^{\mathrm{d}}=\frac{\left\{-\delta_{\mathrm{a}}-\left[\frac{d_{\mathrm{m}}^{\mathrm{d}}}{2}-\frac{l^{\mathrm{d}}}{2}+w^{\mathrm{d}}\left(j-\frac{1}{2}\right)\right]\cos\psi_{i}{}^{\mathrm{d}}\tan\theta-\frac{u_{\mathrm{a0}}}{2}-C_{ij}^{\mathrm{d}}\right\}^{1.11}}{1.24\times10^{-5}(nw^{\mathrm{d}})^{0.11}}\tag{15-22}$$

由式(15-19)、式(15-20)可得，径向排滚子每一片切片处的载荷为：

$$q_{ij}^{\mathrm{m}}=\frac{\left[\delta_{\mathrm{r}}\cos\psi_{i}{}^{\mathrm{m}}+0.5w^{\mathrm{m}}\left(j-\frac{1}{2}\right)\theta\cos\psi_{i}{}^{\mathrm{m}}-\frac{u_{\mathrm{r0}}}{2}-C_{ij}^{\mathrm{m}}\right]^{1.11}}{1.24\times10^{-5}(nw^{\mathrm{m}})^{0.11}}\tag{15-23}$$

则轴承上排第 i 个滚子所承受的法向载荷为：

$$\begin{aligned}Q_{i}^{\mathrm{u}}&=\sum_{j=1}^{n}q_{ij}^{\mathrm{u}}\\&=\sum_{j=1}^{n}\frac{\left\{\delta_{\mathrm{a}}+\left[\frac{d_{\mathrm{m}}^{\mathrm{u}}}{2}-\frac{l^{\mathrm{u}}}{2}+w^{\mathrm{u}}\left(j-\frac{1}{2}\right)\right]\cos\psi_{i}^{\mathrm{u}}\tan\theta-\frac{u_{\mathrm{a0}}}{2}-C_{ij}^{\mathrm{u}}\right\}^{0.11}}{1.24\times10^{-5}(nw^{\mathrm{u}})^{0.11}}\end{aligned}\tag{15-24}$$

轴承下排第 i 个滚子所承受的法向载荷为：

$$\begin{aligned}Q_{i}^{\mathrm{d}}&=\sum_{j=1}^{n}q_{ij}^{\mathrm{d}}\\&=\sum_{j=1}^{n}\frac{\left\{-\delta_{\mathrm{a}}-\left[\frac{d_{\mathrm{m}}^{\mathrm{d}}}{2}-\frac{l^{\mathrm{d}}}{2}+w^{\mathrm{d}}\left(j-\frac{1}{2}\right)\right]\cos\psi_{i}{}^{d}\tan\theta-\frac{u_{\mathrm{a0}}}{2}-C_{ij}^{\mathrm{d}}\right\}^{1.11}}{1.24\times10^{-5}(nw^{\mathrm{d}})^{0.11}}\end{aligned}\tag{15-25}$$

轴承径向排第 i 个滚子所承受的法向载荷为：

$$\begin{aligned}Q_{i}^{\mathrm{m}}&=\sum_{j=1}^{n}q_{ij}^{\mathrm{m}}\\&=\sum_{j=1}^{n}\frac{\left[\delta_{\mathrm{r}}\cos\psi_{i}{}^{\mathrm{m}}+0.5w^{\mathrm{m}}\left(j-\frac{1}{2}\right)\theta\cos\psi_{i}^{\mathrm{m}}-\frac{u_{\mathrm{r0}}}{2}-C_{ij}^{\mathrm{m}}\right]^{1.11}}{1.24\times10^{-5}(nw^{\mathrm{m}})^{0.11}}\end{aligned}\tag{15-26}$$

三、轴承内圈力学平衡方程

三排滚子轴承的内圈在轴向力 F_{a}、径向力 F_{r}、倾覆力矩 M 和各排滚子滚道间接触力的联合作用下处于平衡状态。为确定各排中各个滚子的载荷，需建立轴承内圈力和力矩平衡方程。

轴承内圈轴向平衡方程为：

$$F_{\mathrm{a}}-\sum_{i=1}^{Z^{\mathrm{u}}}\sum_{j=1}^{n}\frac{\left\{\delta_{\mathrm{a}}+\left[\frac{d_{\mathrm{m}}^{\mathrm{u}}}{2}-\frac{l^{u}}{2}+w^{\mathrm{u}}\left(j-\frac{1}{2}\right)\right]\cos\psi_{i}^{\mathrm{u}}\tan\theta-\frac{u_{\mathrm{a0}}}{2}-C_{ij}^{\mathrm{u}}\right\}^{0.11}}{1.24\times10^{-5}(nw^{\mathrm{u}})^{0.11}}+\sum_{i=1}^{Z^{\mathrm{d}}}\sum_{j=1}^{n}\frac{\left\{-\delta_{a}-\left[\frac{d_{\mathrm{m}}^{\mathrm{d}}}{2}-\frac{l^{\mathrm{d}}}{2}+w^{\mathrm{d}}\left(j-\frac{1}{2}\right)\right]\cos\psi_{i}^{\mathrm{d}}\tan\theta-\frac{u_{a0}}{2}-C_{ij}^{\mathrm{d}}\right\}^{1.11}}{1.24\times10^{-5}(nw^{\mathrm{d}})^{0.11}}=0 \tag{15-27}$$

轴承内圈径向平衡方程为：

$$F_{\mathrm{r}}-\sum_{i=1}^{Z^{\mathrm{m}}}\sum_{j=1}^{n}\left\{\frac{\left[\delta_{\mathrm{r}}\cos\psi_{i}^{\mathrm{m}}+0.5w^{\mathrm{m}}\left(j-\frac{1}{2}\right)\theta\cos\psi_{i}^{\mathrm{m}}-\frac{u_{\mathrm{r0}}}{2}-C_{ij}^{\mathrm{m}}\right]^{1.11}}{1.24\times10^{-5}(nw^{\mathrm{m}})^{0.11}}\right\}\cos\psi_{i}^{\mathrm{m}}=0 \tag{15-28}$$

轴承内圈力矩平衡方程为：

$$M-\sum_{i=1}^{Z^{\mathrm{u}}}\sum_{j=1}^{n}\frac{\left\{\delta_{\mathrm{a}}+\left[\frac{d_{\mathrm{m}}^{\mathrm{u}}}{2}-\frac{l^{u}}{2}+w^{\mathrm{u}}\left(j-\frac{1}{2}\right)\right]\cos\psi_{i}^{\mathrm{u}}\tan\theta-\frac{u_{\mathrm{a0}}}{2}-C_{ij}^{\mathrm{u}}\right\}^{0.11}}{1.24\times10^{-5}(nw^{\mathrm{u}})^{0.11}}\times\left[\frac{d_{\mathrm{m}}^{\mathrm{u}}}{2}-\frac{l^{\mathrm{u}}}{2}+w^{\mathrm{u}}\left(j-\frac{1}{2}\right)\right]+\sum_{i=1}^{Z^{\mathrm{d}}}\sum_{j=1}^{n}\frac{\left\{-\delta_{a}-\left[\frac{d_{\mathrm{m}}^{\mathrm{d}}}{2}-\frac{l^{\mathrm{d}}}{2}+w^{\mathrm{d}}\left(j-\frac{1}{2}\right)\right]\cos\psi_{i}^{\mathrm{d}}\tan\theta-\frac{u_{a0}}{2}-C_{ij}^{\mathrm{d}}\right\}^{1.11}}{1.24\times10^{-5}(nw^{\mathrm{d}})^{0.11}}\times\left[\frac{d_{\mathrm{m}}^{\mathrm{d}}}{2}-\frac{l^{\mathrm{d}}}{2}+w^{\mathrm{d}}\left(j-\frac{1}{2}\right)\right]=0 \tag{15-29}$$

四、三排滚子轴承力学模型求解

上述三排滚子轴承内圈平衡方程适合使用 Newton-Raphson 法进行迭代求解，在使用 Newton-Raphson 法进行方程求解时，需做好以下准备工作：

(1) 设定迭代变量的初始值

在使用迭代算法解决的方程组中，应至少存在一个或几个可以由初始值递推出新的数值的变量，这就叫做迭代变量，在式(15-17)～式(15-29)组成的方程组中，设定的迭代变量为 δ_{a}、δ_{r}、θ，设定的初始值为 $\delta_{\mathrm{a}}=0.1$、$\delta_{\mathrm{r}}=0.1$、$\theta=0.002$。

(2) 建立迭代关系式

通过旧的迭代变量递推出新的迭代变量，建立这种迭代关系式是求解方程组的关键步骤，一般情况下使用递推法或倒推法确定迭代关系式。

(3) 设置迭代精度

在使用 Newton-Raphson 法进行迭代求解时，在什么样的情况下终止迭代过程，这是进行编写程序时所必须要考虑的问题。不能让迭代过程无限循环下去。一般情况下终止迭代过程有两种方式：一种是通过设置迭代次数，当在计算的过程中迭代次数达到设置的迭代次数时，迭代终止，输出计算结果；另一种是设置迭代精度，当在计算的过程中计算的结果达到迭代精度时，迭代终止。

上述计算过程可通过编程计算求解实现，根据轴承结构尺寸参数、材料及工况数据，得到三排滚子轴承承载性能数据，指导轴承的设计和应用。

五、三排滚子轴承计算实例

轴承的载荷分布对轴承的各项性能产生重要的影响，如轴承的使用寿命，轴承工作过程中的摩擦力矩等性能。而在轴承的使用过程中，又有很多因素将对其载荷分布产生重要的影响。选用某设备三排滚子轴承，其结构参数如表 15-1 所示。

其工况条件要求径向载荷 F_r＝3 500 kN，轴向载荷 F_a＝16 000 kN，倾覆力矩 M＝20 250 kN·m。采用上述理论模型和计算方法对其求解，其力学性能计算结果见图 15-8 和图 15-9。

表 15-1 三排滚子轴承主要结构参数

项目参数	参数数值
上排滚子数 Z^u	67
上排滚子直径 D_w^u /mm	100.0
上排滚子有效长度 l^u /mm	100.0
上排滚子中心节圆直径 d_m^u /mm	2 665.0
下排滚子数 Z^d	146
下排滚子直径 D_w^d /mm	45.0
下排滚子有效长度 l^d /mm	45.0
下排滚子中心节圆直径 d_m^d /mm	2 735.0
径向滚子数 Z^m	173
径向滚子直径 D_w^m /mm	40.0
径向滚子有效长度 l^m /mm	65.0
径向滚子中心节圆直径 d_m^m /mm	2 830.0

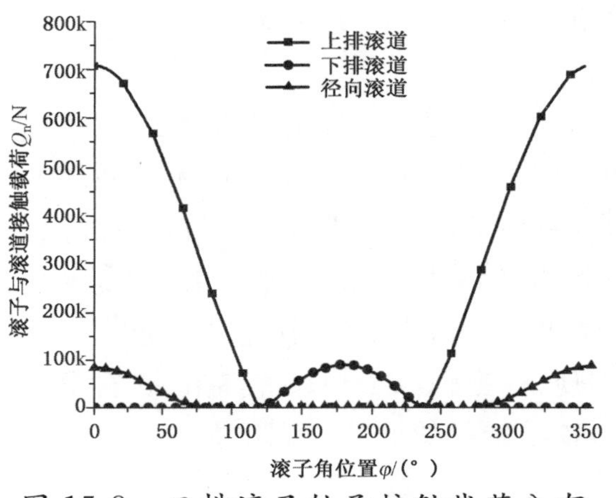

图 15-8　三排滚子轴承接触载荷分布

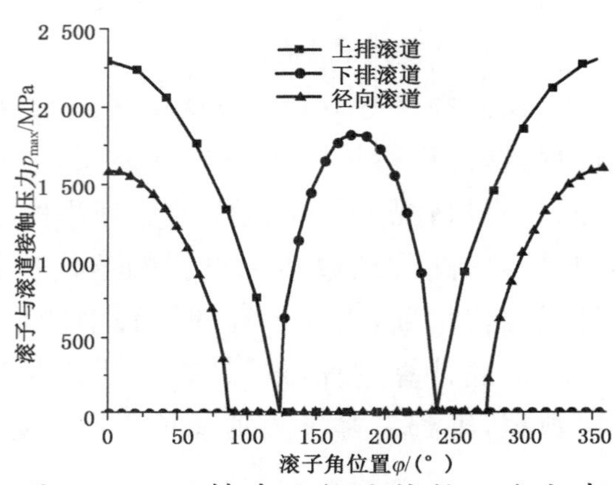

图 15-9　三排滚子轴承接触压力分布

第六节　转盘轴承寿命计算方法

转盘轴承尺寸大，安装、拆卸不便，为减少维护成本，必须保证较长的使用寿命，风电轴承的可靠工作年限应达到 20 年。转盘轴承的工作过程中受载复杂，存在多种失效形式，为避免轴承的提前失效，在分析轴承的基本性能后，对寿命及影响寿命的因素进行分析，寻找提高轴承寿命的方法是转盘轴承设计的重要目标。转盘轴承的材料材质不均匀、机加工中的加工误差、装配过程中误差都会影响其性能，进而影响到寿命。转盘轴承的常见失效形式如表 15-2 所示，总体可归结为接触强度失效、套圈变形失效及摩擦力矩失效。

表 15-2　转盘轴承的常见失效表现

失效形式	失效原因
滚道裂纹、剥落	交变应力作用使接触表面出现疲劳裂纹 滚道产生边缘效应
滚道压痕	长时间重载作用使滚道表面出现塑性变形
滚动体压溃	载荷过大
轴承卡死	负游隙选择不当使摩擦力矩过大 轴承及机架的刚性不足造成套圈变形
套圈断裂	套圈刚性不足，载荷过大
螺栓断裂	机架、支座刚性不足

一、四点接触球转盘轴承寿命计算

(1) 轴承基本额定动载荷

四点接触球轴承钢球与内、外圈滚道分别有四个接触点，相当于 4 个沟道，将这 4 个沟道分别命名为沟道 1、2、3、4，如图 15-10 所示。计算双排四点接触球轴承寿命首先计算每个沟道的寿命，然后根据组合寿命计算方法得到轴承整体的寿命。

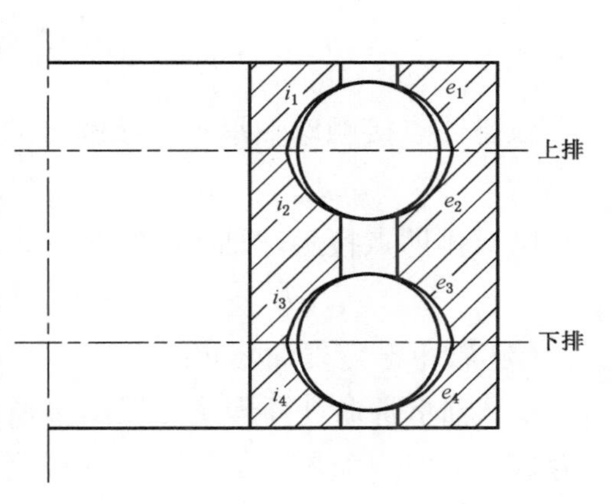

图 15-10　双排四点接触球转盘轴承沟道结构

对于四点接触球轴承，套圈的额定动载荷为

$$Q_{\text{ci(e)}} = 98.1\lambda\eta\left(\frac{2f_{\text{i(e)}}}{2f_{\text{i(e)}}-1}\right)^{0.41}\frac{(1\mp\gamma)^{1.39}}{(1\pm\gamma)^{1/3}}\left(\frac{D_{\text{w}}}{d_{\text{m}}}\right)^{0.3}Z^{-1/3}\times 3.624D_{\text{w}}^{1.4} \quad (15\text{-}30)$$

式中，上面的符号适用于内圈，下面的符号使用于外圈。λ、η 分别为球轴承的修正系数。

(2) 轴承基本当量动载荷

假设轴承外圈固定，内圈旋转，内圈上下两排沟道上的当量滚动体载荷为

$$Q_{\text{e}\mu k} = \left(\frac{1}{Z}\sum_{j=1}^{z}Q_{kj}^{3}\right)^{1/3} \qquad (k=1,2,3,4) \quad (15\text{-}31)$$

式中：Q_{kj}——内圈接触法向载荷；

k——内圈上下两排 4 个沟道编号。

外圈上下两排沟道的当量滚动体载荷为

$$Q_{\text{ev}k} = \left(\frac{1}{Z}\sum_{j=1}^{z}Q_{kj}^{10/3}\right)^{0.3} \qquad (k=1,2,3,4) \quad (15\text{-}32)$$

式中：Q_{kj}——内圈接触法向载荷；

k——内圈上下两排 4 个沟道编号。

整套轴承的额定寿命可以通过各个滚道的额定寿命进行拟合得到，双排四点接触球轴承各个滚道的额定寿命计算如下：

内圈沟道的额定寿命为

$$L_{10ik} = \left(\frac{Q_{\text{ci}}}{Q_{\text{eu}k}}\right)^{3} \qquad (k=1,2,3,4) \quad (15\text{-}33)$$

外圈沟道的额定寿命为

$$L_{10ek}=\left(\frac{Q_{ce}}{Q_{evk}}\right)^{3}\qquad(k=1,2,3,4)\tag{15-34}$$

双排四点接触球轴承 4 个接触对的额定寿命为

$$L_k=(L_{10ik}^{-10/9}+L_{10ek}^{-10/9})^{-0.9}\qquad(k=1,2,3,4)\tag{15-35}$$

则双排四点接触球轴承的额定寿命为

$$L=(L_1^{-10/9}+L_2^{-10/9}+L_3^{-10/9}+L_4^{-10/9})^{-0.9}\tag{15-36}$$

(3) 轴承额定寿命修正

L-P 轴承寿命计算理论是根据普通轴承钢及一般工作条件来确定的，寿命可靠度为 90%，要准确计算轴承寿命，考虑到轴承材料、润滑状态、可靠性及支承结构等影响。ISO 标准在计算轴承寿命时，考虑到轴承材料、润滑状态和使用条件的影响，以及高可靠性要求，对疲劳寿命进行修正：

$$L_m=a_1a_2a_3L_{10}\tag{15-37}$$

式中，a_1——可靠性系数，可靠度为 90%时，$a_1=1$；

a_2——材料系数，$a_2=(\mathrm{HRC}/58)^{3.6p}$，其中 HRC 为滚道表面硬度，对球轴承 $p=3$；

a_3——润滑状态系数，一般不超过 0.1。

对于具有线接触特征的滚子轴承，其寿命计算公式为：

$$L=\left(\frac{Q_c}{Q_e}\right)^{4}\tag{15-38}$$

式中：L——以存活率为 90%的轴承额定寿命，单位为 10^6 r；

Q_c——滚道的额定动载荷；

Q_e——滚道的当量载荷。

对于圆柱滚子轴承，其滚道的额定动载荷表达式为：

$$Q_c=B\lambda\frac{(1\mp\gamma)^{29/27}}{(1\pm\gamma)^{1/4}}\left(\frac{\gamma}{\cos\alpha}\right)^{2/9}D_w^{29/27}l^{7/9}Z^{-1/4}\tag{15-39}$$

式中：B——与材料有关的参数，取 552；

λ——考虑到滚子端部应力集中和滚子倾斜而引入的系数，一般在 0.4～0.8 之间取值，具体取值可参考表 15-3；

α——滚子接触角；

l——滚子长度；

Z——滚动体数量；

$\gamma=D_w/d_m$，其中 D_w 为滚子直径；

d_m——滚子节圆直径；

双运算符的上、下符号分别适用于轴承的内、外圈滚道。

表 15-3 滚子轴承的 λ 值

条件	λ 值
圆柱滚子轴承修正线接触	0.61
内、外滚道同时并存线接触和点接触	0.54
调心和圆锥滚子轴承的修正线接触	0.57
线接触	0.45

相对于作用载荷旋转或静止的套圈，圆柱滚子轴承滚道的当量载荷有以下两个公式：

$$Q_{e\mu}=\left(\frac{1}{Z}\sum_{j=1}^{z}Q_j^4\right)^{1/4} \tag{15-40}$$

$$Q_{e\nu}=\left(\frac{1}{Z}\sum_{j=1}^{z}Q_j^{4.5}\right)^{1/4.5} \tag{15-41}$$

式中：$Q_{e\mu}$——旋转套圈的当量载荷；

$Q_{e\nu}$——非旋转套圈的当量载荷；

Q_j——滚动体载荷。

因此，轴承套圈的寿命为：

$$L_\mu=\left(\frac{Q_{c\mu}}{Q_{e\mu}}\right)^4 \tag{15-42}$$

$$L_\nu=\left(\frac{Q_{c\nu}}{Q_{e\nu}}\right)^4 \tag{15-43}$$

综上，圆柱滚子轴承的额定寿命为：

$$L=(L_\mu^{-9/8}+L_\nu^{-9/8})^{-8/9} \tag{15-44}$$

根据 ISO 281，需要引入修正系数 b_m，则修正后的额定寿命为：

$$L_m=b_m^4L \tag{15-45}$$

在三排圆柱滚子转盘轴承中，一排为径向滚子，其余两排为接触角等于 90° 的推力滚子。

对于推力滚子轴承，Lundberg 等人建议将式(15-39)修正为：

$$Q_c=B\lambda(1-0.15\sin\alpha)\frac{(1\mp\gamma)^{29/27}}{(1\pm\gamma)^{1/4}}\left(\frac{\gamma}{\cos\alpha}\right)^{2/9}D_w^{29/27}l^{7/9}Z^{-1/4} \tag{15-46}$$

因此，需要采用式(15-46)来计算轴向上下两排推力滚子对应滚道的额定动载荷，式(15-46)经过推导为：

$$Q_c = B'\lambda\left(\frac{D_w}{d_m}\right)D_w^{29/27}l^{7/9}Z^{-1/4} \tag{15-47}$$

式中，B'为推导后的材料系数，取$B'=469$。

轴承具有三排组合滚子结构，对于多排组合轴承，其中每一排轴承的使用概率可表示为：

$$\ln\frac{1}{S_i}=K_iL_i^e \tag{15-48}$$

根据概率乘积定律，有：

$$\ln\frac{1}{S}=\sum_{i=1}^{m}K_iL_i^e \tag{15-49}$$

式中，m为轴承的排数。

与 Lundberg 假设相似，设

$$S=S_1=S_2=\cdots=S_m \tag{15-50}$$

则有：

$$L=L_1=L_2=\cdots=L_m \tag{15-51}$$

$$\ln\frac{1}{S}=(\sum_{i=1}^{m}K_i)L^e \tag{15-52}$$

由式(15-52)，则有：

$$\ln\frac{1}{S}=\ln\frac{1}{S_i}=A \qquad i=1,2,\cdots,m \tag{15-53}$$

式中A为常数。经推导可得组合轴承的寿命表达式：

$$L=(L_1^{-e}+L_2^{-e}+\cdots+L_m^{-e})^{-1/e} \tag{15-54}$$

对于三排圆柱滚子转盘轴承，其寿命公式为：

$$L=(L_{\mu1}^{-9/8}+L_{\nu1}^{-9/8}+L_{\mu2}^{-9/8}+L_{\nu2}^{-9/8}+L_{\mu3}^{-9/8}+L_{\nu3}^{-9/8})^{-8/9} \tag{15-55}$$

式中，下标的1、2、3分别对应三排滚子。

第七节　转盘轴承承载曲线(曲面)计算

对于转盘轴承来说，承载能力曲线对于轴承的校核和选用具有重要作用。

静承载曲线是以轴承的接触应力为指标进行计算，滚动体与套圈的最大接触应力应小于许用接触应力。对于球轴承,42CrMo 钢的许用接触应力$[\sigma]$=3 850 MPa,50Mn 钢的许用接触应力$[\sigma]$=3 400 MPa。对于滚子轴承,42CrMo 钢的许用接触应力为$[\sigma]$=2 700 MPa,50Mn 钢的许用接触应力为$[\sigma]$=2 100 MPa。

动承载曲线反映其轴承寿命在旋转 30 000 r 时的动载荷水平,其选用 L_{10}=30 000 r 为计算指标。

螺栓承载曲线根据常用 8.8、10.9 和 12.9 三种高强度螺栓强度水平,评估外载荷转换到预紧螺栓的最大允许拉压水平,保证螺栓连接的可靠性。

转盘轴承承载曲线(即载荷-力矩图)是验证轴承寿命和安全因数的基础。转盘轴承的动载荷和静载荷承载曲线是分别以一条直线来表示的。横坐标表示轴向载荷,纵坐标表示倾覆力矩。具体示例见图 15-11。图 15-11 中:

1) 曲线 1 表示转盘轴承采用 42CrMo 材料制造、许用接触应力为 3 850 MPa 时的许用静载荷承载曲线。

2) 曲线 2 表示一组转盘轴承在承受径向载荷不高、回转速度很低、要求工作精度不高的条件下,轴承在全回转时,可靠性为 90%,寿命为 30 000 r 所承受的额定动载荷承载曲线。

3) 曲线 3 表示转盘轴承采用 50Mn 材料制造、许用接触应力为 3 400 MPa 时的许用静载荷承载曲线。

4) 三条虚线分别表示 8.8、10.9、12.9 级螺栓的极限负荷曲线,它是在联接长度为螺栓公称直径的 5 倍、预应力为螺栓材料屈服极限的 70%时确定的。

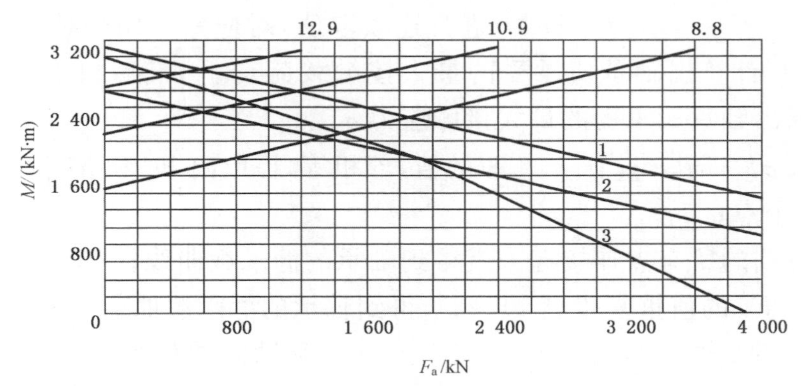

图 15-11 转盘轴承典型承载曲线

一、转盘轴承静承载曲线计算方法

静承载曲线是以滚动体最大接触应力值作为曲线的判别标准绘制的。对于球轴承 42CrMo 钢来说其滚动体与滚道接触中心的许用接触应力为 3 850 MPa，对于滚子轴承 42CrMo 钢来说其滚动体与滚道接触中心的许用接触应力为 2 700 MPa。

球轴承的接触为椭圆点接触，对于椭圆点接触，接触面中心的最大接触应力为：

$$\sigma_{\max}=\frac{1}{\pi n_{\mathrm{a}} n_{\mathrm{b}}}\left[\frac{3}{2}\left(\frac{\sum\rho}{E'}\right)^{2} Q_{\max}\right]^{1/3} \tag{15-56}$$

式中：$\sum\rho$——钢球与滚道接触点的主曲率和函数；

n_{a}、n_{b}——与接触点主曲率差函数有关的系数；

E'——两个弹性接触体的综合弹性常数；

Q_{max}——钢球与内、外滚道间的最大法向载荷。

滚子轴承的接触为线接触，最大接触应力为：

$$\sigma_{\max}=190.6\sqrt{\left(\frac{Q_{\max}\sum\rho}{l}\right)} \tag{15-57}$$

转盘轴承的安全系数 $f_{\mathrm{s}}=([\sigma_{\max}]/\sigma_{\mathrm{cr}})^{n}$，其中$[\sigma_{\max}]$为轴承的许用接触应力，球轴承取为 3 850 MPa，滚子轴承取 2 700 MPa。轴承安全运转的条件为 $\sigma_{\mathrm{cr}}<[\sigma_{\max}]/[f_{\mathrm{s}}]^{1/n}$。轴承静承载曲线上的点为轴承的静态临界失效点，可以令 $\sigma_{\mathrm{cr}}=[\sigma_{\max}]/[f_{\mathrm{s}}]^{1/n}$ 的点作为轴承静载荷曲线上的一个点，来绘制精确静载荷曲线。

具体方法如下：

1）令 F_r 等于 0，对 F_{a} 和 M 进行连续取值，对应每一组取值，采用转盘轴承静力学模型计算出轴承所承受的最大接触载荷 Q_{max}，然后根据式(15-56)或式(15-57)求出轴承所承受的最大接触应力 $\sigma_{\max}$；

2）比较 $\sigma_{\max}$ 与$[\sigma_{\max}]/[f_{\mathrm{s}}]^{1/n}$ 的值，若相等，提取出 F_{a} 和 M 作为构成承载曲线上的一个点；

3）将得到的所有点连接起来就得到轴承的静承载曲线；

4）改变 F_{r} 的值重复步骤 1)～3)，得到轴承的静承载曲面。

采用表 15-2 轴承结构参数，令 $F_{\mathrm{r}}=0$ kN 和轴向游隙为－0.02 mm 时，取接触应力分别为 2 700 MPa(42CrMo 材料)和 2 100 MPa(50Mn 材料)，许用安全系数 f_{s} 取为 1.0。根据转盘轴承静载荷承载能力计算方法得到轴承的静承载能力曲线，如图 15-12 所示。

采用表 15-1 轴承结构参数，令 $F_{\mathrm{r}}=0$ kN 和轴向游隙为－0.02 mm 时，取

接触应力为 2 700 MPa(42CrMo 材料),许用安全系数 f_s 分别取为 1.0、1.2 和 1.5。根据转盘轴承静载荷承载能力计算方法得到轴承的静承载能力曲线,如图 15-13 所示。

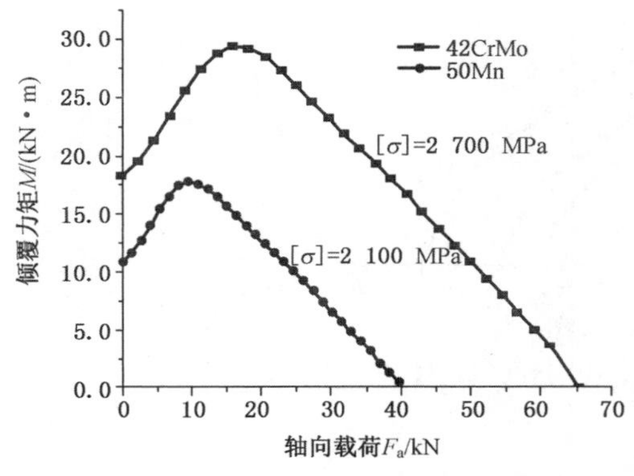

图 15-12 轴承材料对静承载曲线的影响比较

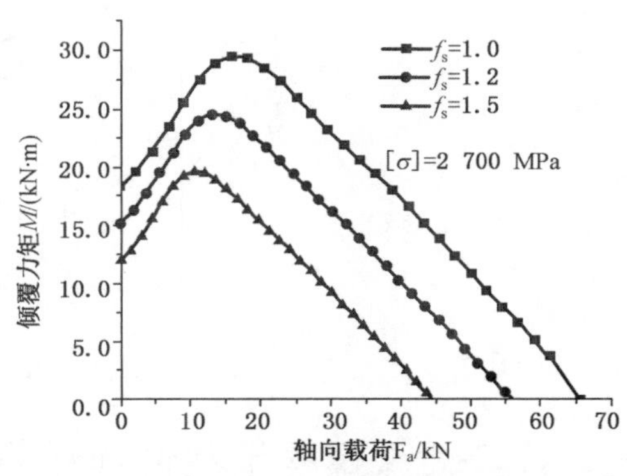

图 15-13 安全系数对静承载曲线的影响比较

二、转盘轴承动承载曲线计算方法

转盘轴承动载荷承载曲线表明了轴承在给定寿命的前提下承受动载荷的能力,是对转盘轴承进行使用寿命选型计算的重要依据。按照转盘轴承技术设计要求,其额定寿命要达到 30 000 r。轴承动承载曲线上的点为轴承的综合寿命达到要求的额定寿命作为轴承动承载曲线上的一个点,来绘制精确动载荷曲线。

具体方法如下:

1) 令 F_r 等于 0,对 F_a 和 M 进行连续取值,对应每一组取值,采用转盘轴承静力学模型计算出轴承的载荷分布,然后根据转盘轴承额定寿命计算方法求出轴承的寿命 L_{10};

2) 将 L_{10} 与 30 000 r 寿命值进行比较,若相等,提取出 F_a 和 M 作为构成动承载曲线上的一个点;

3) 将得到的所有点连接起来就得到轴承的动承载曲线;

4) 改变 F_r 的值重复步骤 1)~3),得到轴承的动承载曲面。

采用表 15-1 轴承结构参数,径向载荷 $F_r=0$ kN 和轴向游隙为 -0.02 mm,L_{10} 分别取 10 000 r、20 000 r 和 30 000 r 所能承受联合作用的轴向动载荷和倾覆力矩动载荷进行动载荷曲线绘制,如图 15-14 所示。

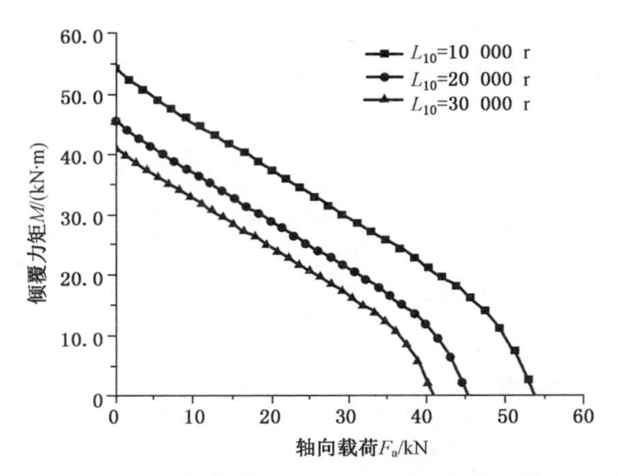

图 15-14 设计寿命对动承载曲线的影响比较

三、转盘轴承螺栓承载曲线计算方法

转盘轴承上螺栓在承受交变载荷时会容易松动，也容易产生疲劳破坏，施加预紧力则会有效避免此类问题的发生。

在不同工况下，螺栓受力情况也不尽相同，一般转盘轴承在工作时会受到轴向载荷 F_a、径向载荷 F_r 与倾覆力矩 M，当转盘轴承内圈与机架联接时，首先施加预紧力，内圈与机架产生的静摩擦可以抵消径向力，下面假设工况中无径向载荷。

所有螺栓此时均受到预紧力，大部分螺栓还受到倾覆力矩产生的拉力，轴向力此时是分担螺栓的受力。

在转盘轴承安装时，要求对安装螺栓施加预紧力：

$$F_0 = 0.6\sigma_s A_s \tag{15-58}$$

式中：σ_s——螺栓屈服强度，如表 15-4 所示；

A_s——螺栓截面面积。

螺栓所能承受的最大为

$$F_{max} = S_p A_s \tag{15-59}$$

式中，S_p 为螺栓保证应力，如表 15-4 所示。

表 15-4 螺栓性能等级表

性能指标		性能等级			
		8.8		10.9	12.9
		$d\leqslant16$	$d>16$		
屈服强度	σ_s/MPa	640	640	900	1 080
保证应力	S_p/MPa	580	600	830	970

不考虑转盘轴承径向载荷对螺栓的影响，在轴向载荷 F_a 和倾覆力矩 M 作用下，见图 15-15，其对螺栓产生的作用载荷分别为

$$F_1=\frac{F_a}{n} \tag{15-60}$$

$$F_2=\frac{M\cdot R_m}{\sum\limits_{\varphi=0}^{2\pi}(R_m\cos\varphi)^2} \tag{15-61}$$

式中：n——螺栓数目；

R_m——螺栓的节圆半径。

在 F_a 和 M，以及预紧力作用下，螺栓曲线公式为

$$F_2-F_1=F_{max}-F_0 \tag{15-62}$$

式(15-60)～式(15-62)可得到螺栓曲线的公式：

$$M=\frac{\sum\limits_{\varphi=0}^{2\pi}(R_m\cos\varphi)^2}{nR_m}F_a+\frac{\sum\limits_{\varphi=0}^{2\pi}(R_m\cos\varphi)^2}{R_m}(S_pA_s-F_0) \tag{15-63}$$

采用表 15-1 轴承结构参数，其螺栓连接基本结构参数如表 15-5 所示，静态下轴向载荷 F_a=16 000 kN，倾覆力矩 M=20 250 kN·m，采用上述理论模型和计算方法对螺栓承载曲线计算求解，对应螺栓强度等级 10.9，其螺栓承载曲线结果如图 15-16 所示。

表 15-5 螺栓结构参数

项　　目	内圈	外圈
连接螺栓数目	64	64
螺栓公称直径/mm	42	42
螺栓分度圆直径/mm	2 540	2 955
螺栓夹持长度/mm	250	560

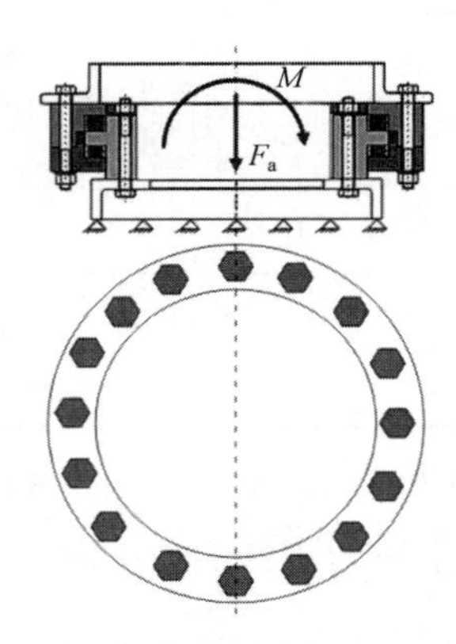

图 15-15　转盘轴承螺栓预紧受载状态

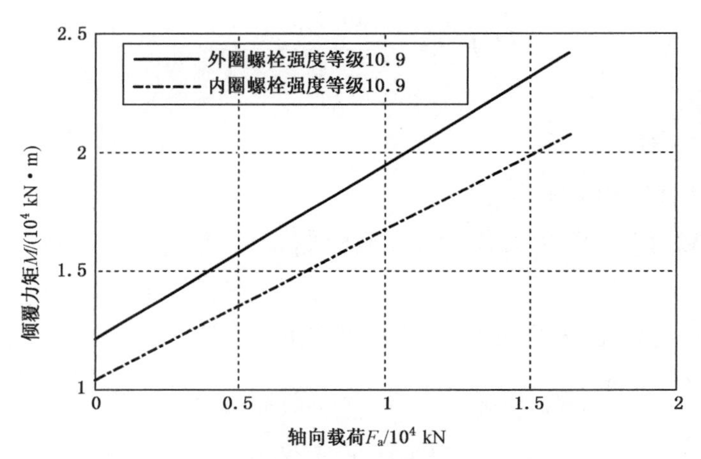

图 15-16　10.9 级螺栓承载曲线

第十六章　高速角接触球轴承摩擦力矩

第一节　概　　述

高速角接触球轴承的摩擦力矩是一个十分复杂的问题，它不仅与轴承本身的结构尺寸、几何精度、材料性能有关，还与工作载荷、装配精度、润滑条件以及加工工艺等因素有关。影响高速角接触球轴承摩擦力矩的因素一般可划分为外部因素和内部因素，如图16-1所示。外部因素主要指角接触球轴承的使用工况，内部因素主要指角接触球轴承的设计主参数和加工质量等。一般来讲，在内部因素中轴承摩擦力矩的大小（或平均值）主要取决于设计主参数，而摩擦力矩的均匀性（或波动性）主要取决于工艺质量。所以将前者称为损耗能量的耗散力矩影响因素，轴承耗散摩擦力矩的方向与轴承的活动套圈旋转方向相反，力矩的大小与轴承结构及使用条件有关；后者称为不损耗能量的保守力矩影响因素，保守力矩的方向与轴承套圈的旋转方向无关，其大小取决于轴承零件的相互分布位置。轴承耗散力矩和保守力矩之间并非相互独立，而是相互作用和相互制约。

本章重点讨论与高速角接触球轴承结构设计参数有关的耗散摩擦力矩分量，旨在为低摩擦力矩高速角接触球轴承结构参数设计提供理论依据。本章在角接触球轴承动力学分析和热力学分析基础上，计算高速角接触球轴承内各个接触面上的能量损失量，利用能量守恒原理，给出高速角接触球轴承的摩擦力矩理论计算公式。

第二节　高速角接触球轴承摩擦力矩来源

本章研究的高速角接触球轴承摩擦力矩为轴承耗散摩擦力矩，高速角接触球轴承耗散摩擦力矩主要是由滚动体与滚道之间的滚动摩擦和滑动摩擦、滚动体与保持架之间的滚动摩擦和滑动摩擦、保持架与引导面的滑动摩擦以及润滑油的黏性摩擦引起的，根据角接触球轴承内部摩擦特点，引起角接触球轴承摩擦力矩的主要因素有滚动材料的弹性滞后、滚动体与滚道之间的流体动压（润滑剂的黏性)、滚动体与滚道之间差动滑动、滚动体在滚道上的自旋滑动、滚动体与保持架之间的摩擦和保持架与引导挡边摩擦，这六个因素引起的角接触球轴承摩擦力矩的总和就是高速角接触球轴承摩擦力矩。本章在高速角接触球轴承动力学分析和热力学分析基础上，通过计算高速角接触球轴承内各个接触面上的能量损失量，利用能量守恒原理，给出上述各因素引起的轴承摩擦力矩分量计算式。具体上述各因素引起的高速角接触球轴承摩擦力矩分量计算式推导如下。

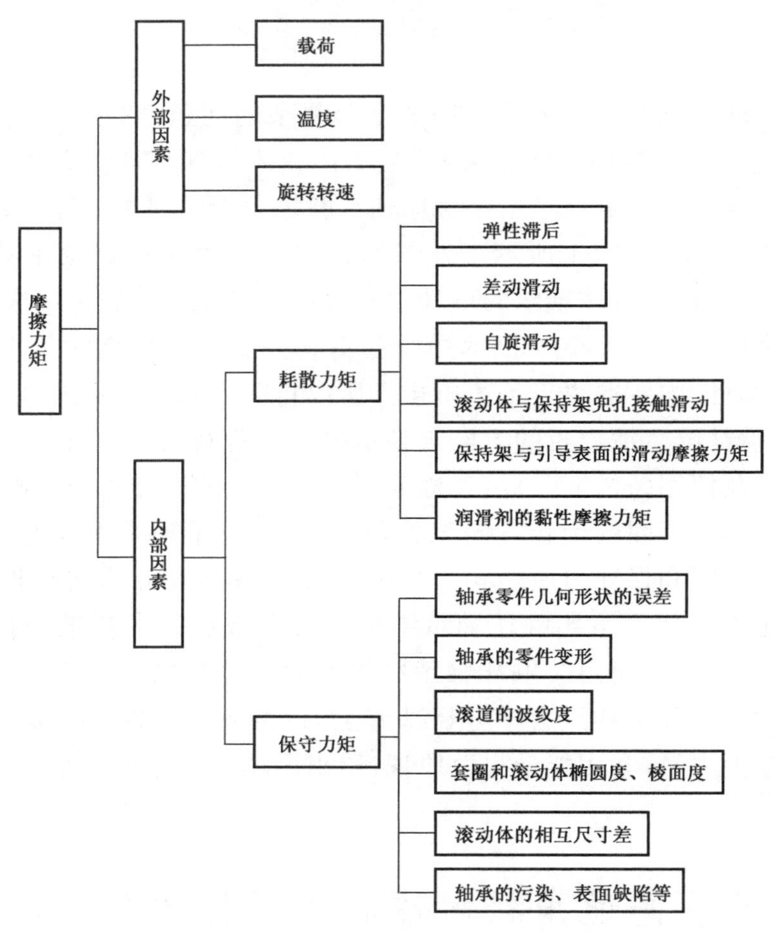

图 16-1　轴承摩擦力矩的影响因素

一、钢球与滚道之间的弹性滞后引起的摩擦力矩

钢球在滚道上滚动时由于材料的弹性滞后性质，接触区前后两部分($y \geqslant 0$和 $y<0$)压力分布不对称(如图 16-2 所示)，前半部接触面上压力对钢球滚动的阻力矩大于后半部接触面上压力对钢球滚动的推动力矩，从而产生一个滚动摩

擦力，该滚动摩擦力对角接触球轴承产生一个摩擦力矩。

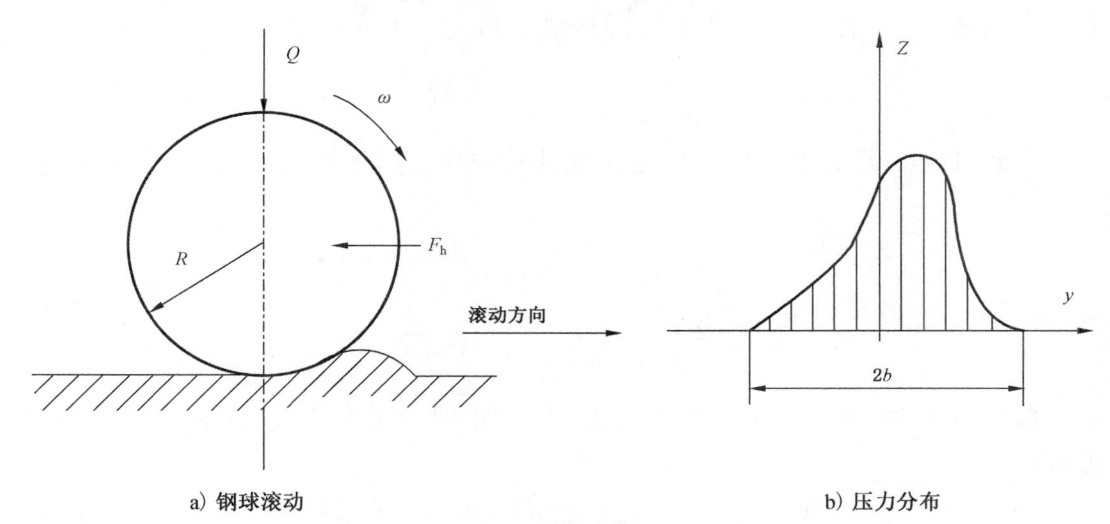

图 16-2 弹性滞后产生的滚动摩擦

根据 Hertz 弹性接触理论，钢球与滚道接触面的弹性变形趋近量为：

$$\delta_{i(e)}=\frac{\Gamma_{i(e)}}{\pi}\left(\frac{\pi}{2K_{i(e)}^{2}\xi_{i(e)}}\right)^{1/3}\left[\frac{3Q_{i(e)}}{2E\sum\rho_{i(e)}}\right]^{2/3}\sum\rho_{i(e)} \tag{16-1}$$

其中：$$\sum\rho_{i}=\frac{1}{D_{w}}\left(4-\frac{1}{f_{i}}+\frac{2\gamma_{i}}{1-\gamma_{i}}\right) \tag{16-2}$$

$$\sum\rho_{e}=\frac{1}{D_{w}}\left(4-\frac{1}{f_{e}}-\frac{2\gamma_{e}}{1+\gamma_{e}}\right) \tag{16-3}$$

$$\Gamma_{i(e)}=\int_{0}^{\pi/2}\left[1-\left(1-\frac{1}{K_{i(e)}^{2}}\right)\sin^{2}\phi\right]^{-1/2}\mathrm{d}\phi \tag{16-4}$$

$$\xi_{i(e)}=\int_{0}^{\pi/2}\left[1-\left(1-\frac{1}{K_{i(e)}^{2}}\right)\sin^{2}\phi\right]^{1/2}\mathrm{d}\phi \tag{16-5}$$

$$K_{i(e)}=\frac{a_{i(e)}}{b_{i(e)}} \tag{16-6}$$

$$\frac{1}{E}=\frac{1-\varepsilon_{1}^{2}}{E_{1}}+\frac{1-\varepsilon_{2}^{2}}{E_{2}} \tag{16-7}$$

式(16-2)～式(16-7)中，$\gamma_{j}=\dfrac{D_{w}\cos\alpha_{j}}{d_{m}}\quad(j=\mathrm{i},\mathrm{e})$，$\varepsilon_1$、$E_1$ 分别为钢球的泊松比和弹性模量，ε_2、E_2 分别为滚道的泊松比和弹性模量，$a_{i(e)}$、$b_{i(e)}$ 分别为内(外)接触椭圆的长半轴和短半轴。

对于角接触球轴承，钢球与内、外滚道之间的接触面为一椭圆，接触表面压力呈半椭球分布（如图 16-3 所示），即接触点(x,y)处压力为：

$$p_{i(e)}(x,y)=\frac{3Q_{i(e)}}{2\pi a_{i(e)}b_{i(e)}}(1-x^2/a_{i(e)}^2-y^2/b_{i(e)}^2)^{1/2} \tag{16-8}$$

由此可给出第j个钢球与滚道接触处受载压缩时所吸收的弹性压缩功为：

$$\begin{aligned}\phi_{i(e)j}&=\int_{-b_{i(e)}}^{b_{i(e)}}\int_{-a_{i(e)}\sqrt{1-y^2/b_{i(e)}^2}}^{a_{i(e)}\sqrt{1-y^2/b_{i(e)}^2}}p_{i(e)}\cdot\delta_{i(e)}\,\mathrm{d}x\mathrm{d}y\\&=\frac{3\Gamma_{i(e)}\sum\rho}{2\pi}\left(\frac{\pi}{2K_{i(e)}^2\xi_{i(e)}}\right)^{1/3}\left(\frac{3}{2E\sum\rho}\right)^{2/3}Q_{i(e)}^{5/3}\end{aligned} \tag{16-9}$$

轴承旋转时，第j个钢球与滚道接触处轴承旋转轴的距离（如图 16-4 所示）：

$$R_{i(e)j}=0.5d_m(1\pm D_w\cos\alpha_{i(e)j}/d_m) \tag{16-10}$$

令

$$\gamma_{i(e)j}=D_w\cos\alpha_{i(e)j}/d_m \tag{16-11}$$

$$R_{i(e)j}=0.5d_m(1\pm\gamma_{i(e)j}) \tag{16-12}$$

式(16-10)和式(16-12)中：钢球相对外滚道取“+”号，钢球相对内滚道取“—”号。

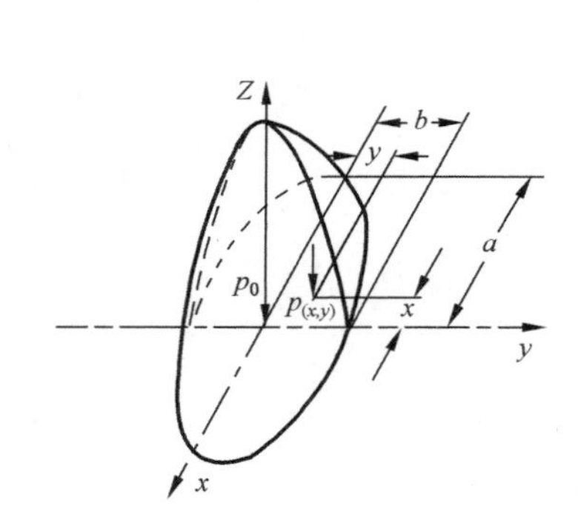

图 16-3　椭圆接触区应力分布

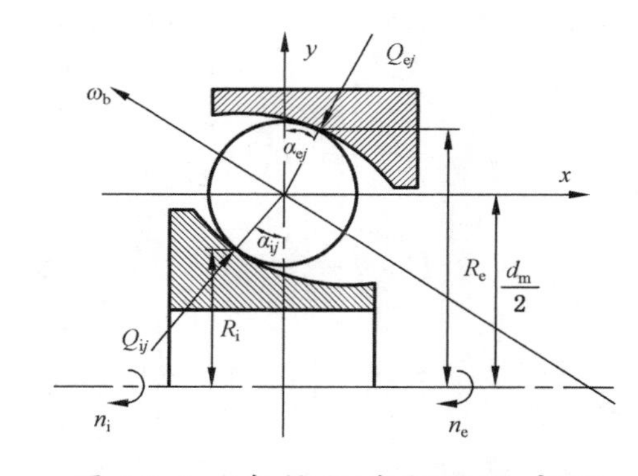

图 16-4　角接触球轴承示意图

钢球经历一个受载椭圆接触面的时间为：

$$t=b_{i(e)}/[\pi(n_{i(e)}-n_m)R_{i(e)j}] \tag{16-13}$$

式中：$b_{i(e)}$为钢球与内、外滚道椭圆接触面的短半轴，其值为：

$$b_{i(e)}=\left(\frac{2\xi_{i(e)}}{\pi K_{i(e)}}\right)^{1/3}\left[\frac{3Q_{i(e)j}}{2\sum\rho}\left(\frac{1-\varepsilon_1^2}{E_1}+\frac{1-\varepsilon_2^2}{E_2}\right)\right]^{1/3} \tag{16-14}$$

将式(16-14)代入式(16-13)，可得

$$t=\frac{1}{\pi\left|n_{\mathrm{i(e)}}-n_{\mathrm{m}}\right|R_{\mathrm{i(e)}j}}\cdot\left(\frac{2\xi_{\mathrm{i(e)}}}{\pi K_{\mathrm{i(e)}}}\right)^{1/3}\left[\frac{3Q_{\mathrm{i(e)}j}}{2E\sum\rho}\right]^{1/3} \tag{16-15}$$

由式(16-9)和式(16-15)可得到钢球经历一个受载椭圆接触面(即一个受载循环)内的滞后损耗能量：

$$\begin{aligned}w_{\mathrm{i(e)}j}&=\beta\frac{\phi_{\mathrm{i(e)}j}}{t}\\&=\frac{3\beta\cdot\Gamma_{\mathrm{i(e)}}\cdot\left|n_{\mathrm{i(e)}}-n_{m}\right|\cdot R_{\mathrm{i(e)}j}}{2}\cdot\left(\frac{3}{2EK_{\mathrm{i(e)}}}\right)^{1/3}\left[\frac{\pi\sum\rho}{2\xi_{\mathrm{i(e)}}}\right]^{2/3}Q_{\mathrm{i(e)}j}^{4/3}\end{aligned} \tag{16-16}$$

式中：β 为材料弹性滞后系数，对于钢材料来说，一般可取 0.01。

对于轴承，钢球与内、外滚道接触产生的材料弹性滞后总能量损耗为：

$$w=\sum_{j=1}^{Z}w_{\mathrm{i}j}+\sum_{j=1}^{Z}w_{\mathrm{e}j} \tag{16-17}$$

单位时间内角接触球轴承材料弹性滞后引起的能量损耗 w 就是角接触球轴承弹性滞后引起的摩擦力矩在单位时间内所作的功，记弹性滞后引起的角接触球轴承摩擦力矩为 M_{R}，则可以给出因弹性滞后引起的角接触球轴承摩擦力矩分量。

1）当轴承外圈旋转，内圈静止时：

$$2\pi n_{\mathrm{e}}M_{\mathrm{R}}=w \tag{16-18}$$

$$M_{\mathrm{R}}=\frac{w}{2\pi n_{\mathrm{e}}} \tag{16-19}$$

2）当轴承内圈旋转，外圈静止时：

$$2\pi n_{\mathrm{i}}M_{\mathrm{R}}=w \tag{16-20}$$

$$M_{\mathrm{R}}=\frac{w}{2\pi n_{\mathrm{i}}} \tag{16-21}$$

二、流体动压引起的摩擦力矩

（1）油膜

油膜中的流体动压压力与两个旋转零件之间的相对运动有关(见图 16-5)。

如图 16-5 所示的润滑油膜中，物体 1 为套圈滚道，物体 2 为钢球，两物体接触表面的速度如图 16-5 中所示，润滑油膜中微元体 $\mathrm{d}x\mathrm{d}y\mathrm{d}z$ 在 x 方向受力平衡，则

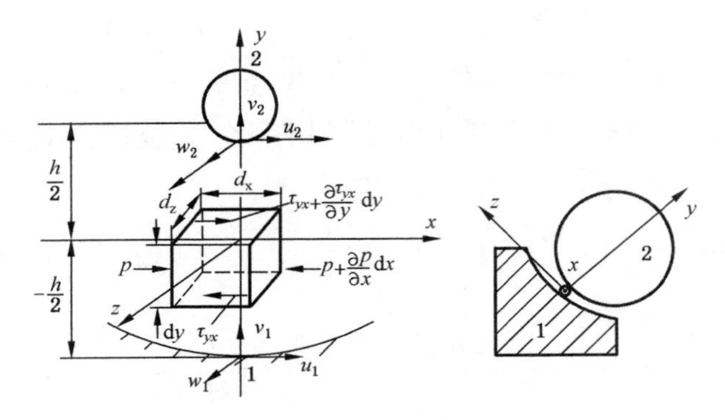

图 16-5　流体微元体受力情况

$$p\mathrm{d}y\mathrm{d}z-\left(\rho+\frac{\partial p}{\partial x}\mathrm{d}x\right)\mathrm{d}y\mathrm{d}z-\tau_{yx}\mathrm{d}x\mathrm{d}z+\left(\tau_{yx}+\frac{\partial \tau_{yx}}{\partial y}\mathrm{d}y\right)\mathrm{d}x\mathrm{d}z=0 \tag{16-22}$$

经简化后可得

$$\frac{\partial p}{\partial x}=\frac{\partial \tau_{yx}}{\partial y} \tag{16-23}$$

按牛顿黏度定律

$$\tau_{yx}=\eta\frac{\partial u}{\partial y} \tag{16-24}$$

将式(16-24)代入式(16-23)中，可得

$$\frac{\partial p}{\partial x}=\frac{\partial}{\partial y}\left(\eta\frac{\partial u}{\partial y}\right) \tag{16-25}$$

同理可得

$$\frac{\partial p}{\partial z}=\frac{\partial}{\partial y}\left(\eta\frac{\partial w}{\partial y}\right) \tag{16-26}$$

速度边界条件：

当 $y=-\frac{h}{2}$ 时，$u=u_1$，$w=w_1=0$，$v=v_1$

当 $y=\frac{h}{2}$ 时，$u=u_2$，$w=w_2$，$v=v_2$

将式(16-25)和式(16-26)对 y 分别积分两次，并代入速度边界条件可得

$$u=\frac{1}{2\eta}\frac{\partial p}{\partial x}\left(y^2-\frac{h^4}{4}\right)+\frac{u_2+u_1}{2}+\frac{u_2-u_1}{h}y \tag{16-27}$$

$$w=\frac{1}{2\eta}\frac{\partial p}{\partial z}\left(y^2-\frac{h^4}{4}\right)+\frac{w_2+w_1}{2}+\frac{w_2-w_1}{h}y \tag{16-28}$$

根据质量守恒的连续性方程

$$\frac{\partial(\rho u)}{\partial x}+\frac{\partial(\rho v)}{\partial y}+\frac{\partial(p w)}{\partial z}+\frac{\partial \rho}{\partial t}=0 \tag{16-29}$$

将式(16-29)对 y 进行积分

$$\int_{-h/2}^{h/2}\frac{\partial}{\partial x}(\rho u)\,\mathrm{d}y+\int_{-h/2}^{h/2}\frac{\partial}{\partial x}(\rho w)\,\mathrm{d}y+\rho v\mid_{-h/2}^{h/2}+\frac{\partial p}{\partial t}\int_{-h/2}^{h/2}\mathrm{d}y=0 \tag{16-30}$$

假设润滑油与滚道、钢球接触表面无滑动，则

$$v_2-v_1=u_2\frac{\partial h}{\partial z}+w_2\frac{\partial h}{\partial z}+\frac{\partial h}{\partial t} \tag{16-31}$$

令 $\bar{u}=\dfrac{u_1+u_2}{2}$，$\bar{w}=\dfrac{w_1+w_2}{2}$

将 $\bar{u}$、$\bar{w}$ 以及(16-27)、式(16-28)、式(16-31)式代入式(16-30)，整理可得：

$$\frac{\partial}{\partial x}\left(\frac{\rho h^3}{12\eta}\frac{\partial p}{\partial x}\right)+\frac{\partial}{\partial z}\left(\frac{\rho h^3}{12\eta}\frac{\partial p}{\partial z}\right)=\frac{\partial}{\partial x}(\rho\bar{u}h)+\frac{\partial}{\partial z}(\rho\bar{w}h)+\frac{\partial}{\partial t}(\rho h) \tag{16-32}$$

对于稳态弹流润滑情况，ρ 可视为常量，这时式(4-31)可写成：

$$\frac{\partial}{\partial x}\left(\frac{h^3}{12\eta}\frac{\partial p}{\partial x}\right)+\frac{\partial}{\partial z}\left(\frac{h^3}{12\eta}\frac{\partial p}{\partial z}\right)=\frac{\partial}{\partial x}(\bar{u}h)+\frac{\partial}{\partial z}(\bar{w}h) \tag{16-33}$$

$$\frac{\partial}{\partial x}\left(\frac{h^3}{12\eta}\frac{\partial p}{\partial x}\right)+\frac{\partial}{\partial z}\left(\frac{h^3}{12\eta}\frac{\partial p}{\partial z}\right)=\bar{u}\frac{\partial h}{\partial x}+h\frac{\partial\bar{u}}{\partial x}+\bar{w}\frac{\partial h}{\partial z}+h\frac{\partial\bar{w}}{\partial z} \tag{16-34}$$

当轴承运行过程中，一般不容许钢球发生陀螺旋转，即 $w_2=0$，从而有 $\bar{w}_1=0$，再令 $\bar{u}$ 和 $\bar{w}$ 不随 x 和 y 变化，因此式(16-34)可变为：

$$\frac{\partial}{\partial x}\left(\frac{h^3}{12\eta}\frac{\partial p}{\partial x}\right)+\frac{\partial}{\partial z}\left(\frac{h^3}{12\eta}\frac{\partial p}{\partial z}\right)=\bar{u}\frac{\partial h}{\partial x} \tag{16-35}$$

对于刚性物体，油膜厚度 h 可以近似地表达为抛物线形状：

$$h=h_0+\frac{x^2}{2R_x}+\frac{z^2}{2R_z} \tag{16-36}$$

式中：R_x 和 R_y 分别为滚动体和滚道在两个主方向内的曲率之和。对于角接触球轴承：

$$R_x=\frac{R_{1x}\cdot R_{2x}}{R_{1x}+R_{2x}} \tag{16-37}$$

$$R_z=\frac{R_{1z}\cdot R_{2z}}{R_{1z}+R_{2z}} \tag{16-38}$$

其中：

$$R_{1x}=-f_{\mathrm{i(e)}}D_{\mathrm{w}} \tag{16-39}$$

$$R_{2x}=0.5D_{\mathrm{w}} \tag{16-40}$$

$$R_{2z}=0.5D_{\mathrm{w}} \tag{16-41}$$

$$R_{1z}=\pm 0.5(d_{\mathrm{m}}/\cos\alpha_{\mathrm{i(e)}}\mp D_{\mathrm{w}}) \tag{16-42}$$

式(16-42)中：对于钢球与内滚道接触取上面的符号，对于钢球与外滚道接触取下面的符号。

因此，对于钢球与内滚道接触处：

$$R_x=\frac{-f_{\mathrm{i}}D_{\mathrm{w}}\cdot\dfrac{D_{\mathrm{w}}}{2}}{-f_{\mathrm{i}}D_{\mathrm{w}}+\dfrac{D_{\mathrm{w}}}{2}}=\frac{f_{\mathrm{i}}D_{\mathrm{w}}}{2f_{\mathrm{i}}-1} \tag{16-43}$$

$$R_z=\frac{\dfrac{1}{2}D_{\mathrm{w}}\cdot\dfrac{1}{2}\left(\dfrac{d_{\mathrm{m}}}{\cos\alpha_{\mathrm{i}}}-D_{\mathrm{w}}\right)}{\dfrac{1}{2}D_{\mathrm{w}}+\dfrac{1}{2}\left(\dfrac{d_{\mathrm{m}}}{\cos\alpha_{\mathrm{i}}}-D_{\mathrm{w}}\right)}=\frac{\dfrac{d_{\mathrm{m}}}{\cos\alpha_{\mathrm{i}}}-D_{\mathrm{w}}}{\dfrac{2d_{\mathrm{m}}}{D_{\mathrm{w}}\cos\alpha_{\mathrm{i}}}} \tag{16-44}$$

对于钢球与外滚道接触处：

$$R_x=\frac{-f_{\mathrm{e}}D_{\mathrm{w}}\cdot\dfrac{D_{\mathrm{w}}}{2}}{-f_{\mathrm{e}}D_{\mathrm{w}}+\dfrac{D_{\mathrm{w}}}{2}}=\frac{f_{\mathrm{e}}D_{\mathrm{w}}}{2f_{\mathrm{e}}-1} \tag{16-45}$$

$$R_z=\frac{\dfrac{1}{2}D_{\mathrm{w}}\cdot\dfrac{-1}{2}\left(\dfrac{d_{\mathrm{m}}}{\cos\alpha_{\mathrm{e}}}+D_{\mathrm{w}}\right)}{\dfrac{1}{2}D_{\mathrm{w}}-\dfrac{1}{2}\left(\dfrac{d_{\mathrm{m}}}{\cos\alpha_{\mathrm{e}}}+D_{\mathrm{w}}\right)}=\frac{\dfrac{d_{\mathrm{m}}}{\cos\alpha_{\mathrm{e}}}+D_{\mathrm{w}}}{\dfrac{2d_{\mathrm{m}}}{D_{\mathrm{w}}\cos\alpha_{\mathrm{e}}}} \tag{16-46}$$

(2) 能量损耗

因为润滑油的蒸发成雾过程不存在能量损耗问题，所以，第 k 个钢球与滚道接触处的能量损耗 H 可以由润滑油中的内摩擦所耗用的能量来确定，此时有：

$$H_{\mathrm{i(e)}k}=\iiint\left(\tau_x\frac{\partial u}{\partial y}+\tau_z\frac{\partial w}{\partial y}\right)\mathrm{d}y\,\mathrm{d}x\,\mathrm{d}z \tag{16-47}$$

和

$$\tau_x=\eta\frac{\partial u}{\partial y}=y\frac{\partial p}{\partial x}+\eta\frac{u_2-u_1}{h} \tag{16-48}$$

$$\tau_z=\eta\frac{\partial w}{\partial y}=y\frac{\partial p}{\partial z}+\eta\frac{w_2-w_1}{h} \tag{16-49}$$

式(16-47)对 y 在 $-\frac{h}{2} \sim \frac{h}{2}$ 之间积分一次，可得：

$$H_{i(e)k} = \iint \left\{ \frac{h^3}{12\eta} \left[\left(\frac{\partial p}{\partial x} \right)^2 + \left(\frac{\partial p}{\partial z} \right)^2 \right] \right\} \mathrm{d}x\mathrm{d}z + \iint \left\{ \eta \frac{(u_2 - u_1)^2 + (w_2 - w_1)^2}{h} \right\} \mathrm{d}x\mathrm{d}z \tag{16-50}$$

对于角接触球轴承，当钢球不发生陀螺旋转时，$w_2 = 0$，而 $w_1 = 0$，因此式(16-50)可变为：

$$H_{i(e)k} = \iint \left\{ \frac{h^3}{12\eta} \left[\left(\frac{\partial p}{\partial x} \right)^2 + \left(\frac{\partial p}{\partial z} \right)^2 \right] \right\} \mathrm{d}x\mathrm{d}z + \iint \left\{ \frac{\eta (u_2 - u_1)^2}{h} \right\} \mathrm{d}x\mathrm{d}z \tag{16-51}$$

① 当黏度与压力相关时，取黏度 η 为 Barus 指数关系式，即

$$\eta = \eta_0 \mathrm{e}^{\alpha p} \tag{16-52}$$

式中：η_0 为在大气压力下的黏度，α 为黏压系数。

将式(16-52)代入式(16-51)中得

$$H_{i(e)k} = \frac{1}{12\eta_0} \iint \left\{ h^3 \mathrm{e}^{-\alpha p} \left[\left(\frac{\partial p}{\partial x} \right)^2 + \left(\frac{\partial p}{\partial z} \right)^2 \right] \right\} \mathrm{d}x\mathrm{d}z + \eta_0 (u_2 - u_1) \iint \frac{\mathrm{e}^{\alpha p}}{h} \mathrm{d}x\mathrm{d}z \tag{16-53}$$

② 当不考虑黏度与压力的关系，即认为黏度与压力无关时，(16-51)式可变为

$$H_{i(e)k} = \frac{1}{12\eta} \iint \left\{ h^3 \left[\left(\frac{\partial p}{\partial x} \right)^2 + \left(\frac{\partial p}{\partial z} \right)^2 \right] \right\} \mathrm{d}x\mathrm{d}z + \eta (u_2 - u_1) \iint \frac{1}{h} \mathrm{d}x\mathrm{d}z \tag{16-54}$$

对于轴承，钢球与内、外滚道接触处油膜引起的总能量损耗为：

$$H = \sum_{k=1}^{Z} H_{ik} + \sum_{k=1}^{Z} H_{ek} \tag{16-55}$$

(3) 油膜引起的摩擦力矩

单位时间内钢球与内、外滚道接触处油膜引起的总能量损耗 H 就是轴承润滑油膜引起的摩擦力矩在单位时间内所作的功，记油膜引起的轴承摩擦力矩为 M_{oil}，则可以给出因润滑油油膜引起的角接触球轴承摩擦力矩分量。

① 当轴承外圈旋转，内圈静止时

$$2\pi n_e M_{oil} = H \tag{16-56}$$

$$M_{oil} = \frac{H}{2\pi n_e} \tag{16-57}$$

② 当轴承内圈旋转，外圈静止时

$$2\pi n_{\mathrm{i}} M_{\mathrm{oil}} = H \tag{16-58}$$

$$M_{\mathrm{oil}} = \frac{H}{2\pi n_{\mathrm{i}}} \tag{16-59}$$

三、角接触球轴承差动滑动引起的摩擦力矩

对于角接触球轴承，一般都施加轴向预紧负荷，一方面是为了保证角接触球轴承具有足够的支承刚度，另一方面使角接触球轴承在正常工作条件下，钢球不发生陀螺旋转，因为陀螺旋转是钢球相对滚道的滑动运动，在钢球陀螺旋转的方向上，滚道是不运动的（如图 16-6 所示），这使钢球作纯粹的严重滑动运动，加剧钢球与滚道之间的摩擦发热，易引起轴承温度剧烈升高，造成接触表面烧伤而使轴承失效。因此，对于正常工作的角接触球轴承摩擦力矩理论分析时，可以不考虑钢球的陀螺旋转引起的差动摩擦力矩，仅考虑在滚动方向上的差动滑动引起的摩擦力矩。

对于角接触球轴承，在接触负荷 Q 作用下，钢球与滚道之间的接触变形表面为一个曲面，图 16-7 给出了钢球与外滚道的接触椭圆，该椭圆表面分别由长半轴 a_{e} 和短半轴 b_{e} 所确定，由 Hertz 定义的外滚道变形受压表面等效曲率半径为：

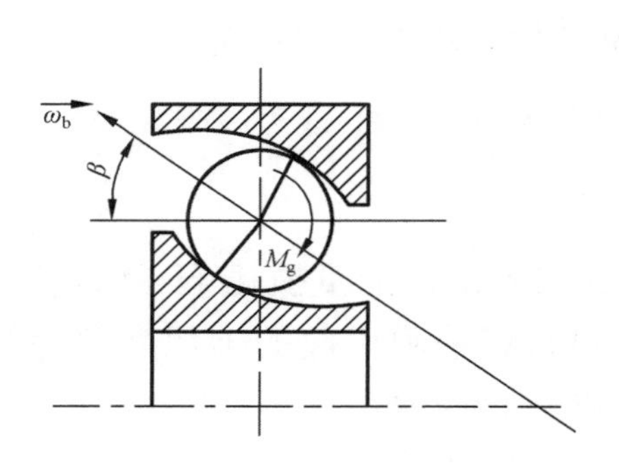

图 16-6　作用在钢球上的陀螺力矩方向

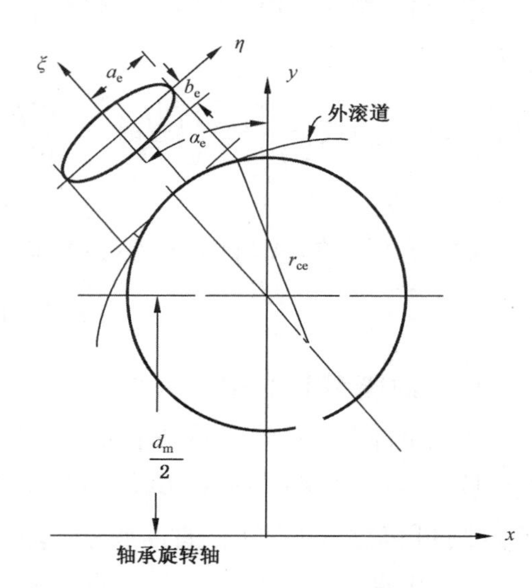

图 16-7　外滚道接触

$$r_{ce}=\frac{2r_e D_w}{2r_e+D_w} \tag{16-60}$$

同理可得内滚道变形受压表面等效曲率半径为：

$$r_{ci}=\frac{2r_i D_w}{2r_i+D_w} \tag{16-61}$$

在接触变形区内，存在一个使滚动体与滚道间仅发生纯滚动运动的瞬时回转中心轴 $o-o$（见图 16-8），在回转轴与接触区交界处，滚动体与滚道发生纯滚动；在其他接触点上，钢球和滚道的线速度都不相同，从而产生了微观滑动（即差动滑动），引起差动滑动摩擦。

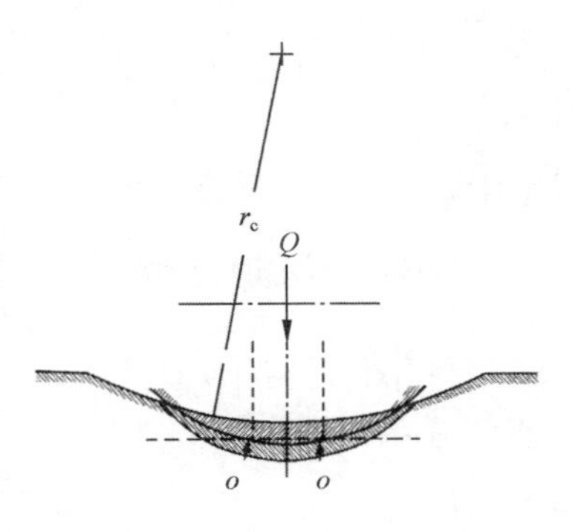

图 16-8 钢球在滚道上发生纯滚动点

对于第 j 个钢球，在钢球与内、外滚道接触变形区内，某点 (η,ξ) 处的差动滑动引起的摩擦力为

$$\tau_{\eta\xi}=f_D\cdot p(\eta,\xi)\cdot ds=f_D\cdot\frac{3Q_{i(e)j}}{2\pi a_{i(e)j}b_{i(e)j}}\left[1-(\eta/a_{i(e)j})^2-(\xi/b_{i(e)j})^2\right]^{1/2}\cdot ds \tag{16-62}$$

式中，f_D 为滚动体与滚道之间接触摩擦系数，对于滚动体与滚道之间处于干摩擦或者干涸润滑状态，f_D 可取两固体间的摩擦系数值；对于滚动体与滚道之间处于弹流润滑状态，f_D 可取滚动体与滚道之间的油膜拖动系数值。$p(\eta,\xi)$ 为 (η,ξ) 点处的压力。ds 为 (η,ξ) 处的一个无穷小面积。

钢球与滚道接触面上某点 (η,ξ) 的差动滑动摩擦力 $\tau_{\eta\xi}$ 所消耗能量为

$$dH=\tau_{\eta\xi}\cdot v_{\eta\xi}=v_{\eta\xi}\cdot f_D\cdot\frac{3Q_{i(e)j}}{2\pi a_{i(e)j}b_{i(e)j}}\left[1-(\eta/a_{i(e)j})^2-(\xi/b_{i(e)j})^2\right]^{1/2}\cdot ds \tag{16-63}$$

式中，$v_{\eta\xi}$ 为滚动体与滚道在接触面差动滑动方向上的相对速度差。

1）对于滚动体与内滚道接触

$$v_{\eta\xi}=\left|\omega_y\hat{r}\sin(\alpha_{ij}+\beta_{ij})-\omega_x\hat{r}\cos(\alpha_{ij}+\beta_{ij})-2\pi\left[\frac{d_m}{2}-\hat{r}\cos(\alpha_{ij}+\beta_{ij})\right](n_i-n_m)\right| \tag{16-64}$$

式中：$\hat{r}=\left\{\left(\sqrt{r_{ci}^2-\eta^2}-\sqrt{r_{ci}^2-a_{ij}^2}+\sqrt{(0.5D_w)^2-a_{ij}^2}\right)^2+\eta^2\right\}^{1/2}$ (16-65)

2）对于滚动体与外滚道接触

$$v_{\eta\xi}=\left|\omega_y\hat{r}\sin(a_{ej}+\beta_{ej})-\omega_x\hat{r}\cos(\alpha_{ej}+\beta_{ej})-2\pi\left[\frac{d_m}{2}+\hat{r}\cos(\alpha_{ej}+\beta_{ej})\right](n_e-n_m)\right| \tag{16-66}$$

式中：$\hat{r}=\{(\sqrt{r_{ce}^2-\eta^2}-\sqrt{r_{ce}^2-a_{ej}^2}+\sqrt{(0.5D_w)^2-a_{ej}^2})^2+\eta^2\}^{1/2}$ (16-67)

钢球与滚道之间差动滑动摩擦所消耗能量为：

$$H_{kj}=\iint_{\Omega}\mathrm{d}H=\iint_{\Omega}v_{\eta\xi}\cdot f_D\cdot\frac{3Q_{kj}}{2\pi a_{kj}b_{kj}}[1-(\eta/a_{kj})^2-(\xi/b_{kj})^2]^{\frac{1}{2}}\mathrm{d}\eta\mathrm{d}\xi\quad(k=\mathrm{i},\mathrm{e}) \tag{16-68}$$

将式(16-64)和式(16-66)分别代入式(16-68)可得：

(1) 钢球与内滚道接触面上的差动滑动摩擦所消耗能量

$$H_{ij}=\frac{3Q_{ij}}{2\pi a_{ij}b_{ij}}\int_{-a_{ij}}^{a_{ij}}\int_{-b_{ij}\sqrt{1-\eta^2/a_{ij}^2}}^{b_{ij}\sqrt{1-\eta^2/a_{ij}^2}}f_D[1-(\eta/a_{ij})^2-(\xi/b_{ij})^2]^{1/2}\times$$
$$\left|\omega_y\hat{r}\sin(a_{ij}+\beta_{ij})-\omega_x\hat{r}\cos(\alpha_{ij}+\beta_{ij})-2\pi\left[\frac{d_m}{2}-\hat{r}\cos(\alpha_{ij}+\beta_{ij})\right](n_i-n_m)\right|\mathrm{d}\xi\mathrm{d}\eta \tag{16-69}$$

式中：$\beta_i=\arctan\dfrac{\eta}{\sqrt{r_{ci}^2-\eta^2}-\sqrt{r_{ci}^2-a_{ij}^2}+\sqrt{(0.5D_w)^2-a_{ij}^2}}$ (16-70)

(2) 钢球与外滚道接触面上的差动滑动摩擦所消耗的能量

$$H_{ej}=\frac{3Q_{ej}}{2\pi a_{ej}b_{ej}}\int_{-a_{ej}}^{a_{ej}}\int_{-b_{ej}\sqrt{1-\eta^2/a_{ej}^2}}^{b_{ej}\sqrt{1-\eta^2/a_{ej}^2}}f_D[1-(\eta/a_{ej})^2-(\xi/b_{ej})^2]^{1/2}\times$$
$$\left|\omega_y\hat{r}\sin(a_{ej}+\beta_{ej})-\omega_x\hat{r}\cos(\alpha_{ej}+\beta_{ej})-2\pi\left[\frac{d_m}{2}+\hat{r}\cos(\alpha_{ej}+\beta_{ej})\right](n_e-n_m)\right|\mathrm{d}\xi\mathrm{d}\eta \tag{16-71}$$

式中：$\beta_e=\arctan\dfrac{\eta}{\sqrt{r_{ce}^2-\eta^2}-\sqrt{r_{ce}^2-a_{ej}^2}+\sqrt{(0.5D_w)^2-a_{ej}^2}}$ (16-72)

令轴承差动滑动摩擦形成的差动摩擦力矩为 M_D，则单位时间内轴承差动摩擦力矩 M_D 所消耗的能量为 ωM_D，这里 ω 为轴承转动角速度。

根据能量守恒定律，单位时间内所有钢球与滚道间差动滑动摩擦所消耗的能量应等于单位时间内角接触球轴承差动滑动摩擦力矩所消耗的能量，即

$$\omega M_D=\sum_{j=1}^{Z}H_{ij}+\sum_{j=1}^{Z}H_{ej} \tag{16-73}$$

由式(16-73)可给出角接触球轴承差动滑动引起的摩擦力矩分量

$$M_{\mathrm{D}}=\frac{\sum_{j=1}^{Z}H_{\mathrm{i}j}+\sum_{j=1}^{Z}H_{\mathrm{e}j}}{\omega} \tag{16-74}$$

1)对于外圈旋转,内圈静止情况:

$$\omega=2\pi n_{\mathrm{e}} \tag{16-75}$$

2)对于内圈旋转,外圈静止情况:

$$\omega=2\pi n_{\mathrm{i}} \tag{16-76}$$

四、角接触球轴承自旋滑动引起的摩擦力矩

如图 16-9 所示,对于角接触球轴承,钢球一方面随同保持架绕 x 轴转动(即公转),同时钢球还绕自身几何轴线相对保持架转动(即自转),钢球自转 ω_{b} 的转向可由轴承内、外圈的转向而定,对于正常工作的角接触球轴承,钢球是不容许发生陀螺旋转的,所以钢球自转角速度应该位于轴承轴向平面内,自转轴和公转轴的交点 o_1 为钢球定点转动的定点。钢球相对内圈转动的转轴为通过接触点 A 和定点 o_1 的轴线,钢球相对于内圈的转速 $\vec{\omega}_{\mathrm{bi}}$ 在接触点 A 处可分解为法向 $\vec{\omega}_{\mathrm{si}}$ 和切向 $\vec{\omega}_{\mathrm{Ri}}$ 两个分量,前者为相对内滚道的自旋分量,后者为相对内滚道的滚动分量;同理可得钢球相对外圈的转速 $\vec{\omega}_{\mathrm{be}}$ 在接触点 B 处的法向自旋 $\vec{\omega}_{\mathrm{se}}$ 和切向滚动 $\vec{\omega}_{\mathrm{Re}}$ 两个分量。

对于钢球相对内、外圈的法向自旋($\vec{\omega}_{\mathrm{si}}$ 和 $\vec{\omega}_{\mathrm{se}}$)分量,其运动形式为自旋滑动,除了钢球与滚道接触中心 O 点两接触表面相对线速度为零外(图 16-10),其余接触面各点均发生相对滑动,离接触中心 O 点越远滑动速度越大,接触面上的滑动线为以接触中心 O 点为圆心的一组同心圆。钢球相对滚道的法向自旋运动将产生自旋摩擦,引起自旋摩擦力矩。

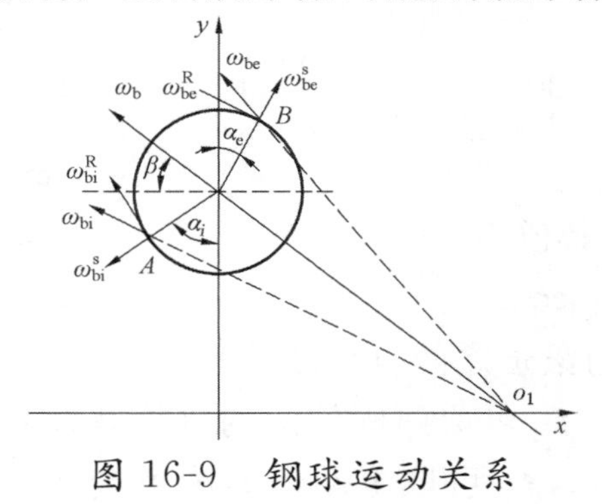

图 16-9 钢球运动关系

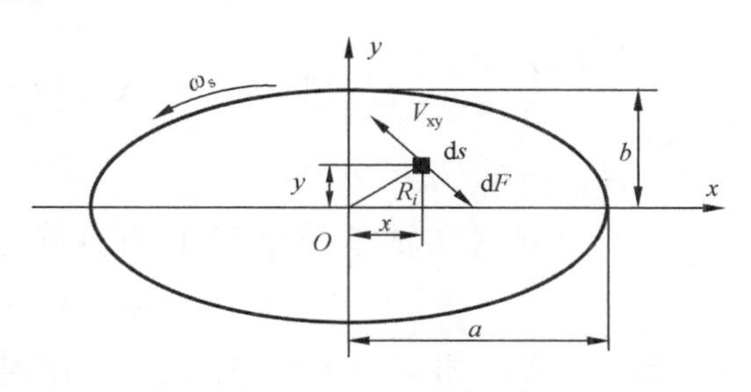

图 16-10 作用在接触椭圆 ds 微单元上的摩擦力和滑动速度

刚球与滚道之间的接触面为一椭圆，在接触椭圆上，考虑(x,y)点处的一个微元面积 $ds(ds=dx\cdot dy)$，微元面积 ds 上的法向应力为：

$$\sigma=\frac{3Q}{2\pi ab}\sqrt{1-(x/a)^2-(y/b)^2} \tag{16-77}$$

设两接触物体间的滑动摩擦系数为 f_s，则微元面积 ds 上的摩擦力为：

$$dF=\frac{3f_sQ}{2\pi ab}\left[1-\left(\frac{x}{a}\right)^2-\left(\frac{y}{b}\right)^2\right]^{\frac{1}{2}}ds=\frac{3f_sQ}{2\pi ab}\left[1-\left(\frac{x}{a}\right)^2-\left(\frac{y}{b}\right)^2\right]^{\frac{1}{2}}dxdy \tag{16-78}$$

在接触点(x,y)处，钢球相对滚道的自旋线速度为：

$$V_{xy}=R_i\cdot\omega_s=\omega_s\sqrt{x^2+y^2} \tag{16-79}$$

则可以给出单位时间内钢球相对滚道自旋摩擦消耗的功：

$$H=\oint\!\!\!\oint_{\Omega}dF\cdot V_{xy}=\int_{-a}^{a}\int_{-b\sqrt{1-x^2/a^2}}^{b\sqrt{1-x^2/a^2}}\frac{3f_sQ\omega_s}{2\pi ab}\sqrt{1-(x/a)^2-(y/b)^2}\sqrt{x^2+y^2}\,dydx \tag{16-80}$$

由式(16-80)可求得某 j 个钢球单位时间内相对内滚道自旋摩擦消耗的能量为：

$$\begin{aligned}H_{ij}&=\int_{-a_{ij}}^{a_{ij}}\int_{-b_{ij}\sqrt{1-x^2/a_{ij}^2}}^{b_{ij}\sqrt{1-x^2/a_{ij}^2}}f_s\frac{3Q_{ij}\omega_{si}}{2\pi a_{ij}b_{ij}}[1-(x/a_{ij})^2-(y/b_{ij})^2]^{1/2}\sqrt{x^2+y^2}\,dydx\\&=\frac{3Q_{ij}\omega_{si}a_{ij}}{8}\int_0^{\frac{\pi}{2}}f_s[1-(1-K_{ij}^2)\sin^2\theta]^{1/2}d\theta\end{aligned} \tag{16-81}$$

式中：$K_{ij}=b_{ij}/a_{ij}$；(16-82)

ω_{si} 为钢球在轴承内滚道上的自旋分量，其值为：

$$\omega_{si}=|\omega_x\sin\alpha_{ij}+\omega_y\cos\alpha_{ij}| \tag{16-83}$$

某 j 个钢球单位时间内相对外滚道自旋摩擦消耗的能量为

$$\begin{aligned}H_{ej}&=\int_{-a_{ej}}^{a_{ej}}\int_{-b_{ej}\sqrt{1-x^2/a_{ej}^2}}^{b_{ej}\sqrt{1-x^2/a_{ej}^2}}f_s\frac{3Q_{ej}\omega_{se}}{2\pi a_{ej}b_{ej}}\sqrt{1-(x/a_{ej})^2-(y/b_{ej})^2}\sqrt{x^2+y^2}\,dydx\\&=\frac{3Q_{ej}\omega_{se}a_{ej}}{8}\int_0^{\frac{\pi}{2}}f_s[1-(1-K_{ej}^2)\sin^2\theta]^{1/2}d\theta\end{aligned} \tag{16-84}$$

式中：$K_{ej}=b_{ej}/a_{ej}$；(16-85)

ω_{se} 为钢球在轴承外滚道上的自旋分量，其值为：

$$\omega_{se}=|\omega_x\sin\alpha_{ej}+\omega_y\cos\alpha_{ej}| \tag{16-86}$$

式(16-81)和式(16-84)中：f_s 为滚动体与滚道之间自旋摩擦系数，对于滚动体与滚道之间处于干摩擦或者干涸润滑状态，f_s 可取两固体间的自旋摩擦系数值；对于滚动体与滚道之间处于弹流润滑状态，f_s 可取滚动体与滚道接触点之间的油膜拖动系数值。

令钢球自旋滑动摩擦引起的角接触球轴承自旋摩擦力矩为 M_s，当轴承转动角速度为 ω 时，则单位时间内轴承自旋摩擦力矩 M_s 所消耗的能量为 ωM_s。

根据能量守恒定律，角接触球轴承中所有钢球单位时间内相对滚道自旋滑动摩擦所消耗的能量应等于单位时间内轴承自旋摩擦力矩所消耗的能量，即

$$\omega M_s = \sum_{j=1}^{Z} H_{ij} + \sum_{j=1}^{Z} H_{ej} \tag{16-87}$$

由式(16-87)可给出角接触球轴承自旋滑动引起的摩擦力矩分量：

$$M_s = \frac{\sum_{j=1}^{Z} H_{ij} + \sum_{j=1}^{Z} H_{ej}}{\omega} \tag{16-88}$$

1）对于外圈旋转，内圈静止情况：

$$\omega = 2\pi n_e \tag{16-89}$$

2）对于内圈旋转，外圈静止情况：

$$\omega = 2\pi n_i \tag{16-90}$$

五、钢球与保持架之间的摩擦引起的轴承摩擦力矩

对于某 j 个钢球，除了随同保持架一起作公转运动外，钢球还绕自身几何轴线相对保持架作自转运动，处于钢球与保持架接触面入口区的流体，在因泵吸作用而进入接触面的同时，将对运动钢球的表面产生一定的滚动摩擦力 $P_{R\xi j}$、$P_{R\eta j}$ 和滑动摩擦力 $P_{S\xi j}$、$P_{S\eta j}$（见图 16-11）。

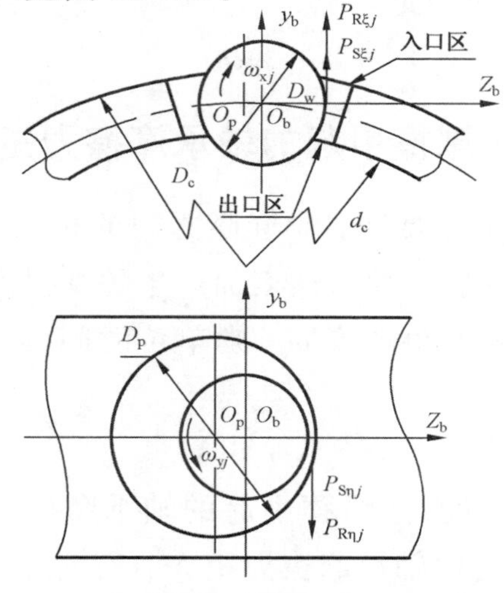

图 16-11 钢球在保持架兜孔内自转情况

对于第 j 个钢球，单位时间内滑动摩擦力所消耗的能量为：

$$H_{Sj}=0.5P_{S\xi j}D_{w}\omega_{xj}+0.5P_{S\eta j}D_{w}\omega_{yj} \tag{16-91}$$

对于第 j 个钢球，单位时间内滚动摩擦力所消耗的能量为

$$H_{Rj}=\alpha_{h}(0.5P_{R\xi j}D_{w}\omega_{xj}+0.5P_{R\eta j}D_{w}\omega_{yj}) \tag{16-92}$$

式中：α_{h} 为材料弹性滞后系数。

单位时间内所有钢球与保持架兜孔间摩擦力所消耗的能量为

$$H_{c}=\sum_{j=1}^{Z}H_{Sj}+\sum_{j=1}^{Z}H_{Rj} \tag{16-93}$$

设轴承因钢球与保持架之间作用引起的角接触球轴承摩擦力矩为 M_{c}，当轴承转动角速度为 ω 时，则单位时间内轴承摩擦力矩 M_{c} 所消耗的能量为 ωM_{c}。

根据能量守恒定律，单位时间内所有钢球与保持架兜孔作用所消耗的能量应等于单位时间内轴承摩擦力矩 M_{c} 所消耗的能量，即

$$\omega M_{c}=H_{c} \tag{16-94}$$

由式(16-94)可给出角接触球轴承自旋引起的摩擦力矩分量：

$$M_{c}=\frac{H_{c}}{\omega}=\frac{\sum_{j=1}^{Z}H_{Sj}+\sum_{j=1}^{Z}H_{Rj}}{\omega} \tag{16-95}$$

1）对于外圈旋转，内圈静止情况：

$$\omega=2\pi n_{e} \tag{16-96}$$

2）对于内圈旋转，外圈静止情况：

$$\omega=2\pi n_{i} \tag{16-97}$$

六、保持架与引导挡边摩擦引起的轴承摩擦力矩

保持架高速运行时，保持架与引导套圈之间的相互作用由润滑剂的流体动压效应所产生，流体动压油膜对保持架表面产生的摩擦力矩设为 M_{cx}[M_{cx} 的计算见式(12-68)]，保持架旋转角速度 ω_{c}，则单位时间内保持架摩擦力矩消耗的能量为

$$H_{L}=\omega_{c}\cdot M_{cx} \tag{16-98}$$

设轴承因保持架与引导挡边摩擦引起的轴承摩擦力矩为 M_{L}，当轴承转动角速度为 ω 时，则单位时间内轴承摩擦力矩 M_{L} 所消耗的能量为 ωM_{L}。

根据能量守恒定律，单位时间内保持架与引导挡边摩擦引起的轴承摩擦力

矩所消耗的能量应等于单位时间内轴承摩擦力矩 M_L 所消耗的能量，即

$$\omega M_L = H_L \tag{16-99}$$

由式(16-99)可给出角接触球轴承自旋引起的摩擦力矩分量：

$$M_L = \frac{H_L}{\omega} = \frac{\omega_c \cdot M_{cx}}{\omega} \tag{16-100}$$

1）对于外圈旋转，内圈静止情况：

$$\omega = 2\pi n_e \tag{16-101}$$

2）对于内圈旋转，外圈静止情况：

$$\omega = 2\pi n_i \tag{16-102}$$

第三节　高速角接触球轴承摩擦力矩计算式

高速角接触球轴承摩擦力矩主要是由滚动体与滚道之间的滚动摩擦和滑动摩擦、滚动体与保持架之间的滚动摩擦和滑动摩擦、保持架与引导面的滑动摩擦以及润滑油的黏性摩擦引起的，也就是上述研究的滚动材料的弹性滞后、滚动体与滚道之间的弹性流体动压(润滑剂的黏性)、滚动体与滚道之间差动滑动、滚动体在滚道上的自旋滑动、滚动体与保持架之间的摩擦和保持架与引导挡边摩擦六个因素引起高速角接触球轴承摩擦力矩分量组成，这六个因素引起角接触球轴承摩擦力矩分量之总和就为高速角接触球轴承摩擦力矩，因此高速角接触球轴承摩擦力矩为：

$$M = M_R + M_{oil} + M_D + M_s + M_c + M_L \tag{16-103}$$

第十七章　高速圆柱滚子轴承设计要点

第一节　概　　述

圆柱滚子轴承因摩擦系数小，适合于高速运转，广泛用于大中型电动机、机车车辆、机床主轴、内燃机、燃气涡轮机、减速箱、轧钢机、振动筛以及起重运输机械等。目前圆柱滚子轴承旋转速度 dn（d 为轴承内径；n 为轴承转速）值已经达到 3×10^6 mm·r/min，对于高速圆柱滚子轴承，轴承性能要求及其结构设计要求已完全不同于中、低速圆柱滚子轴承。对于中、低速圆柱滚子轴承，轴承失效还是以轴承接触疲劳失效为主，轴承设计一般围绕轴承疲劳寿命为设计目标，采用轴承静力学或者拟静力学分析方法，进行轴承结构主参数设计。而对于高速圆柱滚子轴承，轴承失效主要以滚道表面打滑或者烧伤、保持架表面蹭伤或者断裂等非接触疲劳失效为主，因此采用传统的接触疲劳寿命理论计算模型的轴承设计方法已不适合高速圆柱滚子轴承设计，需要采用轴承动力学仿真技术，从高速圆柱滚子轴承失效模式与影响分析出发，进行高速圆柱滚子轴承结构参数设计。

第二节　高速圆柱滚子轴承影响因素

对于外圈静止、内圈旋转的高速圆柱滚子轴承，轴承外圈与轴承座一般为过渡配合，轴承内圈与旋转轴为过盈配合，这里主要针对诸如航发主轴使用的高速圆柱滚子轴承进行讨论。

当轴承高速旋转时，① 对于轴承内圈，一方面，由于内圈自身离心力的作用，轴承内圈与轴之间的过盈配合量将因内圈离心力作用而发生变化，过盈配合量变化严重时将会造成轴承内圈与轴之间发生蠕动或滑动，造成内圈与轴旋转时在圆周方向上的不同步、打滑，严重时在压力作用下发生金属滑移；另一方面，轴承内圈离心力作用，增大了轴承内圈周向拉应力，当轴承内圈离心力达到一定程度时，将引起轴承内圈崩裂。② 对于滚子，当圆柱滚子轴承高速旋转时，滚子因公转而产生离心力，一方面，滚子因离心力作用使得滚子与外圈之间的接触应力增大，造成轴承外圈易发生疲劳失效；另一方面，滚子因离心力作用使得滚子与轴承内圈直接接触负荷减小，造成内圈滚道对滚子的摩擦拖动力不足，引起滚子与内滚道之间发生打滑现象，严重时将造成轴承打滑失效。③ 对于保持架，高速圆柱滚子轴承一般采用套圈引导保持架方式，保持架的兜孔间隙、引导间隙和引导方式等结构参数和动不平衡量参数对保持架高速运动动态性能影响很大，对于套圈引导的保持架，保持架运行不稳定，易造成保持架与套圈引导面发生蹭摩，引起保持架表面蹭伤；对于薄壁或者塑料等刚性不足的保持架，当保持架处于不平稳运行状态时，在保持架离心力和滚子碰摩作用下，保持架运动过程中易发生变形，造成保持架与套圈引导面发生碰摩；另外保持架离心力易造成保持架圆周拉应力过大，引起保持架断裂。④ 圆柱滚子轴承高速旋转时，轴承接触界面摩擦力矩增大，摩擦发热也随之增加，如果接触界面热量不能快速散发，势必造成轴承接触界面的温升剧烈上升，温度的升高直接影响接触界面的润滑性能，严重时会造成轴承接触界面的润滑失效，引起滚子与滚道直接接触而发生磨损，严重时会发生滚子与滚道烧粘而造成轴承失效。

因此高速圆柱滚子轴承一般采用油润滑，润滑油一方面能使轴承运动接触界面之间形成一层薄薄的油膜，以防止金属与金属直接接触，从而减少轴承内部摩擦及磨损，防止烧粘；另一方面回流的润滑油能有效排出轴承接触界面的摩擦热，降低轴承的温升，有效延长轴承使用寿命。

第三节　高速圆柱滚子轴承设计注意事项

针对影响高速圆柱滚子轴承使用寿命的因素，在进行高速圆柱滚子轴承设计时，应注意如下事项。

一、滚道设计

高速圆柱滚子轴承使用工况一般为高速轻载，轴承摩擦发热和打滑是影响轴承套圈使用寿命的主要因素，因此对于高速圆柱滚子轴承的滚道设计应注重轴承减摩设计。

（1）滚道减摩设计

高速圆柱滚子轴承滚子与滚道之间的接触界面局部温升将直接影响轴承高速性能，因此对于高速圆柱滚子轴承滚道结构参数设计，应在高速圆柱滚子轴承动力学和热分析基础上，对滚道与滚子之间的接触界面区域温度场加以分析，套圈滚道结构参数的选取应有利于降低滚子与滚道之间接触界面的摩擦功耗，并最大程度降低滚子与滚道接触界面温度场中的最高温度点，以防滚子与滚道接触区域因局部温升过高而发生局部点的烧粘。

（2）套圈挡边减摩设计

对于带挡边的套圈，轴承在高速运行过程中，滚子端面与套圈挡边之间产生滑动摩擦，如果滚子端面和挡边之间润滑不良，会产生严重的摩擦磨损，甚至烧伤，导致轴承失效。为了有效地降低滚子端面和挡边的摩擦磨损，套圈挡边采用斜挡边，滚子端部一般采用球基面或者平直面形状。球基面端部滚子相对平直面端部滚子而言，可以更好地承受轴承因某种原因引起的滚子轴向窜动对套圈挡边作用力，使得轴承高速运行时，滚子端面和套圈挡边之间处于点接触润滑状态，如图 17-1 所示，滚子端面球基面半径 R_{re} 和斜挡边倾斜角 θ_r 直接决定滚子端面和套圈挡边之间接触位置，也影响两物体之间的接触状态，是轴承设计中非常重要的两个参数，为了实现滚子球基面端面与套圈斜挡边触点处为弹流润滑状态，采用热弹流润滑分析理论，优化套圈斜挡边倾斜角 θ_r 和滚子端面球基面半径 R_{re} 值，从而有效地减少滚子端面与套圈挡边间的摩擦。

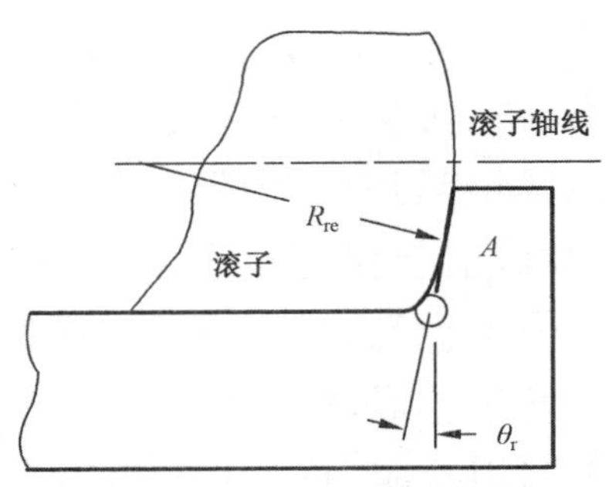

图 17-1 滚子与挡边接触状态

（3）防滚子打滑设计

高速圆柱滚子轴承高速运行时，滚子离心力会引起滚子与内圈滚道之间打滑现象，造成轴承打滑失效，为了有效降低滚子与内圈滚道之间的打滑程度，可采用如下措施。

1）采用三瓣波滚道内圈

为了降低滚子与内圈滚道之间的打滑程度，轴承内圈滚道可加工成三瓣波形状（如图 17-2 所示），以增大滚子与内滚道之间的接触负荷，加大轴承内圈滚道对滚子的拖动力，降低滚子的打滑程度。轴承运行过程中，因每个滚子的公转速度存在差异，造成每个滚子的打滑程度也不一样，另外轴承运行过程中单个滚子公转速度也很难测量，试验中一般采用测量轴承保持架打滑率来衡量轴承滚子打滑程度。轴承内圈三瓣波滚道半径 R_e 与保持架打滑有很大关系（图 17-3），因此对于三瓣波滚道内圈设计，应根据轴承使用工况，在高速轴承动力学分析基础上，对内圈三瓣波滚道半径 R_e 与保持架打滑率的关系进行分析，寻找最合理的轴承内圈三瓣波滚道轮廓，克服轴承高速滚子打滑问题，根据高速轴承使用经验，保持架打滑率不大于10%，就可以不考虑轴承打滑因素。

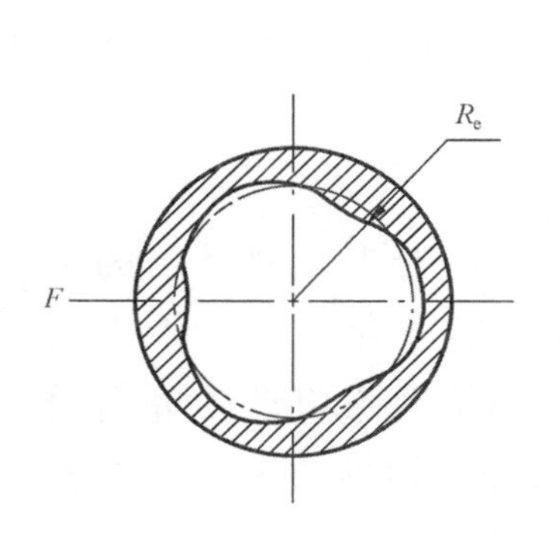

图17-2 三瓣波滚道

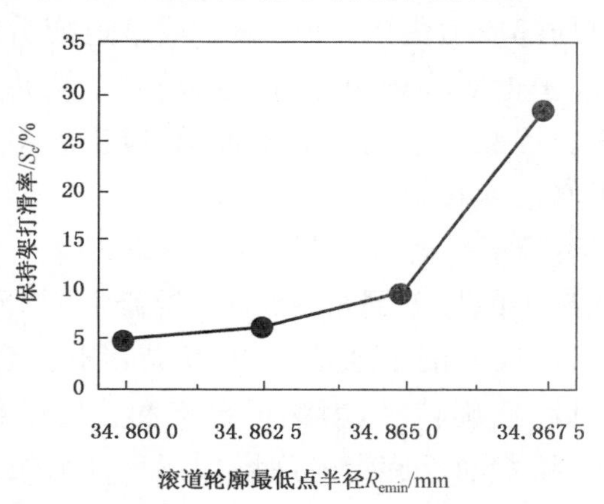

图17-3 三瓣波滚道半径与保持架打滑率的关系

2）采用轻质滚子

高速圆柱滚子轴承的滚子离心力是造成滚子打滑的主要因素，而滚子离心力除了与滚子公转速度有关外，还与滚子质量有关，对于大小一样的滚子，可以通过选择轻质滚子（如陶瓷滚子），以减小滚子离心力，从而降低滚子与内圈滚道之间的打滑程度。

二、内圈设计

圆柱滚子轴承高速旋转时，作为轴承内圈，在高速旋转过程中，因套圈离心力的作用，使得轴承内圈与轴之间的配合间隙将会发生变化，严重时将导致轴承与轴配合松动，因此对于高速轴承，在考虑轴承转速和工作温度影响的前提下进行内圈与轴之间配合间隙分析，并采用有限元分析方法，对内圈强度进行分析。

三、滚子设计

对于高速圆柱滚子轴承，滚子动态特性直接影响轴承的使用寿命，为了防止圆柱滚子边缘应力集中，一般采用修形圆柱滚子。

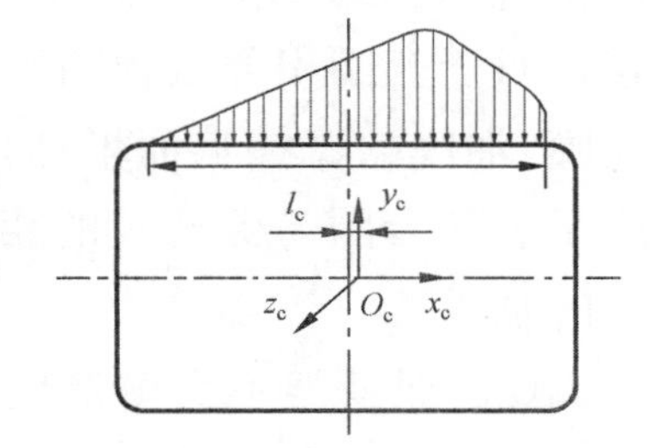

图17-4 滚子接触应力

（1）修形圆柱滚子设计

对于修形对称性不好的圆柱滚子，即滚子质心O_c相对滚子对称轴有一个l_c的偏离量（如图17-4所示），当圆柱滚子轴承承受纯径向载荷作用时，滚子与滚道间的接触应力将在滚子轴线方向出现不对称分布，造成滚子轴线方向偏载，引起滚子倾斜，造成滚子与滚道局部应力集中，加剧滚子或滚道疲劳破坏；另外滚子倾斜必然带来滚子的歪斜，滚子歪斜将影响保持架运动稳定性并造成保持架局部应力集中，加剧保持架损伤。因此对于圆柱滚子轴承，应该严格控制圆柱滚子修形对称度，即严格控制滚子修形偏移量 l_c。

（2）滚子不平衡量控制

圆柱滚子因加工倒角、滚子素线修形、材质密度不均（如粉末材料烧结的滚子）等因素造成的滚子质心与几何中心不重合，使得圆柱滚子存在一个不平衡量，当轴承高速旋转时，因滚子自旋和公转的作用，滚子不平衡量将产生冲击惯性力，并且随着轴承旋转速度增加而呈几何级的增大，这冲击惯性力一方面加剧滚子与滚道间的相互作用，造成轴承失效，另一方面滚子冲击惯性力也对保持架产生随机的冲击载荷，从而影响保持架的动态特性和使用寿命。因此对于高速圆柱滚子轴承，控制滚子不平衡量尤为重要。

四、保持架设计

（1）保持架引导方式

轴承保持架设计通常有三种引导方式：外圈引导保持架、内圈引导保持架和滚动体引导，如图 17-5 所示。保持架采用滚动体引导时，保持架与内、外圈的挡边表面均不接触，保持架可通用，但在高速下滚动体转速增高时，旋转不稳定，因此滚动体引导适用于中速和中等载荷下的轴承。保持架采用外圈引导时，保持架位于滚动体靠近外圈一侧，在轴承运行时，轴承保持架有可能和轴承外圈发生碰撞从而修正保持架位置；保持架采用内圈引导时，保持架位于滚动体靠近内圈的位置，在轴承运转时，保持架有可能和轴承内圈发生碰撞从而修正保持架位置。对于套圈引导的保持架，轴承运行过程中，润滑油将在保持架引导面上形成油膜，油膜的摩擦从而增加保持架附加力矩，可驱动或者阻碍保持架的公转（取决于引导套圈与保持架的相对转速），套圈引导保持架一般适合高速、稳定载荷下的轴承。

（2）保持架不平衡量控制

如果保持架因质量偏心、加工精度不高等因素造成保持架形心与重心不重合，保持架就存在一个不平衡量，保持架高速旋转时，保持架不平衡量将会产生离心力，而且此离心力与保持架公转速度呈现平方几何级关系变化。当圆柱滚子轴承处于高速旋转时，即使微小的保持架不平衡量都会产生很大的离心力，此离心力直接影响保持架动态特性，使保持架处于不稳定运动状态，造成轴承的振动和噪声，严重时将引发保持架与套圈引导挡边间的碰摩现象，对于高速圆柱滚子轴承，保持架不平衡量控制显得非常必要。

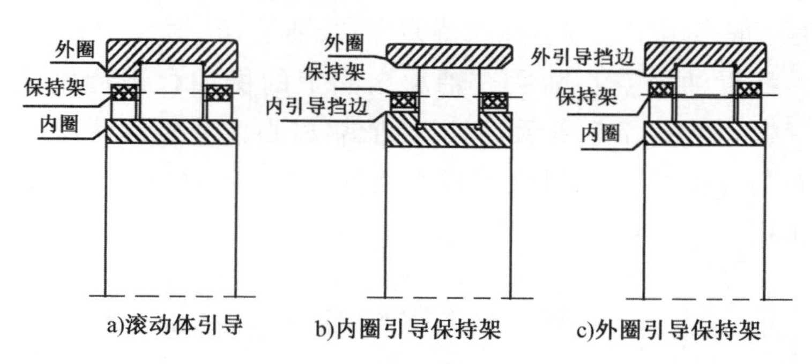

图 17-5　保持架引导方式

（3）保持架运动稳定性设计

圆柱滚子轴承高速运行时，保持架运动平稳性显得非常重要，对于套圈引导保持架的轴承，保持架间隙比（保持架兜孔间隙与保持架引导间隙之比）是影响保持架运动稳定性的关键因素。因此在进行高速圆柱滚子轴承保持架结构参数设计时，应进行高速圆柱滚子轴承动力学分析，对保持架结构参数与保持架运行稳定性的关系进行研究，找出最佳的保持架间隙比，使得保持架高速平稳运行。

（4）保持架强度分析

保持架处于不平稳运行状态时，在保持架离心力和滚子碰摩作用下，造成保持架圆周拉应力过大，引起保持架断裂失效，因此对于高速圆柱滚子轴承保持架，应在轴承动力学分析基础上，考虑滚子与保持架的相互作用，利用有限元分析方法，对高速旋转的保持架进行瞬态应力场分析，对保持架结构参数与保持架应力场中的最大应力值的关系进行分析，并进行保持架强度校核。

五、润滑设计

对于诸如航空发动机主轴用高速圆柱滚子轴承，润滑一般采用油润滑，供油方式一般为喷射供油和环下供油两种，根据轴承使用工况，可选择相应的供油方式。

（1）喷射供油

喷射供油一般多用于外圈引导保持架方式、轴承 dn 值小于或等于 2×10^6 mm・r/min 情况的轴承。润滑油可以从保持架与内圈挡边之间的空隙中直接喷入轴承内滚道，如图 17-6 所示，润滑油依靠离心力从轴承内滚道流向外滚道，为了便于润滑油快速回流，可以在外滚道两侧油沟处开润滑油回流小孔，利用润滑油快速带走轴承摩擦热，起到快速散热作用。

(2) 环下供油

环下供油一般多用于内圈引导保持架方式、轴承 dn 值大于 2×10^6 mm・r/min 情况的轴承。润滑油由空心轴通过轴承内圈上的供油孔进行供油，润滑油直接供到轴承内滚道，如图 17-7 所示，润滑油依靠离心力从轴承内滚道流向外滚道，直接从保持架与外圈挡边的间隙进行润滑油回流，从而快速带走轴承摩擦热，起到快速散热作用。

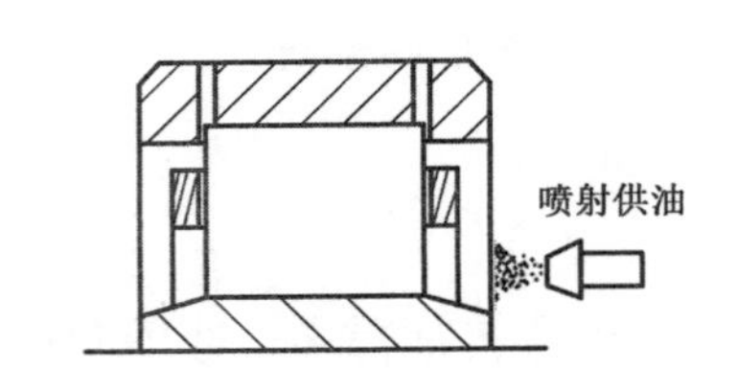

图 17-6　圆柱滚子轴承喷射润

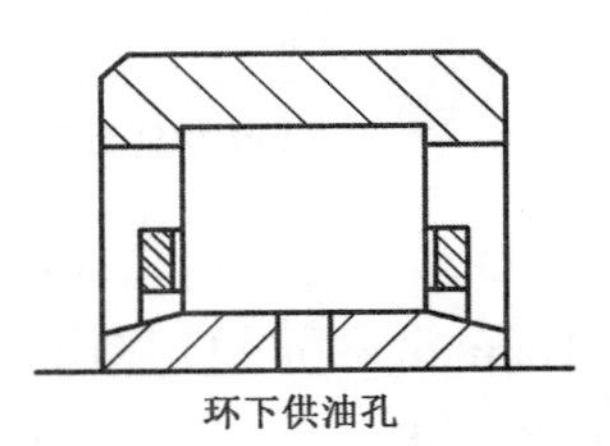

图 17-7　圆柱滚子轴承环下供油

第四节　高速圆柱滚子轴承设计要点

高速圆柱滚子轴承设计要点可归纳如下。

(1) 轴承减摩设计

在轴承动力学基础上，对轴承接触界面的摩擦特性进行分析，采用球基面滚子和斜挡边套圈，提高滚子加工精度，滚子两端倒角采用磨加工，严格控制滚子修形对称度和滚子不平衡量，进行内圈与轴配合关系分析，降低滚子打滑率，有效降低轴承摩擦发热，做到高速圆柱滚子轴承低摩擦设计。

(2) 保持架运动平稳性设计

在保持架动力学分析基础上，对保持架动态特性和强度进行分析，有效控制保持架不平衡量，选择合理的保持架间隙比，做到高速保持架运动处于平稳性状态。

(3) 润滑系统设计

对轴承动力学和热力学分析基础上，进行轴承润滑系统分析，选择合理的润滑方式，设计合理的供油量和供油速度，达到轴承有良好的润滑和散热功能。

参考文献

[1] Y. P. Chiu. An Analysis and Prediction of Lubricant Film Star-vation in Rolling Contact Systems[J]. ASLE Trans. , 1974(17):22-25.

[2] M. J. Hartnett. A General Numerical Solution for Elastic Body Contact Problems[J]. ASME, Applied Mechanics Division,1980(39):51-66.

[3] G. B. Hadden. Research Report: User's manual for computer program AT81Y003 SHABERTH[C]. NASA-CR-165365,1981.

[4] P. K. Gupta. Advanced Dynamics of rolling Elements[M]. Springer-verlag New York Inc. ,1984.

[5] A. Palmgren. Ball and Roller Bearing Engineering[J]. Burbank, 1959.

[6] A. B. Jones. Ball Motion and Sliding Friction in Ball Bearings, Trans[J]. ASME, Journal of Basic Engineering, 1959(81):1-12.

[7] Poplawski, J V. Slip and Cage Forces in a High-Speed Roller Bearing[J]. Journal of Lubrication Technology, Transaction of ASME, Series F, 1972, 94(2): 143-152.

[8] J. H. Rumbarger, E. G. Filetti, D. Gubernick. Gas Turbine Mainshaft Roller Bearing System Analysis[J]. Journal of Lubrication Technology, Transaction of ASME, Series F, 1973, 95(4):401-416.

[9] D. Dowson, P. H. Markho, D. A. Jones. The Lubrication of Lightly Loaded Cylinders in Combined Rolling, Sliding, and Normal Motion, Part I: Theory[J]. Jounal of Lubrication Technology, Transaction of ASME, 1976. 10:509-516.

[10] T. A. Harris. Rolling Bearing Analysis[M]. John Wiley &Sons, Inc. ,1984.

[11] B. J. Hamrock, D. Dowson. Ball Bearing Lubrication[M]. John Wiley &Sons, Inc. , 1991.

[12] O. 平克斯. 流体动力润滑理论[M]. 北京:机械工业出版社,1980.

[13] 邓四二,贾群义,薛进学. 滚动轴承设计原理(第二版)[M]. 中国标准出版社,2014.

[14] 苏冰，杨伯原，邓四二，等. 7007高速润滑脂的拖动特性[J]. 轴承，2001(4):21-24.

[15] 邓四二，滕弘飞，周彦伟，等. 高速圆柱滚子轴承弹流润滑研究现状与发展[J]. 轴承，2004(1):41-43.

[16] 马小梅，邓四二，梁波，等. 航天轴承摩擦力矩的试验分析[J]. 轴承，2005(10):22-24.

[17] 李建华，邓四二，马纯民. 陀螺仪框架灵敏轴承摩擦力矩影响因素分析[J]. 轴承，2006(7):4-7.

[18] 邓四二，滕弘飞，周彦伟，等. 滚动轴承-双转子系统动态性能分析[J]. 轴承，2006(4):1-4.

[19] 张志华，周彦伟，邓四二，等. 高速圆柱滚子轴承动力学及运动仿真[J]. 轴承，2006(1):1-3.

[20] 马美玲，邓四二，梁波，等. 火箭发动机低温轴承的设计[J]. 轴承，2006(6):10-12.

[21] 邓四二，滕弘飞，周彦伟，等. HKD型航空润滑油本构方程的确定及拖动力计算[J]. 润滑与密封，2006(8):24-27.

[22] 邓四二，郝建军，滕弘飞，等. 角接触球轴承保持架动力学分析[J]. 轴承，2007(10):1-5.

[23] 王燕霜，邓四二，杨伯原，等. 润滑油五参数流变模型的研究[J]. 摩擦学学报，2007,27(5):461-466.

[24] Deng Sier, Teng Hongfei, Wang Yanshuang, et al. Constitutive equation of a new aviation lubricating oil[J]. Chinese Journal of Mechanical Engineering (English Edition), 2007,20(5):28-31.

[25] 杨茹萍，邓四二，李建华，等. 轴承组件轴承保持架放尺模型试验研究[J]. 航空动力学报，2007,22(4):666-671.

[26] 王燕霜，宋磊，邓四二. 重载点接触热弹流润滑中油膜温度分析[J]. 润滑与密封，2008,33(6):20-23.

[27] 王燕霜，邓四二，王恒迪，等. 重载点接触热弹流润滑中滚子表面剪应力分析[J]. 机械传动，2008,32(6):91-93.

[28] 邓四二，滕弘飞，王燕霜，等. 新型航空润滑油油膜拖动力计算研究[J]. 航空动力学报，2008,22(5):838-842.

[29] 王燕霜，王恒迪，邓四二. 重载点接触热弹流润滑中油膜速度分析[J]. 机械

设计,2009,26(2):73-76.

[30] 王燕霜,邓四二,杨海生,等.滚/滑接触中 HKD 航空润滑油拖动特性试验研究[J].兵工学报,2009,30(7):958-961.

[31] 王燕霜,邓四二.流变模型对航空润滑油拖动系数计算的影响[J].航空学报,2009,30(2):220-225.

[32] 王燕霜,邓四二,杨海生,等.非牛顿特性对重载点接触热弹流润滑的影响[J].航空动力学报,2009,24(3):683-689.

[33] 倪艳光,刘万强,邓四二,等.计及套圈变形的薄壁角接触球轴承性能分析[J].航空动力学报,2010,25(6):1432-1436.

[34] 邓四二,贺凤祥,杨海生,等.航空发动机双转子-滚动轴承耦合系统的动力特性分析[J].航空动力学报,2010,25(10):1-10.

[35] Hu Qinghua,Deng Sier,TENG Hongfei. A 5-DOF Model for Aeroengine Spindle Dual-rotor System Analysis[J]. Chinese Journal of Aeronautics, 2011,24(2011): 224-234.

[36] 邓四二,谢鹏飞,杨海生,等.高速角接触球轴承保持架柔体动力学分析[J].兵工学报.2011,32(5):625-631.

[37] Liu Xiuhai,Deng Sier, Teng Hongfei. Dynamic Stability Analysis of Cages in High-Speed Oil-Lubricated Angular Contact Ball Bearings[J]. Transactions of Tianjin University. 2011,17(1):20-27.

[38] 邓四二,李兴林,汪久根,等.角接触球轴承摩擦力矩波动性分析[J].机械工程学报.2011,47(23):104-112

[39] 邓四二,李兴林,汪久根,等.角接触球轴承摩擦力矩特性研究[J].机械工程学报.2011,47(5):114-120.

[40] 张占立,王燕霜,邓四二,等.高速圆柱滚子轴承动态特性分析[J].航空动力学报,2011,26(2):397-403.

[41] 胡清华,邓四二,滕弘飞.考虑轴承游隙的非线性动力学轴承-转子系统优化[J].航空动力学报,2011,26(9):2154-2160.

[42] 刘良勇,李建华,邓四二,等.飞轮轴承许用磨损寿命估算算法[J].轴承,2011(9):1-5.

[43] 杨海生,邓四二,李晌,等.航空发动机主轴高速圆柱滚子轴承保持架柔体动力学仿真[J].轴承,2011(2):7-11.

[44] Deng sier,Xie pengfei,Yang haisheng, et al. A dynamics formaula was es-

tablished for the flexible cage of high-speed[J]. Journal of China Ordnance,2012,8(2):98-103.

[45] 刘秀海,邓四二,滕弘飞.高速圆柱滚子轴承保持架运动分析[J]. 航空发动机,2013,39(2):31-28.

[46] 李鸿亮,夏旎,邓四二,等.配对角接触球轴承初始预紧力分析[J]. 轴承,2013(8):1-3,7.

[47] 李文超,邓四二,李建华,等.不同基体材料保持架轴承引导间隙的试验分析[J]. 轴承,2013(12):37-39.

[48] 邓四二,胡广存,董晓.双列圆锥滚子轴承功耗特性研究[J]. 兵工学报,2014,35(11):1898-1907.

[49] 岳纪东,邓四二,倪受俊,等.负游隙薄壁四点接触球轴承空载下的摩擦力矩计算[J]. 轴承,2014(3):7-9.

[50] 邓四二,董晓,崔永存,等.双列角接触球轴承动刚度特性分析[J]. 兵工学报,2015,36(6):1140-1146.

[51] 邓四二,贾永川.推力球轴承摩擦力矩特性研究[J]. 兵工学报,2015, 36(9):1615-1623.

[52] 邓四二,孙朝阳,顾金芳,等.低噪音深沟球轴承振动特性研究[J]. 振动与冲击,2015(10):12-19

[53] 邓四二,李猛,卢羽佳,等.推力滚针轴承摩擦力矩特性研究[J]. 兵工学报,2015,36(7):1347-1355.

[54] 王雅梦,李建华,邓四二.某飞轮轴承组件温度场分析[J]. 轴承,2015(10):24-28,61.

[55] 贾永川,邓四二.圆柱滚子轴承启动阶段滚动体打滑特性分析[J]. 机械传动,2015,39(12):133-137,148.

[56] 卢振伟,卢羽佳,邓四二. 三瓣波滚道圆柱滚子轴承载荷分布特性研究[J]. 轴承,2016(9):1-6.

[57] 代彦宾,邓凯文,李建华,等.飞轮用轴承组件热-结构耦合特性分析[J]. 轴承,2016(4):33-39.

[58] Zhang Wenhu, Deng Sier, Chen Guoding, et al. Study on the impact of roller convexity excursion of high-speed cylindrical roller bearing on roller's dynamic characteristics[J]. Mechanism and Machine Theory. 2016, 103(9): 21-39.

[59] Zhang Wenhu, Deng Sier, Chen Guoding, et al. Impact of lubricant traction coefficient on cage's dynamic characteristics in high-speed angular contact ball bearing[J]. Chinese Journal of Aeronautics. 2017,30(2): 827-835.

[60] Cui Yongcun, Deng Sier, Zhang Wenhu, et al. The impact of roller dynamic unbalance of high-speed cylindrical roller bearing on the cage nonlinear dynamic characteristics[J]. Mechanism and Machine Theory,2017, 118(10): 65-83.

[61] Zhang Wenhu, Deng Sier, Chen Guoding, et al. Influence of lubricant traction coefficient on cage's nonlinear dynamic behavior in high-speed cylindrical roller bearing[J]. Journal of Tribology-Transactions of the ASME,2017, 139(6):1-11.

[62] 孙雪,邓四二,陈国定,等. 弹性支承下的高速圆柱滚子轴承振动特性研究[J]. 振动与冲击,2017,36(18):20-28.

[63] 孙雪,邓四二,章元军,等. 弹性支承下三瓣波滚道圆柱滚子轴承振动特性研究[J]. 机械传动,2017,41(8):11-18.

[64] 邓四二,卢羽佳,华显伟,等. 四列角接触球轴承振动特性研究[J]. 振动与冲击,2017,36(9):1-6.

[65] 牛荣军,徐金超,邵秀华,等. 双排非对称四点接触球转盘轴承刚度分析[J]. 兵工学报,2017,38(6);1239-1248.

[66] 邓四二,盛明杰,邓凯文,等. 双列调心滚子轴承摩擦力矩的特性[J]. 航空动力学报,2017,32(7):1666-1675.

[67] 邓四二,华显伟,张文虎. 陀螺角接触球轴承摩擦力矩波动性分析[J]. 航空动力学报,2018,2018,33(7):1713-1724.

[68] Deng Sier, Lu Yujia, Zhang Wenhu, et al. Cage slip characteristics of a cylindrical roller bearing with a trilobed-raceway[J]. Chinese Journal of Aeronautics, 2018,31(2): 351-362.

[69] 孙雪,邓四二,陈国定,等. 弹性支承下圆柱滚子轴承保持架稳定性分析[J]. 航空动力学报,2018,33(2):487-496.

[70] 牛荣军,徐金超,邵秀华,等. 双排非对称四点接触球转盘轴承力学性能分析[J]. 机械工程学报,2018,54(9):177-186.

[71] 藏乐航,邓四二,张文虎. 双列球轴承中频感应淬火数值模拟[J]. 材料热

处理学报，2018，39(1)：137-144.
[72] 胡永乐，邓四二，李影，等. 汽车轮毂轴承唇形密封圈密封性能优化研究[J]. 润滑与密封，2018，43(9)：54-61.
[73] 李红涛，张文虎，邓四二，等. 停止阶段圆柱滚子轴承保持架应力分析[J]. 机械科学与技术，2018，37(2)：172-179.
[74] 郑艳伟，邓四二，张文虎. 三点接触球轴承尺寸偏差对接触角的影响[J]. 轴承，2018(8)：1-8.
[75] 黄运生，邓四二，张文虎，等. 冲击载荷对铁路轴箱轴承塑料保持架动态性能影响研究[J]. 振动与冲击，2018，37(1)：172-180.
[76] Cui Yongcun，Deng Sier，Ni，Yanguang，et al. Effect of roller dynamic unbalance on cage stress of high-speed cylindrical roller bearing[J]. Industrial Lubrication and Tribology，2018，70(9)：1580-1589.
[77] Cui Yongcun，Deng Sier，Niu Rongjun，et al. Vibration effect analysis of roller dynamic unbalance on the cage of high-speed cylindrical roller bearing[J]. Journal of Sound and Vibration，2018，434(10)：314-335.
[78] Deng Sier，Gu Jinfang，Cui Yongcun，et al. Dynamic analysis of a tapered roller bearing[J]. Industrial Lubrication and Tribology，2018，70(1)：191-200.
[79] 郑艳伟，邓四二，张文虎. 圆柱滚子轴承合套参数对轴承振动特性影响分析[J]. 轴承，2019(3)：35-41，47.
[80] 张政，邓四二，巨恒伟，等. 航空三瓣波圆柱滚子轴承非圆滚道加工研究[J]. 轴承，2019(9)：13-17，20
[81] 牛荣军，张建虎，倪艳光，等. 计及芯轴变形的轴连轴承载荷分布和刚度计算[J]. 航空动力学报，2019，34(3)：717-727.
[82] 牛荣军，胡余生，汪永刚，等. 局部受载滚轮滚针轴承承载性能仿真分析[J]. 航空动力学报，2019，34(10)：2227-2236.
[83] 王自彬，邓四二，张文虎，等. 高速圆柱滚子轴承保持架运行稳定性分析[J]. 振动与冲击，2019，38(9)：100-108.
[84] 邓四二，胡余生，孙玉飞，等. 空调滑片式压缩机用圆柱滚子轴承摩擦功耗特性分析[J]. 兵工学报，2019，40(9)：1943-1952.
[85] Cui Yongcun，Deng Sier，Yang Haisheng，et al. Effect of cage dynamic unbalance on the cage's dynamic characteristics in high-speed cylindrical

roller bearings[J]. Industrial Lubrication and Tribology,2019, 71(10): 1125-1135.

[86] Zhang Shuai, Deng Sier, Zhang Wenhu, et al. Simulation and experiment on sealing mechanism with rigid-flexible combined seal groove in hub bearing[J]. Tribology International, 2019,136(8):385-394.

[87] 吴正海,徐颖强,邓四二,等.高速脂润滑圆锥滚子轴承保持架动态稳定性分析[J].振动与冲击,2019,38(10):49-57.

[88] 张文虎,胡余生,邓四二,等.高速圆柱滚子轴承保持架振动特性研究[J].振动与冲击,2019,38(22):85-94.

[89] 郑向凯,邓四二,郑艳伟,等.某鼠笼弹支一体化球轴承保持架打滑率分析[J].轴承,2020(4):1-5,26.

[90] 崔宇飞,邓四二,邓凯文,等.控制力矩陀螺轴承组件摩擦力矩特性研究[J].空间控制技术与应用,2020,46(5):73-80.

[91] 郑金涛,邓四二,张文虎,等.航空发动机主轴滚子轴承非典型失效机理[J].航空学报,2020,41(5):300-312.

[92] 杨奉霖,李响,邓四二,等.高速机车轴箱轴承温度场分析[J].轴承,2020(12):1-6

[93] 张帅,杜学芳,邓四二,等.重卡轮毂轴承刚-柔组合密封结构设计及优化[J].润滑与密封,2020,45(11):105-110,135.

[94] 郑金涛,张文虎,邓四二,等.调心滚子轴承感应淬火工艺与组织性能的数值模拟[J].材料热处理学报,2020,41(2):133-141.

[95] Wu Zhenghai,Xu Yingqiang,Deng Sier, et al. Study on logarithmic crowning of cylindrical roller profile considering angular misalignment[J]. Journal of Mechnical Science and Technology,2020,34(5):2111-2120.

[96] Zhang Shuai, Deng Sier, Cui Yongcun, et al. Thermal-stress-wear coupled characteristics of oil seal in airframe rod end-bearing[J]. Tribology International, 2021(1):107-132.

[97] Cui Yongcun, Deng Sier, Deng kaiwen, et al. Experimental study on impact of roller imbalance on cage stability[J]. Chinese Journal of Aeronautics, 2021,34(10):248-264.

[98] 王玉波,杨海生,邓四二,等.行星轮滚针轴承保持架强度分析[J].机械传动,2021,45(12):117-123,135.

[99] 王玉波,周彩虹,邓凯文,等.公-自转耦合的滚针轴承保持架振动特性[J].航空动力学报,2021,36(10):2101-2113.
[100] 倪艳光,刘晗,邓四二,等.基于热-应力耦合的高速圆柱滚子轴承凸度值分析[J].轴承,2021(1):7-12.
[101] 贾晓芳,张文虎,赵滨海,等.深沟球轴承冠形保持架结构参数对其性能的影响[J].轴承,2021(12):13-19.
[102] 杜晓宇,邓四三,张旭,等.微型三点接触球轴承双半内圈沟道加工工艺改进[J].轴承,2021(10):38-40.
[103] 张文虎,胡余生,邓四二,等.摆动球轴承球与保持架碰撞行为[J].兵工学报,2022,43(1):207-217.
[104] GB/T 271—2017 滚动轴承 分类.
[105] GB/T 272—2017 滚动轴承 代号方法.
[106] GB/T 307.1 滚动轴承 向心轴承 产品几何技术规范(GPS)和公差值.
[107] GB/T 307.2 滚动轴承 测量和检验的原则及方法.
[108] GB/T 307.4 滚动轴承 推力轴承 产品几何技术规范(GPS)和公差值.
[109] GB/T 308.1—2013 滚动轴承 球 第1部分:钢球.
[110] GB/T 699—2015 优质碳素结构钢.
[111] GB/T 3203—2016 渗碳轴承钢.
[112] GB/T 3077—2015 合金结构钢.
[113] GB/T 4604.1—2012 滚动轴承 游隙 第1部分:向心轴承的径向游隙.
[114] GB/T 4604.2—2013 滚动轴承 游隙 第2部分:四点接触球轴承的轴向游隙.
[115] GB/T 4661—2015 滚动轴承 圆柱滚子.
[116] GB/T 4662—2012 滚动轴承 额定静载荷.
[117] GB/T 6391—2010 滚动轴承 额定动载荷和额定寿命.
[118] GB/T 18254 高碳铬轴承钢.
[119] GB/Z 32332.1—2015 滚动轴承 对ISO 281的注释 第1部分:基本额定动载荷和基本额定寿命.
[120] GB/Z 32332.2—2015 滚动轴承 对ISO 281的注释 第2部分:基于

疲劳应力系统方法的修正额定寿命计算.
[121] GB/T 34891—2017　滚动轴承　高碳铬轴承钢零件　热处理技术条件.
[122] GB/T 38886—2020　高温轴承钢.
[123] GB/T 38936　高温渗碳轴承钢.
[124] HG/T 2349—1992　聚酰胺 1010 树脂.
[125] HG/T 2811—1996　旋转轴唇形密封圈橡胶材料.